"十三五"国家重点出版物出版规划项目·重大出版工程

高超声速出版工程

飞行器结构热噪声强度基础

张正平　等著

科学出版社

北　京

内 容 简 介

本书主要论述高超声速飞行器高温复合材料结构经历的载荷环境特点、高温环境对典型结构模态特性的影响、高温环境下结构动力学模型修正技术、高超声速飞行器结构动力学响应分析技术、C/SiC 复合材料结构热噪声失效机理、高温环境下结构动响应先进测试技术、薄壁结构热噪声复合环境试验技术、基于剩余刚度和剩余强度的寿命预示方法、C/SiC 复合材料结构疲劳寿命预示的跨尺度损伤力学方法、高超声速飞行器结构动强度设计等方面内容。

本书可供高超声速飞行器总体设计、动力学环境预示与分析、材料与结构、热防护系统设计、强度评估等领域的科技工作者、管理人员和高校师生参考。

图书在版编目(CIP)数据

飞行器结构热噪声强度基础 / 张正平等著. —北京:科学出版社,2020.1

高超声速出版工程 "十三五"国家重点出版物出版规划项目·重大出版工程 国家出版基金项目
ISBN 978-7-03-063112-1

Ⅰ.①飞… Ⅱ.①张… Ⅲ.①飞行器-结构设计
Ⅳ.①V214.19

中国版本图书馆 CIP 数据核字(2019)第 250365 号

责任编辑:徐杨峰 / 责任校对:谭宏宇
责任印制:黄晓鸣 / 封面设计:殷 靓

科学出版社 出版
北京东黄城根北街 16 号
邮政编码:100717
http://www.sciencep.com
南京展望文化发展有限公司排版
广东虎彩云印刷有限公司印刷
科学出版社发行 各地新华书店经销

*

2020 年 1 月第 一 版 开本:B5(720×1000)
2023 年 12 月第三次印刷 印张:25 3/4 插页:4
字数:457 000

定价:150.00 元
(如有印装质量问题,我社负责调换)

高超声速出版工程

专家委员会

高超声速出版工程·高超声速试验方法和测量技术系列
编写委员会

丛书序

飞得更快一直是人类飞行发展的主旋律。

1903 年 12 月 17 日，莱特兄弟发明的飞机腾空而起，虽然飞得摇摇晃晃，犹如蹒跚学步的婴儿，但拉开了人类翱翔天空的华丽大幕；1949 年 2 月 24 日，Bumper-WAC 从美国新墨西哥州白沙发射场发射升空，上面级飞行速度超越马赫数 5，实现人类历史上第一次高超声速飞行。从学会飞行，到跨入高超声速，人类用了不到五十年，蹒跚学步的婴儿似乎长成了大人，但实际上，迄今人类还没有实现真正意义的商业高超声速飞行，我们还不得不忍受洲际旅行需要十多个小时甚至更长飞行时间的煎熬。试想一下，如果我们将来可以在两小时内抵达全球任意城市的时候，这个世界将会变成什么样？这并不是遥不可及的梦！

今天，人类进入高超声速领域已经快 70 年了，无数科研人员为之奋斗了终生。从空气动力学、控制、材料、防隔热到动力、测控、系统集成等众多与高超声速飞行相关的学术和工程领域内，一代又一代科研和工程技术人员传承创新，为人类的进步努力奋斗，共同致力于推动人类飞得更快这一目标。量变导致质变，仿佛是天亮前的那一瞬，又好像是蝶即将破茧而出，几代人的奋斗把高超声速推到了嬗变前的临界点上，相信高超声速飞行的商业应用已为期不远！

高超声速飞行的应用和普及必将颠覆人类现在的生活方式，极大地拓展人类文明，并有力地促进人类社会、经济、科技和文化的发展。这一伟大的事业，需要更多的同行者和参与者！

书是人类进步的阶梯。

实现可靠的长时间高超声速飞行堪称人类在求知探索的路上最为艰苦卓绝的一次前行，将披荆斩棘走过的路夯实、巩固成阶梯，以便于后来者跟进、攀登，意义深远。

以一套丛书,将高超声速基础研究和工程技术方面取得阶段性成果和宝贵经验固化下来,建立基础研究与高超声速技术应用的桥梁,为广大研究人员和工程技术人员提供一套科学、系统、全面的高超声速技术参考书,可以起到为人类文明探索、前进构建阶梯的作用。

2016 年,科学出版社就精心策划并着手启动了"高超声速出版工程"这一非常符合时宜的事业。我们围绕"高超声速"这一主题,邀请国内优势高校和主要科研院所,组织国内各领域知名专家,结合基础研究的学术成果和工程研究实践,系统梳理和总结,共同编写了"高超声速出版工程"丛书,丛书突出高超声速特色,体现学科交叉融合,确保了丛书的系统性、前瞻性、原创性、专业性、学术性、实用性和创新性。

丛书记载和传承了我国半个多世纪尤其是近十几年高超声速技术发展的科技成果,凝结了航天航空领域众多专家学者的智慧,既可为相关专业人员提供学习和参考,又可作为工具指导书。期望本套丛书能够为高超声速领域的人才培养、工程研制和基础研究提供有益的指导和帮助,更期望本套丛书能够吸引更多的新生力量关注高超声速技术的发展,并投身于这一领域,为我国高超声速事业的蓬勃发展做出力所能及的贡献。

是为序!

包为民

2017 年 10 月

前　言

高超声速飞行器、可重复使用运载器等先进飞行器是近年来航空航天领域的研究热点。与传统弹(箭)飞行器不同,上述飞行器需经历严酷的气动力、热、振动、噪声等复合载荷环境,这对飞行器热防护系统及热结构的设计和考核提出更高的要求,所以它们采用了防热承载一体化结构形式。严酷的气动热环境一方面影响飞行器结构的力学性能;另一方面高温导致结构的固有振动特性改变,强噪声载荷下薄壁结构的动态响应会呈现非线性特征。同时,以 C/SiC 为代表的高温复合材料薄壁结构具有耐高温、高比强、耐疲劳等优异性能,是高超声速飞行器、可重复使用运载器等飞行器热防护系统和热结构的重要组成构件,但其失效模式复杂,成为高温复合材料结构设计和工程应用的技术瓶颈。现有的飞行器结构静强度设计、动强度考核的方法将不再适用,迫切需要开展相关的基础理论研究,为高超声速飞行器结构强度设计和试验验证提供理论支撑。本书从飞行器的载荷环境特点、高温结构动力学特性与响应分析、失效机理、试验技术、疲劳寿命预示和动强度设计等方面进行论述,总结该领域的最新进展,对高超声速飞行器的结构设计和动强度评估具有重要的应用价值。

本书由航天科技集团公司第一研究院七○二所组织专业研究所、总体单位及高校相关专业人员撰写。全书共 10 章:第 1 章由张正平、任方、吴振强、贾洲侠、秦朝红、刘宝瑞等撰写;第 2 章由李跃明、李海波、程昊、任方等撰写;第 3 章由张忠、任方、魏龙、原凯等撰写;第 4 章由程昊、刘振、李跃明、秦朝红等撰写;

第 5 章由栾新刚、陈博、吴振强、刘宝瑞等撰写;第 6 章由孔凡金、吴振强、宫文然等撰写;第 7 章由吴振强、张正平、任方、孔凡金等撰写;第 8 章由梁军、孙毅、方国东、周松等撰写;第 9 章由王奇志、张铮等撰写;第 10 章由谭志勇、张正平、任方等撰写。全书由张正平、吴振强、任方统稿。

杜善义院士、胡海岩院士、张立同院士、王梦魁研究员、王晓晖研究员、王建民研究员、马斌捷研究员等专家审阅了书稿,提出了宝贵意见,在此表示感谢。

限于作者水平,书中难免存在疏漏和不足之处,敬请读者批评指正。

张正平

2019 年 8 月

高超声速出版工程

目 录

第4章　高超声速飞行器结构动力学响应分析技术

第7章　薄壁结构热噪声复合环境试验技术

第8章 基于剩余刚度和剩余强度的寿命预示方法

第9章 C/SiC 复合材料结构疲劳寿命预示的
跨尺度损伤力学方法

第 10 章 高超声速飞行器结构动强度设计

374

彩　图

第1章
高超声速飞行器载荷环境与结构特点

1.1 概述

飞行器以超声速或高超声速在空中飞行,受到空气的流动阻力作用,同时对前方空气进行强烈的压缩,从而发生从动能向热能的转化,使得飞行器周围的空气温度急剧上升,在高温气体与飞行器表面之间形成极大的温差,使热能以边界层对流和激波辐射的传热方式在飞行器结构表面形成气动加热,产生"热障"问题。此外,高马赫数、轻质化、高机动等需求导致高超声速飞行器在起飞、跨声速、高超声速巡航、再入等阶段承受严酷的气动热、气动力、噪声等复合载荷。图 1.1 为两种国外典型高超声速飞行器。

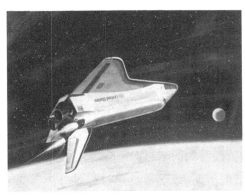

图 1.1 国外典型高超声速飞行器

与气动力、气动热等载荷相比,噪声载荷是一种宽频、随机激励的面载荷,具有空间相关性的特点。一般声压级超过 140 dB 即需要考虑开展噪声试验与分析,而新一代飞行器面临的噪声载荷多处于 160～170 dB,局部区域甚至超过 170 dB[1]。

在严酷的多场复合服役载荷环境下,飞行器结构的完整性和可靠性面临着巨大挑战,对强度理论和试验验证手段提出了新的要求。高超声速飞行器相较于常规飞行器面临着显著不同的力/热载荷环境,具体来讲,即高马赫数、轻质化、高机动等需求导致其在起飞、跨声速、高超声速巡航、再入等阶段承受严酷的气动热、气动力、噪声等极端复合载荷。以 HTV-2、X-37B 等为代表的新一代导弹武器装备巡航或再入过程均需经历长时间(超过 1 200 s)的高马赫数飞行,气动噪声载荷可达 165～170 dB,大面积热防护系统温度超过 1 000℃,局部温度可达 2 000℃,热噪声复合载荷成为飞行器结构设计与强度考核的关键影响因素。而日益严酷的载荷环境对飞行器结构的防隔热设计、承载能力等提出了更高的要求,由此带来的复杂力/热载荷下高超声速飞行器的结构强度问题成为制约该技术发展的瓶颈环节。本章对高超声速飞行器的气动力/热载荷、噪声载荷以及发动机热载荷等环境载荷特点及预示方法进行介绍,总结典型热防护结构,探讨在严酷的多场复合服役载荷环境下结构动强度问题。

1.2　高超声速飞行器气动力/热载荷特点

任何浸于流动气体的物体表面都会存在热量传输,对于大多数高速空气动力学问题,热量是从气体向飞行器结构表面的传递。对于速度较低的亚声速流动,气动加热虽然存在,但是其值较小,通常可忽略不计。而对于高超声速流动,气动加热是一个主要的影响因素,将决定大多数高超声速飞行器的气动外形设计。

结构表面的气动加热源于物体周围流场中的高温气体,紧邻结构表面的边界层温度极高,这是因为具有高动能的高超声速气流进入边界层之后,在边界层的黏性作用下减速,导致流体动能的耗散,该部分耗散的动能转化为气体的内能。介于激波与结构表面之间的激波层中无黏区域中的气体温度较高,强激波的加热效应和强烈的黏性耗散作用导致流经结构的高超声速流动温度较高。高温气体的热量又以气动加热的形式向结构传递,该热量传递过程可分为两类:热传导和热辐射。

从 20 世纪 50 年代初以来,气动热问题一直是飞行器设计人员极为关注的重要问题。高超声速飞行器,如高超声速导弹、回收式卫星、飞船返回舱、航天飞机等,从外层空间再入大气层时,以超声速或高超声速在空中飞行,飞行器自身受到空气的极大阻力而急剧减速,同时对前方空气强烈地压缩并与周围空气剧烈地摩擦,巨大的动能转化为热能,使飞行器周围的空气温度急剧升高,在高温气体和飞行器表面之间产生很大的温差,使热能以边界层对流和激波辐射的传热方式对物体表面形成气动加热,从而产生"热障"问题,温度进一步升高,还会引起空气电离,产生自由电子,形成高温高压的电离气体层,等离子鞘的出现会使飞行器与外界的电磁波传输严重衰减、畸变甚至中断,从而产生"黑障"。

由于热环境复杂且严苛,飞行器结构承载温度日益升高,接近材料的耐温极限。钢结构的强度在温度达到 600℃ 时会明显降低,铝镁合金只能在 600℃ 以下工作,炸药要求温度不超过 80℃,核战斗部装料及内部的精密仪器则要求温度不超过 50℃。因此,为了保证弹体内部和飞行器舱内有正常的工作条件(温度、压力等),必须精确预测飞行器的气动热环境,为热防护提供理论指导和选材参考。图 1.2 为高超声速流动中存在的若干物理效应,不同流动状态的物理效应需要引入不同的求解与分析方法。

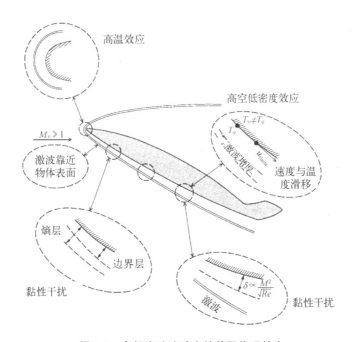

图 1.2　高超声速流动中的若干物理效应

1.2.1　气动力载荷预示方法

在高超声速飞行器的设计中,气动力和气动热是两个重要的参数,同时也是计算流体力学(computational fluid dynamics,CFD)技术模拟高速流场求解的重点。对于高超声速绕流流场的数值模拟,现有的大多数 CFD 计算方法在气动力的计算中都能够给出令人满意的结果,可以较好地刻画流场动力学特性。但不同的计算方法在不同区域表现不尽相同,对流场流动细节的捕捉,也存在差异。

高超声速流动具有以下几个显著特征:① 薄激波层;② 熵层;③ 黏性干扰效应;④ 高温效应;⑤ 低密度流动效应。这些特点使得应用于一般超声速流动的数值模拟技术已不再适用。高超声速飞行中出现的各种特殊流动现象,如激波与边界层的相互干扰、边界层传热传质化学反应以及烧蚀等,受到国内外学者的高度重视,高超声速气动问题的数值求解技术得到了快速的发展,求解的控制方程已经从最初的 Euler 方程、各种简化 N-S 方程发展到全 N-S 方程;湍流尺度从雷诺平均法、大涡模拟发展到直接数值模拟;气体热力学状态模型也已经从早期的量热完全气体模型发展到热力学化学非平衡模型;化学反应模型从最基本的单步基元反应发展到复杂的多步复合反应(包含数百个组元以及数千个反应式);计算网格也从单块结构网格发展到多块非结构网格和重叠网格等。

1.2.2　气动热载荷预示方法

高超声速飞行器在大气层内飞行时会强烈地压缩前方来流空气,并与具有黏性的周围空气剧烈摩擦,流体动能转化为热能从而形成气动加热。高温空气将向低温飞行器结构部件进行传导,会导致飞行器结构的强度、刚度及气动外形发生变化进而影响飞行器的性能。此外,随着飞行区域向高空的拓展,在临近空间(20~100 km)处于航空与航天领域的结合。在跨空域范围,真实气体效应及稀薄气体效应对传统空气动力学方法的适用性提出了挑战。为了使飞行器安全可靠运行,热防护系统既应能满足温度使用要求也应不致使飞行器过于笨重进而影响其机动性能及载荷能力。这就需要对飞行器高空高速跨空域的气动热环境的预测技术进行研究,以服务飞行器气动热预示及防隔热设计(图 1.3)[2]。

高超声速飞行器再入返回过程中要经历严酷的气动加热,由于其复杂的多尺度特征,同一飞行高度下特征尺度较大的部件所处的飞行环境不同。另外,气动领域面临复杂的高超声速流动问题,包括由强压缩性带来的强激波、薄激波层、高温真实气体效应相关的平衡/非平衡流动及表面催化现象,还包括由低密度流动带来的黏性干扰效应和稀薄流效应,多种复杂流动效应的强耦合及由此带来的非线性特性给气动热预测带来很大难题[3-5]。

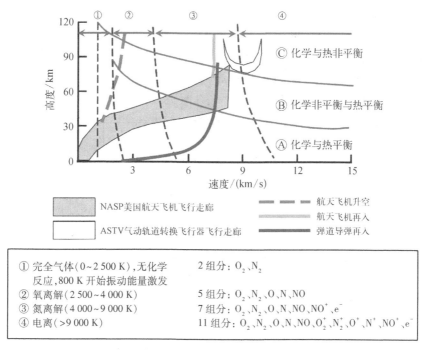

① 完全气体(0~2 500 K),无化学反应,800 K 开始振动能量激发　　　2 组分:O_2、N_2
② 氧离解(2 500~4 000 K)　　　5 组分:O_2、N_2、O、N、NO
③ 氮离解(4 000~9 000 K)　　　7 组分:O_2、N_2、O、N、NO、NO^+、e^-
④ 电离(>9 000 K)　　　11 组分:O_2、N_2、O、N、NO、O_2^+、N_2^+、O^+、N^+、NO^+、e^-

图 1.3　不同空域和速度条件下空气热力学性质

1.2.3　发动机热载荷特点

因为外界环境气压较低,高空发动机喷流流场产生扩张和反流从而在底部固体表面形成对流加热,同时高温喷流和喷管固壁会通过热辐射对飞行器底部或有效载荷产生加热作用,所以发动机工作对底部热环境的影响一直是飞行器热载荷设计及预示需要重点考虑的问题。飞行器发动机高温、高速的燃气流将产生巨大的对流传热和辐射热流。对流传热在流场计算中可以获得,而辐射传热需要求解各组分的辐射方程。对于辐射特性的计算,也分为耦合算法与解耦算法两种。耦合算法认为,在高温流动中,热辐射与气体流动是耦合的,即流场中流体元的辐射强度依赖于流体元各个组分的局部密度与温度,而流体元的特征又受到辐射强度的影响。耦合算法计算速度十分缓慢,并不适合高雷诺数三维喷流研究。

20 世纪 20~30 年代,传热学界开始研究气体辐射,主要采用纯试验法测量气体的发射率、吸收率和穿透率。1942 年,Hottel 根据直测法的实验数据发表了 H_2O、CO_2 的发射率线算图。其后,CO、NH_3、CH_4、SO_2、NO、NO_2 发射率线算图也相继发表。逐线计算法是目前最准确的气体辐射特性计算方法,但此方法需要详细的气体分子光谱特性参数,因而计算量较大。而谱带模型法计算简单,但误差较大,且需要试验数据拟合。20世纪60年代中期,国外研究开始关注发动机喷流对火箭底部空间的热辐射影响,最早使用逐线法计算了燃气辐射对火箭底部加热的影响规律。国内学者针对发动机喷流热辐射问题,采用连续介质模型以及蒙特卡罗等方法开展了大量的研究工作,获得了喷流热辐射红外光谱辐射分布特性。

1.3　高超声速飞行器噪声载荷环境特点

高超声速飞行器,从发射到飞行,要经受十分复杂的动力学环境,在高超声速飞行时要经受附面层气流压力脉动,发射时要经受发动机强劲气流的喷气噪声作用,这些复杂的外载荷引致的飞行器结构振动是随机的,且频带宽,不仅包含低频激励,还包括高频激励。随着飞行器的速度提高(超声速,高超声速),同时有轻质、机动、大型薄壁等的设计要求(往往以减小结构刚度为代价),以及经受跨介质、严重的气动加热等恶劣环境,结构的振动和噪声问题愈加突出。

1.3.1　气动噪声载荷环境特点

飞行器自主飞行过程中,流过结构表面的分离气流和湍流附面层都会诱导压力脉动,形成脉动压力环境,或称气动噪声环境,而激波、膨胀波以及超过转捩雷诺数都会产生附面层分离,是飞行器自主飞行剖面内主要的噪声环境。研究表明,这种脉动压力环境所诱导的结构的随机振动与声振复合环境,会严重影响飞行器及其组件结构和功能的完整性。

高超声速飞行器在飞行过程中经历极端苛刻的噪声环境(局部区域甚至超过170 dB),在一定的条件下,飞行器壁面边界层内通常伴随着复杂的转捩与湍流。另外,当飞行器的几何外形发生变化时,边界层通常会产生分离、再附以及激波振荡等复杂流动,使飞行器面临严酷的气动力载荷。文献[6]指出高超声速飞行器附面层产生的总声压级达到145 dB,发动机附近的声压级超过175 dB,激波在水平或垂直舵上产生的声压级为165~175 dB,严酷的脉动压力环境是引起飞行器振动与噪声的主要根源。

产生脉动压力的机制主要是来流和边界层的湍流特性、绕流分离特性和激波振荡特性。激波/边界层干扰会引起边界层的分离,导致边界层湍流流动紊乱,在激波干扰与分离过程中,导致湍流边界层产生压力脉动,引起流场结构的变化。该脉动载荷加载到壁面上,会引起结构的持续脉动,如果频率分布与结构固有频率接近,则容易引起结构破坏。即使以较低频脉动为主,持续的周期性脉动载荷也会造成结构的疲劳损伤。

　　飞行器在大气中以高超声速飞行时,处于高超声速流场环境中。高超声速流动具有与超声速流动显著不同的特征,由此决定了高超声速飞行器的特殊性。高超声速流场主要有以下几个特征。

　　1）激波层很薄

　　超声速气流绕过物体时,会在头部产生激波。如果物体的形状不变,随着来流马赫数逐渐增大,头部激波的激波角会越来越小,所以对于来流马赫数特别大的高超声速流,物体头部的激波层将会变得很薄(图 1.4)。学者基于激波层很薄这一特点,找到了近似分析高超声速无黏流动的新方法,如牛顿理论等。

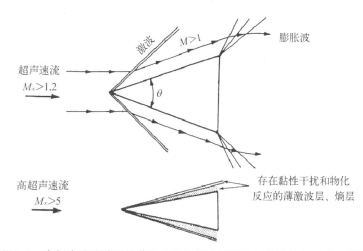

图 1.4　高超声速流动时的薄激波层与超声速流动时的激波层对比示意图

　　2）激波层内的黏性干扰严重

　　因为高超声速飞行时的马赫数高、雷诺数低,所以边界层的厚度与激波层相比不能够略去,物面上黏性边界层的厚度增长得很快。由于激波层很薄,在一些特殊情况下,整个激波层都可能会有黏性,边界层会变厚,这样就会影响无黏流;反过来考虑,无黏流受影响产生变化的同时又会对边界层的增长产生影响,高超声速流黏性相互作用的情况就会出现,此时经典的普朗特边界层理论已经不再成立了。

　　3）有熵层存在

　　根据高超声速理论,头部越尖飞行器阻力就会越小,但是高超声速飞行器都会将头部进行钝化处理,这样可以减轻头部的热载荷。其原因是,高超声速层流存在熵层,由高超声速层流边界层方程的自相似解可知,在头部驻点处,对流传热与曲率半径有关,其强度和曲率半径的平方根成反比。

4)激波层内的高温和真实气体效应

由于马赫数很高,激波层内的气体受到剧烈的压缩,从而会导致激波层内气体的各项参数都发生很大的变化,比较明显的是,温度会急剧地增高,尤其是曲率半径更小的头部附近的激波层里面的气体的温度会更高。在温度特别高的情况下,空气中的分子的物理特性和化学特性都将发生变化。例如,气体分子要激发振动能,不同气体成分之间会发生化学反应,并且会发生分子的离解和原子的电离等。

5)严重的气动加热问题

在超声速流中,物面边界层里面的气流因为受到黏性作用速度会变小,甚至滞止。那么气体微团的动能就会转变为热能,并且这一过程是不可逆的,结果就会急剧推高壁面附近气体的温度,接下来高温的空气将会不断向低温物面进行传热,最终形成气动加热的现象。

对于高超声速飞行器,飞行器头部、翼面、操纵面都是声载荷比较严酷的位置:大攻角飞行状态下,飞行器头部区域会发生比较强的流动分离,诱导较大的脉动压力声载荷;翼面、操纵面上由于绕流分离尾迹的影响,也会产生很强的噪声载荷。

1. 航天飞机气动噪声载荷特点

航天飞机是为穿越大气层和太空的界线而设计的飞行器,结合了飞机与航天器的性质。航天飞机在发射和再入过程中,将经受气动加热、气动力、噪声、振动、冲击以及过载等环境[7,8]。图1.5给出了航天飞机热防护系统的典型噪声分布,可以看出,热防护系统的最高噪声载荷达到166 dB。

图1.6给出了执行STS-5任务的航天飞机再入飞行剖面[9],再入时间长达1 821 s,再入最高速度达到了8 km/s左右(高度125 km的再入点),在304 s时迅速下降至80 km高度,此时速度依然在7.9 km/s以上。由STS-107滞止区的热流、动压和马赫数随时间的变化曲线可知(图1.7)[10],再入的马赫数超过27,滞止区最高热流接近50 Btu/(ft² · s)①(568 kW/m²),动压接近90 lbf/ft²②。

———————

① 1 Btu/(ft² · s)≈11.36 kW/m²。

② 1 lbf/ft² = 4.788 03×10 Pa。

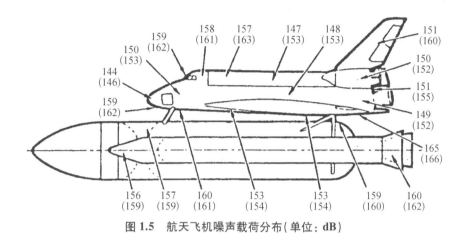

图 1.5　航天飞机噪声载荷分布(单位：**dB**)

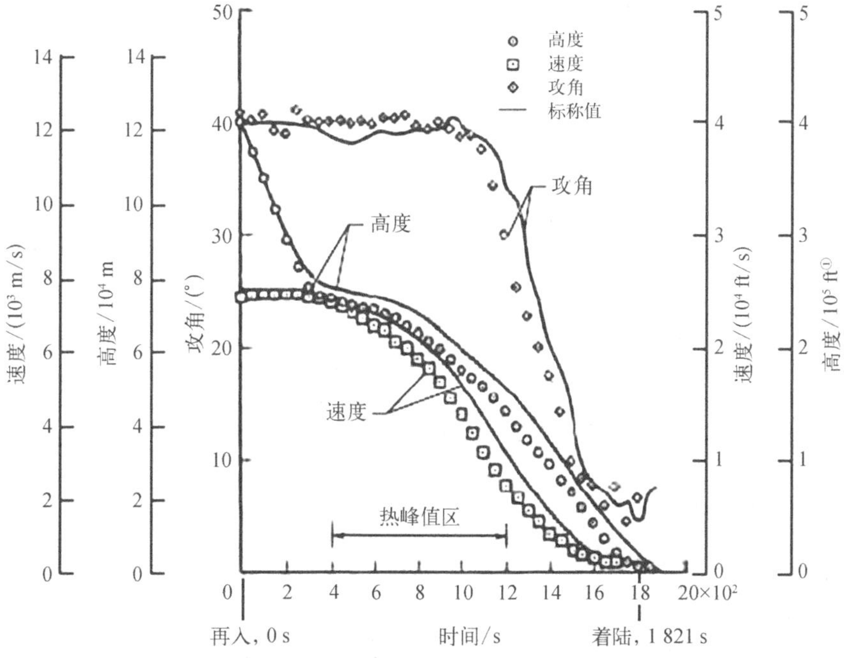

图 1.6　STS-5 再入飞行剖面

① 1 ft = 3.048×10⁻¹ m。

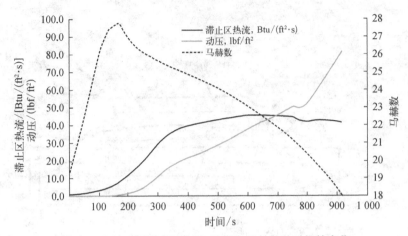

图 1.7   STS-107 滞止区热流、动压和马赫数随时间的变化

图 1.8 给出了航天飞机设计数据手册中不同部位的载荷环境[11]。

由航天飞机飞行环境调研情况分析来看,其噪声载荷环境具有以下特点。

① 起飞和上升阶段:动压和噪声载荷较为严重,噪声声压级最高能达到 166 dB,

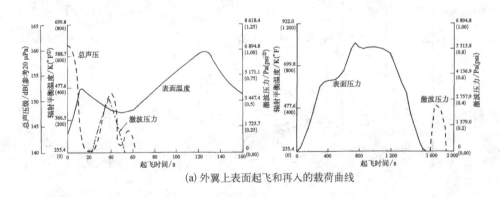

(a) 外翼上表面起飞和再入的载荷曲线

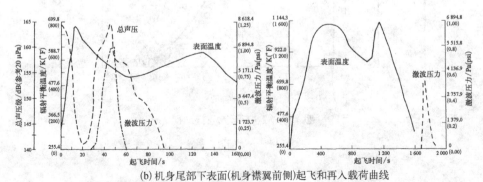

(b) 机身尾部下表面(机身襟翼前侧)起飞和再入载荷曲线

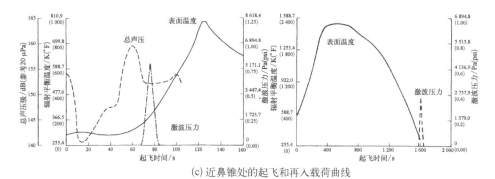

(c) 近鼻锥处的起飞和再入载荷曲线

图 1.8　航天飞机 TPS 设计用载荷数据

① 当温度为 $t\,^{\circ}\text{F}$ 时,相当于 $\dfrac{5}{9}(t-32)+273.15\ \text{K}$。

② $1\ \text{psi}=6.894\ 76\times10^3\ \text{Pa}$。

动压能够达到 $6\ 800\ \text{Pa}$ 左右,持续时间约 $60\ \text{s}$;② 再入阶段: 时间长,总时长达到 $1\ 800\ \text{s}$ 以上,噪声载荷在 $145\ \text{dB}$,动压超过 $4\ 800\ \text{Pa}$;③ 上升阶段: 噪声声压级在 $166\ \text{dB}$。

2. X-37 验证机气动噪声载荷特点

X-37 计划用于演示验证可重复使用运载器相关的结构、推进和操作技术。依据文献[12],X-37 的飞行剖面参数如图 1.9 所示,最大马赫数为 25,再入攻角为 42°,最大动压能够达到 200 ppsf*。X-37 的噪声载荷环境谱如图 1.10 所示,

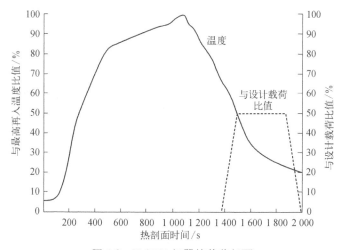

图 1.9　X-37 飞行器热载荷剖面

---

*　$1\ \text{ppsf}=4.788\ 03\times10\ \text{Pa}$。

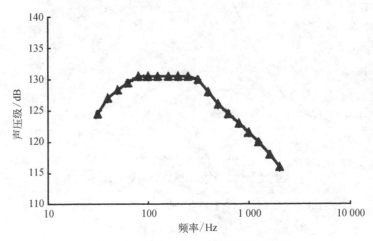

图 1.10   X-37 三分之一倍频程噪声谱

总声压级约 141 dB[13]。

3. 翼身融合体高超声速飞行器气动噪声特点

某翼身融合体(blended wing body, BWB)高超声速飞行器气动噪声分析显示,由湍流边界层作用于前机身壁板的发动机噪声声压级 155~160 dB,比最大气动脉动压力 130~145 dB 大 3~31 倍。作用在斜坡壁板的发动机噪声估计在 160~170 dB。源自进气道的激波可以冲击在斜坡壁板上产生脉动压力,它等于或超过作用于斜坡壁板的发动机噪声。无论发动机噪声还是激波冲击载荷均大于作用于附着边界层的载荷。

飞行器外部的空气流动,产生气动热和气动噪声载荷。当飞行器以高超声速飞行时,沿着飞行器轮廓,空气被自身的动量压缩成一层绝热层。在边界层内,同样产生了气动热和气动噪声脉动压力。如图 1.11 所示,朝向飞行器产生了弓形激波,以抛物线的锥面向后弯曲,冲击在飞行器的机翼和机尾上。

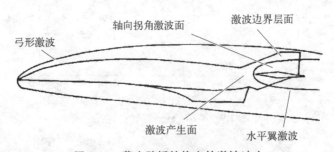

图 1.11   蒙皮壁板结构上的激波冲击

这会产生强烈的边界层压力脉动,试验表明即使激波弱成声速线,打在物体上也能产生近 170 dB 的压力脉动。一般的弱激波,会产生 180 dB 以上的压力脉动。

如图 1.12 所示,作用于边界层的激波冲击,放大了边界层脉动压力,所产生的加热和脉动压力均比没有激波冲击的数值高出一个数量级。分离流对边界层脉动压力具有相同的放大效应。

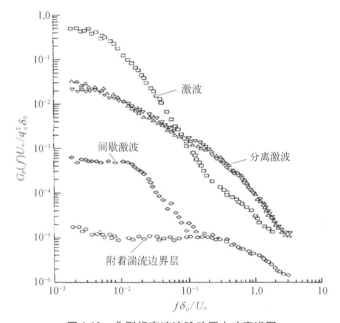

图 1.12　典型超声速流脉动压力功率谱图

$G_p(f)$ 为脉动压力的功率谱密度(power spectral density,PSD);δ_0 为边界层厚度;U_∞ 为自由流速度

Laganelli 等已经证实,高超声速附体湍流边界层脉动压力的谱值和总均方根(root mean square,RMS)值是边界层边部的马赫数、边界层几何形状和外壁热传递的函数。由附体湍流边界层产生的作用在飞行器蒙皮的脉动压力如图 1.13 所示。当没有激波冲击时,附体边界层内脉动压力介于 120~150 dB。最大量级位于端头位置,沿着斜坡,朝着进气道。边界层脉动压力的载荷谱是宽带平谱,近似到 10 000 Hz,在高频区域出现下降。

4. X-43 高超声速飞行器气动噪声载荷特点

X-43 系列高超声速飞行器是美国 Hyper-X 计划中实施时间最长、试飞最早的高超声速飞行器。其中 X-43A 是该系列高超声速飞行器中研究周期最长,对

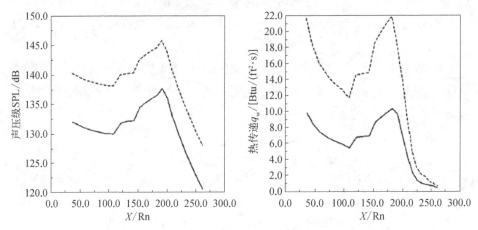

图 1.13   BWB 在 $Ma=10$ 下迎风面的气动热和噪声载荷

－ － － －为 2 600q 上升弹道;——为 1 000q 上升弹道;X/Rn 为飞行器位置

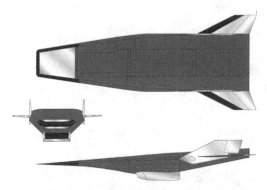

图 1.14   X-43A 高超声速飞行器构型

外公开数据最为详细的飞行器(图 1.14)。其构型长 3.66 m,宽1.52 m,高0.66 m,动力系统为液氢燃料冲压发动机。

飞行器整体气动布局采用升力体构型,如图 1.15 所示。前体三道激波压缩,隔离段与进气道合二为一,采用楔板压缩。构型上表面采用弧形压缩面,翼型采用后掠梯形翼型。

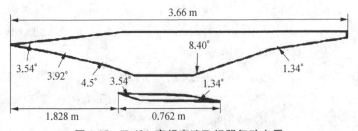

图 1.15   X-43A 高超声速飞行器气动布局

X-43A 共进行三次飞行试验,第一次失败,第二次和第三次均成功。第二次飞行马赫数为7,第三次飞行马赫数为10。飞行过程中,测点布置如图 1.16 所示[14]。

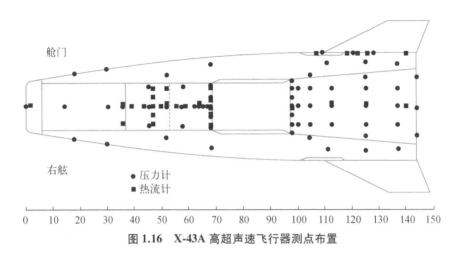

图 1.16　X-43A 高超声速飞行器测点布置

图 1.17 给出了两次飞行过程中飞行器沿轴向的压力分布。第二次飞行,给出了从鼻锥到尾部的压力数据,可以看到,出现了双模态的现象。第三次飞行,给出了从进气道唇口前缘到下腹板出口的压力数据,可以看到,出现了燃烧模态,燃烧室压力急剧变化。图 1.17 也给出了仿真结果与飞行数据的对比,发现仿真结果与飞行数据吻合较好。

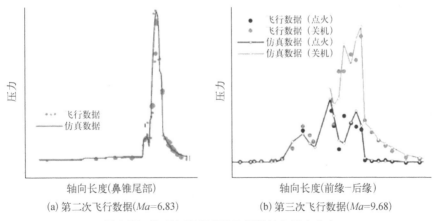

(a) 第二次飞行数据(Ma=6.83)　　　　(b) 第三次飞行数据(Ma=9.68)

图 1.17　X-43A 高超声速飞行器轴向压力分布

5. 气动噪声预示方法

当飞行器以高超声速飞行时,飞行器表面承受很强的非定常载荷(噪声载荷)。大攻角流动分离、激波边界层干扰、突起物扰流尾迹都是诱导强噪声载荷的重要原因。飞行器表面强噪声载荷会引起结构振动,导致结构疲劳破坏。

目前国内外常用的预测方法主要有经验公式法、数值模拟法和风洞试验。经验公式法仅适用于部分工况,对于复杂外形与工况,如激波振荡引起的交替流与分离流等,目前尚无可用的公式。风洞试验耗资大,成本高,其成功开展需要一定的条件,但依然是目前脉动压力预测最直接可靠的方法。随着计算机技术和 CFD 技术的发展,脉动压力的数值模拟技术逐渐成为一种重要的方法。目前数值方法主要有 4 种:直接数值模拟法(direct numerical simulation,DNS)、雷诺平均方程法(Reyndds average Navier-Stokes,RANS)、大涡模拟法(large eddy simulation,LES)、混合方法(RANS/LES)。

1.3.2　脉动压力空间相关特性

总声压级、功率谱和空间相关性是描述脉动压力载荷的三个重要参数。总声压级是脉动压力的时域体现,表征了其量级大小;功率谱则描述了脉动压力频域分布特性;而空间相关性描述了脉动压力的传播特性,体现了其空间分布的差异,对结构响应计算结果的准确度有较大影响,是分析脉动压力引发结构振动的关键参数。

航天飞行器在大气中飞行时,其外表面大部分区域的流动形式为附体湍流,由此被认为是产生脉动压力的主要原因之一。附体湍流边界层的脉动压力空间相关特性可表示为

$$S_{pq}(\zeta, \eta, \omega) = \varphi(\omega) A(\zeta, \eta, \omega) e^{-j(\omega\zeta/U_c)} \tag{1.1}$$

式中,$S_{pq}(\zeta, \eta, \omega)$ 为任意两点 p、q 间的互功率谱密度(cross power spectral density,CPSD);ζ、η 分别为 p、q 两点间的纵向相对距离和横向相对距离;$\varphi(\omega)$ 为 PSD,ω 为圆频率;U_c 为对流速度;$A(\zeta, \eta, \omega)$ 为空间相关系数,若以 PSD 进行归一化可以得到

$$A(\zeta, \eta, \omega) = A_\zeta(\zeta, \omega) B_\eta(\eta, \omega) \tag{1.2}$$

式中,$A_\zeta(\zeta, \omega)$ 与 $B_\eta(\eta, \omega)$ 分别为纵向相关系数与横向相关系数,分别采用 $\omega\zeta/U_c$ 与 $\omega\eta/U_c$ 进行归一化,可将两者表示为

$$A_\zeta(\zeta, \omega) = \exp(-0.1 \mid \zeta \mid \omega/U_c) \exp[-j(\omega\zeta/U_c)] \tag{1.3}$$

$$A_\eta(\eta, \omega) = \exp(-0.715 \mid \eta \mid \omega/U_c) \tag{1.4}$$

式(1.3)和式(1.4)是通过大量的试验得到的附体湍流边界层脉动压力空间相关性的工程经验预测方法。而对于实际飞行器结构而言,在同一区域往往包含多种复杂的流动形式。

1.3.3　发动机噪声载荷环境特点

根据推进装置的不同,可以将历史上出现过的和目前研究中的高超声速飞行器归为两大类:以火箭推进为高超声速飞行动力的飞行器(hypersonic rocket vehicles,HRV)和以吸气推进为高超声速飞行动力的飞行器(hypersonic air-breathing vehicles,HAV)。

跨大气层高超声速飞行器发动机产生的噪声包括两方面: ① 火箭发动机,使飞行器达到马赫数 2~3;② 吸气式发动机,如超燃冲压发动机。起飞时由于火箭发动机和超燃冲压发动机同时工作,噪声最大。地面的反射和超燃冲压发动机的工作使得下半部分的声压级明显高于上部,因此飞行器上下两部分的噪声是不同的。BWB 高超声速飞行器拥有火箭发动机助推器,安装成两行,与机尾相交,如图 1.18 所示。

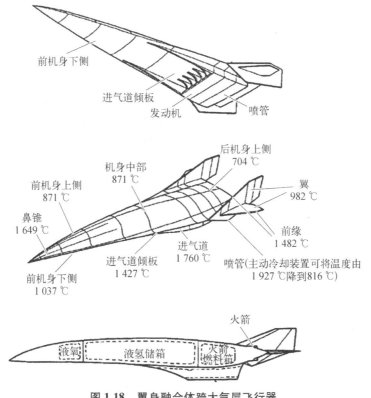

图 1.18　翼身融合体跨大气层飞行器

飞行中最大噪声处在起飞段火箭发动机和冲压发动机同时使用的时候。由于受到跑道的反射,飞行器下机身的声压级高于上机身的声压级,如同安装在中机身下侧冲压发动机的直接噪声辐射。

美国国家航空航天局(National Aeronautics and Space Administration, NASA)认为冲压发动机产生噪声的声压级与助推器产生的噪声声压级近似相同,由于自身较大的尺寸,它最大的声功率发生在低频部分。在500~5 000 Hz,发动机声谱较平,综合了来自火箭发动机的高频噪声和来自冲压发动机的低频噪声。超燃冲压发动机在低频范围能量比较高,火箭发动机在中高频范围比较高,两者的区别主要是尺寸大小的不同。超燃冲压发动机的尺寸较大,所以频率较低;火箭发动机的喷管尺寸较小,所以频率较高。

BWB 高超声速飞行器在起飞段,考虑地面的反射影响估算飞行器蒙皮的总声压级,如图 1.19 所示。在进气道和排气区域,发动机直接辐射导致作用于蒙皮壁板上总声压级介于 170~180 dB(参考 20 μPa)。这些结果与涡轮喷气发动机测量最高的声压级相当。

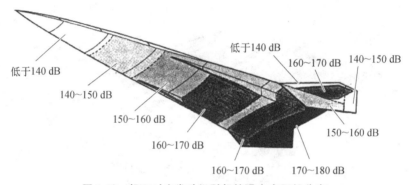

图 1.19   起飞时由发动机引起的噪声声压级分布

1.4   复合材料结构应用情况

飞行器在大气层中高马赫数飞行时,表面要经受严酷的气动加热,大面积防热结构温度可达 1 200℃以上,特别是在鼻锥、翼前缘等区域温度高达 2 000℃。高温复合材料结构具有耐高温、高比强、高比模、耐疲劳等优势,在飞行器热防护系统设计中得到大量应用。美国在航天飞机、X-43A、X-51A、X-37B、HTV-2 等高超声速飞行器的研制过程中,根据不同部位的热防护需求,发展了多种高温复合材料结构。

1.4.1　复合材料防热结构在可重复使用飞行器的应用

1. 复合材料结构在航天飞机中的应用

美国航天飞机的热防护系统主要用作再入段的防热,机身主体为铝合金结构,最高设计温度为 176℃,为了保护主体结构,根据航天飞机上升和再入过程中机身表面的温度场分布特征,设计了不同类型的防热瓦(图 1.20 和图 1.21)。

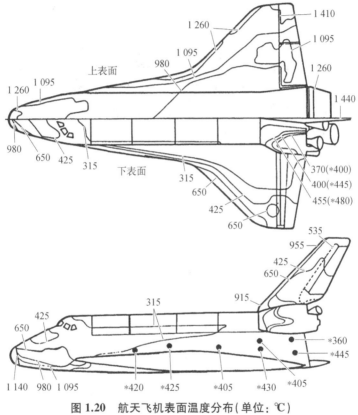

图 1.20　航天飞机表面温度分布(单位:℃)

* 表示上升过程中的温度

机身的鼻锥帽和翼前缘再入过程中承受的气动加热最为严重,采用增强 C/C 复合材料(reinforced carbon/carbon,RCC),使用处表面最高温度约 1 650℃。翼前缘部位由 22 个 RCC 面板组成,如图 1.21 所示。这些面板根据空气动力学设计,在再入过程中为机翼提供热防护。美国 NASA Langley(兰利研究中心)根据航天飞机的再入飞行环境,利用有限元软件对翼前缘面板进行热、力响应计算分析,得到其瞬态温度场分布和高温区的应力场分布,图 1.22 所示为再入过程峰值温度时翼前缘面板的温度场分布,由计算结果可以看出,最高温度位于翼前

1. HRSI-高温可重复使用表面隔热材料
2. LRSI-低温可重复使用表面隔热材料
3. FRSI-柔性可重复使用表面隔热材料
4. AFRSI-先进纤维表面隔热材料
5. RCC-增强C/C复合材料

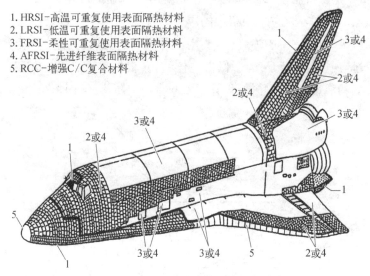

图 1.21　航天飞机热防护系统材料分布

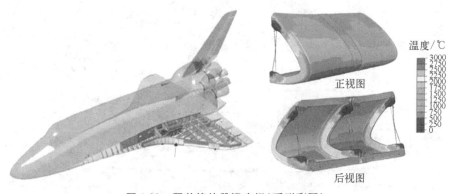

图 1.22　翼前缘片段温度场（后附彩图）

缘下尖部,约为1 650℃。

　　机身下表面再入过程处于迎风面的部位,是鼻锥帽和翼前缘以外气动加热最严重的区域,采用高温可重复使用表面隔热材料(high-temperature reusable surface insulation,HRSI)防热瓦,厚度19.5~64 mm,厚度的设计随当地热流水平而变化,使用处表面温度范围为648~1 260℃,表面喷涂0.38 mm厚的黑色硼硅酸盐玻璃涂层,它可以将再入大气层时产生的90%的热量反射回大气层。机身再入过程中处于背风面的部位,使用低温可重复使用表面隔热材料(low-temperature reusable surface insulation,LRSI)防热瓦,厚度14~19 mm,表面温度

371~648℃。机身上表面、机翼上表面的后段以及机身两侧表面等温度在 371℃ 以下的部位,使用柔性可重复使用表面隔热材料(flexible reusable surface insulation,FRSI)防热瓦,厚度 4.8~16 mm,采用常温固化硅橡胶粘贴在机身铝合金结构表面。航天飞机表面所铺设的防热瓦耐高温性能较好,但存在结构松脆、易脱落等缺点,在航天飞机飞行过程中,曾多次发生防热瓦脱落和破损现象。

2. 复合材料结构在 X-37B 飞行器中的应用

X-37B 是美国空间机动飞行器(space maneuver vehicle,SMV)的技术验证机,以 20 世纪 90 年代末的 X-37 计划为基础发展而来,定位为一种快速响应、发射灵敏的飞行器。作为一架技术验证机,X-37B 飞行器的一个重要任务是验证新型先进热防护系统。X-37B 气动外形几何尺寸大约是航天飞机的1/4,由于再入速度大,气动加热更为严重,对热防护系统也提出了更高的要求。X-37B 的机身采用一体化的石墨/聚酰胺构架,减少了防热瓦和防热毡的使用量,如图 1.23 所示。相对于传统的金属(钢、钛、铝)构架,石墨构架大大降低了飞行器的质量,也提高了飞行器结构的整体防热能力。

X-37B 飞行器翼前缘部位使用了薄层轻质的增韧单体纤维抗氧化陶瓷瓦(toughened uni-piece fibrous reinforced oxidization-resistant composite,TUFROC),该结构最高可承受 1 700℃ 的高温,但密度只有 RCC 的 1/4,如图 1.24 所示。该材料由 NASA 的 Ames 中心研制,由两层轻质材料(密度为 400 kg/m³)组成,外层为经过处理的含碳耐高温抗氧化陶瓷隔热盖帽,内层为低导热率的纤维隔热材料,含碳盖帽用高效钽基复合材料渗渍,以提高表面的硬度,保证气动外形稳定。

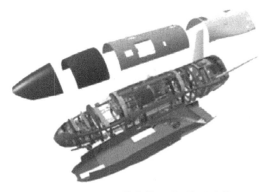 

覆盖层

绝热层

图 1.23　X-37B 一体化的石墨/聚酰胺构架　　　　图 1.24　TUFROC 模型

在迎风面上采用的是波音公司负责研制的可重复使用绝热毡(conformal reusable insulation,CRI),最高使用温度为 1 320℃,其表面覆以增韧单体纤维隔热层(toughened uni-piece fibrous insulation, TUFI)。TUFI 的材料密度仅为 128 kg/m^3,涂层渗入基体 30 mm,在界面形成密度梯度,相比 HRSI 涂层隔热性能更好、寿命更长。

  X-37B 飞行器不同的控制面采用了不同的材料,如图 1.25 所示。体襟翼结构采用的是 C/SiC 复合材料结构,襟副翼采用 C/SiC 和 C/C 复合材料结构,方向舵采用 C/C 复合材料结构。为了考核各复合材料结构在气动热、气动力、噪声、振动等载荷作用下的强度性能,相关材料制备单位针对典型试片开展了材料的基础力学性能测试工作,此外,美国 NASA Dryden(德莱顿飞行研究中心)和空军实验室依靠其先进的试验技术开展了大量热、静力、模态和力热复合试验研究,为结构的强度校核和设计优化提供了重要的试验数据。

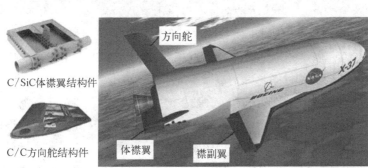

图 1.25 X-37B 复合材料热结构

  与航天飞机相比,X-37B 具有更为先进的热防护系统:采用了一体化薄层轻质、耐高温和抗氧化性能好的复合材料结构,提高了飞行器的整体防热能力和有效载荷的运输能力。

1.4.2 复合材料结构在高超声速飞行器中的应用

1. 复合材料结构在 X-43A 飞行器中的应用

  X-43A 是 NASA Hyper-X 试验计划中的一部分,用来验证超燃冲压发动机作为高超声速飞行器动力的可行性。X-43A 主体结构由钢梁、钢和铝合金蒙皮、钛合金后隔板组成,材料分布如图 1.26 所示。飞行器上下表面采用厚度大约为 13 mm 的氧化铝陶瓷瓦(alumina enhanced thermal barrier, AETB)热防护,表面涂覆纤维增韧涂层。前缘结构较为尖锐,鼻锥尖部的半径为 0.03 in[①],与航天飞

---

① 1 in=2.54 cm。

机、X-37B 相对圆滑的前缘部位相比,面临更加严峻的热防护问题。整个机身前缘是楔形钨合金结构,表面包覆一层 C/C 复合材料。为了降低鼻锥前缘的温度和热梯度,增强翼弦方向的导热能力,用高导热率的碳纤维通过不对称编织来加工鼻锥前缘结构。水平和垂直尾翼主体结构使用 Haynes230 制备,尾翼前缘使用C/C 复合材料制备。水平尾翼前缘采用准各向同性的 K321 纤维 C/C 热防护材料,边条使用针状聚丙烯腈基纤维热防护材料,表面均涂覆 SiC 抗氧化涂层,再在外部沉积一层薄的 Cr/C。

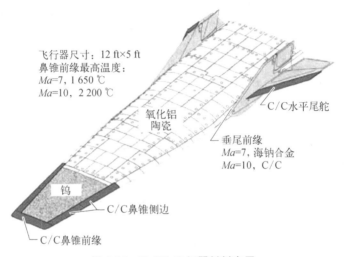

飞行器尺寸: 12 ft×5 ft
鼻锥前缘最高温度:
$Ma=7$, 1 650 ℃
$Ma=10$, 2 200 ℃

氧化铝陶瓷

C/C水平尾舵

垂尾前缘
$Ma=7$, 海钠合金
$Ma=10$, C/C

钨

C/C鼻锥侧边

C/C鼻锥前缘

图 1.26　X-43A 飞行器材料布局

　　美国斯坦福大学对机身前缘的 C/C 材料进行了两次四点弯曲试验,试验温度分别为 1 649℃ 和 2 093℃。试验结果表明: Cr/C 包覆的 C/C 材料与未包覆的C/C 材料相比,Cr/C 明显增强了材料的承载能力,试验测得的实际强度值比预测值高,能够满足 X-43A 以 $Ma = 10$ 的速度飞行时的防热需求。在阿诺德工程发展中心对 X-43A 前缘结构进行了电弧喷射试验,试验过程如图 1.27 所示,其中,图(b)为试验成功样品,图(c)为失效样品,从图中看出,失效的样品包覆层已脱落,并且 C/C 复合材料结构已经被氧化。

　　X-43A 以马赫数 7 飞行时,鼻锥前缘温度最高可达 1 650℃,采用 K321 碳纤维 5∶1(翼弦方向纤维数∶翼展方向纤维数)不对称编织复合材料,外加 SiC 抗氧化涂层。NASA Langley 针对 X-43A 马赫数 10 飞行器建立了鼻锥有限元模型,通过计算分析,鼻锥前缘温度最高可达 2 200℃,热变形分布示意图如图 1.28所示,可知鼻锥前缘尖部过高的热梯度导致了翼展方向过高的热应力,考虑到翼展方向潜在的压应力失效,马赫数10飞行器鼻锥采用3∶1的碳纤维编织比例,这样可以增加翼展方向的纤维数,提高抗压强度。

电弧喷射试验模拟的飞行条件:
Ma=10
鼻锥帽半径: 0.03 in
热流密度: 1 300 Btu/(ft^2·s)
时间: 130 s

(b) 成功的样品

(c) 失效的样品

(a) 试验照片

图1.27　电弧喷射试验及样品

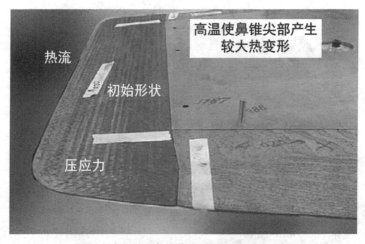

图1.28　X-43A鼻锥翼展方向热变形示意图

　　从以上叙述可以看出,X-43A飞行器的复合材料热结构由于存在很多前缘结构,与航天飞机和X-37B相比,其热防护问题更加严重。在飞行器研制过程中,根据飞行环境通过有限元数值仿真预测各部位的温度、应力分布,从而有针对性地选择材料的类型和复合材料的编织工艺来满足防热需求。

　　2. 复合材料结构在X-51A飞行器中的应用

　　X-51A计划是由美国空军研究实验室(Air Force Research Laboratory, AFRL)、国防高级研究计划局(Defense Advanced Research Projects Agency,

DARPA)、NASA、波音公司和普惠公司联合实施的旨在验证高超声速飞行能力的计划,包括热防护材料、机身与发动机的一体化集成、超燃冲压发动机技术等,目的是发展一种马赫数为 5~7 的可以在 1 h 内进行全球打击的武器,包括快速响应的空间飞行器和高超声速巡航导弹。

X-51A 的材料布局如图 1.29 所示。在鼻锥部分,为了承受气动热载荷,同时实现纵向配平,以保证导弹的纵向稳定性,使用金属钨制造,外覆 SiO_2 隔热涂层。为阻止热量传导到飞行器的其余部分,巡航级弹头与弹体的过渡部分采用低导热率的铬镍铁合金制造。巡航弹体部分的框架、板壁以及弹体部分的蒙皮均为铝制,上表面大面积区域覆盖 FRSI 与轻质变厚度烧蚀材料(Boeing lightweight ablator-S,BLA-S),机体脊部尖锐前缘的部分覆盖可重复使用防热瓦(Boeing reusable insulation-16,BRI-16)。发动机舱壁采用铬镍铁合金,发动机舱内壁覆盖 FRSI,以阻隔发动机对弹体的热辐射,进气道入口之前的斜面上涂覆 SiO_2 陶瓷瓦。四个舵片主体结构采用铬镍铁合金,翼前缘采用 C/C 复合材料结构。

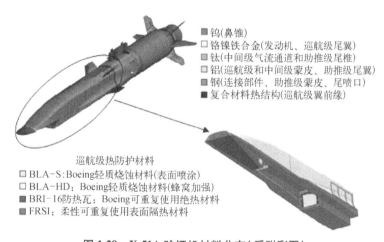

图 1.29　X-51A 验证机材料分布(后附彩图)

从已经掌握的资料来看,X-51A 热防护设计很大程度上借鉴了 X-43A 的研究成果,两者热防护材料的分布十分类似,鼻锥均采用金属钨包覆耐高温复合材料外加抗氧化涂层,翼前缘均使用 C/C 复合材料进行热防护。

3. 复合材料结构在 HTV 飞行器中的应用

高超声速技术飞行器(hypersonic technology vehicle,HTV)是美国"猎鹰"计划的一部分,由美国 DARPA 和空军联合研制,其研究工作始于 2003 年,具体发展规划如图 1.30 所示。最初研制 HTV-1 作为地面验证机,利用它发展先进的复合材料加工制造方法,并进行一系列地面试验以验证飞行器热防护系统的性能。HTV-2 是在"猎鹰"计划下研制的第二架高超声速技术飞行器。

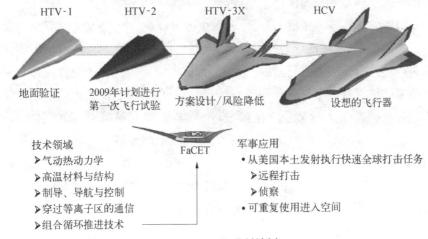

图 1.30　HTV 研制计划

　　HTV-2 在大气层内滑翔时间较长,飞行速度达到 20 马赫数,并且要求具有高升阻比的气动外形,对热防护系统的设计提出了很高的要求,为此,DARPA 成立了材料集成产品组(material integration product team,MIPT)专门进行热防护系统的研究。HTV-2 飞行器气动外壳采用多层 C/C 复合材料制造,兼具承载和防热的双重功能,能够保证其在大气层内做长时间的高超声速滑翔和机动飞行,是飞行器研制过程中面临的关键技术难题。

　　为了保护机体内部的仪器设备能够在合适的温度环境下可靠工作,MIPT组织多家材料制备单位开展了高温多层隔热材料的研制,其中 SMARF 制备的隔热材料通过了试验考核,该隔热材料反射层采用氧化铝基黏合剂的石英纸,蒙皮采用低辐射率的金或者铂。SMARF 建立了 3D 热传递试验模型,模拟隔热材料在 HTV-2 飞行器的应用效果;NASA Langley 针对隔热材料样品开展了 1 649℃环境中的隔热性能试验,样品在经历了 6 次热循环之后未发生失效,且背面的最高温度满足不超过 122℃的设计要求。从已经掌握的资料来看,HTV-2 已经取得了很多进展,包括:实现了大型复杂高升阻比多层 C/C 复合材料气动壳体制造;应用到多种新型复合材料,满足不同部位热防护的需求;解决了 1 649℃环境下机体内部的隔热问题;发展了精确预测气动热载荷和烧蚀速率技术等。

1.5　高超声速飞行器面临的结构动强度问题

从早期航天飞机、空天飞行器的研制与验证,到 X-43A、X-51、X-37B 等新一代高超声速飞行器的研制与验证,它们在上升、巡航或再入等过程中均经历着气动热、噪声等复合环境,在激波-边界层相互作用区域热噪声载荷更为严酷,飞行器热防护结构也采用钛合金、高温合金、高温复合材料等多种材料和不同结构形式。调研分析,热噪声环境对结构疲劳造成的影响,可归结为以下几个方面(图1.31)。

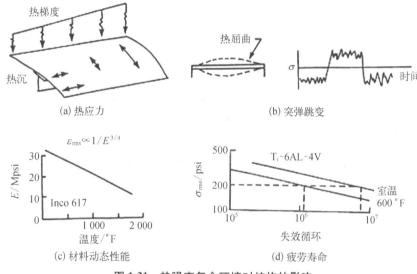

图 1.31　热噪声复合环境对结构的影响

(1)飞行器结构一方面长时间经受高温气动热载荷,发生热变形;另一方面不同温区存在热梯度,导致飞行器结构内部存在较大的热应力。

(2)高温环境改变结构材料的弹性模量、热膨胀系数等参数,影响结构的刚度和动态响应特性。

(3)由于热应力的存在,结构局部壁板易发生热屈曲现象,当同时有振动或噪声载荷作用时,会发生间歇或持续性的突弹跳变现象。

(4)热噪声复合环境影响结构的疲劳寿命,会导致金属结构疲劳寿命的降低,发生疲劳破坏等现象。同样也影响高温复合材料的疲劳寿命,对热结构的耐疲劳设计提出了新的挑战。

NASA Langley 为满足空天飞机和高超声速飞行器热噪声性能的评估需求，开展铝合金结构、蜂窝结构、复合材料加筋结构等热噪声试验研究。项目之一是研究承受热噪声联合作用的超耐热合金蜂窝壁板结构的动态应变特性，测试了室温和高温环境下（649℃）、频宽（50~500 Hz）、声压级（140~160 dB）的应变动态响应。另一项目研究复合材料平板和加强筋壁板结构的动态响应和声疲劳特征，在声压级 160 dB 激励下测试件均出现了失效现象，破坏时间从几分钟到几小时不等。室温和高温环境下复合材料壁板的热噪声试验结果对比显示，热环境对壁板的动态响应、疲劳寿命及疲劳破坏模式都产生了很大影响（图 1.32）。

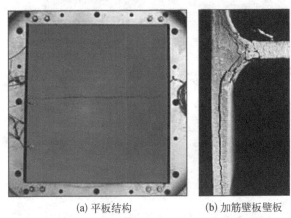

(a) 平板结构   (b) 加筋壁板壁板

图 1.32　C/C 复合材料热噪声疲劳失效模式

为研究陶瓷基复合材料的高温声疲劳性能，麦道公司的 Jacobs 采用高温随机疲劳设备和高温行波管噪声设备开展相关的研究工作。试验件 BN-SiC/MAP 复合材料为单晶磷酸铝编织增强的 SiC 复合材料，材料表面为氮化硼（BN）涂层。在不同高温环境下，分别测试材料的随机疲劳性能。失效以发现裂纹或自然频率下降 10% 为准，可见随温度增加，材料的随机疲劳阻抗显著降低。

NASA、美国空军（United States Air Force，USAF）、DARPA 在多个研究计划项目中开展了相应的理论、试验与数值仿真方法研究。美国空军 2010 年启动的航空器结构完整性技术研究（Air Vehicle Integration and Technology Research，AVIATR）计划在解决飞行器在热噪声复合载荷下的结构强度与优化设计问题时，采用了从“初始结构设计”到“热分析‐热映射‐静力学分析”再到“动力学分析‐损伤分析”的技术途径（图 1.33）。

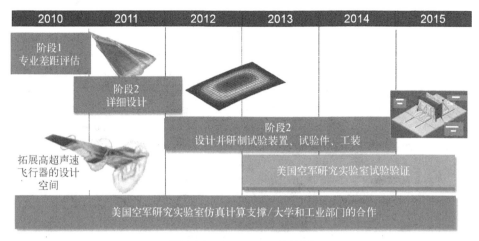

图 1.33　AVIATR 研究计划

1.6　小结

本章对高超声速飞行器的气动力、气动热载荷预示方法进行了总结,给出了飞行器发动机的热载荷特点。结合飞行器的弹道特点,对高超声速飞行器的气动噪声、发动机噪声载荷进行了总结分析。热防护结构和热结构是高超声速飞行器的重要组成构件,针对高温复合材料在航天飞机、X37-B、X-51A、HTV 飞行器的应用情况及复合材料结构的力学性能进行了总结分析。结合高温环境对飞行器结构的影响规律,对高超声速飞行器面临的动强度问题进行了梳理,为高超声速飞行器结构的设计改进和性能验证提供了参考。

参考文献

[1] Mileti S, Coluzzi P, Marchetti M, et al. Hot structure sandwich panel for reusable launch vehicles. Dayton:15th AIAA Space Planes and Hypersonic Systems and Technologies Conference, 2008.

[2] 潘沙.高超声速气动热数值模拟方法及大规模并行计算研究.长沙:国防科学技术大学,2010.

[3] Glass D. Ceramic matrix composite (CMC) thermal protection systems (TPS) and hot structure for hypersonic vehicles. Dayton:15th AIAA Space Planes and Hypersonic Systems and Technologies Conference, 2008.

[4] Lee J, Rho O. Numerical analysis of hypersonic viscous flow around a blunt body using Roe's FDS and AUSM+ schemes. Snowmass: Fluid Dynamics Conference, 1997.

[5] 吕红庆.乘波体结构热响应及防护问题研究.哈尔滨: 哈尔滨工程大学,2010.

[6] Blevins R D, Bofilios D, Holehouse I, et al. Thermo-vibro-acoustic loads and fatigue of hypersonic flight vehicle structure. Chula Vista: AFRL-RB-WP-TR-2009-3139, 2009.

[7] Cleland J, Iannetti F. Thermal protection system of the space shuttle. Research Triangle Park, North Carolina: NASA-CR-4227, 1989.

[8] Joel L. Everhart transition induced by fence geometries on shuttle orbiter at Mach 10. Orlando: 48th AIAA Aerospace Sciences Meeting Including the New Horizons Forum and Aerospace Exposition, 2010.

[9] Ko W L, Gong L, Quinn R D. Hypothetical reentry thermostructural performance of space shuttle orbiter with missing or eroded thermal protection tiles. Edwards: NASA TM-2004-212850, 2004.

[10] Reuther J, Thompson R, Pulsonetti M, et al. External computational aerothermodynamic analysis for the STS-107 accident investigation. Reno: 42nd AIAA Aerospace Sciences Meeting and Exhibit, 2004.

[11] Hays D. An assessment of alternate thermal protection systems for the space shuttle orbiter. Downey: NASACR-3548, 1982.

[12] Hudson L D, Stephens C A. X-37 C/SiC ruddervator subcomponent test program. Edwards: DFRC-1069, 2009.

[13] Grosveld F W, Rizzi S A, Rice C E. Dynamic response of X-37 hot structure control surfaces exposed to controlled reverberant Acoustic Excitation. Hampton: NASA TM-2005-213519, 2005.

[14] Voland R T, Huebner L D, Mcclinton C R. X-43A Hypersonic vehicle technology development. Acta Astronautica, 2005, 59(1): 181 − 191.

第2章

高温环境对典型结构模态特性的影响

2.1　概述

高超声速飞行器结构在服役中承受着严酷的气动加热,强大的气动加热改变结构的应力状态,甚至会使局部结构发生屈曲失稳。典型结构高温模态特性的研究对飞行器整体结构响应分析及部件的设计都具有重要的意义。

结构承受高温热载荷作用时,材料的力学性能会发生很大变化,如弹性模量和剪切模量会急剧降低。另外,热载荷也会在结构内部产生热应力,使其刚度下降,进而导致频率逐渐降低。而发生热屈曲后热变形效应会增大结构刚度,又使频率迅速增大。以上热效应的产生能显著改变结构模态特性。本章将以典型壁板结构为对象,利用理论、数值和试验手段对高温环境下的结构模态特性变化进行介绍分析。

2.2　热弹性力学基础

热弹性力学主要研究弹性范围内结构在受到外载荷和温度作用时会产生的内力和变形。当温度发生变化时,材料的力学性能会发生变化,若此时受到外界约束,便会在结构内部产生热应力。一般来说,温度与结构变形是存在耦合关系的,即温度会导致结构产生变形,变形反过来也会影响温度场。然而在实际热弹性分析中,若变形不是很大,其对温度场的影响可以忽略。因此,为了计算的简化和方便,在一般热弹性分析中会做出如下假设:不考虑温度和变形场之间的耦合关系,即仅考虑温度对变形的单向影响;材料始终处于弹性范围内。根据以上假设,可以解决大部分的热弹性力学问题,这也是热弹性分析的理论基础。

2.2.1　应力、应变与温度的关系

弹性力学中,应力和应变满足广义胡克定律,其张量形式表示为

$$\sigma_{ij} = c_{ijkl}\varepsilon_{kl} \tag{2.1}$$

式中, σ_{ij} 为应力张量; ε_{kl} 为应变张量; c_{ijkl} 为弹性模量张量。

胡克定律仅是弹性材料在常温下的本构方程,若考虑温度变化的影响(忽略温度与变形的耦合),式(2.1)可改写为

$$\sigma_{ij} = c_{ijkl}\varepsilon_{kl} + \beta_{ij}(T - T_0) \tag{2.2}$$

式中, β_{ij} 为应变为零时的热模量; T 为变化后的材料温度; T_0 为材料的初始温度。

以 Θ 表示温度变化,式(2.2)可写为

$$\sigma_{ij} = c_{ijkl}\varepsilon_{kl} + \beta_{ij}\Theta \tag{2.3}$$

式(2.3)称为 Duhamel-Neumann 关系式。

1. 各向同性弹性体

对于各向同性体,应力分量和形变分量的关系可写为

$$\begin{cases} \varepsilon_x - \alpha\Delta T = \dfrac{1}{E}\left[\sigma_x - \nu(\sigma_y + \sigma_z)\right] \\[2mm] \varepsilon_y - \alpha\Delta T = \dfrac{1}{E}\left[\sigma_y - \nu(\sigma_x + \sigma_z)\right] \\[2mm] \varepsilon_z - \alpha\Delta T = \dfrac{1}{E}\left[\sigma_z - \nu(\sigma_x + \sigma_y)\right] \\[2mm] \gamma_{yz} = \dfrac{2(1+\nu)}{E}\tau_{yz}, \ \gamma_{zx} = \dfrac{2(1+\nu)}{E}\tau_{zx}, \ \gamma_{xy} = \dfrac{2(1+\nu)}{E}\tau_{xy} \end{cases} \tag{2.4}$$

式中, ε_x 、 ε_y 、 ε_z 分别为三个坐标方向上的正应变; γ_{xy} 、 γ_{yz} 、 γ_{zx} 分别为三个坐标方向上的剪应变; σ_x 、 σ_y 、 σ_z 分别为三个坐标方向上的正应力; τ_{xy} 、 τ_{yz} 、 τ_{zx} 分别为三个坐标方向上的剪应力; E 为材料的杨氏模量; ν 为泊松比; α 为热膨胀系数; ΔT 为温度变化量。

根据式(2.4),通过应变来求解应力,可得

$$
\begin{cases}
\sigma_x = \dfrac{E(1-\nu)}{(1+\nu)(1-2\nu)}\left[(\varepsilon_x - \alpha\Delta T) + \dfrac{\nu}{1-\nu}(\varepsilon_y - \alpha\Delta T) + \dfrac{\nu}{1-\nu}(\varepsilon_z - \alpha\Delta T)\right] \\[2mm]
\sigma_y = \dfrac{E(1-\nu)}{(1+\nu)(1-2\nu)}\left[(\varepsilon_y - \alpha\Delta T) + \dfrac{\nu}{1-\nu}(\varepsilon_z - \alpha\Delta T) + \dfrac{\nu}{1-\nu}(\varepsilon_x - \alpha\Delta T)\right] \\[2mm]
\sigma_z = \dfrac{E(1-\nu)}{(1+\nu)(1-2\nu)}\left[(\varepsilon_z - \alpha\Delta T) + \dfrac{\nu}{1-\nu}(\varepsilon_x - \alpha\Delta T) + \dfrac{\nu}{1-\nu}(\varepsilon_y - \alpha\Delta T)\right]
\end{cases}
\tag{2.5}
$$

将式(2.4)和式(2.5)写成矩阵形式,即

$$
\begin{bmatrix} \sigma_x \\ \sigma_y \\ \sigma_z \\ \tau_{xy} \\ \tau_{yz} \\ \tau_{zx} \end{bmatrix}
= \frac{E(1-\nu)}{(1+\nu)(1-2\nu)} \cdot
\begin{bmatrix}
1 & \frac{\nu}{1-\nu} & \frac{\nu}{1-\nu} & 0 & 0 & 0 \\
\frac{\nu}{1-\nu} & 1 & \frac{\nu}{1-\nu} & 0 & 0 & 0 \\
\frac{\nu}{1-\nu} & \frac{\nu}{1-\nu} & 1 & 0 & 0 & 0 \\
0 & 0 & 0 & \frac{1-2\nu}{2(1-\nu)} & 0 & 0 \\
0 & 0 & 0 & 0 & \frac{1-2\nu}{2(1-\nu)} & 0 \\
0 & 0 & 0 & 0 & 0 & \frac{1-2\nu}{2(1-\nu)}
\end{bmatrix}
\begin{bmatrix} \varepsilon_x - \alpha\Delta T \\ \varepsilon_y - \alpha\Delta T \\ \varepsilon_z - \alpha\Delta T \\ \gamma_{xy} \\ \gamma_{yz} \\ \gamma_{zx} \end{bmatrix}
\tag{2.6}
$$

2. 各向异性弹性体

对于各向异性的其他弹性体,也可用上述推导方法得到相应的应力-应变关系。若材料有两个正交的对称面,其刚度矩阵 $\boldsymbol{C}$ 如下:

$$
\boldsymbol{C} =
\begin{bmatrix}
C_{11} & C_{12} & C_{13} & 0 & 0 & 0 \\
C_{21} & C_{22} & C_{23} & 0 & 0 & 0 \\
C_{31} & C_{32} & C_{33} & 0 & 0 & 0 \\
0 & 0 & 0 & C_{44} & 0 & 0 \\
0 & 0 & 0 & 0 & C_{55} & 0 \\
0 & 0 & 0 & 0 & 0 & C_{66}
\end{bmatrix}
\tag{2.7}
$$

该矩阵有 9 个独立的刚度系数,那么其柔度系数也有 9 个是独立的,柔度矩阵 S 可写为

$$
S = \begin{bmatrix}
S_{11} & S_{12} & S_{13} & 0 & 0 & 0 \\
S_{21} & S_{22} & S_{23} & 0 & 0 & 0 \\
S_{31} & S_{32} & S_{33} & 0 & 0 & 0 \\
0 & 0 & 0 & S_{44} & 0 & 0 \\
0 & 0 & 0 & 0 & S_{55} & 0 \\
0 & 0 & 0 & 0 & 0 & S_{66}
\end{bmatrix}
$$

$$
= \begin{bmatrix}
\dfrac{1}{E_x} & -\dfrac{\nu_{xy}}{E_y} & -\dfrac{\nu_{xz}}{E_z} & 0 & 0 & 0 \\
-\dfrac{\nu_{yx}}{E_y} & \dfrac{1}{E_y} & -\dfrac{\nu_{yz}}{E_z} & 0 & 0 & 0 \\
-\dfrac{\nu_{zx}}{E_z} & -\dfrac{\nu_{zy}}{E_z} & \dfrac{1}{E_z} & 0 & 0 & 0 \\
0 & 0 & 0 & \dfrac{1}{G_{yz}} & 0 & 0 \\
0 & 0 & 0 & 0 & \dfrac{1}{G_{zx}} & 0 \\
0 & 0 & 0 & 0 & 0 & \dfrac{1}{G_{xy}}
\end{bmatrix} \tag{2.8}
$$

2.2.2 能量守恒方程

考虑连续介质物体在受热时能量的变化,需要列出其能量守恒方程。连续介质的能量包括机械能与内能,机械能通过应力、应变和位移来表达,而内能则是以温度为标志的。严格来说,机械能与内能之间存在双向耦合关系。由于应力或位移的改变所引起温度的变化可以忽略,且双向耦合问题的求解比较复杂,一般采用单向耦合,即温度变化将引起结构产生内力和位移。

此时,假设单位体积能 U 只与温度有关,材料某点的温度发生变化时,则其

内能变化为

$$\Delta U = \rho \cdot C \Delta T \tag{2.9}$$

其中，ΔU 为体积能变化量；C 为比热容；ρ 为密度。

如按时间变化计算材料单位体积存储的能量变化率，则

$$\frac{\partial U}{\partial t} = \rho \cdot C \frac{\partial T}{\partial t} \tag{2.10}$$

对于一特定体积 V，那么由温度变化产生的能量存储变化率为

$$\dot{E}_s = \int_V \rho\, C \frac{\partial T}{\partial t} \mathrm{d}V \tag{2.11}$$

物体表面的能量输出率为

$$\dot{E}_{\text{out}} = \int_S q_i n_i \mathrm{d}A = \int_V \frac{\partial q_i}{\partial x_i} \mathrm{d}V \tag{2.12}$$

其中，q_i 为物体单位表面积输出的热量；n_i 为物体表面法向量；A 为物体表面积积分变量；V 为物体体积积分变量。

假设没有新的热量传入，则物体表面的能量输入率为零，即

$$\dot{E}_{\text{in}} = 0 \tag{2.13}$$

由材料内部热源 Q 的能量产生率为

$$\dot{E}_Q = \int_V Q \mathrm{d}V \tag{2.14}$$

因此，根据热能量平衡可得到能量平衡公式：

$$\rho\, C \frac{\partial T}{\partial t} + \frac{\partial q_i}{\partial x_i} - Q = 0 \tag{2.15}$$

上述平衡公式并不含有物体的应变能。结构在机械载荷和热载荷作用下时，单位体积内的应变能 V_s 为

$$
\begin{aligned}
V_s = & \frac{1}{2}(\sigma_x \varepsilon_x + \sigma_y \varepsilon_y + \sigma_z \varepsilon_z + \tau_{xy} \gamma_{xy} + \tau_{yz} \gamma_{yz} + \tau_{zx} \gamma_{zx}) \\
& + \frac{1}{2}(\sigma_x + \sigma_y + \sigma_z)\varepsilon_T + \sigma_T(\varepsilon_x + \varepsilon_y + \varepsilon_z + 3\varepsilon_T)
\end{aligned} \tag{2.16}
$$

式中，$\varepsilon_T = \alpha\Delta T$ 为物体温度变化产生的热应变；$\sigma_T = \dfrac{E\alpha T}{1-2\nu}$ 为初始热应力。

式(2.16)为热弹性力学的应变能方程，适用于机械载荷和热载荷共同作用下的应变能公式。

2.2.3 热屈曲

当载荷增加微小量就会改变结构的平衡状态，这种现象称为屈曲，如压杆稳定就是屈曲的一种。若结构屈曲是由温度作用引起的，就称为热屈曲。飞行器典型壁板结构在服役时会承受严酷的高温环境，结构内部会产生巨大的热应力，当约束较强时就有可能发生热屈曲的现象。

1. 各向同性板的热屈曲

由于屈曲问题的性质，在分析时须采用大挠度理论，即 von-Karman 非线性应变-位移关系：

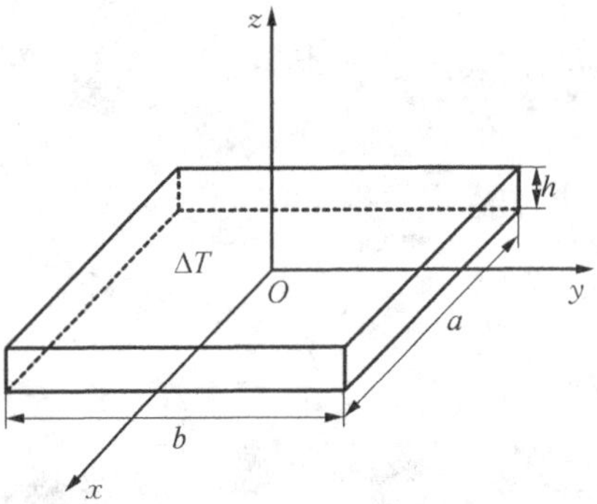

图 2.1 各向同性平板示意图

$$\begin{cases} \varepsilon_{xx} = \dfrac{\partial u_0}{\partial x} + \dfrac{1}{2}\left(\dfrac{\partial w}{\partial x}\right)^2 - z\left(\dfrac{\partial^2 w}{\partial x^2}\right) \\ \varepsilon_{yy} = \dfrac{\partial v_0}{\partial y} + \dfrac{1}{2}\left(\dfrac{\partial w}{\partial y}\right)^2 - z\left(\dfrac{\partial^2 w}{\partial y^2}\right) \\ \gamma_{xy} = \dfrac{1}{2}\left(\dfrac{\partial u_0}{\partial y} + \dfrac{\partial v_0}{\partial x} + \dfrac{\partial w}{\partial x}\dfrac{\partial w}{\partial y}\right) - z\dfrac{\partial^2 w}{\partial x\partial y} \end{cases} \quad (2.17)$$

假设边长分别为 a 和 b 的平板四边受简支约束，均匀受热后产生薄膜应力（图2.1）。当应力衰减到一定程度时，就可能发生热屈曲。

本例中假设 ΔT 为正，即结构温度升高，边界约束了板的面内膨胀，薄膜应力可写为

$$\begin{cases} N_x = \dfrac{Eh}{1-\nu^2}\left(\dfrac{\partial u_0}{\partial x} + \nu\dfrac{\partial v_0}{\partial y}\right) - \dfrac{E\alpha}{1-\nu}N_T \\ N_y = \dfrac{Eh}{1-\nu^2}\left(\dfrac{\partial v_0}{\partial y} + \nu\dfrac{\partial u_0}{\partial x}\right) - \dfrac{E\alpha}{1-\nu}N_T \\ N_{xy} = \dfrac{Eh}{1+\nu}\left(\dfrac{\partial u_0}{\partial y} + \dfrac{\partial v_0}{\partial x}\right) \end{cases} \quad (2.18)$$

式中, u_0 和 v_0 为板的中面位移; h 为板厚。

此时板并未发生弯曲变形 w, 平板面内位移受到约束, 即 $u_0 = v_0 = 0$。 又因为温度场是均匀的, 则

$$N_T = h\Delta T \tag{2.19}$$

式 (2.18) 的薄膜力又可写成

$$N_x = N_y = -\frac{E\alpha}{1-\nu}N_T = -\frac{E\alpha h\Delta T}{1-\nu}, \; N_{xy} = 0 \tag{2.20}$$

此时板的弹性曲面微分方程为

$$D\nabla^4 w = N_x \frac{\partial^2 w}{\partial x^2} + 2N_{xy}\frac{\partial^2 w}{\partial x\partial y} + N_y \frac{\partial^2 w}{\partial y^2} - \frac{E\alpha}{1-\nu}\nabla^2 M_T \tag{2.21}$$

式中, $D = \dfrac{Eh^3}{12(1-\nu^2)}$ 为板的弯曲刚度; M_T 为温度变化引起的热弯矩。

均匀温度作用下, 热力矩为零, 式 (2.21) 简化为

$$D\nabla^4 w = -\frac{E\alpha h\Delta T}{1-\nu}\left(\frac{\partial^2 w}{\partial x^2} + \frac{\partial^2 w}{\partial y^2}\right) \tag{2.22}$$

由于边界条件为四边简支

$$\begin{cases} w = \dfrac{\partial^2 w}{\partial x^2} = 0 & (x = 0, \; a) \\[3mm] w = \dfrac{\partial^2 w}{\partial y^2} = 0 & (y = 0, \; b) \end{cases} \tag{2.23}$$

假设解的形式为

$$w = w_m \sin\frac{m\pi x}{a}\sin\frac{n\pi y}{b} \tag{2.24}$$

式中, m 和 n 为模态系数。

将式 (2.24) 代入式 (2.22), 得到

$$w_m = 0 \tag{2.25}$$

或

$$D\left[\left(\frac{m\pi}{a}\right)^2 + \left(\frac{n\pi}{b}\right)^2\right] = \frac{E\alpha h\Delta T}{1-\nu} \tag{2.26}$$

式(2.25)和式(2.26)均为式(2.22)的解。这表明了平板弯曲解的分支性质,即板保持原本的平直状态,或者在一个临界温度作用下保持平衡。该临界温度可由式(2.26)得到:

$$\Delta T_{\text{cr}} = \frac{\pi^2 D(1-\nu)}{E\alpha h}\left(\frac{m^2}{a^2} + \frac{n^2}{b^2}\right) \tag{2.27}$$

当 $m = n = 1$ 时,得到第一阶临界屈曲温度为

$$\Delta T_{\text{cr}} = \frac{\pi^2 h^2}{12(1+\nu)\alpha}\left(\frac{1}{a^2} + \frac{1}{b^2}\right) \tag{2.28}$$

2. 一般结构的热屈曲

根据哈密顿原理:

$$\int \delta(U - T + V)\,\mathrm{d}t = 0 \tag{2.29}$$

式中,δ 为函数的变分;U、T 和 V 分别为系统的应变能、动能和外力功,表示为

$$\begin{cases} U = \dfrac{1}{2}\iiint \sigma_{ij}\varepsilon_{ij}\mathrm{d}x\mathrm{d}y\mathrm{d}z \\[2mm] T = \dfrac{1}{2}\iiint \rho\left[\left(\dfrac{\partial u}{\partial t}\right)^2 + \left(\dfrac{\partial v}{\partial t}\right)^2 + \left(\dfrac{\partial w}{\partial t}\right)^2\right]\mathrm{d}x\mathrm{d}y\mathrm{d}z \\[2mm] V = \iint qw\mathrm{d}x\mathrm{d}y \end{cases} \tag{2.30}$$

其中,q 为外力。

将 U、T 和 V 代入式(2.29)便可得到系统控制方程:

$$M\ddot{q} + (K - K_T + K_{N1} + K_{N2})q = Q_F + Q_T \tag{2.31}$$

式中,M 为质量矩阵;K 为线性刚度矩阵;K_T 为温度载荷引起的刚度矩阵变化;K_{N1} 与 K_{N2} 分别为由大变形引起的一阶、二阶非线性刚度矩阵;Q_F 与 Q_T 分别是由机械载荷和温度载荷产生的载荷列阵。

基于小挠度变形假设,确定结构热屈曲临界温度即为求解欧拉失稳的特征值问题。忽略运动学方程(2.31)中的非线性刚度矩阵 K_{N1} 和 K_{N2},结构广义变分表达式可写为

$$\delta \psi (q) = (\boldsymbol{K} - \boldsymbol{K}_T) \delta q \tag{2.32}$$

假设 $\boldsymbol{K}_{T_0}$ 为单位温升引起的结构刚度矩阵变化,由于 $\boldsymbol{K}_T$ 随温度线性变化,则对于任意温升 λ , 式(2.32)可改写为

$$\delta \psi (q) = (\boldsymbol{K} - \lambda \boldsymbol{K}_{T_0}) \delta q \tag{2.33}$$

而结构静力平衡要求 $\delta \psi (q) = 0$,则系统发生屈曲(有非零解)的充要条件为系数矩阵行列式为 0 ,即

$$| \boldsymbol{K} - \lambda \boldsymbol{K}_{T_0} | = 0 \tag{2.34}$$

求解该特征值问题,就能得到结构各阶临界屈曲温度。

2.3　考虑热效应的壁板模态特性理论分析

平板作为最简单的壁板结构,国内外学者开展了广泛而深入的研究。Chen 等[1]基于修正的高阶板理论,推导了初始应力状态下四边简支厚板的非线性振动方程,得到了非线性大幅振动的频率。Chen 等[2]又考虑温度对材料属性的影响,假定板内的温度横向均匀分布,研究了不同参数对复合材料层合板屈曲和振动行为的影响。Girish 和 Ramachandra[3]考虑几何初始缺陷和 von-Karman 应变-位移关系,研究了均匀温度场作用下复合材料层合板的后屈曲振动特性。夏巍和杨智春[4]运用 Hamilton 原理,建立了常温下四边固支复合材料平板的振动控制方程,分析了温度变化对结构固有频率的影响。Geng 和 Li[5]对矩形薄板在热环境下的振动和声辐射特性进行了研究。加筋板方面,Lee D M 和 Lee I[6]考虑热荷载引起的后屈曲挠度效应,对加筋板在后屈曲范围内的振动特性进行了分析。Qing 等[7]基于状态向量建立了加筋板的振动方程,并计算了不同加筋形式下的板的振动频率和振型。Librescu 和 Souza[8]在温度和侧向压力场作用下,建立了考虑动力效应的加筋平板小挠度理论方程,并研究了几何非线性对具有初始几何缺陷的正交加筋板振动特性的影响。

本节基于一阶剪切变形理论、von-Karman 应变-位移关系、Lagrange 原理及模态假设法建立复合材料加筋板半解析动力学模型[9],研究在较宽温度范围(跨屈曲温度)内,复合材料层合加筋板动力学特性的演变规律。

如图 2.2 所示,复合材料加筋板长 a、宽 b、高 h, 由 l_p 层复合材料组成,坐标

系 $Oxyz$ 的 xy 平面与板中面重合,坐标原点设置在层合板一交点,沿 x、y 两个方向分别安装 n_x、n_y 个加筋梁,下面分别记做 x-加筋梁和 y-加筋梁。

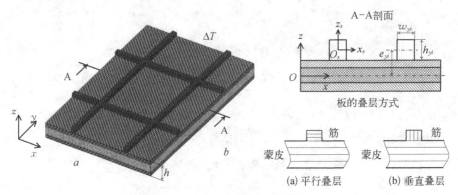

图 2.2　加筋板示意图

$O_s y_s z_s$、$O_s x_s z_s$ 分别为 x-加筋梁、y-加筋梁的截面坐标系,其坐标原点设在加筋梁中轴线,对于 x 方向第 $i(i = 0, 1, 2, \cdots, n_x)$ 个加筋梁,设其宽为 w_{xi},高为 h_{xi},其形心距板中面的距离为 e_{xi},由 l_{xi} 层复合材料组成;类似地,对于 y 方向第 $i(i = 0, 1, 2, \cdots, n_y)$ 个加筋梁,设其宽为 w_{yi},高为 h_{yi},其形心距板中面的距离为 e_{yi},由 l_{yi} 层复合材料组成。

2.3.1　加筋板理论模型

设 u、v、w 分别代表层合加筋板几何中面三个方向位移,ψ_x、ψ_y 分别为截面绕 $+y$ 轴、$-x$ 轴的转角。根据一阶剪切变形理论,板内任意一点位移场可表达为

$$\begin{cases} \bar{u}(x, y, z, t) = u(x, y, t) + z\psi_x(x, y, t) \\ \bar{v}(x, y, z, t) = v(x, y, t) + z\psi_y(x, y, t) \\ \bar{w}(x, y, z, t) = w(x, y, t) \end{cases} \quad (2.35)$$

层合板内各点处应变为

$$\begin{cases} \boldsymbol{\varepsilon} = (\varepsilon_x, \varepsilon_y, \gamma_{xy})^{\mathrm{T}} = \boldsymbol{\varepsilon}^0 + z\boldsymbol{\kappa} - \boldsymbol{\varepsilon}^{\mathrm{T}} \\ \boldsymbol{\gamma} = (\gamma_{yz}, \gamma_{xz})^{\mathrm{T}} = \boldsymbol{\gamma}^0 \end{cases} \quad (2.36)$$

其中,$\boldsymbol{\varepsilon}^0$、$\boldsymbol{\kappa}$ 和 $\boldsymbol{\gamma}^0$ 分别为第 k 层板中面的应变向量、曲率向量和横向切应变;$\boldsymbol{\varepsilon}^{\mathrm{T}}$ 为由温度变化引起的热应变。

考虑非线性 von-Karman 应变-位移关系,则

$$\begin{cases} \boldsymbol{\varepsilon}^0 = (\varepsilon_x^0, \ \varepsilon_y^0, \ \gamma_{xy}^0)^{\mathrm{T}} = \left(u_{,x} + \frac{1}{2}w_{,x}^2, \ v_{,y} + \frac{1}{2}w_{,y}^2, \ u_{,y} + v_{,x} + w_{,x}w_{,y} \right)^{\mathrm{T}} \\ \boldsymbol{\kappa} = (\kappa_x, \ \kappa_y, \ \kappa_{xy})^{\mathrm{T}} = (\psi_{x,x}, \ \psi_{y,y}, \ \psi_{y,x} + \psi_{x,y})^{\mathrm{T}} \\ \boldsymbol{\gamma}^0 = (\gamma_{yz}^0, \ \gamma_{xz}^0)^{\mathrm{T}} = (w_{,y} + \psi_y, \ w_{,x} + \psi_x)^{\mathrm{T}} \end{cases} \quad (2.37)$$

其中, $\boldsymbol{\alpha}^{(k)} = (\alpha_x, \ \alpha_y, \ \alpha_{xy})^{\mathrm{T}}$, α_x 和 α_y 分别为 x、y 方向热膨胀系数, α_{xy} 为 xy 平面内的热膨胀系数。

类似地, 全局坐标系下热膨胀系数可由两个主轴方向的热膨胀系数 α_1、α_2, 通过左乘坐标旋转矩阵得到。

对各个应力分量沿板厚积分, 得到层合板截面内力、内矩、截面剪力为

$$\begin{pmatrix} N_x \\ N_y \\ N_{xy} \end{pmatrix} = \begin{pmatrix} A_{11} & A_{12} & A_{16} \\ A_{12} & A_{22} & A_{26} \\ A_{16} & A_{26} & A_{66} \end{pmatrix} \begin{pmatrix} \varepsilon_x^0 \\ \varepsilon_y^0 \\ \gamma_{xy}^0 \end{pmatrix} + \begin{pmatrix} B_{11} & B_{12} & B_{16} \\ B_{12} & B_{22} & B_{26} \\ B_{16} & B_{26} & B_{66} \end{pmatrix} \begin{pmatrix} \kappa_x \\ \kappa_y \\ \kappa_{xy} \end{pmatrix} - \begin{pmatrix} N_x^{\mathrm{T}} \\ N_y^{\mathrm{T}} \\ N_{xy}^{\mathrm{T}} \end{pmatrix} \quad (2.38)$$

$$\begin{pmatrix} M_x \\ M_y \\ M_{xy} \end{pmatrix} = \begin{pmatrix} B_{11} & B_{12} & B_{16} \\ B_{12} & B_{22} & B_{26} \\ B_{16} & B_{26} & B_{66} \end{pmatrix} \begin{pmatrix} \varepsilon_x^0 \\ \varepsilon_y^0 \\ \gamma_{xy}^0 \end{pmatrix} + \begin{pmatrix} D_{11} & D_{12} & D_{16} \\ D_{12} & D_{22} & D_{26} \\ D_{16} & D_{26} & D_{66} \end{pmatrix} \begin{pmatrix} \kappa_x \\ \kappa_y \\ \kappa_{xy} \end{pmatrix} - \begin{pmatrix} M_x^{\mathrm{T}} \\ M_y^{\mathrm{T}} \\ M_{xy}^{\mathrm{T}} \end{pmatrix} \quad (2.39)$$

$$\begin{pmatrix} Q_{yz} \\ Q_{xz} \end{pmatrix} = \begin{pmatrix} A_{44} & A_{45} \\ A_{45} & A_{55} \end{pmatrix} \begin{pmatrix} \gamma_{yz}^0 \\ \gamma_{xz}^0 \end{pmatrix} \quad (2.40)$$

式中, A_{ij} 为拉伸刚度矩阵的分量; B_{ij} 为拉伸-弯曲耦合刚度矩阵的分量; D_{ij} 为弯曲刚度矩阵的分量。

层合板应变能 U_p 包括薄膜应变能 U_{pm}、弯曲应变能 U_{pb} 及剪切应变能 U_{ps}, 分别表示为

$$U_{pm} = \frac{1}{2} \int_A (N_x \varepsilon_x^0 + N_y \varepsilon_y^0 + N_{xy} \gamma_{xy}^0) \, \mathrm{d}A \quad (2.41)$$

$$U_{pb} = \frac{1}{2} \int_A (M_x \kappa_x^0 + M_y \kappa_y^0 + M_{xy} \kappa_{xy}^0) \, \mathrm{d}A \quad (2.42)$$

$$U_{ps} = \frac{1}{2} \int_A (Q_{yz} \gamma_{yz}^0 + Q_{xz} \gamma_{xz}^0) \, \mathrm{d}A \quad (2.43)$$

将截面内力、内矩及剪力代入式(2.41)~式(2.43)，得到由位移表示的应变能：

$$
\begin{aligned}
U_{pm} = \frac{1}{2}\int_A \Bigg\{ & A_{11}\left(u_{,x}+\frac{1}{2}w_{,x}^2\right)^2 + A_{22}\left(v_{,y}+\frac{1}{2}w_{,y}^2\right)^2 + A_{66}\left(u_{,y}+v_{,x}+w_{,x}w_{,y}\right)^2 \\
& + 2A_{12}\left(u_{,x}+\frac{1}{2}w_{,x}^2\right)\left(v_{,y}+\frac{1}{2}w_{,y}^2\right) + 2A_{16}\left(u_{,x}+\frac{1}{2}w_{,x}^2\right)\left(u_{,y}+v_{,x}+w_{,x}w_{,y}\right) \\
& + 2A_{26}\left(v_{,y}+\frac{1}{2}w_{,y}^2\right)\left(u_{,y}+v_{,x}+w_{,x}w_{,y}\right) + B_{11}\left(u_{,x}+\frac{1}{2}w_{,x}^2\right)\psi_{x,x} \\
& + B_{22}\left(v_{,y}+\frac{1}{2}w_{,y}^2\right)\psi_{y,y} + B_{66}\left(u_{,y}+v_{,x}+w_{,x}w_{,y}\right)\left(\psi_{y,x}+\psi_{x,y}\right) \\
& + B_{12}\left[\left(u_{,x}+\frac{1}{2}w_{,x}^2\right)\psi_{y,y}+\left(v_{,y}+\frac{1}{2}w_{,y}^2\right)\psi_{x,x}\right] \\
& + B_{16}\left[\left(u_{,x}+\frac{1}{2}w_{,x}^2\right)\left(\psi_{y,x}+\psi_{x,y}\right)+\left(u_{,y}+v_{,x}+w_{,x}w_{,y}\right)\psi_{x,x}\right] \\
& + B_{26}\left[\left(v_{,y}+\frac{1}{2}w_{,y}^2\right)\left(\psi_{y,x}+\psi_{x,y}\right)+\left(u_{,y}+v_{,x}+w_{,x}w_{,y}\right)\psi_{y,y}\right] \\
& - N_x^{\mathrm{T}}\left(u_{,x}+\frac{1}{2}w_{,x}^2\right) - N_y^{\mathrm{T}}\left(v_{,y}+\frac{1}{2}w_{,y}^2\right) - N_{xy}^{\mathrm{T}}\left(u_{,y}+v_{,x}+w_{,x}w_{,y}\right) \Bigg\}\mathrm{d}A
\end{aligned}
\tag{2.44}
$$

$$
\begin{aligned}
U_{pb} = \frac{1}{2}\int_A \Bigg\{ & B_{11}\left(u_{,x}+\frac{1}{2}w_{,x}^2\right)\psi_{x,x} + B_{22}\left(v_{,y}+\frac{1}{2}w_{,y}^2\right)\psi_{y,y} \\
& + B_{66}\left(u_{,y}+v_{,x}+w_{,x}w_{,y}\right)\left(\psi_{y,x}+\psi_{x,y}\right) \\
& + B_{12}\left[\left(u_{,x}+\frac{1}{2}w_{,x}^2\right)\psi_{y,y}+\left(v_{,y}+\frac{1}{2}w_{,y}^2\right)\psi_{x,x}\right] \\
& + B_{16}\left[\left(u_{,x}+\frac{1}{2}w_{,x}^2\right)\left(\psi_{y,x}+\psi_{x,y}\right)+\left(u_{,y}+v_{,x}+w_{,x}w_{,y}\right)\psi_{x,x}\right] \\
& + B_{26}\left[\left(v_{,y}+\frac{1}{2}w_{,y}^2\right)\left(\psi_{y,x}+\psi_{x,y}\right)+\left(u_{,y}+v_{,x}+w_{,x}w_{,y}\right)\psi_{y,y}\right] \\
& + D_{11}\psi_{x,x}^2 + D_{22}\psi_{y,y}^2 + D_{66}\left(\psi_{y,x}+\psi_{x,y}\right)^2 + 2D_{12}\psi_{x,x}\psi_{y,y} \\
& + 2D_{16}\psi_{x,x}\left(\psi_{y,x}+\psi_{x,y}\right) + 2D_{26}\psi_{y,y}\left(\psi_{y,x}+\psi_{x,y}\right) - M_x^{\mathrm{T}}\psi_{x,x} - M_y^{\mathrm{T}}\psi_{y,y} \\
& - M_{xy}^{\mathrm{T}}\left(\psi_{y,x}+\psi_{x,y}\right) \Bigg\}\mathrm{d}A
\end{aligned}
\tag{2.45}
$$

$$
\begin{aligned}
U_{ps} = \frac{1}{2}\int_{A} \Bigg\{ & B_{11}\left(u_{,x} + \frac{1}{2}w_{,x}^2\right)\psi_{x,x} + B_{22}\left(v_{,y} + \frac{1}{2}w_{,y}^2\right)\psi_{y,y} \\
& + B_{66}\left(u_{,y} + v_{,x} + w_{,x}w_{,y}\right)\left(\psi_{y,x} + \psi_{x,y}\right) \\
& + B_{12}\left[\left(u_{,x} + \frac{1}{2}w_{,x}^2\right)\psi_{y,y} + \left(v_{,y} + \frac{1}{2}w_{,y}^2\right)\psi_{x,x}\right] \\
& + B_{16}\left[\left(u_{,x} + \frac{1}{2}w_{,x}^2\right)\left(\psi_{y,x} + \psi_{x,y}\right) + \left(u_{,y} + v_{,x} + w_{,x}w_{,y}\right)\psi_{x,x}\right] \\
& + B_{26}\left[\left(v_{,y} + \frac{1}{2}w_{,y}^2\right)\left(\psi_{y,x} + \psi_{x,y}\right) + \left(u_{,y} + v_{,x} + w_{,x}w_{,y}\right)\psi_{y,y}\right] \\
& + D_{11}\psi_{x,x}^2 + D_{22}\psi_{y,y}^2 + D_{66}\left(\psi_{y,x} + \psi_{x,y}\right)^2 + 2D_{12}\psi_{x,x}\psi_{y,y} \\
& + 2D_{16}\psi_{x,x}\left(\psi_{y,x} + \psi_{x,y}\right) + 2D_{26}\psi_{y,y}\left(\psi_{y,x} + \psi_{x,y}\right) \\
& - M_x^{\mathrm{T}}\psi_{x,x} - M_y^{\mathrm{T}}\psi_{y,y} - M_{xy}^{\mathrm{T}}\left(\psi_{y,x} + \psi_{x,y}\right) \Bigg\}\mathrm{d}A
\end{aligned}
$$

$$(2.46)$$

考察第 i 个 x-加筋梁,为保证板和加筋梁在连接处变形连续,假设内部位移场为

$$
\begin{cases}
\bar{u}_s(x, y_s, z_s, t) = \bar{u}(x, y_i, e_{xi}, t) - y_s\bar{v}_{,x} + z_s\psi_x(x, y_i, t) \\
\bar{v}_s(x, y_s, z_s, t) = \bar{v}(x, y_i, e_{xi}, t) + z_s\psi_y(x, y_i, t) \\
\bar{w}_s(x, y_s, z_s, t) = \bar{w}(x, y_i, e_{xi}, t) - y_s\psi_y(x, y_i, t)
\end{cases}
\tag{2.47}
$$

式中, $\bar{u}(x, y_i, e_{xi}, t)$、$\bar{v}(x, y_i, e_{xi}, t)$ 和 $\bar{w}(x, y_i, e_{xi}, t)$ 表示 x-加筋梁轴线处的位移。

坐标系 $O_s y_s z_s$ 是由全局坐标系经过坐标变换 $y_s = y - y_i$, $z_s = y - e_{xi}$ 平移得到的,则

$$
\begin{cases}
\varepsilon_x^{sxi} = u_{,x} + e_{xi}\psi_{x,x} + z_s\psi_{x,x} - y_s\left(v_{,xx} + e_{xi}\psi_{y,xx}\right) + \frac{1}{2}w_{,x}^2 - \alpha_x\Delta T \\
\gamma_{xy}^{sxi} = z_s\psi_{y,x} - \alpha_{xy}\Delta T \\
\gamma_{xz}^{sxi} = \psi_x + w_{,x} - y_s\psi_{y,x}
\end{cases}
\tag{2.48}
$$

考虑到 x-加筋梁轴向(x 轴)尺寸远大于其他两个方向,故假设 $\sigma_y = 0$,加筋梁的本构方程为

$$\begin{pmatrix} \sigma_x \\ \tau_{xy} \end{pmatrix}^{sxi,(k)} = \begin{pmatrix} \bar{Q}'_{11} & \bar{Q}'_{16} \\ \bar{Q}'_{16} & \bar{Q}'_{66} \end{pmatrix}^{sxi,(k)} \begin{pmatrix} \varepsilon_x \\ \gamma_{xy} \end{pmatrix}^{sxi,(k)} \tag{2.49}$$

$$\tau_{xz}^{sxi,(k)} = \bar{Q}'^{sxi,(k)}_{55} \gamma_{xz}^{sxi,(k)}$$

其中，$\bar{Q}'_{11}$、$\bar{Q}'_{16}$、$\bar{Q}'_{66}$、$\bar{Q}'^{sxi,(k)}_{55}$ 表示层合缩减刚度系数，可由层合板刚度系数求得。

第 i 个 x-加筋梁的应变能可写为

$$U_{sxi} = \frac{1}{2} \int_0^a \int_{A_{sxi}} (\varepsilon_x \sigma_x + \gamma_{xy} \tau_{xy} + \gamma_{xz} \tau_{xz}) \mathrm{d}A \mathrm{d}x$$

$$= \frac{1}{2} \int_0^a \Big[A_{11}^{sxi} \Big(u_{,x} + e_{xi} \psi_{x,x} + \frac{1}{2} w_{,x}^2 \Big)^2 + A_{55}^{sxi} (\psi_x + w_{,x})^2$$

$$+ 2B_{11}^{sxi} \psi_{x,x} \Big(u_{,x} + e_{xi} \psi_{x,x} + \frac{1}{2} w_{,x}^2 \Big) + 2B_{16}^{sxi} \psi_{y,x} \Big(u_{,x} + e_{xi} \psi_{x,x} + \frac{1}{2} w_{,x}^2 \Big)$$

$$+ D_{11} \psi_{x,x}^2 + 2D_{16}^{sxi} \psi_{x,x} \psi_{y,x} + D_{66}^{sxi} \psi_{y,x}^2 - 2E_{55}^{sxi} (\psi_x + w_{,x}) \psi_{y,x}$$

$$- 2E_{11}^{sxi} \Big(u_{,x} + e_{xi} \psi_{x,x} + \frac{1}{2} w_{,x}^2 \Big) (v_{,xx} + e_{xi} \psi_{y,xx})$$

$$+ F_{11}^{sxi} (v_{,xx} + e_{xi} \psi_{y,xx})^2 + F_{55}^{sxi} \psi_{y,x}^2 - 2N_x^T \Big(u_{,x} + e_{xi} \psi_{x,x} + \frac{1}{2} w_{,x}^2 \Big)$$

$$- 2M_x^{T1} \psi_{x,x} - 2M_{xy}^{T1} \psi_{y,x} + 2M_x^{T2} (v_{,xx} + e_{xi} \psi_{y,xx}) \Big] \mathrm{d}x \tag{2.50}$$

其中，

$$\begin{cases} (A_{ij}, B_{ij}, D_{ij}, E_{ij}, F_{ij})^{sxi} = \int_{A_{sxi}} \bar{Q}'^{sxi}_{ij} (1, z_s, z_s^2, y_s, y_s^2) \mathrm{d}A \quad (i, j = 1, 6) \\[4mm] \left[\begin{pmatrix} N_x^T \\ N_{xy}^T \end{pmatrix}, \begin{pmatrix} M_x^{T1} \\ M_{xy}^{T1} \end{pmatrix}, \begin{pmatrix} M_x^{T2} \\ M_{xy}^{T2} \end{pmatrix} \right]^{sxi} = \int_{A_{sxi}} \begin{pmatrix} \bar{Q}'_{11} & \bar{Q}'_{16} \\ \bar{Q}'_{16} & \bar{Q}'_{66} \end{pmatrix}^{sxi} \begin{pmatrix} \alpha_x \\ \alpha_{xy} \end{pmatrix} \Delta T(1, z_s, y_s) \mathrm{d}A \\[4mm] (A_{55}, E_{55}, F_{55})^{sxi} = \kappa_s \int_{A_{sxi}} \bar{Q}'^{sxi}_{55} (1, y_s, y_s^2) \mathrm{d}A \end{cases} \tag{2.51}$$

类似地，i 个 y-加筋梁的应变能为

$$U_{syi} = \frac{1}{2} \int_0^b \int_{A_{syi}} (\varepsilon_y \sigma_y + \gamma_{xy} \tau_{xy} + \gamma_{yz} \tau_{yz}) \, \mathrm{d}A \mathrm{d}y$$

$$= \frac{1}{2} \int_0^b \left[A_{22}^{syi} \left(v_{,y} + e_{yi} \psi_{y,y} + \frac{1}{2} w_{,y}^2 \right)^2 + A_{44}^{syi} (\psi_y + w_{,y})^2 \right.$$

$$+ 2 B_{22}^{syi} \psi_{y,y} \left(v_{,y} + e_{yi} \psi_{y,y} + \frac{1}{2} w_{,y}^2 \right) + 2 B_{26}^{syi} \psi_{x,y} \left(v_{,y} + e_{yi} \psi_{y,y} + \frac{1}{2} w_{,y}^2 \right)$$

$$+ D_{22}^{syi} \psi_{y,y}^2 + 2 D_{26}^{syi} \psi_{x,y} \psi_{y,y} + D_{66}^{syi} \psi_{x,y}^2 - 2 E_{44}^{syi} (\psi_y + w_{,y}) \psi_{x,y}$$

$$- 2 E_{22}^{syi} \left(v_{,y} + e_{yi} \psi_{y,y} + \frac{1}{2} w_{,y}^2 \right) (u_{,yy} + e_{yi} \psi_{x,yy}) + F_{22}^{syi} (u_{,yy} + e_{yi} \psi_{x,yy})^2$$

$$+ F_{44}^{syi} \psi_{x,y}^2 - 2 N_y^{\mathrm{T}} \left(v_{,y} + e_{yi} \psi_{y,y} + \frac{1}{2} w_{,y}^2 \right) - 2 M_y^{\mathrm{T1}} \psi_{y,y} - 2 M_{xy}^{\mathrm{T1}} \psi_{x,y}$$

$$\left. + 2 M_y^{\mathrm{T2}} (u_{,yy} + e_{yi} \psi_{x,yy}) \right] \mathrm{d}y$$

$$(2.52)$$

其中，

$$\begin{cases} (A_{ij}, B_{ij}, D_{ij}, E_{ij}, F_{ij})^{syi} = \int_{A_{syi}} \bar{Q}_{ij}'^{syi} (1, z_s, z_s^2, y_s, y_s^2) \mathrm{d}A \quad (i, j = 2, 6) \\[2mm] \left[\begin{pmatrix} N_y^{\mathrm{T}} \\ N_{xy}^{\mathrm{T}} \end{pmatrix}, \begin{pmatrix} M_y^{\mathrm{T1}} \\ M_{xy}^{\mathrm{T1}} \end{pmatrix}, \begin{pmatrix} M_y^{\mathrm{T2}} \\ M_{xy}^{\mathrm{T2}} \end{pmatrix} \right]^{syi} = \int_{A_{sxi}} \begin{pmatrix} \bar{Q}_{22}' & \bar{Q}_{26}' \\ \bar{Q}_{26}' & \bar{Q}_{66}' \end{pmatrix} \begin{pmatrix} \alpha_y \\ \alpha_{xy} \end{pmatrix}^{syi} \Delta T (1, z_s, x_s) \mathrm{d}A \\[2mm] (A_{44}, E_{44}, F_{44})^{syi} = \kappa_s \int_{A_{sxi}} \bar{Q}_{44}'^{syi} (1, y_s, y_s^2) \mathrm{d}A \end{cases} \quad (2.53)$$

两个方向加筋梁的动能分别为

$$K_{sxi} = \frac{1}{2} \int_{V_{sxi}} \rho_{xi} (\dot{\bar{u}}_s^2 + \dot{\bar{v}}_s^2 + \dot{\bar{w}}_s^2) \mathrm{d}V$$

$$= \frac{1}{2} \int_0^a \int_{A_{sxi}} \rho_{xi} \{ [\dot{u} - y_s (\dot{v}_{,x} + e_{xi} \dot{\psi}_{y,x}) + (e_{xi} + z_s) \dot{\psi}_x]^2 + [\dot{v} + (e_{xi} + z_s) \dot{\psi}_y]^2 + (\dot{w} - y_s \dot{\psi}_y)^2 \} \mathrm{d}A \mathrm{d}x$$

$$= \frac{1}{2} \int_0^a \left[m_{sxi1} (\dot{u}^2 + \dot{v}^2 + \dot{w}^2) + m_{sxi2} \dot{\psi}_x^2 + m_{sxi3} \dot{\psi}_y^2 + m_{sxi4} (\dot{u} \dot{\psi}_x + \dot{v} \dot{\psi}_y) \right.$$

$$+ m_{sxi5} (\dot{w} \dot{\psi}_y + \dot{u} \dot{v}_{,x}) + m_{sxi6} (\dot{u} \dot{\psi}_{y,x} + \dot{v}_{,x} \dot{\psi}_x) + m_{sxi7} \dot{v}_{,x}^2 + m_{sxi8} \dot{v}_{,x} \dot{\psi}_{y,x}$$

$$\left. + m_{sxi9} \dot{\psi}_{y,x} \dot{\psi}_x + m_{sxi10} \dot{\psi}_{y,x}^2 \right] \mathrm{d}x$$

$$(2.54)$$

$$K_{syi} = \frac{1}{2} \int_{V_{syi}} \rho_{yi} (\dot{\overline{u}}_s^2 + \dot{\overline{v}}_s^2 + \dot{\overline{w}}_s^2) \mathrm{d}V$$

$$= \frac{1}{2} \int_0^b \int_{A_{syi}} \rho_{yi} \{ [\dot{v} - x_s (\dot{u}_{,y} + e_{yi} \dot{\psi}_{x,y}) + (e_{yi} + z_s) \dot{\psi}_y]^2 + [\dot{u} + (e_{yi} + z_s) \dot{\psi}_x]^2 + (\dot{w} - x_s \dot{\psi}_x)^2 \} \mathrm{d}A\mathrm{d}y$$

$$= \frac{1}{2} \int_0^b \big[m_{syi1} (\dot{u}^2 + \dot{v}^2 + \dot{w}^2) + m_{syi2} \dot{\psi}_x^2 + m_{syi3} \dot{\psi}_y^2 + m_{syi4} (\dot{u}\dot{\psi}_x + \dot{v}\dot{\psi}_y)$$

$$+ m_{syi5} (\dot{w}\dot{\psi}_x + \dot{v}\dot{u}_{,y}) + m_{syi6} (\dot{u}_{,y}\dot{\psi}_y + \dot{v}\dot{\psi}_{x,y}) + m_{syi7} \dot{u}_{,y}^2 + m_{syi8} \dot{u}_{,y}\dot{\psi}_{x,y}$$

$$+ m_{syi9} \dot{\psi}_{x,y} \dot{\psi}_y + m_{syi10} \dot{\psi}_{x,y}^2 \big] \mathrm{d}y \tag{2.55}$$

其中，

$$\begin{pmatrix} m_{sxi1} \\ m_{sxi2} \\ m_{sxi3} \\ m_{sxi4} \\ m_{sxi5} \\ m_{sxi6} \\ m_{sxi7} \\ m_{sxi8} \\ m_{sxi9} \\ m_{sxi10} \end{pmatrix} = \int_{A_{sxi}} \rho_{xi} \begin{pmatrix} 1 \\ (e_{xi} + z_s)^2 \\ (e_{xi} + z_s)^2 + y_s^2 \\ 2(e_{xi} + z_s) \\ -2y_s \\ -2e_{xi}y_s \\ y_s^2 \\ 2e_{xi}y_s^2 \\ -2e_{xi}^2 y_s \\ e_{xi}^2 y_s^2 \end{pmatrix} \mathrm{d}A \tag{2.56}$$

$$\begin{pmatrix} m_{syi1} \\ m_{syi2} \\ m_{syi3} \\ m_{syi4} \\ m_{syi5} \\ m_{syi6} \\ m_{syi7} \\ m_{syi8} \\ m_{syi9} \\ m_{syi10} \end{pmatrix} = \int_{A_{syi}} \rho_{yi} \begin{pmatrix} 1 \\ (e_{yi} + z_s)^2 + x_s^2 \\ (e_{yi} + z_s)^2 \\ 2(e_{yi} + z_s) \\ -2x_s \\ -2e_{yi}x_s \\ x_s^2 \\ 2e_{yi}x_s^2 \\ -2e_{yi}^2 x_s \\ e_{yi}^2 x_s^2 \end{pmatrix} \mathrm{d}A \tag{2.57}$$

假设加筋板受到垂直于板面方向的横向载荷 P, 则外力功为

$$W_{ext} = \int_0^b \int_0^a P(x, y) w \mathrm{d}x\mathrm{d}y \tag{2.58}$$

引入两个无量纲坐标:

$$\xi = x/a, \ \eta = y/b \tag{2.59}$$

采用模态假设法将位移函数分离成某空间函数与某时间函数乘积的形式:

$$\begin{cases} u(\xi, \eta, t) = \sum_{i=1}^{M_1} \sum_{j=1}^{N_1} q_{ij}^{(u)} X_i^{(u)}(\xi) Y_j^{(u)}(\eta) \\[2mm] v(\xi, \eta, t) = \sum_{i=1}^{M_2} \sum_{j=1}^{N_2} q_{ij}^{(v)} X_i^{(v)}(\xi) Y_j^{(v)}(\eta) \\[2mm] w(\xi, \eta, t) = \sum_{i=1}^{M_3} \sum_{j=1}^{N_3} q_{ij}^{(w)} X_i^{(w)}(\xi) Y_j^{(w)}(\eta) \\[2mm] \psi_x(\xi, \eta, t) = \sum_{i=1}^{M_1} \sum_{j=1}^{N_1} q_{ij}^{(\psi_x)} X_i^{(\psi_x)}(\xi) Y_j^{(\psi_x)}(\eta) \\[2mm] \psi_y(\xi, \eta, t) = \sum_{i=1}^{M_2} \sum_{j=1}^{N_2} q_{ij}^{(\psi_y)} X_i^{(\psi_y)}(\xi) Y_j^{(\psi_y)}(\eta) \end{cases} \tag{2.60}$$

其中, $q_{ij}^{(\cdot)} [(\cdot) = u, v, w, \psi_x, \psi_y]$ 为广义位移; $X_i^{(\cdot)}$、$Y_j^{(\cdot)} [(\cdot) = u, v, w, \psi_x, \psi_y]$ 分别为关于 ξ 和 η 的正交函数系, 并分别满足加筋板在 x、y 方向上几何边界条件的试探函数。

表 2.1 给出了固支(C)、简支(S)和自由(F)边界条件的不同组合方式以及试探函数集 $X_i^{(\cdot)}$ 中起始函数 $X_1^{(\cdot)}$ 的取法。

表 2.1　不同边界条件下起始试探函数的取法

边界条件	本征边界条件	起始试探函数 $X_1^{(\cdot)}$
CC	$\xi = 0, 1: u = v = w = \psi_x = \psi_y = w_{,x} = 0$	$\alpha = (w): X_1^\alpha(\xi) = \xi^2 (\xi - 1)^2$ $\alpha = (u, v, \psi_x, \psi_y): X_1^\alpha(\xi) = \xi(\xi - 1)$
SS	$\xi = 0, 1: v = w = \psi_y = 0$	$\alpha = (v, w, \psi_y): X_1^\alpha(\xi) = \xi(\xi - 1)$ $\alpha = (u, \psi_x): X_1^\alpha(\xi) = 1$
FF	$\xi = 0, 1$	$\alpha = (u, v, w, \psi_x, \psi_y): X_1^\alpha(\xi) = 1$

（续表）

边界条件	本征边界条件	起始试探函数 $X_1^{(\cdot)}$
CS	$\xi = 0: u = v = w = \psi_x = \psi_y = w_{,x} = 0$ $\xi = 1: v = w = \psi_y = 0$	$\alpha = (u, \psi_x): X_1^\alpha(\xi) = \xi$ $\alpha = (v, \psi_y): X_1^\alpha(\xi) = \xi(\xi - 1)$ $\alpha = (w): X_1^\alpha(\xi) = \xi^2(\xi - 1)$
CF	$\xi = 0: u = v = w = \psi_x = \psi_y = w_{,x} = 0$ $\xi = 1$	$\alpha = (u, v, \psi_x, \psi_y): X_1^\alpha(\xi) = \xi$ $\alpha = (w): X_1^\alpha(\xi) = \xi^2$
SF	$\xi = 0: v = w = \psi_y = 0$ $\xi = 1$	$\alpha = (u, \psi_x): X_1^\alpha(\xi) = 1$ $\alpha = (v, w, \psi_y): X_1^\alpha(\xi) = \xi$

由起始试探函数 $X_1^{(\cdot)}$ 开始,高阶试探函数可由 Gram-Schmidt 正交化法则产生,具体地:

$$X_2(\xi) = (\xi - B_1)X_1(\xi) \tag{2.61}$$

$$X_k(\xi) = (\xi - B_k)X_{k-1}(\xi) - C_k X_{k-2}(\xi) \tag{2.62}$$

其中,参数 B_k、C_k 按照如下格式求解:

$$B_k = \int_0^1 \xi w(\xi) X_{k-1}^2(\xi) \,\mathrm{d}\xi \Big/ \int_0^1 w(\xi) X_{k-1}^2(\xi) \,\mathrm{d}\xi \tag{2.63}$$

$$C_k = \int_0^1 \xi w(\xi) X_{k-1}(\xi) X_{k-2}(\xi) \,\mathrm{d}\xi \Big/ \int_0^1 w(\xi) X_{k-2}^2(\xi) \,\mathrm{d}\xi \tag{2.64}$$

式中,$w(\xi)$ 为权函数,这里取 1。

根据表 2.1 和式(2.61)~式(2.64),可得到给定边界条件下的正交试探函数系 $X_k(\xi)$。

利用 Lagrange 原理即可得到加筋板的运动学方程:

$$M\ddot{q} + (K - K_T + K_{N1} + K_{N2})q = Q_F + Q_T \tag{2.65}$$

对于加筋板的热后屈曲振动特性,用 Newton-Raphson 迭代求解可以得到屈曲路径,再进行模态分析。

2.3.2 加筋板算例

假设复合材料层合板铺设角为 $[0°/\pm45°/90°]_s$,每层厚度相等,加筋梁有两

层,厚度相等,且叠层顺序为 $[0°/90°]$ 。加
筋板材料参数为: $E_1 = 155 \times 10^9\ \text{Pa}$, $E_2 = 8.07 \times 10^9\ \text{Pa}$, $\rho = 1\,586\ \text{kg/m}^3$, $v_{12} = 0.22$, $G_{12} = 4.55 \times 10^9\ \text{Pa}$, $G_{13} = 4.55 \times 10^9\ \text{Pa}$, $G_{23} = 3.25 \times 10^9\ \text{Pa}$, $a_1 = -0.07 \times 10^{-6}$, $a_2 = 3.01 \times 10^{-5}$ 。复合材料面板的尺寸

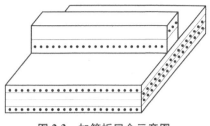

图 2.3　加筋板层合示意图

为: $a = b = 0.1\ \text{m}$, $h = a/150$ 。加筋梁尺寸为: $w_s = 1\ \text{mm}$, $h_s = 3\ \text{mm}$,如图 2.3 所示。

定义无量纲频率 $\Omega = \omega ab\sqrt{\rho/(E_1 h^2)}$ 。假设加筋板四边简支,对其进行屈曲分析,得到其前 5 阶欧拉屈曲温度分别为: 50.0℃、68.0℃、118.9℃、123.1℃和 145.9℃。图 2.4 为环境温度在 0~165℃时第 1~4 阶频率的变化。

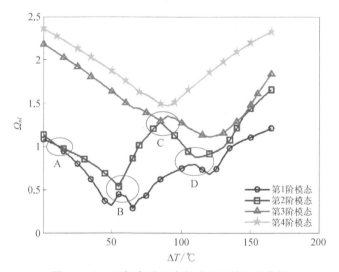

图 2.4　0~165℃各阶固有频率随环境温度变化

对于该复合材料加筋板而言,面板内各层纤维对称铺设,而加强筋由两层复合材料组成,铺设角度分别为 90°和 0°,且具有一定偏心距,因此均匀温升后加筋板内存在一定的热弯矩,在四边简支边界条件下,将会产生一定挠度。因而当环境温度达到屈曲温度时,结构第 1 阶固有频率未降至 0。由于温度对系统各阶固有频率具有不同的影响规律,频率曲线出现了多个拐点和交叉点。

图 2.5 给出了图 2.4 中 D 区域附近的模态演变情况。当环境温度在 100~110℃变化时,结构第 1 阶马鞍状模态朝 45°对称线偏斜,且马鞍范围收缩,在加

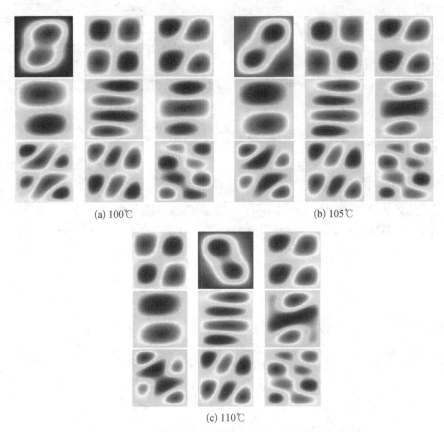

(a) 100℃　　　　　　　　　　　　(b) 105℃

(c) 110℃

图 2.5　D 区域附近加筋板各阶模态演变情况(后附彩图)

筋板-45°对称线上出现了一对与马鞍振动相位相错的小鼓包,小鼓包逐渐长大,最终演变为图 2.5(c)中的第 1 阶模态,即(2,2)模态。与此同时,图 2.5(a)中的第 2 阶模态及(2,2)模态经历了类似的演变历程,加筋板 45°对称线上的两个鼓包逐渐缩小范围直至消失,最终演变为朝-45°对称线偏斜的马鞍状模态,如图 2.5(c)所示,宏观上表现为前两阶固有频率顺序发生对调。

2.4　壁板热模态分析的有限元法

　　对较为简单的结构,可用解析或半解析法进行热分析。而飞行器结构大多具有复杂的形状及边界条件,几乎不可能采用理论方法求解。随着数值方法的不断成熟,有限元成了飞行器热结构分析的主要手段。

Peng 等[10]提出了一种无网格伽辽金法,研究了加筋板自由振动和稳定性。Shiau 等[11]采用有限元方法研究了复合材料层合板的热屈曲行为,研究了不同模量比、纵横比、纤维角、层序和边界条件的复合材料层合板的热屈曲模态形状。Malekzadeh[12]假定材料性能会随温度发生改变,并以三维弹性理论为基础,建立了功能梯度任意四边形板的热屈曲方程。吴振强等[13]建立了四边简支金属加筋壁板的有限元模型,基于理论方法获得了壁板的热屈曲临界温度,并对加筋壁板的热动特性进行了详细分析。

本节将从热模态有限元理论出发,分析热环境对结构刚度的影响。之后,建立考虑材料物性变化、热应力及热变形影响因素时壁板热模态分析流程,并以典型的加筋壁板和连接壁板为计算对象,分析壁板跨越临界屈曲温度的热模态演变情况[14]。

2.4.1　有限元法的原理与推导

由虚功原理,有

$$\iiint_V \boldsymbol{\varepsilon}^{\mathrm{eT}} \boldsymbol{\sigma}^{\mathrm{e}} \mathrm{d}V - \boldsymbol{\delta}^{\mathrm{e}} \boldsymbol{F}^{\mathrm{e}} = 0 \tag{2.66}$$

式中,$\boldsymbol{\varepsilon}^{\mathrm{e}}$ 为单元应变向量;$\boldsymbol{\sigma}^{\mathrm{e}}$ 为单元应力向量;$\boldsymbol{\delta}^{\mathrm{e}}$ 为虚位移向量;$\boldsymbol{F}^{\mathrm{e}}$ 为载荷向量。

增量形式的应变-位移关系为

$$\mathrm{d}\boldsymbol{\varepsilon}^{\mathrm{e}} = \boldsymbol{B}\mathrm{d}\boldsymbol{\delta}^{\mathrm{e}} \tag{2.67}$$

式中,$\boldsymbol{B}$ 为应变矩阵。

将式(2.66)写成微分形式,并考虑式(2.67)后得到

$$\iiint_V \mathrm{d}(\boldsymbol{B}^{\mathrm{T}}\boldsymbol{\sigma}^{\mathrm{e}})\mathrm{d}V - \mathrm{d}\boldsymbol{F}^{\mathrm{e}} = 0 \tag{2.68}$$

其中,

$$\mathrm{d}(\boldsymbol{B}^{\mathrm{T}}\boldsymbol{\sigma}^{\mathrm{e}}) = \mathrm{d}\boldsymbol{B}^{\mathrm{T}}\boldsymbol{\sigma}^{\mathrm{e}} + \boldsymbol{B}^{\mathrm{T}}\mathrm{d}\boldsymbol{\sigma}^{\mathrm{e}} \tag{2.69}$$

将式(2.69)代入式(2.68)得

$$\iiint_V \mathrm{d}\boldsymbol{B}^{\mathrm{T}}\boldsymbol{\sigma}^{\mathrm{e}}\mathrm{d}V + \iiint_V \boldsymbol{B}^{\mathrm{T}}\mathrm{d}\boldsymbol{\sigma}^{\mathrm{e}}\mathrm{d}V = \mathrm{d}\boldsymbol{F}^{\mathrm{e}} \tag{2.70}$$

单元内部的应力增量与应变增量有着确定的关系,可以表示为

$$\mathrm{d}\boldsymbol{\sigma}^{\mathrm{e}} = \boldsymbol{D}\mathrm{d}\boldsymbol{\varepsilon}^{\mathrm{e}} \tag{2.71}$$

式中,$\boldsymbol{D}$ 为弹性矩阵。

将式(2.67)代入式(2.71)后得

$$\mathrm{d}\boldsymbol{\sigma}^{\mathrm{e}} = \boldsymbol{D}\boldsymbol{B}\mathrm{d}\boldsymbol{\varepsilon}^{\mathrm{e}} \tag{2.72}$$

在考虑 von-Karman 非线性应变-位移关系后,应变矩阵应为线性部分与非线性部分的叠加:

$$\boldsymbol{B} = \boldsymbol{B}_{\mathrm{L}} + \boldsymbol{B}_{\mathrm{NL}} \tag{2.73}$$

此时考虑式(2.72),式(2.70)等号左边第二项又可以展开写为

$$\iiint_V \boldsymbol{B}^{\mathrm{T}}\mathrm{d}\boldsymbol{\sigma}^{\mathrm{e}}\mathrm{d}V = \iiint_V (\boldsymbol{B}_{\mathrm{L}} + \boldsymbol{B}_{\mathrm{NL}})^{\mathrm{T}}\boldsymbol{D}(\boldsymbol{B}_{\mathrm{L}} + \boldsymbol{B}_{\mathrm{NL}})\mathrm{d}\boldsymbol{\delta}^{\mathrm{e}}\mathrm{d}V$$

$$= (\iiint_V \boldsymbol{B}_{\mathrm{L}}{}^{\mathrm{T}}\boldsymbol{D}\boldsymbol{B}_{\mathrm{L}}\mathrm{d}V + \iiint_V \boldsymbol{B}_{\mathrm{L}}{}^{\mathrm{T}}\boldsymbol{D}\boldsymbol{B}_{\mathrm{NL}}\mathrm{d}V$$

$$+ \iiint_V \boldsymbol{B}_{\mathrm{NL}}{}^{\mathrm{T}}\boldsymbol{D}\boldsymbol{B}_{\mathrm{L}}\mathrm{d}V + \iiint_V \boldsymbol{B}_{\mathrm{NL}}{}^{\mathrm{T}}\boldsymbol{D}\boldsymbol{B}_{\mathrm{NL}}\mathrm{d}V)\mathrm{d}\boldsymbol{\delta}^{\mathrm{e}} \tag{2.74}$$

记

$$\boldsymbol{K}_{\mathrm{L}}^{\mathrm{e}} = \iiint_V \boldsymbol{B}_{\mathrm{L}}{}^{\mathrm{T}}\boldsymbol{D}\boldsymbol{B}_{\mathrm{L}}\mathrm{d}V \tag{2.75}$$

其中,$\boldsymbol{K}_{\mathrm{L}}^{\mathrm{e}}$ 与单元节点位移无关,为单元初始刚度矩阵。

记

$$\boldsymbol{K}_{\mathrm{NL}}^{\mathrm{e}} = \iiint_V \boldsymbol{B}_{\mathrm{L}}{}^{\mathrm{T}}\boldsymbol{D}\boldsymbol{B}_{\mathrm{NL}}\mathrm{d}V + \iiint_V \boldsymbol{B}_{\mathrm{NL}}{}^{\mathrm{T}}\boldsymbol{D}\boldsymbol{B}_{\mathrm{L}}\mathrm{d}V + \iiint_V \boldsymbol{B}_{\mathrm{NL}}{}^{\mathrm{T}}\boldsymbol{D}\boldsymbol{B}_{\mathrm{NL}}\mathrm{d}V \tag{2.76}$$

其中,$\boldsymbol{K}_{\mathrm{NL}}^{\mathrm{e}}$ 为单元非线性刚度矩阵。

等式(2.70)左边第一项可写为

$$\iiint_V \mathrm{d}\boldsymbol{B}^{\mathrm{T}}\boldsymbol{\sigma}^{\mathrm{e}}\mathrm{d}V = \iiint_V \mathrm{d}\boldsymbol{B}_{\mathrm{NL}}{}^{\mathrm{T}}\boldsymbol{\sigma}^{\mathrm{e}}\mathrm{d}V = \boldsymbol{K}_{\sigma}^{\mathrm{e}}\mathrm{d}\boldsymbol{\delta}^{\mathrm{e}} \tag{2.77}$$

其中,$\boldsymbol{K}_{\sigma}^{\mathrm{e}}$ 为单元初应力刚度矩阵,表示应力对刚度矩阵的影响。

1. 单元应变、应力矩阵

对于典型壁板结构的有限元分析基本采用二维四边形壳单元。二维问题包

含了平面应力和平面应变问题,而在航空航天工程的实际应用中以平面应力问题为主。

在结构大挠度问题中,内力除了弯曲应力,还应有由横向位移引起的薄膜力。用中面的位移来描述应变以及与应变对应的应力,有

$$
\boldsymbol{\varepsilon} = \left\{ \begin{array}{c} \boldsymbol{\varepsilon}^{\mathrm{p}} \\ \boldsymbol{\varepsilon}^{\mathrm{b}} \end{array} \right\} = \left\{ \begin{array}{cccccc} \varepsilon_x & \varepsilon_y & \gamma_{xy} & -\dfrac{\partial^2 w}{\partial x^2}z & -\dfrac{\partial^2 w}{\partial y^2}z & -2\dfrac{\partial^2 w}{\partial x \partial y}z \end{array} \right\}^{\mathrm{T}} \qquad (2.78)
$$

$$
\boldsymbol{\sigma} = \left\{ \begin{array}{c} \boldsymbol{\sigma}^{\mathrm{p}} \\ \boldsymbol{\sigma}^{\mathrm{b}} \end{array} \right\} = \left\{ \begin{array}{cccccc} N_x & N_y & N_{xy} & M_x & M_y & M_{xy} \end{array} \right\}^{\mathrm{T}} \qquad (2.79)
$$

其中,上标 p 和 b 分别表示面内和面外分量。

由于挠度 w 使中面在 x 和 y 方向产生附加变形,那么考虑了大变形后的结构应变可以写成

$$
\boldsymbol{\varepsilon} = \left\{ \begin{array}{c} \boldsymbol{\varepsilon}_0^{\mathrm{p}} \\ \boldsymbol{\varepsilon}_0^{\mathrm{b}} \end{array} \right\} + \left\{ \begin{array}{c} \boldsymbol{\varepsilon}_{\mathrm{NL}}^{\mathrm{p}} \\ \boldsymbol{0} \end{array} \right\} = \left\{ \begin{array}{c} \dfrac{\partial u}{\partial x} \\[2mm] \dfrac{\partial v}{\partial y} \\[2mm] \dfrac{\partial v}{\partial x} + \dfrac{\partial u}{\partial y} \\[2mm] -\dfrac{\partial^2 w}{\partial x^2}z \\[2mm] -\dfrac{\partial^2 w}{\partial y^2}z \\[2mm] -2\dfrac{\partial^2 w}{\partial x \partial y}z \end{array} \right\} + \left\{ \begin{array}{c} \dfrac{1}{2}\left(\dfrac{\partial w}{\partial x}\right)^2 \\[3mm] \dfrac{1}{2}\left(\dfrac{\partial w}{\partial y}\right)^2 \\[3mm] \dfrac{\partial w}{\partial x} + \dfrac{\partial w}{\partial y} \\[2mm] 0 \\ 0 \\ 0 \end{array} \right\} \qquad (2.80)
$$

节点位移也可以分为面内与弯曲两部分,即

$$
\boldsymbol{\delta}_i = \left\{ \begin{array}{c} \boldsymbol{\delta}_i^{\mathrm{p}} \\ \boldsymbol{\delta}_i^{\mathrm{b}} \end{array} \right\} \qquad (2.81)
$$

其中,

$$
\boldsymbol{\delta}_i^{\mathrm{p}} = \left\{ \begin{array}{cc} u_i & v_i \end{array} \right\}^{\mathrm{T}}; \quad \boldsymbol{\delta}_i^{\mathrm{b}} = \left\{ \begin{array}{ccc} w_i & \left(\dfrac{\partial w}{\partial x}\right)_i & \left(\dfrac{\partial w}{\partial y}\right)_i \end{array} \right\}^{\mathrm{T}} \qquad (2.82)
$$

相应的形函数也应分成面内和弯曲:

$$N_i = \begin{bmatrix} N_i^{\mathrm{p}} & O \\ O & N_i^{\mathrm{b}} \end{bmatrix} \tag{2.83}$$

若材料为线弹性,则弹性矩阵 D 又可以分为平面应力弹性矩阵和弯曲弹性矩阵:

$$D = \begin{bmatrix} D^{\mathrm{p}} & O \\ O & D^{\mathrm{b}} \end{bmatrix} \tag{2.84}$$

式(2.73)显示,应变矩阵分为线性与非线性两部分,而线性部分也包含面内和面外两部分,写成分块矩阵的形式:

$$B_{\mathrm{L}} = \begin{bmatrix} B_{\mathrm{L}}^{\mathrm{p}} & O \\ O & B_{\mathrm{L}}^{\mathrm{b}} \end{bmatrix}, \quad B_{\mathrm{NL}} = \begin{bmatrix} O & B_{\mathrm{NL}}^{\mathrm{b}} \\ O & O \end{bmatrix} \tag{2.85}$$

为得到刚度矩阵的具体表达形式,必须得到形函数矩阵和应变矩阵。二维四边形单元是薄板单元中较为常用的一种(图2.6)。

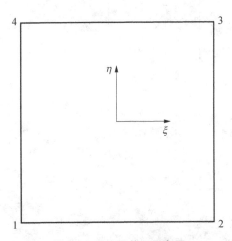

图 2.6　四边形单元示意图

对于面内变形问题,形函数只关注 N^{p}。这里采用局部坐标系 $O\xi\eta$,且有 $-1 \leqslant \xi \leqslant 1$,$-1 \leqslant \eta \leqslant 1$。单元边界为 $\xi = \pm 1$,$\eta = \pm 1$。形函数为

$$\begin{cases} N_1^{\mathrm{p}} = \dfrac{(1-\xi)(1-\eta)}{4} \\[2mm] N_2^{\mathrm{p}} = \dfrac{(1+\xi)(1-\eta)}{4} \\[2mm] N_3^{\mathrm{p}} = \dfrac{(1+\xi)(1+\eta)}{4} \\[2mm] N_4^{\mathrm{p}} = \dfrac{(1-\xi)(1+\eta)}{4} \end{cases} \tag{2.86}$$

若引入新变量 $\bar{\xi} = \xi_i \xi$,$\bar{\eta} = \eta_i \eta$,其中 ξ_i 和 η_i 为节点 i 的局部坐标,则形函数又可统一写为

$$N_i^{\mathrm{p}} = \frac{(1+\bar{\xi})(1+\bar{\eta})}{4} \tag{2.87}$$

单元应变矩阵表示单元应变与节点位移的关系,具体为形函数对坐标的偏

导。则 $\boldsymbol{B}_{\mathrm{L}}^{\mathrm{p}}$ 按照节点可写为

$$
\boldsymbol{B}_{\mathrm{L}}^{\mathrm{p}} = \begin{bmatrix} \dfrac{\partial}{\partial \xi} & 0 \\[2mm] 0 & \dfrac{\partial}{\partial \eta} \\[2mm] \dfrac{\partial}{\partial \eta} & \dfrac{\partial}{\partial \xi} \end{bmatrix} \begin{bmatrix} N_1^{\mathrm{p}} & 0 & N_2^{\mathrm{p}} & 0 & N_3^{\mathrm{p}} & 0 & N_4^{\mathrm{p}} & 0 \\ 0 & N_1^{\mathrm{p}} & 0 & N_2^{\mathrm{p}} & 0 & N_3^{\mathrm{p}} & 0 & N_4^{\mathrm{p}} \end{bmatrix}
$$

$$
= \begin{bmatrix} \dfrac{\partial N_1^{\mathrm{p}}}{\partial \xi} & 0 & \dfrac{\partial N_2^{\mathrm{p}}}{\partial \xi} & 0 & \dfrac{\partial N_3^{\mathrm{p}}}{\partial \xi} & 0 & \dfrac{\partial N_4^{\mathrm{p}}}{\partial \xi} & 0 \\[3mm] 0 & \dfrac{\partial N_1^{\mathrm{p}}}{\partial \eta} & 0 & \dfrac{\partial N_2^{\mathrm{p}}}{\partial \eta} & 0 & \dfrac{\partial N_3^{\mathrm{p}}}{\partial \eta} & 0 & \dfrac{\partial N_4^{\mathrm{p}}}{\partial \eta} \\[3mm] \dfrac{\partial N_1^{\mathrm{p}}}{\partial \eta} & \dfrac{\partial N_1^{\mathrm{p}}}{\partial \xi} & \dfrac{\partial N_2^{\mathrm{p}}}{\partial \eta} & \dfrac{\partial N_2^{\mathrm{p}}}{\partial \xi} & \dfrac{\partial N_3^{\mathrm{p}}}{\partial \eta} & \dfrac{\partial N_3^{\mathrm{p}}}{\partial \xi} & \dfrac{\partial N_4^{\mathrm{p}}}{\partial \eta} & \dfrac{\partial N_4^{\mathrm{p}}}{\partial \xi} \end{bmatrix} \tag{2.88}
$$

而对于弯曲问题，形函数 $\boldsymbol{N}^{\mathrm{b}}$ 的分块矩阵形式为

$$
\boldsymbol{N}^{\mathrm{b}} = \begin{bmatrix} \boldsymbol{N}_1^{\mathrm{b}} & \boldsymbol{N}_2^{\mathrm{b}} & \boldsymbol{N}_3^{\mathrm{b}} & \boldsymbol{N}_4^{\mathrm{b}} \end{bmatrix} \tag{2.89}
$$

$$
\boldsymbol{N}_i^{\mathrm{b}} = \begin{bmatrix} N_i & N_{xi} & N_{yi} \end{bmatrix} \quad (i = 1, 2, 3, 4) \tag{2.90}
$$

其中，

$$
\begin{cases} N_i = \dfrac{1}{8}(\xi_i \xi + 1)(\eta_i \eta + 1)(2 + \xi_i \xi + \eta_i \eta - \xi^2 - \eta^2) \\[3mm] N_{xi} = -\dfrac{1}{8}b\eta_i(\xi_i \xi + 1)(\eta_i \eta + 1)(1 - \eta^2) \\[3mm] N_{yi} = \dfrac{1}{8}a\xi_i(\xi_i \xi + 1)(\eta_i \eta + 1)(1 - \xi^2) \end{cases} \tag{2.91}
$$

式中，

$$
\xi = \frac{x}{a}; \ \xi_i = \frac{x_i}{a}; \ \eta = \frac{y}{b}; \ \eta_i = \frac{y_i}{b} \quad (i = 1, 2, 3, 4) \tag{2.92}
$$

由式(2.67)可知，单元应变与节点位移的关系可通过应变矩阵 $\boldsymbol{B}$ 来表达，即

$$
\boldsymbol{\varepsilon}_0^{\mathrm{b}} = \boldsymbol{B}_{\mathrm{L}}^{\mathrm{b}} \boldsymbol{\delta}^{\mathrm{b}} = \begin{bmatrix} \boldsymbol{B}_{\mathrm{L}1}^{\mathrm{b}} & \boldsymbol{B}_{\mathrm{L}2}^{\mathrm{b}} & \boldsymbol{B}_{\mathrm{L}3}^{\mathrm{b}} & \boldsymbol{B}_{\mathrm{L}4}^{\mathrm{b}} \end{bmatrix} \boldsymbol{\delta}^{\mathrm{b}} \tag{2.93}
$$

其中,

$$
\boldsymbol{B}_{\mathrm{L}i}^{\mathrm{b}} = - \begin{bmatrix} \dfrac{\partial^2 N_i}{\partial \xi^2} & \dfrac{\partial^2 N_{xi}}{\partial \xi^2} & \dfrac{\partial^2 N_{yi}}{\partial \xi^2} \\[3mm] \dfrac{\partial^2 N_i}{\partial \eta^2} & \dfrac{\partial^2 N_i}{\partial \eta^2} & \dfrac{\partial^2 N_i}{\partial \eta^2} \\[3mm] 2\dfrac{\partial^2 N_i}{\partial \xi \partial \eta} & 2\dfrac{\partial^2 N_{xi}}{\partial \xi \partial \eta} & 2\dfrac{\partial^2 N_{yi}}{\partial \xi \partial \eta} \end{bmatrix} \tag{2.94}
$$

非线性应变项引起的应变矩阵 $\boldsymbol{B}_{\mathrm{NL}}^{\mathrm{b}}$,可通过应变对节点位移的微分得到。

在式(2.80)中,非线性应变也可写成矩阵形式:

$$
\boldsymbol{\varepsilon}_{\mathrm{NL}} = \frac{1}{2} \begin{bmatrix} \dfrac{\partial w}{\partial x} & 0 \\[3mm] 0 & \dfrac{\partial w}{\partial y} \\[3mm] \dfrac{\partial w}{\partial y} & \dfrac{\partial w}{\partial x} \end{bmatrix} \begin{Bmatrix} \dfrac{\partial w}{\partial x} \\[3mm] \dfrac{\partial w}{\partial y} \end{Bmatrix} = \frac{1}{2} \boldsymbol{A} \boldsymbol{\theta} \tag{2.95}
$$

式(2.95)中的转角向量 $\boldsymbol{\theta}$ 与节点位移也存在一定关系,可写为

$$
\boldsymbol{\theta} = \begin{Bmatrix} \dfrac{\partial w}{\partial x} \\[3mm] \dfrac{\partial w}{\partial y} \end{Bmatrix} = \boldsymbol{G} \boldsymbol{\delta}^{\mathrm{b}} \tag{2.96}
$$

其中,$\boldsymbol{G}$ 为形函数对坐标的偏导,其分块矩阵形式为

$$
\boldsymbol{G} = \begin{bmatrix} \boldsymbol{G}_1 & \boldsymbol{G}_2 & \boldsymbol{G}_3 & \boldsymbol{G}_4 \end{bmatrix} = \begin{bmatrix} \dfrac{\partial N_1^{\mathrm{b}}}{\partial \xi} & \dfrac{\partial N_{x1}^{\mathrm{b}}}{\partial \xi} & \dfrac{\partial N_{y1}^{\mathrm{b}}}{\partial \xi} & \dfrac{\partial N_2^{\mathrm{b}}}{\partial \xi} & \dfrac{\partial N_{x2}^{\mathrm{b}}}{\partial \xi} & \dfrac{\partial N_{y2}^{\mathrm{b}}}{\partial \xi} & \cdots \\[3mm] \dfrac{\partial N_1^{\mathrm{b}}}{\partial \eta} & \dfrac{\partial N_{x1}^{\mathrm{b}}}{\partial \eta} & \dfrac{\partial N_{y1}^{\mathrm{b}}}{\partial \eta} & \dfrac{\partial N_2^{\mathrm{b}}}{\partial \eta} & \dfrac{\partial N_{x2}^{\mathrm{b}}}{\partial \eta} & \dfrac{\partial N_{y2}^{\mathrm{b}}}{\partial \eta} & \cdots \end{bmatrix} \tag{2.97}
$$

对式(2.95)微分且利用微分性质,可得到

$$
\mathrm{d}\boldsymbol{\varepsilon}_{\mathrm{NL}} = \frac{1}{2}\mathrm{d}\boldsymbol{A}\boldsymbol{\theta} + \frac{1}{2}\boldsymbol{A}\mathrm{d}\boldsymbol{\theta} \tag{2.98}
$$

$$\mathrm{d}\boldsymbol{A\theta} = \begin{bmatrix} \mathrm{d}\left(\dfrac{\partial w}{\partial x}\right) & 0 \\[3mm] 0 & \mathrm{d}\left(\dfrac{\partial w}{\partial y}\right) \\[3mm] \mathrm{d}\left(\dfrac{\partial w}{\partial y}\right) & \mathrm{d}\left(\dfrac{\partial w}{\partial x}\right) \end{bmatrix} \left\{\begin{array}{c} \dfrac{\partial w}{\partial x} \\[3mm] \dfrac{\partial w}{\partial y} \end{array}\right\} = \begin{bmatrix} \dfrac{\partial w}{\partial x} & 0 \\[3mm] 0 & \dfrac{\partial w}{\partial y} \\[3mm] \dfrac{\partial w}{\partial y} & \dfrac{\partial w}{\partial x} \end{bmatrix} \left\{\begin{array}{c} \mathrm{d}\left(\dfrac{\partial w}{\partial x}\right) \\[3mm] \mathrm{d}\left(\dfrac{\partial w}{\partial y}\right) \end{array}\right\} = \boldsymbol{A}\mathrm{d}\boldsymbol{\theta} \tag{2.99}$$

此时,式(2.98)可写为

$$\mathrm{d}\boldsymbol{\varepsilon}_{\mathrm{NL}} = \frac{1}{2}\mathrm{d}\boldsymbol{A\theta} + \frac{1}{2}\boldsymbol{A}\mathrm{d}\boldsymbol{\theta} = \boldsymbol{A}\mathrm{d}\boldsymbol{\theta} = \boldsymbol{AG}\mathrm{d}\boldsymbol{\delta}^{\mathrm{b}} \tag{2.100}$$

那么,非线性应变项就能表达为

$$\boldsymbol{B}_{\mathrm{NL}}^{\mathrm{b}} = \boldsymbol{AG} \tag{2.101}$$

考虑式(2.95)和式(2.97),非线性应变矩阵 $\boldsymbol{B}_{\mathrm{NL}}^{\mathrm{b}}$ 为

$$\boldsymbol{B}_{\mathrm{NL}}^{\mathrm{b}} = \begin{bmatrix} \boldsymbol{B}_{\mathrm{NL1}}^{\mathrm{b}} & \boldsymbol{B}_{\mathrm{NL2}}^{\mathrm{b}} & \boldsymbol{B}_{\mathrm{NL3}}^{\mathrm{b}} & \boldsymbol{B}_{\mathrm{NL4}}^{\mathrm{b}} \end{bmatrix} \tag{2.102}$$

其中,

$$\boldsymbol{B}_{\mathrm{NLi}}^{\mathrm{b}} = \begin{bmatrix} \dfrac{\partial w}{\partial x}\dfrac{\partial N_i^{\mathrm{b}}}{\partial \xi} & \dfrac{\partial w}{\partial x}\dfrac{\partial N_{xi}^{\mathrm{b}}}{\partial \xi} & \dfrac{\partial w}{\partial x}\dfrac{\partial N_{yi}^{\mathrm{b}}}{\partial \xi} \\[4mm] \dfrac{\partial w}{\partial y}\dfrac{\partial N_i^{\mathrm{b}}}{\partial \eta} & \dfrac{\partial w}{\partial y}\dfrac{\partial N_{xi}^{\mathrm{b}}}{\partial \eta} & \dfrac{\partial w}{\partial y}\dfrac{\partial N_{yi}^{\mathrm{b}}}{\partial \eta} \\[4mm] \dfrac{\partial w}{\partial y}\dfrac{\partial N_i^{\mathrm{b}}}{\partial \xi} + \dfrac{\partial w}{\partial x}\dfrac{\partial N_i^{\mathrm{b}}}{\partial \eta} & \dfrac{\partial w}{\partial y}\dfrac{\partial N_{xi}^{\mathrm{b}}}{\partial \xi} + \dfrac{\partial w}{\partial x}\dfrac{\partial N_{xi}^{\mathrm{b}}}{\partial \eta} & \dfrac{\partial w}{\partial y}\dfrac{\partial N_{yi}^{\mathrm{b}}}{\partial \xi} + \dfrac{\partial w}{\partial x}\dfrac{\partial N_{yi}^{\mathrm{b}}}{\partial \eta} \end{bmatrix} \tag{2.103}$$

结构温度变化会导致内部应力的变化,等同于在结构初始刚度矩阵基础上叠加热应力刚度矩阵。

由式(2.77),对 $\boldsymbol{B}_{\mathrm{NL}}{}^{\mathrm{T}}$ 进行微分,有

$$\mathrm{d}\,\boldsymbol{B}_{\mathrm{NL}}{}^{\mathrm{T}} = \begin{bmatrix} \boldsymbol{O} & \boldsymbol{O} \\ \boldsymbol{O} & \mathrm{d}\boldsymbol{B}_{\mathrm{NL}}^{\mathrm{b}}{}^{\mathrm{T}} \end{bmatrix} \tag{2.104}$$

结合式(2.79)和式(2.101),有

$$K_{\sigma}\mathrm{d}\boldsymbol{\delta}^{\mathrm{e}} = \iiint_V \mathrm{d}\boldsymbol{B}_{\mathrm{NL}}^{\mathrm{b}}{}^{\mathrm{T}}\boldsymbol{\sigma}^{\mathrm{e}}\mathrm{d}V = \iiint_V \begin{bmatrix} \boldsymbol{O} & \boldsymbol{O} \\ \boldsymbol{O} & \boldsymbol{G}^{\mathrm{T}}\mathrm{d}\boldsymbol{A}^{\mathrm{T}} \end{bmatrix}\begin{Bmatrix} \boldsymbol{\sigma}^{\mathrm{p}} \\ \boldsymbol{\sigma}^{\mathrm{b}} \end{Bmatrix}\mathrm{d}V \qquad (2.105)$$

又

$$\mathrm{d}\boldsymbol{A}^{\mathrm{T}}\begin{Bmatrix} N_x \\ N_y \\ N_{xy} \end{Bmatrix} = \begin{bmatrix} \mathrm{d}\left(\dfrac{\partial w}{\partial x}\right) & 0 & \mathrm{d}\left(\dfrac{\partial w}{\partial y}\right) \\ 0 & \mathrm{d}\left(\dfrac{\partial w}{\partial y}\right) & \mathrm{d}\left(\dfrac{\partial w}{\partial x}\right) \end{bmatrix}\begin{Bmatrix} N_x \\ N_y \\ N_{xy} \end{Bmatrix}$$

$$= \begin{bmatrix} N_x & N_{xy} \\ N_{xy} & N_y \end{bmatrix}\begin{Bmatrix} \mathrm{d}\left(\dfrac{\partial w}{\partial x}\right) \\ \mathrm{d}\left(\dfrac{\partial w}{\partial y}\right) \end{Bmatrix} = \begin{bmatrix} N_x & N_{xy} \\ N_{xy} & N_y \end{bmatrix}\mathrm{d}\boldsymbol{\theta} \qquad (2.106)$$

$$= \begin{bmatrix} N_x & N_{xy} \\ N_{xy} & N_y \end{bmatrix}\boldsymbol{G}\mathrm{d}\boldsymbol{\delta}^{\mathrm{b}}$$

那么,单元热应力刚度矩阵就可表达为

$$\boldsymbol{K}_{\sigma}^{\mathrm{e}} = \iiint_V \boldsymbol{G}^{\mathrm{T}}\begin{bmatrix} N_x & N_{xy} \\ N_{xy} & N_y \end{bmatrix}\boldsymbol{G}\mathrm{d}V \qquad (2.107)$$

其中,N_x、N_y 和 N_{xy} 为由温度变化引起的薄膜力。

2. 单元刚度矩阵的组装

单元线性刚度矩阵分为面内和弯曲两部分:

$$\boldsymbol{K}_{\mathrm{L}}^{\mathrm{e}} = \begin{bmatrix} \boldsymbol{K}_{\mathrm{L}}^{\mathrm{p}} & \boldsymbol{O} \\ \boldsymbol{O} & \boldsymbol{K}_{\mathrm{L}}^{\mathrm{b}} \end{bmatrix} \qquad (2.108)$$

根据式(2.84)对弹性矩阵的划分,上式又可展开成

$$\boldsymbol{K}_{\mathrm{L}}^{\mathrm{e}} = \begin{bmatrix} \iiint_V \boldsymbol{B}_{\mathrm{L}}^{\mathrm{p}}{}^{\mathrm{T}}\boldsymbol{D}^{\mathrm{p}}\boldsymbol{B}_{\mathrm{L}}^{\mathrm{p}}\mathrm{d}V & \boldsymbol{O} \\ \boldsymbol{O} & \iiint_V \boldsymbol{B}_{\mathrm{L}}^{\mathrm{b}}{}^{\mathrm{T}}\boldsymbol{D}^{\mathrm{b}}\boldsymbol{B}_{\mathrm{L}}^{\mathrm{b}}\mathrm{d}V \end{bmatrix} \qquad (2.109)$$

$\boldsymbol{B}_{\mathrm{L}}^{\mathrm{p}}$ 的维数为 3×8,$\boldsymbol{B}_{\mathrm{L}}^{\mathrm{b}}$ 的维数为 3×12。对于各向同性材料,平面应力弹性矩

阵和弯曲弹性矩阵维数均是 3×3，则 $K_{\mathrm{L}}^{\mathrm{p}}$ 维数为 8×8，$K_{\mathrm{L}}^{\mathrm{b}}$ 维数为 12×12。单元初始刚度矩阵 $K_{\mathrm{L}}^{\mathrm{e}}$ 为 20×20 的方阵。

式（2.105）显示，单元热应力刚度矩阵也是分块矩阵，即

$$K_{\sigma}^{\mathrm{e}} = \begin{bmatrix} \boldsymbol{O} & \boldsymbol{O} \\ \boldsymbol{O} & \boldsymbol{K}_{\sigma} \end{bmatrix} \tag{2.110}$$

通过式（2.107）的计算，K_{σ} 维数为 12×12。单元热应力刚度矩阵维数为 20×20。

对于单元非线性刚度矩阵 $K_{\mathrm{NL}}^{\mathrm{e}}$，其分块矩阵形式为

$$K_{\mathrm{NL}}^{\mathrm{e}} = \iiint_{V} \begin{bmatrix} \boldsymbol{O} & \boldsymbol{B}_{\mathrm{L}}^{\mathrm{p}\,\mathrm{T}}\boldsymbol{D}^{\mathrm{p}}\boldsymbol{B}_{\mathrm{NL}}^{\mathrm{b}} \\ \boldsymbol{B}_{\mathrm{NL}}^{\mathrm{b}\,\mathrm{T}}\boldsymbol{D}^{\mathrm{p}}\boldsymbol{B}_{\mathrm{L}}^{\mathrm{p}} & \boldsymbol{B}_{\mathrm{NL}}^{\mathrm{b}\,\mathrm{T}}\boldsymbol{D}^{\mathrm{p}}\boldsymbol{B}_{\mathrm{NL}}^{\mathrm{b}} \end{bmatrix} \mathrm{d}V \tag{2.111}$$

显然，其维数也为 20×20。

将以上得到的三部分单元刚度矩阵进行组装即得到单元切线刚度矩阵：

$$K^{\mathrm{e}} = K_{\mathrm{L}}^{\mathrm{e}} + K_{\sigma}^{\mathrm{e}} + K_{\mathrm{NL}}^{\mathrm{e}} \tag{2.112}$$

2.4.2　壁板热模态计算实例

对于较为复杂的结构，当需要考虑屈曲大变形效应时，求解过程会变得十分繁琐。此时，借助有限元理论思想，利用软件进行仿真分析，是快速有效的大型复杂结构热模态分析方法。

1. 热模态分析流程

完整的热模态分析须同时考虑温度对材料力学性能、应力及变形的影响，考虑这些热效应的模态分析步骤如下。

（1）温度对材料的影响不可忽略，应将插值计算得到的各个离散温度点下的材料参数导入材料参数列表中。

（2）首先对结构进行传热分析，之后在静力分析步中施加边界条件，再根据已知的稳态温度分布进行热应力及热变形的求解。

（3）特征屈曲分析。热应力在面内的挤压作用会导致结构失稳，在进行静力分析步前须确定结构的欧拉屈曲温度。若温度低于屈曲温度，则可使用非线性静力分析直接求解结构热应力及热变形；若温度超过屈曲温度，须采用非线性迭代法进行静力分析，具体实施方法为：将前 10 阶屈曲模态同时叠加于原结构

作为迭代初值,再将温度分成若干载荷增量步进行施加,保证求解收敛后即可得到结构屈曲后的热应力与热变形场。

(4) 以上一步求得的热应力与热变形场作为初始条件,再进行模态分析就可得到结构的模态频率及振型。

图 2.7 为热模态分析流程图。

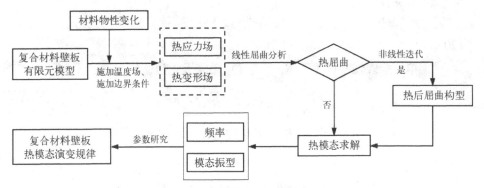

图 2.7　热模态仿真流程图

2. 加筋板热模态计算

按照图 2.7 给出的分析流程,以加筋板为对象,对其进行跨越屈曲温度的热模态分析。这里以只有一根加强筋的加筋板为例,有限元模型如图 2.8 所示。平板与加强筋均使用壳单元模拟,其中平板尺寸为 0.5 m×0.4 m×0.004 m,加强筋截面为矩形,尺寸为 0.004 m×0.01 m(宽×高),且加强筋沿长边方向布置于板中央线。加筋板结构处于均匀温度场中,且四边固定。表 2.2 给出了计算所采用的材料参数。

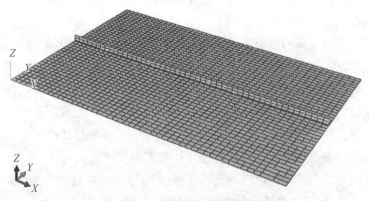

图 2.8　加筋板有限元模型

表 2.2　某种 C/SiC 复合材料加筋板材料参数

温度 /℃	杨氏模量 /GPa		剪切模量 /GPa		热膨胀系数 /($10^{-6} \cdot ℃^{-1}$)		泊松比		密度 /(g · cm^{-3})
	$E_1 = E_2$	E_3	G_{12}	$G_{13} = G_{23}$	$\alpha_1 = \alpha_2$	α_3	v_{12}	$v_{13} = v_{23}$	
30	101.4	54.5	37.3	24.5	0.51	0.72			
150	94.7	49.7	31.1	21.3	1.96	2.99	0.25	0.30	2.0
600	80.2	42.3	22.6	16.1	3.72	4.84			

随着温度的逐渐升高,复合材料参数发生变化,具体表现为:弹性模量和剪切模量减小,热膨胀系数增大。温度作用会在结构内部产生热应力,屈曲后还会产生面外变形。因此,热模态分析须同时考虑材料物性变化、热应力及热变形效应。

对结构施加均匀温度场后进行非线性静力分析,可得到热应力场与热变形场。在下一分析步中,就以静力分析结果进行模态分析。

图 2.9 描述了挠度随温度的变化,也可称为屈曲平衡路径。图中显示,加筋板挠度在 180℃ 左右突然增大,即发生了热屈曲。而图 2.10 表明,加筋板各阶频率整体呈现先下降后上升的趋势,频率曲线存在若干拐点和交叉点,并且随着温度的升高,各阶频率值较为接近,此时结构具有模态密集特征。

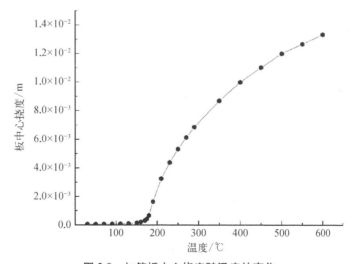

图 2.9　加筋板中心挠度随温度的变化

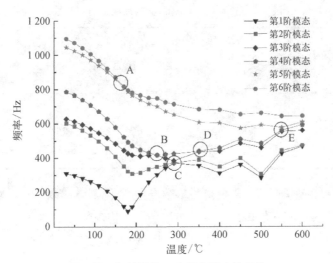

图 2.10 加筋板前 6 阶频率温度的变化

图 2.10 中用 A~E 标出了频率曲线发生交叉的位置。其中,A 区域内第 5 阶与第 6 阶频率互换位置;C 区域内,第 1、2 和 3 阶同时参与演变过程:原第 1 阶出现在第 3 阶的位置,原第 2 阶出现在第 1 阶的位置,原第 3 阶出现在第 2 阶的位置。图 2.11 和图 2.12 分别给出了 A 区域和 C 区域内的模态振型演变情况。

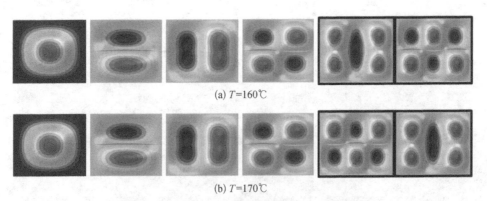

图 2.11 A 区域内的模态振型演变情况(后附彩图)

由上述内容可知,在发生热屈曲前,热应力使结构刚度削减,导致各阶频率逐渐降低。发生屈曲后,由于挠度的突然增大,大变形效应的"刚化"作用又使频率转而升高。由于热应力与变形对加筋板各阶频率的影响不同,会产生模态间相互演变的现象。

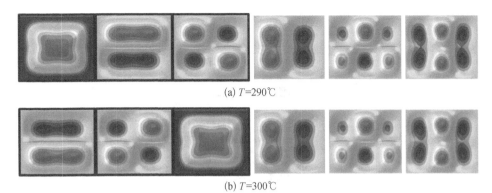

(a) T=290℃

(b) T=300℃

图 2.12　C 区域内的模态振型演变情况(后附彩图)

2.5　结构热模态试验研究

2.5.1　自由边界下复合材料平板热模态试验

1. 试验概述

首先针对 1.5 mm 厚 C/SiC 试验件开展自由边界下的热模态试验,试验件尺寸为 380 mm×260 mm。自由边界通过选用适合刚度的金属弹簧和适合长度的钢丝绳来模拟。试验中采用石英灯辐射加热器模拟气动热环境,采用 K 型热电偶和红外热像仪进行温度测试。热电偶安装在试验件的中心位置,用于石英灯辐射加热器的加热温度控制。

在模态试验中,必须给结构施加一个振动力,而当前无论是激励设备还是力传感器,其标称的工作温度很少超过 200℃,难以满足高超声速飞行器的热环境需求。为了避免激振器和力传感器受到高温辐射载荷的影响,试验中通过热绝缘连接杆过渡传力的方法将激振器和力传感器安装在热环境以外。

试验中利用扫描式激光测振仪获得结构的振动响应,测点共 5×5 = 25 个。当试验件加热到指定温度后,保持该温度状态,顺序扫描 25 个测点的振动响应。完成测试后,通过 LMS Test LAB 的 PolyMAX 获得结构的模态参数。

热模态试验系统如图 2.13 所示[15],自由边界热模态试验如图 2.14 所示。

2. 试验结果与分析

以 2℃/s 的温升速率,对复合材料平板结构缓慢加热,以试验件中心处热电偶测量温度为准,通过阶梯加热的方式,分别将试验件加热到 300℃、600℃、800℃,并保持 200 s。

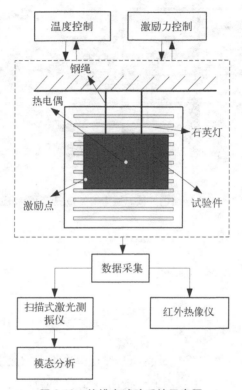

图 2.13   热模态试验系统示意图

图 2.14   自由边界热模态试验

当温度稳定后给予激励,利用扫描式激光测振仪获得各测点的频响函数,再通过 LMS Test LAB 的 PolyMAX 分析采集到的频响函数,进而得到各个稳态温度下的模态参数。前 3 阶模态频率随温度升高的变化过程如图 2.15 所示。

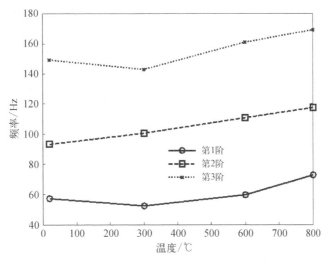

图 2.15　自由边界平板模态频率随温度的变化

从图 2.15 可以看出,前 3 阶模态频率整体呈现上升的趋势。其中第 1 阶和第 3 阶模态频率随温度的升高先略有下降,到 300℃达到最低值,此时与常温相比,第 1 阶模态频率下降约 9.1%,第 3 阶模态频率下降约 4.2%。300℃之后,随着温度的升高,第 1 阶和第 3 阶的模态频率开始逐渐上升。到 800℃时,与 300℃的模态频率相比,第 1 阶和第 3 阶模态频率分别上升 39.2%和 18.3%。而与常温相比,第 1 阶和第 3 阶模态频率分别上升 26.5%和 13.3%。从中也可以看出,热载荷对低阶模态频率的影响大于其对高阶模态频率的影响。

结构的模态振型如图 2.16 所示,随着温度的升高前 3 阶模态振型基本保持不变。

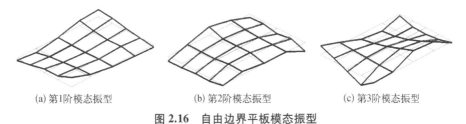

(a) 第1阶模态振型　　　　　(b) 第2阶模态振型　　　　　(c) 第3阶模态振型

图 2.16　自由边界平板模态振型

2.5.2　固支边界下复合材料平板热模态试验

1. 试验概述

固支边界下复合材料平板热模态试验方法与自由边界类似,不同之处主要体现在试验边界工装,需要约束平板四边的自由度。而在热模态试验中,由于试验件的固支工装暴露于石英灯辐射加热环境中,工装也将受到热流的作用,导致其温度上升,出现热膨胀等现象,从而最终影响甚至改变试验件的边界条件,造成边界条件随着温度的变化而不断改变。为了避免出现边界条件随着加热温度变化而不断变化的问题,将固支工装进行水冷,从而保证夹具常温,以消除热膨胀导致的边界改变问题。固支状态下的热模态试验系统如图 2.17 所示。

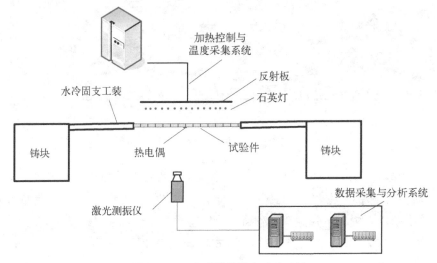

图 2.17　固支边界热模态试验系统

与自由边界条件下的热模态试验相比,壁板结构在固支状态下加热,将可能发生热屈曲现象,需要在试验过程中,判断结构是否发生热屈曲。而为了获得热屈曲后结构的模态特性,需要在热模态试验前开展结构的热屈曲试验。

2. 热屈曲试验结果

热屈曲试验中,以 0.2℃/s 的温升速率,对试验件缓慢加热,通过数字图像相关方法获取结构的位移(或应变)响应数据。数字图像相关方法的采集系统包括两台工业相机(PointGray GRAS-50S5M/C)、三脚架、测量头、信号发生器(Adlink)、23 mm 镜头、蓝光光源、带通滤镜(MIDOPT BN450)、偏振片、笔记本工作站和数字图像相关软件 PMLAB DIC 2014a。

在热屈曲试验中,如何根据位移与温度的曲线确定临界屈曲温度是需要解决的重要问题。目前,主要有两种方法:一种是 Jones 和 Green 提出的压力/应变(F/S)曲线预测临界屈曲载荷[16],另一种是 Southwell plot 分析方法[17]。

主要采用 F/S 曲线预测方法,铝合金板的中心温度与离面位移曲线如图 2.18 所示,通过拟合直线段,并延长至交点位置,可以得到屈曲温度值。选取不同的拟合点,会对结果造成一定的影响,从图 2.18 中可以看出,屈曲温度在 176℃。

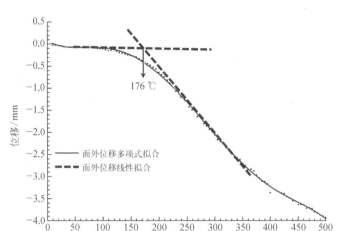

图 2.18　位移-温度曲线

3. 热模态试验结果与分析

以试验件中心处热电偶测量温度为准,通过阶梯加热的方式,分别将试验件加热到 50℃、100℃、150℃、200℃、250℃、300℃、350℃、400℃、450℃,并保持500 s。当温度稳定后,利用激光测振仪获得参考点的响应,再通过 LMS Test LAB 的 PolyMAX 分析采集得到的频响函数,进而得到各个稳态温度下的模态参数。图 2.19 为中心温度 300℃时的热像仪测量结果,从图中可以看出结构的温度分布情况,可见在四周水冷工装的冷却作用下,中心温度与四周存在较大的温差,在中心温度 300℃时,温差达 150~200℃。

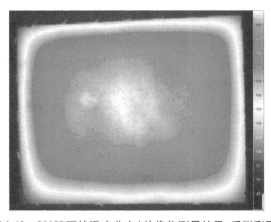

图 2.19　300℃下的温度分布(热像仪测量结果,后附彩图)

图 2.20 给出了随温度升高前 3 阶模态频率的变化规律。从图 2.20 中可以看出,前 3 阶模态频率的变化规律基本一致。随着温度的升高,在结构内部产生热应力,热应力的挤压使得结构刚度逐渐衰减,表现为各阶频率值逐渐减小,到达屈曲温度附近时,模态频率达到最低值,试验中 200℃时前 3 阶模态频率与常温相比,分别下降了 18.3%、14.7%、8.9%。由前述理论研究可知,热屈曲产生的大变形效应使结构刚度得到提高,此时结构的模态频率逐步上升,试验中 500℃时前 3 阶模态频率与常温相比,分别上升了 51.2%、27.7%、3.3%。

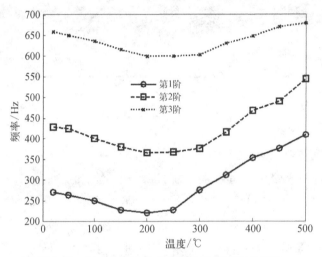

图 2.20　固支边界热模态频率随温度的变化规律

该试验结果所示的模态变化趋势与理论研究结果基本一致,热屈曲临界温度之前,结构主要受压应力的影响,模态频率下降;在热屈曲临界温度之后,结构主要受热变形的影响,模态频率随温度升高而上升。

与理论结果不同之处在于,在临界屈曲温度处,试验获得的结构模态频率虽然有所下降,但是并没有下降为 0,这主要是温度梯度变化与结构热变形的影响。

固支壁板结构的模态振型如图 2.21 所示。图中给出了前 3 阶模态振型,分别为(1, 1)阶、(1, 2)阶、(2, 1)阶模态。由于各阶模态频率相差较远,随着温度变化,并未出现模态交换的现象。同时,各阶模态振型也没有明显的改变。

2.5.3　复合材料加筋板热模态试验研究

1. 试验概述

C/SiC 复合材料加筋板结构如图 2.22 所示,最大尺寸为 500 mm×500 mm,设

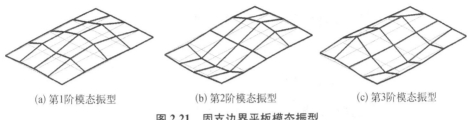

(a) 第1阶模态振型　　　　　(b) 第2阶模态振型　　　　　(c) 第3阶模态振型

图 2.21　固支边界平板模态振型

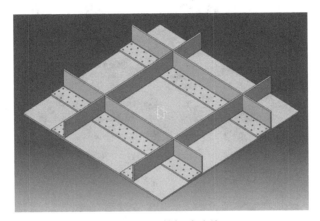

图 2.22　加筋板试验件

置有形成"井"字形布局的 L 型截面加强筋。

通过激振器激励试验件,利用激光测振仪获得结构的振动响应,温度控制点位于试验件中部,温度分布通过热像仪获得。热模态试验系统主要由试件、试验边界模拟系统、激振系统、测量系统、加热系统、数据采集处理系统等组成。试验照片如图 2.23 所示。

2. 试验结果与分析

以试验件中心处热电偶测量温度为准,通过阶梯加热的方式,分别将试验件加热到 150℃、300℃、450℃、600℃、800℃ 和 1 000℃。在各稳态温度下,当温度稳定后,利用扫描式激光测振仪获得各测点的频响函数,再通过 LMS Test LAB 的 PolyMAX 分析采集得到的频响函数,进而得到各个稳态温度下的模态参数。

模态频率随温度的变化如图 2.24 所示。从图中可以看出,与自由边界平板的模态变化规律类似,加筋板前 3 阶模态频率随温度的升高呈现缓慢上升的趋势,特别是在 600℃时,模态频率有较大的上升。与常温相比,在 1 000℃下,前 3 阶模态频率上升幅度分别为 23.6%、24.7%、15.9%。与自由边界平板相比,热载荷对加筋板的模态参数影响较小。

图 2.23   加筋板热模态试验照片

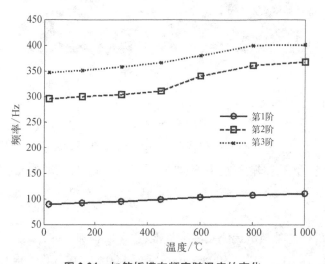

图 2.24   加筋板模态频率随温度的变化

　　加筋壁板结构的模态振型如图 2.25 所示,从图中可以看出,前 3 阶模态振型与平板结构类似。同时,由于前 3 阶模态频率相隔较远,没有发生模态振型的交换,随着温度的增加前 3 阶模态振型基本一致。

　　本节针对典型壁板结构,采用石英灯辐射加热模拟热载荷,通过激振器激励结构,扫描式激光测振仪测量振动响应,获得了试验件在自由、固支等边界条件下的热模态参数,从而通过试验手段揭示了热载荷对典型结构模态参数的影响

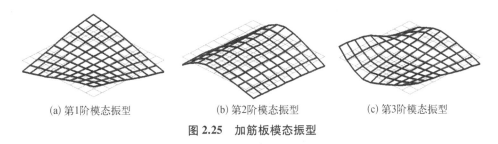

(a) 第1阶模态振型　　　　(b) 第2阶模态振型　　　　(c) 第3阶模态振型

图 2.25　加筋板模态振型

规律。由于材料热物性参数变化及热应力、热变形等因素的共同作用,自由边界
壁板结构的模态频率随温度的升高而逐步上升;固支边界壁板结构的模态频率
随温度的升高先下降,在屈曲温度附近达到最低值,进入热屈曲状态后,随着温
度升高模态频率逐渐上升。通过对典型结构试验结果的分析,验证了前述理论
研究,获得了热屈曲后模态特性演化规律。但是试验中,在临界屈曲温度处,一
阶模态频率并未下降到 0,这主要是试验中温度梯度变化和热变形所导致的。

2.6　小结

本章从热弹性力学入手,从理论、数值和试验角度介绍了温度(跨越热屈曲
温度)对结构模态特性的影响。根据热屈曲的发生可将热模态特性分为两个阶
段:① 软化阶段,温度在结构内部产生热应力,热应力的挤压使得结构刚度逐渐
衰减,表现为各阶频率值逐渐下降,当温度达到临界屈曲值时,热应力的挤压导
致结构挠度突然增大,即发生了热屈曲现象;② 刚化阶段,热屈曲产生的大变形
效应使结构刚度得到提高,且刚化作用大于热应力的软化,此时结构频率由软化
阶段的逐渐下降转为逐渐上升。

此外,环境温度的变化导致结构应力场及构型改变,进而对结构的模态特性
产生影响,而结构各阶特征频率对这一影响敏感程度的不同,使频率轨迹上出现
一些拐点和交叉点,模态顺序在这些特殊点附近发生改变。当温度跨越这些特
殊点时,会观测到模态间相互演变的现象。

进一步,针对典型平板、加筋板结构,采用石英灯辐射加热模拟热载荷,获得
了试验件在自由、固支等边界条件下的热模态参数。从试验结果可以看出,自由
边界条件下,模态频率随温度的升高而缓慢上升,模态振型基本保持不变。而在
固支边界条件下,首先得到了临界屈曲温度,进而得到了试验件在热屈曲前、热

屈曲后状态下模态的参数。从而通过试验手段获得了热屈曲特性对典型结构模态参数的影响规律。在热应力和材料弹性模量随温度下降等因素的共同作用下,固支边界条件下的模态频率随加热温度的升高先下降,在屈曲温度附近达到最低值,进入热屈曲状态后,随着温度升高,一阶模态频率逐渐上升。

参考文献

[1] Chen C S, Hwang J R, Doong J L. Nonlinear vibration of an initially stressed plate based on a modified plate theory. International Journal of Solids and Structures, 2001, 38(46): 8563 – 8583.

[2] Chen C S, Chen C W, Chen W R, et al. Thermally induced vibration and stability of laminated composite plates with temperature-dependent properties. Meccanica, 2013, 48(9): 2311 – 2323.

[3] Girish J, Ramachandra L S. Thermal postbuckled vibrations of symmetrically laminated composite plates with initial geometric imperfections. Journal of Sound and Vibration, 2005, 282(3): 1137 – 1153.

[4] 夏巍,杨智春.热环境下复合材料壁板的振动特性分析.应用力学学报,2005, 22(3): 359 – 363.

[5] Geng Q, Li Y M. Analysis of dynamic and acoustic radiation characters for a flat plate under thermal environments. International Journal of Applied Mechanics, 2012, 4(3): 1250028.

[6] Lee D M, Lee I. Vibration analysis of stiffened laminated plates including thermally postbuckled deflection effect. Journal of World Intellectual Property, 1997, 16(12): 1138 – 1154.

[7] Qing G, Qiu J, Liu Y. Free vibration analysis of stiffened laminated plates. International Journal of Solids and Structures, 2006, 43(6): 1357 – 1371.

[8] Librescu L, Souza M A. Nonlinear dynamics of stiffened flat panels under thermomechanical loads. Journal of Aerospace Engineering, 2000, 13(3): 78 – 84.

[9] 张博.多场作用下典型旋转及加筋结构的非线性动力学行为.西安:西安交通大学,2016.

[10] Peng L X, Liew K M, Kitipornchai S. Buckling and free vibration analyses of stiffened plates using the FSDT mesh-free method. Journal of Sound and Vibration, 2006, 289(3): 421 – 449.

[11] Shiau L C, Kuo S Y, Chen C Y. Thermal buckling behavior of composite laminated plates. Composite Structures, 2010, 92(2): 508 – 514.

[12] Malekzadeh P. Three-dimensional thermal buckling analysis of functionally graded arbitrary straight-sided quadrilateral plates using differential quadrature method. Composite Structures, 2011, 93(4): 1246 – 1254.

[13] 吴振强,程昊,张伟,等.热环境对飞行器壁板结构动特性的影响.航空学报,2013,34(2): 334 – 342.

[14] 李重岭,李跃明,李海波,等.考虑热效应复合材料典型壁板结构模态演变规律.复合材

料学报,2018,35(4):222-231.

[15] Cheng H, Li H B, Zhang W, et al. Effects of radiation heating on modal characteristics of panel structures. Journal of Spacecraft and Rockets, 2015, 52(4):1228-1235.

[16] Thompson R C, Richards W L. Thermal-structural panel buckling tests. Washington DC: NASA/TM-104243, 1991.

[17] Singer J, Arbocz J, Weller T. Buckling experiments: experimental methods in buckling of thin-walled structures. New York: Wiley, 2002.

第 3 章

高温环境下结构动力学模型修正技术

3.1 概述

高超声速飞行器以超过 5 马赫数的速度飞行,其气动加热使结构承受较高的温度,导致结构力学性能下降,同时产生不均匀的热变形和热应力,从而影响结构刚度,改变结构的固有振动特性,影响到飞行器整体的静、动特性。与传统的低速飞行相比,高超声速飞行产生严酷的气动热,气动力、气动热、结构振动相互作用,互为因果,组成复杂的多场耦合系统,给动力学分析带来极大的挑战。正是由于高温环境下建模的复杂性,建模过程中的简化和参数不确定性会导致所建立的数学模型与试验不完全一致,需借助试验结果对有限元模型进行修正。为适应严酷的气动加热环境,飞行器采用高温复合材料等耐热结构。新的材料结构、复杂的载荷环境使得耐热结构动力学建模与修正技术成为高超声速飞行器结构强度评估的关键技术。

3.2 结构动力学模型修正技术研究进展

3.2.1 国外研究情况

随着现代计算机技术的发展,结构振动模态数值仿真分析方面的研究越来越多。Dhotarad[1]和 Ganesan[2]在研究中采用有限差分法分析了矩形板在梯度分布热载荷作用下的固有振动特性,并将该结果与经典理论解和有限元方法获得的解进行对比。Brown[3,4]对 X-34 FASTRAC 型复合火箭喷管在高温环境下的固有频率和模态进行了理论分析和数值计算。Arafat 和 Nayfeh[5]对平板状环形圆盘在热环境下的非线性振动特性进行了数值分析。但是对于复杂结构,采用仿真计算方法很难准确获得结构高温模态参数,必须通过试验进行验证和修正。

准确的数学模型是进行动力学计算和分析的基础,有关模型修正的研究非常活跃。模型修正技术较早的工作可以追溯到 20 世纪 60 年代中期。根据修正对象的不同,传统的模型修正方法可分为矩阵型和参数型两种[6]。最先发展起来的结构有限元模型修正方法是以系统的总体矩阵或子结构的总体矩阵为修正对象的矩阵型修正方法。矩阵型修正方法可以分为系统矩阵型法、矩阵元素型法和子矩阵型法。系统矩阵型法首先由 Berman 等人提出。Berman 和 Flannelly[7]分别以修改质量、刚度矩阵加权范数最小为目标函数,加上振型的正交性、特征方程以及质量、刚度矩阵的对称性为约束,采用有约束的极小化方法实现模型修正。Ahmadian[8]详细介绍了矩阵型模型修正方法的基本原理和步骤,并通过仿真计算进行了验证,但是提出的方法具有一定的局限性,即缺乏明确的物理意义且不适用于大型结构。Friswell 等[9]在假设质量矩阵准确无误的前提下采用最优矩阵法同时修正了阻尼矩阵和刚度矩阵。以上算法均是运用矩阵型法进行模型修正,但是由于传感器的数目远远少于动力模型的自由度数目,不可避免要进行模型缩聚或振型扩充,给问题的求解带来一定困难[10],且修改后的质量、刚度矩阵没有明确的物理意义。

设计参数模型修正方法是对结构的材料、截面形状和几何尺寸等参数进行修正。到目前为止,国内外学者在设计参数模型修正方法方面开展了大量的、卓有成效的工作,以下仅列举其中一些具有代表性的工作。1976 年,White 等在研究特征值对参数模型摄动的灵敏度问题时,提出了一种参数摄动法。Collins[11],Ojalvo[12],Wei[13]用系统的模态参数以修正参数的变化灵敏度做依据,进行模型设计参数的修正。Friswell 等[14]阐明了在单元级别参数化模态的有效性,并利用几何参数和单元-模态参数去修正机械连接点。该类方法允许修正参数有较广的修正范围,且实测信息和初始分析参数可以修改权重,增加了其适用性和通用性,因此目前主要采用此方法进行模型修正。设计参数模型修正方法发展的同时也出现了众多模型修正软件,如比利时 LMS 公司开发的软件 GATEWAY、比利时 Dynamic Design Solutions 公司开发的 FEMtools、美国 SDRC 公司开发的 I-DEAS 等。随着解析/试验相关技术的发展,常温作用下的结构动力学模型修正已经取得了大量的研究成果,并在型号研制过程中发挥了重要作用,逐步为人们所重视。

虽然常温动力学模型修正的发展日趋成熟,但是对于高温动力学模型修正的研究仍较少。NASA 在 2002 年完成了 X-34 发动机高温环境下的模型修正问题研究[4],发动机如图 3.1 所示。发动机喷管由两层结构组成,内层结构为防热结构,外层为主承力结构。在进行模态试验时,采用火焰(Hot-Fire)加热,由于隔热层的隔热作用,外层主承力结构的温度并不高。通过试验结果来看,虽然主承力结构温度并不高,但是对结构动特性的影响是不可忽略的。NASA 通过非线性有限元计算和模型修正,得到了与试验结果比较吻合的仿真结果,如图 3.2 所示,这是针对复杂真实结构开展高温动特性研究的尝试。在修正过程中,NASA 并未开展热分析模型的模型修正,而是采用发动机喷管母线上的温度传感器测得试验值,并根据

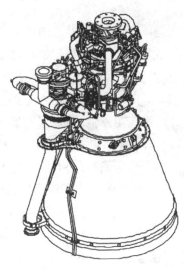

图 3.1　NASA X-34 的
FASTRAC 发动机

发动机结构轴对称的特征,直接插值得到温度场;热膨胀系数则是通过额外的试片级试验直接测量得到,因此热膨胀系数也未参与修正;最终 NASA 仅选取随温度变化的弹性模量和泊松比作为修正参数,完成了发动机的热模态模型修正工作,修正结果见表 3.1。

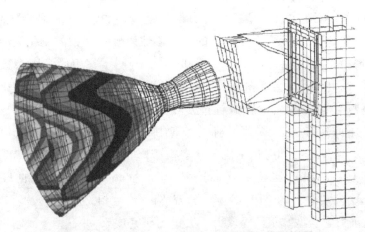

图 3.2　NASA X-34 的 FASTRAC 发动机模型修正

表 3.1　不同试验状态下计算与试验结果

试验值 0 s	分析值 0 s	误差 /%	试验值 25 s	分析值 25 s	误差 /%	试验值 50 s	分析值 50 s	误差 /%	试验值 100 s	分析值 100 s	误差 /%
45.5	46.7	2.6	37.3	40.3	8.0	35.0	37.7	7.7	32.7	33.3	1.8
113.4	118.3	4.3	94.5	99.2	1.7	88.5	95.4	7.8	81.4	83.2	2.2
210.4	221.0	5.0	177.2	183.7	3.7	165.5	176.6	6.7	154.0	154.0	0.0
334.4	357.0	6.8	284.0	293.3	3.3	265.0	280.2	5.7	244.0	243.8	-0.1
385.0	357.0	-7.3	357.5	325.7	-8.9	344.0	291.6	-15.2	330.0	264.1	-20.0

美国空军近几年开展了 AVIATR 项目研究(2010~2015 年),波音公司开展了钛合金壁板结构热模态模型修正方法的研究,并且温度最高达到了 500℃(图 3.3)。波音公司为了完成高温动力学力热耦合问题的模型修正,分别进行了热分析模型、热变形和热模态的模型修正工作。热分析模型采用 ABAQUS 软件进行建模,并采用 ModelCenter 软件搭建了温度场模型修正平台,以热传导系数等热物性参数为修正参数,实现了温度分析模型的模型修正,并且试验件最大误差控制在 20%以内。

图 3.3　红外热像仪测得温度(后附彩图)

其次,波音公司采用 NASTRAN 的 SOL 200 优化模块以热膨胀系数为修正参数,以计算和试验热变形差为修正目标,完成了热变形的模型修正工作。经修正后误差由 308%降至 30%以内,取得了较好的结果。在完成了温度场模型和热变形模型修正的基础上,以弹性模量、连接刚度为修正参数,进行了高温模态的模型修正工作,经修正后的热模态计算结果,频率误差控制在15%以内(图3.4)。

图 3.4　修正后的热模态计算结果

3.2.2　国内研究情况

目前,国内部分高校针对简单结构件开展了热模态/热振动试验的尝试研究。在过去的十几年内,北京强度环境研究所[15]对发动机管路、翼舵、舱段等结构在热模态/热振动方面开展了大量试验工作,如图3.5所示,其中振动环境通过振动台模拟,热环境利用热气流或辐射加热进行模拟。近年来,北京强度环境

(a) 舵结构热模态试验　　　　　　　　(b) 复合材料连接件热模态试验

(c) 仪器舱段热模态试验　　　　　　　　(d) 天线罩热振动试验

图 3.5　热模态/热振动试验

研究所加大了对热模态/热振动试验技术的技术创新工作,针对典型平板和舵结构开展高温模态试验,使用激光测振仪进行响应测量,获得结构在不同温度下的模态参数,温度可达 1 100℃以上。

在热模态计算分析方面,王永岗和戴诗亮[16]借助数值计算软件对双层金属圆形薄板受热时的振动方程进行摄动变分求解,获得其固有振动的近似解。刘芹等[17]采用商业有限元软件对薄壁圆柱壳结构的热振动开展分析,首先进行传热及热应力求解,再利用预应力模态分析方法实现对结构非线性热振动特性的计算。黄世勇和王智勇[18]使用有限元软件 NASTRAN 对飞行器变厚度舵面结构进行瞬态热变化过程的温度分布和固有振动特性分析,研究发现在加热过程中,结构的固有频率呈现先下降后上升的趋势,并指出热效应对弯扭耦合模态影响最大。杨雄伟等[19]和耿谦等[20]分别考虑材料热物性及结构热应力的影响,采用有限元法,针对某飞行器声-振耦合系统在热环境下的响应特性开展仿真分析。

动力学模型修正在我国发展相对较晚,但是近期发展迅速。北京强度环境研究所在模型修正方面也做了大量的工作[21-25],并成功完成了某运载火箭全箭模态模型修正、40 吨振动台有限元模型修正工作,为模型修正方面的研究积累了宝贵的经验。航天五院朱安文等[26,27]在结构模型修正的摄动法及缩聚方法上进行了深入的研究。航天五院在国内首次完成了基于模态参数整星有限元模型修正工作,同时也进行了基于频响的模型修正研究,并采用 MATLAB 软件开发了基于频响的动力学模型修正计算程序[28,29]。对于高温环境下结构的模型修正,国内相关学者也进行了相关研究,中科大程文龙等[30]对一卫星热分析模型的表面涂层热光学性质和接触换热系数进行了参数修正,取得了较好的结果;何成等[31]引入全局近似函数分别构造关于热模型参数和结构动力学模型参数的修正目标函数,给出了一种高温动力学模型修正的方法;袁昭旭和于开平[32]针对某飞行器结构建立其热环境下结构动力学模型,并进行了模型修正,取得了较好的效果。

3.3　有限元模型修正方法基本理论

3.3.1　模态振型的预处理

真实结构的阻尼不是比例黏性阻尼,导致试验识别出的模态为复模态,而大多数有限元分析软件计算模态时一般不包含阻尼信息,计算出的模态一般均为实模态,因此为了方便进行试验/有限元相关性分析,需将试验复模态进行实数化处理。目前,很多复模态实数化方法被提出,比较有代表性的是复数转换法、相角旋转法等。

复数转换法是采用矩阵转换的方法,通过复模态振型来提取实振型,复振型 ϕ_c、实振型 ϕ_R 之间有如下关系:

$$\phi_R = \phi_c T \tag{3.1}$$

式中,T 为转换矩阵。

将公式(3.1)分解成实部和虚部,并考虑到 ϕ_R 为实数:

$$\mathrm{Im}(\phi_c)\mathrm{Re}(T) + \mathrm{Re}(\phi_c)\mathrm{Im}(T) = 0 \tag{3.2}$$

通过式(3.2)可以得到

$$\mathrm{Im}(T) = - \left[\mathrm{Re}(\phi_c)^{\mathrm{T}}\mathrm{Re}(\phi_c) \right]^{-1} \mathrm{Re}(\phi_c)^{\mathrm{T}}\mathrm{Im}(\phi_c)\mathrm{Re}(T) \tag{3.3}$$

令转换矩阵 T 的实部为单位矩阵,则得

$$\phi_R = \mathrm{Re}(\phi_c) + \mathrm{Im}(\phi_c)\left[\mathrm{Re}(\phi_c)^{\mathrm{T}}\mathrm{Re}(\phi_c)\right]^{-1}\mathrm{Re}(\phi_c)^{\mathrm{T}}\mathrm{Im}(\phi_c) \tag{3.4}$$

通过式(3.4)即可实现复模态的实数化处理。

另外一种复模态实数化方法是相角旋转法。Imregun 和 Ewins 建议实模态的转化准则是寻找与复模态 MAC 值最大的实数向量。

$$\max\left\{ \frac{|\phi_R^{\mathrm{T}}\phi_c|^2}{|\phi_R^{\mathrm{T}}\phi_R||\phi_c^{\mathrm{T}}\phi_c|} \right\} \tag{3.5}$$

首先,将复模态进行正则化处理,使得

$$|\phi_c^{\mathrm{T}}\phi_c| = 1 \tag{3.6}$$

根据式(3.6),式(3.5)转化为求解下式:

$$\max\{\phi_R^{\mathrm{T}}\phi_c\phi_c^*\phi_R\} \quad 满足 \; |\phi_R^{\mathrm{T}}\phi_R| = 1 \tag{3.7}$$

将复模态写成 $\phi_c = \phi_r + \mathrm{i}\phi_I$,然后,

$$\phi_c\phi_c^* = U + \mathrm{i}V \tag{3.8}$$

式中,$U = \phi_r\phi_r^{\mathrm{T}} + \phi_I\phi_I^{\mathrm{T}}$; $V = \phi_I\phi_r^{\mathrm{T}} + \phi_r\phi_I^{\mathrm{T}}$。

U 为实对称矩阵,V 为斜对称矩阵,故 $\phi_r^{\mathrm{T}}V\phi_r = 0$,因此式(3.7)可以进一步

写成

$$\max\{\boldsymbol{\phi}_r^T \boldsymbol{U} \boldsymbol{\phi}_r\} \quad 满足 \mid \boldsymbol{\phi}_r^T \boldsymbol{\phi}_r \mid = 1 \tag{3.9}$$

可以证明,复模态相角旋转实部最大的情况,其实部即为求解的实模态 $\boldsymbol{\phi}_R$,即

$$\boldsymbol{\phi}_R = \max \parallel \mathrm{Real}(\boldsymbol{\phi}_c \mathrm{e}^{\mathrm{i}\theta}) \parallel^2 \tag{3.10}$$

进一步,

$$\parallel \mathrm{Real}(\boldsymbol{\phi}_c \mathrm{e}^{\mathrm{i}\theta}) \parallel^2 = \boldsymbol{\phi}_r^T \boldsymbol{\phi}_r \cos^2\theta + \boldsymbol{\phi}_1^T \boldsymbol{\phi}_1 \sin^2\theta + 2\boldsymbol{\phi}_r^T \boldsymbol{\phi}_1 \sin\theta \cos\theta$$

$$= \frac{\boldsymbol{\phi}_r^T \boldsymbol{\phi}_r + \boldsymbol{\phi}_1^T \boldsymbol{\phi}_1}{2} + \left(\frac{\boldsymbol{\phi}_r^T \boldsymbol{\phi}_r - \boldsymbol{\phi}_1^T \boldsymbol{\phi}_1}{2} \cos 2\theta + \boldsymbol{\phi}_r^T \boldsymbol{\phi}_1 \sin 2\theta \right) \tag{3.11}$$

满足式(3.12)时,复模态的实部最大:

$$\frac{\cos 2\theta}{\sin 2\theta} = \frac{\boldsymbol{\phi}_r^T \boldsymbol{\phi}_r - \boldsymbol{\phi}_1^T \boldsymbol{\phi}_1}{2\boldsymbol{\phi}_r^T \boldsymbol{\phi}_1} \tag{3.12}$$

还有一种工程处理方法,如式(3.13)所示:

$$\boldsymbol{\phi}_R = S\sqrt{\boldsymbol{\phi}_r^2 + \boldsymbol{\phi}_1^2} \tag{3.13}$$

式中,系数 S 通过式(3.14)获得:

$$\begin{cases} S = 1, & \boldsymbol{\phi}_1 \geqslant -k\boldsymbol{\phi}_r \\ S = -1, & 其他 \end{cases} \tag{3.14}$$

其中,k 为经验系数。对于弱阻尼结构,经过大量的数值试验,建议取 $k=2.4$。

为了验证以上三种方法的实际计算效果,采用舵结构在 400℃ 高温下的试验结果进行比较。试验模型如图 3.6 所示。通过对比可以看出(表 3.2),三种方法均取得了较好的结果,但是综合计算效率和计算精度,建议采用第三种方法。

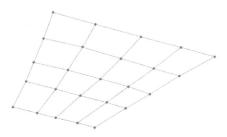

图 3.6　舵结构试验模型

表 3.2 不同方法计算结果对比

序 号	实数化方法	模态阶数	MAC(ϕ_R、ϕ_c)
1	复数转换法	1	96.1
		2	91.9
		3	99.3
		4	99.4
		5	99.7
2	相角旋转法	1	96.1
		2	92.0
		3	99.3
		4	99.4
		5	99.7
3	工程方法	1	96.1
		2	91.9
		3	99.3
		4	99.4
		5	99.7

3.3.2 模型缩聚和扩展

一般情况下,有限元模型与试验相比包含了更多的自由度,为了方便实现有限元/试验相关性分析,需将计算模态的自由度进行截断或者将试验自由度进行扩充,如图 3.7 所示。

1. 有限元模型缩聚

有限元模型缩聚是将有限元模型的自由度映射至试验模型,将有限元模型分为主自由度(这里为与试验匹配的自由度)和从自由度,然后将整个模型进行减缩,最终得到一个仅包含主自由度(这里是试验自由度)的广义模型,即试验分析模型(test-analysis model,TAM)。同时 TAM 模型可为下面的模型诊断与误差定位方法提供减缩刚度矩阵和质量矩阵。目前,已经发展了很多 TAM 模型建立方法,如 Guyan 缩聚方法、定频动力缩聚方法、IRS 方法和迭代 IRS 方法等。

1) Guyan 缩聚方法

无论是常温还是高温模态计算,最终需求的特征值方程形式是相同的,将模型自由度划分为主自由度(m)和从自由度(s),动力学方程可以写为

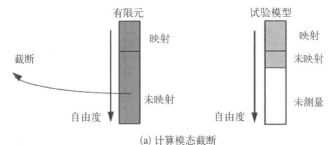

(a) 计算模态截断

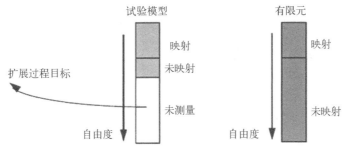

(b) 试验模态扩展

图 3.7　模型截断和扩展

$$-\Omega^2 \begin{bmatrix} M_{ss} & M_{sm} \\ M_{ms} & M_{mm} \end{bmatrix} \begin{bmatrix} x_s \\ x_m \end{bmatrix} + \begin{bmatrix} K_{ss} & K_{sm} \\ K_{ms} & K_{mm} \end{bmatrix} \begin{bmatrix} x_s \\ x_m \end{bmatrix} = \begin{bmatrix} F_s \\ F_m \end{bmatrix} \tag{3.15}$$

Guyan 缩聚又称静力缩聚,它忽略了动力项,并且一般情况下从节点都无载荷施加,即 $F_s = 0$。 此时,

$$\begin{bmatrix} K_{ss} & K_{sm} \\ K_{ms} & K_{mm} \end{bmatrix} \begin{bmatrix} x_s \\ x_m \end{bmatrix} = \begin{bmatrix} 0 \\ F_m \end{bmatrix} \tag{3.16}$$

由式(3.16)可知,

$$\begin{bmatrix} u_s \\ u_m \end{bmatrix} = T_s u_m = \begin{bmatrix} -K_{ss}^{-1} K_{sm} \\ I \end{bmatrix} u_m \tag{3.17}$$

$$(-K_{ms} K_{ss}^{-1} K_{sm} + K_{mm}) x_m = F_m \tag{3.18}$$

式中, T_s 为转换矩阵。

由式(3.18)可知系统的缩聚刚度矩阵为

$$K_r = T_s^{\mathrm{T}} K T_s = -K_{ms} K_{ss}^{-1} K_{sm} + K_{mm} \tag{3.19}$$

质量矩阵可做与式(3.19)相同的坐标变换：

$$M_r = T_s^{\mathrm{T}} M T_s = M_{mm} - M_{mm} K_{ss}^{-1} K_{sm} - (K_{ss}^{-1} K_{sm})^{-1} (M_{sm} - M_{ss} K_{ss}^{-1} K_{sm}) \tag{3.20}$$

至此，得到了整个系统的缩聚矩阵。

2）定频动力缩聚方法

静力缩聚方法仅在零频点是精确的，而定频动力缩聚方法可保证在某一特定频率点 Ω_0 是精确的，此方法是 Guyan 缩聚方法的扩展。当仅关心某中心频率范围内的精确响应时，建议采用此方法。定频动力缩聚方法与 Guyan 缩聚方法相似，只是转换矩阵有所不同，其转换矩阵为

$$\begin{bmatrix} u_s \\ u_m \end{bmatrix} = T_d u_m = \begin{bmatrix} -(K_{ss} - \Omega_0^2 M_{ss})^{-1} (K_{sm} - \Omega_0^2 M_{sm}) \\ I \end{bmatrix} u_m \tag{3.21}$$

采用与式(3.19)和式(3.20)相似的变换即可得到缩聚质量矩阵和缩聚刚度矩阵。

3）IRS 方法

IRS(improved reduction system)方法是由 O'Callaghan 提出的，是 Guyan 缩聚方法的改进，保留了被忽略的惯性项。

由式(3.15)可知，

$$(K_{ss} - \Omega^2 M_{ss}) u_s = (K_{sm} - \Omega^2 M_{sm}) u_m \tag{3.22}$$

式(3.22)可进一步写成

$$u_s = -K_{ss}^{-1} \left[K_{sm} + \Omega^2 (M_{ss} K_{ss}^{-1} K_{sm} - M_{sm}) + o(\Omega^4) \right] u_m \tag{3.23}$$

式中，$o(\Omega^4)$ 代表高阶项。

由 Guyan 缩聚方法可得到以下方程：

$$\Omega^2 u_m = M_r^{-1} K_r u_m \tag{3.24}$$

将式(3.24)代入式(3.23)，并忽略高阶项后可得

$$u_s = \left[-K_{ss}^{-1} K_{sm} + K_{ss}^{-1} (M_{sm} - M_{ss} K_{ss}^{-1} K_{sm}) M_r^{-1} K_r \right] u_m \tag{3.25}$$

则 IRS 方法的转换矩阵可表示为

$$T_{\mathrm{IRS}} = \begin{bmatrix} -K_{ss}^{-1} K_{sm} + K_{ss}^{-1} (M_{sm} - M_{ss} K_{ss}^{-1} K_{sm}) M_r^{-1} K_r \\ I \end{bmatrix} \tag{3.26}$$

IRS 方法得到的缩聚刚度矩阵和质量矩阵为

$$K_{IRS} = T_{IRS}^{T} K T_{IRS} \tag{3.27}$$

$$M_{IRS} = T_{IRS}^{T} M T_{IRS} \tag{3.28}$$

此外,IRS 方法也可采用式(3.21)获得定频动力 IRS 方法,但由于应用较少,在此不再一一展开。

4) 迭代 IRS 方法

IRS 方法忽略了式(3.23)中的高阶项,因此也是一种近似的缩聚方法。为进一步改进精度,可采用迭代的方法。为了计算方便,可将式(3.26)写成另外一种形式:

$$T_{IRS} = T_s + S M T_s M_r^{-1} K_r \tag{3.29}$$

式中, $S = \begin{bmatrix} O & O \\ O & K_{ss}^{-1} \end{bmatrix}$。

可采用新的传递矩阵生成缩聚质量矩阵和刚度矩阵,作为下一步迭代的基础。即

$$T_{IRS, i+1} = T_s + S M T_{IRS, i} M_{IRS, i}^{-1} K_{IRS, i} \tag{3.30}$$

每经过一次迭代,相应缩聚质量矩阵和刚度矩阵的精度都会得到提高,直至最终收敛。

5) 数值算例

研究模型采用一典型平板结构,有限元模型及主自由度选取如图 3.8 所示。分别采用 Guyan 缩聚方法、定频动力缩聚方法(Ω_0 取 70 Hz)、IRS 方法、迭代 IRS 方法(迭代次数为 5 次)、广义动力缩聚方法(取前 20 阶模态)等对模型进行了计算,并生成了其动态子结构模型。对缩聚后的子结构进行了模态计算,并与整体有限元模型进行了对比,如表 3.3 所示。从表中可以看出,迭代 IRS 方法的计算精度最高,IRS 方法次之,但是其误差均在工程允许范围之内。另外,Guyan 缩聚方法、定频动力缩聚方法、IRS 方法的计算精度很低,这是由于这三种方法是一种近似方法,对主自由度的选取具有一定的限制,换句话说,选择的主自由度不合理将导致计算精度的急剧下降。迭代 IRS 方法需进行多次迭代,并且迭代次数越多计算结果越精确,最终趋于有限元解。

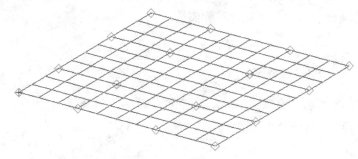

图 3.8   研究模型

表 3.3   不同计算方法的计算结果对比

序号	整体有限元模型/Hz	Guyan 缩聚模型/Hz	定频动力缩聚/Hz	IRS/Hz	迭代 IRS/Hz
1	73.4	74.1	74.1	73.4	73.4
2	106.0	107.6	107.6	106.0	106.0
3	131.9	135.0	135.0	131.9	131.9
4	187.1	196.3	196.3	187.1	187.1
5	187.1	196.3	196.3	187.1	187.1
6	327.2	341.3	341.3	327.3	327.2
7	327.2	341.3	341.3	327.3	327.2
8	339.3	380.6	380.6	340.0	339.3
9	363.9	388.5	388.5	364.0	363.9
10	413.4	443.7	443.7	413.5	413.4

综上所述,综合考虑计算精度和计算效率,下文将采取迭代 IRS 方法进行研究。

2. 试验模型扩展

试验模型的扩展目前主要有三种方法,分别是模态因子缩放方法、系统等效减缩扩展方法(system equivalent reduction expansion process,SEREP)、动态扩展法。其中,动态扩展法主要是采用缩聚方法的逆方法来得到,需要用到质量矩阵和刚度矩阵,在此不再赘述。

1) 模态因子缩放方法

此方法基于模态缩放因子(modal scale factor,MSF),如式(3.31)所示:

$$MSF(\boldsymbol{\Psi}_{a}, \boldsymbol{\Psi}_{e}) = \frac{(\boldsymbol{\Psi}_{a}^{T}\boldsymbol{\Psi}_{e})}{(\boldsymbol{\Psi}_{e}^{T}\boldsymbol{\Psi}_{e})} \tag{3.31}$$

式中,$\boldsymbol{\Psi}_{e}$ 为试验模态实振型;$\boldsymbol{\Psi}_{a}$ 为与试验自由度对应的计算模态振型。

试验未匹配自由度的振型可以通过下式进行补充,来获得与有限元模型自由度对应的扩展试验振型:

$$\boldsymbol{\Psi}'_e = \frac{\boldsymbol{\Psi}'_a}{\mathrm{MSF}(\boldsymbol{\Psi}_a,\ \boldsymbol{\Psi}_e)} \tag{3.32}$$

式中, $\boldsymbol{\Psi}'_a$ 为未匹配自由度的计算模态振型; $\boldsymbol{\Psi}'_e$ 为需补充的试验自由度振型。

2) SEREP 方法

此方法通过转换矩阵 $\boldsymbol{T}'$ 来实现试验匹配自由度与全部自由度的转换,即

$$\boldsymbol{\phi}_e = \boldsymbol{T}'\boldsymbol{\Psi}_e \tag{3.33}$$

其中, $\boldsymbol{\phi}_e$ 为扩展后的全自由度试验振型,转换矩阵 $\boldsymbol{T}'$ 通过下式给出:

$$\boldsymbol{T}' = \boldsymbol{\phi}_a\left[\boldsymbol{\Psi}_e\right]^+ \tag{3.34}$$

式中, $\boldsymbol{\phi}_a$ 为全自由计算振型; $\left[\boldsymbol{\Psi}_e\right]^+$ 为试验模态振型的伪逆。

以上两种方法的计算均比较简单,但是 SEREP 隐含着对试验振型的光滑作用,并且两种方法均不需要质量矩阵和刚度矩阵的参与。

3.3.3　有限元模型与试验结果相关性方法

评价和量化计算结果与试验结果相似(或差异)程度的过程被称为相关性分析。相关性分析的内容非常广泛,主要包含模态频率、模态振型、总质量和质量分布等。同时,相关性分析也为模型修正提供了目标函数。

1. 质量分布的相关性分析

对于质量分布的相关性分析,一般采用质量矩阵 $\boldsymbol{M}$ 来进行。定义刚体质量矩阵 $\boldsymbol{M}_R$:

$$\boldsymbol{M}_R = \boldsymbol{\Phi}_R^{\mathrm{T}}\boldsymbol{M}\boldsymbol{\Phi}_R \tag{3.35}$$

此矩阵如下所示:

$$\boldsymbol{M}_R = \begin{bmatrix} m & 0 & 0 & 0 & -mz_{\mathrm{cog}} & my_{\mathrm{cog}} \\ 0 & m & 0 & mz_{\mathrm{cog}} & 0 & -mx_{\mathrm{cog}} \\ 0 & 0 & m & -my_{\mathrm{cog}} & mx_{\mathrm{cog}} & 0 \\ 0 & mz_{\mathrm{cog}} & -my_{\mathrm{cog}} & I_{xx} & I_{xy} & I_{xz} \\ -mz_{\mathrm{cog}} & 0 & mx_{\mathrm{cog}} & I_{yx} & I_{yy} & I_{yz} \\ my_{\mathrm{cog}} & -mx_{\mathrm{cog}} & 0 & I_{zx} & I_{zy} & I_{zz} \end{bmatrix} \tag{3.36}$$

刚体运动质量矩阵 M_R 除了提供质量值 m,还提供质量惯性矩(I_{xx}, I_{yy}, I_{zz}, I_{xy}, I_{xz}, I_{yz})和质心位置(x_{cog}, y_{cog}, z_{cog})。在进行模型修正时,要保证实际结构的质量特性与有限元模型式(3.36)计算得到的质量特性一致。

2. 模态参数的相关性分析

模态参数主要包括固有频率、模态振型、模态阻尼等,然而由于模态阻尼受测量条件及环境的影响较大,当今基于模态参数的结构动力学有限元模型修正研究主要集中在以固有频率及模态振型为目标函数的修正方法。

固有频率是结构的固有特性,其测量较为容易且精度较高,因而,常用理论及试验固有频率的误差来组成模型修正的目标函数。由于固有频率包含的结构信息相对较少,这样就出现了以模态振型为目标函数的模型修正方法。然而,单独使用振型往往会丢掉较为准确的固有频率信息,因此一个更加合理的方法是联合使用固有频率和模态振型作为目标函数,而模态振型主要通过直接和间接两种模式加入到目标函数中。

直接利用模态振型的模型修正又分为两种形式:第一种直接使用理论模型与试验模型的各阶模态振型的误差作为目标函数;另一种直接利用模态振型的方式,使用理论模型与试验模型的各阶模态振型的模态确信准则(modal assurance criterion,MAC)作为目标函数。Allemang 和 Brown 于 1982 年最早提出模态确信准则的概念,它将两阶模态振型的相关度用一个数值表示。计算公式为

$$\text{MAC} = \frac{(\boldsymbol{\Phi}_e^T \boldsymbol{\Phi}_a)^2}{(\boldsymbol{\Phi}_e^T \boldsymbol{\Phi}_e)(\boldsymbol{\Phi}_a^T \boldsymbol{\Phi}_a)} \tag{3.37}$$

式中,$\boldsymbol{\Phi}_e$ 为模态试验振型;$\boldsymbol{\Phi}_a$ 为有限元计算振型。

MAC 是介于 0~1 的标量,当 MAC 值为 1 时,代表两个振型完全相关;当 MAC 值为 0 时,表示两个振型线性无关。由于 MAC 对角元素比较大,因此常用对角元素描述两个振型的相关程度。工程中当 MAC 对角线元素大于80%,同时非对角线元素小于10%时即认为两个模型间存在良好的相关性。

间接利用模态振型作为目标函数的模型修正方法也得到相当广泛的使用。在该方法中,模态振型一般作为参数参与到目标函数的建立之中,如应变能法、反共振频率法、柔度矩阵法以及其他的一些方法。但是间接方法在实际工程应用较少,在此不再赘述。

3.3.4　结构动特性灵敏度分析方法

所谓灵敏度即参数微小摄动后响应的变化量的大小。对于一些灵敏度较大的参数,参数的微小变化都会导致结果的巨大变化;反之,对于灵敏度小的参数,参数的变化较大时对结果的影响都甚微。灵敏度一方面可以用于选择待修正参数,另一方面也是模型修正参数估计中的重要环节。

对于无阻尼多自由度系统,其特征方程可以写为

$$(\boldsymbol{K} - \lambda \boldsymbol{M})\boldsymbol{\Phi} = 0 \tag{3.38}$$

其中,$\boldsymbol{K}$ 为刚度矩阵;$\boldsymbol{M}$ 为质量矩阵;λ 为特征值;$\boldsymbol{\Phi}$ 为特征向量。

为了推导方便,令 $\boldsymbol{F}_i = \boldsymbol{K} - \lambda_i \boldsymbol{M}$,则式(3.38)可以写为

$$\boldsymbol{F}_i \boldsymbol{\Phi}_i = 0 \tag{3.39}$$

式(3.39)左乘 $\boldsymbol{\Phi}_i^{\mathrm{T}}$ 后得

$$\boldsymbol{\Phi}_i^{\mathrm{T}} \boldsymbol{F}_i \boldsymbol{\Phi}_i = 0 \tag{3.40}$$

将式(3.40)对修正参数 p_j 进行求导可得

$$\boldsymbol{\Phi}_{i,j}^{\mathrm{T}} \boldsymbol{F}_i \boldsymbol{\Phi}_i + \boldsymbol{\Phi}_i^{\mathrm{T}} \frac{\partial \boldsymbol{F}_i}{\partial p_j} \boldsymbol{\Phi}_i + \boldsymbol{\Phi}_i^{\mathrm{T}} \boldsymbol{F}_i \boldsymbol{\Phi}_{i,j} = 0 \tag{3.41}$$

考虑式(3.38)和式(3.39)的模态正交性,并考虑到 $\boldsymbol{F}_i$ 的对称性可知,式(3.41)可进一步写成

$$\frac{\partial \lambda_i}{\partial p_j} = \boldsymbol{\Phi}_i^{\mathrm{T}} \left(\frac{\partial \boldsymbol{K}}{\partial p_j} - \lambda_i \frac{\partial \boldsymbol{M}}{\partial p_j} \right) \boldsymbol{\Phi}_i \tag{3.42}$$

由 $\lambda_i = (2\pi f_i)^2$,式(3.42)可以进一步写成

$$\frac{\partial f_i}{\partial p_j} = \frac{\boldsymbol{\Phi}_i^{\mathrm{T}} \left[\frac{\partial \boldsymbol{K}}{\partial p_j} - (2\pi f_i)^2 \frac{\partial \boldsymbol{M}}{\partial p_j} \right] \boldsymbol{\Phi}_i}{8\pi^2 f_i} \tag{3.43}$$

至此已经得到了特征值的灵敏度分析方法。

特征向量是完备的,可用特征向量组成一个基向量空间。在此空间中的任一向量都可以基向量的线性组合来表示。因此,可将特征向量的灵敏度表示为

$$\boldsymbol{\Phi}_{i,j} = \sum \alpha_{ijk} \boldsymbol{\Phi}_k \tag{3.44}$$

由式(3.39)可知，

$$F_i \Phi_{i,j} = -F_{i,j} \Phi_i \tag{3.45}$$

将式(3.44)代入式(3.45)，并在等式两边左乘 Φ_l^T 得

$$\sum \alpha_{ijk} \Phi_l^T F_i \Phi_k = -\Phi_l^T F_{i,j} \Phi_i \quad (l \neq i) \tag{3.46}$$

可得

$$\alpha_{ijl} = \frac{\Phi_l^T (K_j - \lambda_i M_j) \Phi_i}{(\lambda_i - \lambda_l)} \, (l \neq i) \tag{3.47}$$

由模态正交性 $\Phi_i^T M \Phi_i = 1$ 可知，

$$2\Phi_i^T M \Phi_{i,j} = -\Phi_i^T M_j \Phi_i \tag{3.48}$$

将式(3.44)代入式(3.48)得

$$2\Phi_i^T M \sum \alpha_{ijk} \Phi_k = -\Phi_i^T M_j \Phi_i \tag{3.49}$$

进一步可得

$$\alpha_{iji} = -\frac{\Phi_i^T M_j \Phi_i}{2} \tag{3.50}$$

当计算仅保留 r 阶模态时，式(3.44)可近似写成

$$\Phi_{i,j} = \sum_{k=1}^r \alpha_{ijk} \Phi_k \tag{3.51}$$

在对有限元模型进行修正时，为了比较振型的差异，往往引入 MAC 值：

$$MAC = \frac{(\Phi_e^T \Phi_a)^2}{(\Phi_e^T \Phi_e)(\Phi_a^T \Phi_a)} \tag{3.52}$$

式中，Φ_e 为模态试验振型；Φ_a 为有限元计算振型。

MAC 值的灵敏度可写为

$$\frac{\partial(MAC)}{\partial p_i} = \frac{2\Phi_e^T \Phi_a \Phi_e^T \frac{\partial \Phi_a}{\partial p_i}}{(\Phi_e^T \Phi_e)(\Phi_a^T \Phi_a)} - \frac{2(\Phi_e^T \Phi_a)^2 \Phi_a^T \frac{\partial \Phi_a}{\partial p_i}}{(\Phi_e^T \Phi_e)(\Phi_a^T \Phi_a)^2} \tag{3.53}$$

将式(3.51)代入式(3.53)即可得 MAC 值的灵敏度。

需要进一步说明的是,采用数值微分来替代式(3.42)和式(3.43)中的 $\dfrac{\partial \boldsymbol{K}}{\partial p_j}$、

$\dfrac{\partial \boldsymbol{M}}{\partial p_j}$,即可得到高温环境下的模态参数灵敏度。

3.3.5　参数估计方法

模型修正的参数估计与其他科学与工程领域的参数估计方法基本相同,其本质是一个优化过程。这里仅介绍迭代法。

迭代法一般用模态数据中未知参数的 Taylor 级数展开式:

$$z_u = z_A + \boldsymbol{S}\delta p \tag{3.54}$$

其中,δp 为修正参数的改变量;$\boldsymbol{S}$ 为灵敏度矩阵;z_u 为试验结果;z_A 为计算结果。

定义残差向量:

$$\boldsymbol{\varepsilon} = \delta z - \boldsymbol{S}\delta p \tag{3.55}$$

其中,$\delta z = z - z_A$。

定义如下泛函:

$$J(\boldsymbol{\theta}) = \boldsymbol{\varepsilon}^{\mathrm{T}}\boldsymbol{\varepsilon} \tag{3.56}$$

根据极值定理可得

$$\delta z = \boldsymbol{S}\delta p \tag{3.57}$$

当修正参数数量少于修正目标值数量的时候,方程为超定的,采用最小二乘法得到修正公式:

$$\delta p = \left[\boldsymbol{S}^{\mathrm{T}}\boldsymbol{S}\right]^{-1}\boldsymbol{S}^{\mathrm{T}}\delta z \tag{3.58}$$

当修正参数数量多于修正目标值数量的时候,方程为欠定的,由式(3.59)来进行求解:

$$\delta p = \boldsymbol{S}^{\mathrm{T}}\left[\boldsymbol{S}\boldsymbol{S}^{\mathrm{T}}\right]^{-1}\delta z \tag{3.59}$$

修正参数可更新为

$$p^{n+1} = p^n + \delta p \tag{3.60}$$

3.4　复杂结构动力学模型检查与误差定位方法

有限元模型的计算结果与试验的测试结果之间存在着较大的差距,使得根据工程图纸和经验建立的有限元模型并不可靠,这时就需要利用模型修正技术来改进有限元模型。从应用效果上来看,目前对于一些简单结构修正效果较好,但对于复杂结构的修正仍存在一些困难,正如 Friswell 所说"虽然目前模型修正在简单结构上取得了较好的效果,但是工程问题一般都比较复杂,几万自由度规模是很平常的事,修改这样大规模的模型现在仍然是对研究者智力的挑战"[9]。

虽然已经形成大量的模型修正软件,模型修正的基本理论也已成熟,但是针对复杂结构的模型修正还存在一些问题。真正制约复杂结构模型修正的主要问题是模型诊断和误差定位。模型诊断和误差定位是充分应用动力学分析的方法进行诊断,对模型建模错误和不确定性因素进行辨识的过程,其主要目的是消除建模错误和选取待修正参数,它是模型修正的关键所在,模型诊断和误差定位准确与否直接影响修正精度。从研究经验来看,此项工作在整个模型修正过程中的地位非常重要。

3.4.1　模型规范化与模型检查

进行模型诊断与误差定位需要开展以下工作。

(1) 模型的规范化:为了方便模型修正区域的查找及确认;

(2) 建模过程描述:对建模过程中的近似和简化过程进行描述,并进行工程判断,是判断建模是否合理的依据;

(3) 模型检查:为了在计算初期消除模型的建模错误。

对于复杂模型的建模,模型的规范化会显得更加重要。模型的规范化会对模型诊断与误差定位的工程判断起非常重要的积极作用。

一般地,建模过程中需要包含以下内容的描述:坐标系定义,命名规则,网格密度,网格增强区域,使用和需规避的单元类型,单元的纵横比(aspect ratio)临界值,壳单元的翘曲(warping)临界值,应规避的弹簧类型(如非零长度弹簧),采用的刚性单元类型,单元的偏置建模,螺钉和铆钉连接建模,接触界面定义,等效特征定义,热应力建模情况,非线性分析建模情况,轴对称建模、圆周对称建模等情况,建议、要求和规避的分析相关参数,流体效应(如晃动、附加质量)等。

另外,至少进行如下初步模型检查:有限元模型的几何检查、有限元模型的单元拓扑、模型的刚体运动、有限元模型的静力学分析检查、有限元模型的应力自由热-弹变形检查、有限元模型的模态分析检查等。有限元模型几何检查包括非连接节点调整(共节点检查)、重合单元调整、自由边应为期望的模型边界等;有限元模型的单元拓扑检查包括壳单元法向的一致性检查、壳和实体单元的内角是否满足限制值等。

1. 有限元模型的刚体运动检查

1)刚体运动质量矩阵

刚体运动质量矩阵 M_R 除了提供质量值,还提供质量惯性矩(I_{xx}, I_{yy}, I_{zz}, I_{xy}, I_{xz}, I_{yz})和质心位置(x_{cog}, y_{cog}, z_{cog})。刚体运动质量实际值与计算值的差异需被修正。

M_R 通过以下方程定义:

$$M_R = \boldsymbol{\Phi}_R^T M \boldsymbol{\Phi}_R \tag{3.61}$$

式中,M_R 为刚体质量矩阵。

矩阵 M_R 如式(3.62)所示:

$$M_R = \begin{bmatrix} m & 0 & 0 & 0 & -mz_{cog} & my_{cog} \\ 0 & m & 0 & mz_{cog} & 0 & -mx_{cog} \\ 0 & 0 & m & -my_{cog} & mx_{cog} & 0 \\ 0 & mz_{cog} & -my_{cog} & I_{xx} & I_{xy} & I_{xz} \\ -mz_{cog} & 0 & mx_{cog} & I_{yx} & I_{yy} & I_{yz} \\ my_{cog} & -mx_{cog} & 0 & I_{zx} & I_{zy} & I_{zz} \end{bmatrix} \tag{3.62}$$

2)刚体运动应变能和力残差检查

刚体运动应变能和力残差检查的目的是确定在模型进行刚体运动时无应变能和力残差,主要是为辨识隐藏的多余约束。

对于每一个自由度集和每一个单位的六个自由度运动(三个转动、三个平动),刚体应变能可通过式(3.63)进行计算:

$$E_R = \frac{1}{2} \boldsymbol{\Phi}_R^T K \boldsymbol{\Phi}_R \tag{3.63}$$

理论上矩阵 E_R 所有项均为 0,但是由于数值误差等原因所有的值并不一定全为 0。这里建议对于 1 m 平动或者 1 rad 转动的刚体运动,其最大值不超过

10^{-3} J。

同时,力残差可通过式(3.64)进行计算:

$$F_R = K\Phi_R \tag{3.64}$$

同理,理论上 F_R 所有项均为 0,这里建议对于 1 m 平动或者 1 rad 转动的刚体运动,残差力分量不超过 0.1 N,残差弯矩向量不超过 1.5 N·m。

2. 有限元模型的静力学分析检查

有限元模型的静力学分析检查建议采用残差向量功检查方法,具体步骤如下。

(1) 计算力残差向量 δF: $\delta F = Ku - F$;

(2) 计算残差功 δW: $\delta W = u^T \delta F$;

(3) 计算施加力的功 W: $W = \dfrac{1}{2} u^T F = \dfrac{1}{2} u^T Ku$;

(4) 计算比值 ε: $\varepsilon = \delta W / W$。

比值 ε 理论上应该等于 0,一般情况下取最大可接受值为 10^{-8}。

3. 有限元模型的应力自由热-弹变形检查

这项检查是为了验证模型进行热应力分析是否合适,同时可以用来辨识不真实的刚度(如刚性单元、梁的偏置等)。简单来说,进行热-弹变形试验是为了证明,当各向同性材料在非约束下等温膨胀,应力和旋转不应超过用户规定的值。

具体检查方法是将模型的材料全部替换为一种虚拟材料(如铝合金),施加统一的弹性模量、泊松比等,然后施加静定约束边界和等温温度载荷。如果模型是合理的,那么从理论上讲,转角、反作用力、单元力或者单元应力等计算结构应均为 0。这里建议,当以铝合金为虚拟材料,温度增量 ΔT 取 100 K 时,最大 Von-Mises 应力应小于 0.01 MPa,最大旋转应小于 10^{-7} rad。

4. 模态分析检查

自由-自由模态分析检查可以给出期望的刚体模态数目,并且刚体模态频率必须小于等于用户同意的频率 δ(建议 δ 取 0.005 Hz)。对于无内部机构存在的三维模型,应有 6 个刚体模态,并且建议最高计算刚体模态频率和最低弹性模态频率的比值 χ 应该小于 10^{-4}。

3.4.2　误差定位方法

1. 基本理论

动态试验数据及其可信度是数学模型修改的主要依据。数学模型修改技术一般都是采用一个状态的试验模态数据或频率响应数据。由于试验技术的限制,一个状态模态试验仅仅能得到 l 阶可靠的试验模态参数,包括 l 阶试验模态频率 ω_{tr} 与振型 $\boldsymbol{\phi}_{tr}$(下标"t"表示试验有关的量; $r = 1, 2, \cdots, l$),它们是不完备的模态参数。数学模型修改技术就是要求依据 l 阶可靠的不完备的试验模态频率 ω_{tr} 与振型 $\boldsymbol{\phi}_{tr}$ 识别出结构的真实的刚度矩阵 $\boldsymbol{K}_t$ 和质量矩阵 $\boldsymbol{M}_t$。当试验自由度数为 n 时,即由下面方程求得 $n \times n$ 刚度矩阵 $\boldsymbol{K}_t$ 和 $n \times n$ 质量矩阵 $\boldsymbol{M}_t$。

$$\boldsymbol{K}_t \boldsymbol{\phi}_t = \boldsymbol{M}_t \boldsymbol{\phi}_t \boldsymbol{\Lambda}_t \tag{3.65}$$

$$\boldsymbol{\phi}_t^{\mathrm{T}} \boldsymbol{M}_t \boldsymbol{\phi}_t = 1 \tag{3.66}$$

$$\boldsymbol{\phi}_t^{\mathrm{T}} \boldsymbol{K}_t \boldsymbol{\phi}_t = \boldsymbol{\Lambda}_t \tag{3.67}$$

其中, $\boldsymbol{\phi}_t$ 为振型矩阵; $\boldsymbol{\Lambda}_t$ 为频率矩阵。

$$\boldsymbol{\phi}_t = \begin{bmatrix} \boldsymbol{\phi}_{t1} & \boldsymbol{\phi}_{t2} & \cdots & \boldsymbol{\phi}_{tl} \end{bmatrix}, \quad \boldsymbol{\Lambda}_t = \begin{bmatrix} \omega_{t1}^2 & \omega_{t2}^2 & \cdots & \omega_{tl}^2 \end{bmatrix} \tag{3.68}$$

由于自由度数 n 大于试验测到的模态数 l,这在数学上是一个亚定问题,这样便有无限个 $\boldsymbol{M}_t$ 和 $\boldsymbol{K}_t$ 满足式(3.65)~式(3.67)。对于复杂的工程结构,系统的自由度数 n 为几万几十万是平常的事,这样的系统称为超亚定的系统,要识别这样大系统的 $n \times n$ 刚度矩阵 $\boldsymbol{K}_t$ 和 $n \times n$ 质量矩阵 $\boldsymbol{M}_t$ 困难更大。

由亚定的代数方程组式(3.65)~式(3.67)识别刚度矩阵 $\boldsymbol{K}_t$ 和质量矩阵 $\boldsymbol{M}_t$ 的元素有无穷多解,为了求得数学上的确定解,就要研究如下两个方面的问题。

(1)将数学模型存在误差的位置确定下来,以减少待求的未知参数的个数,也就是进行模型误差定位。

(2)补充各种合理的约束条件,以增加方程个数。由于补充的方式不同,便产生出各种各样的数学模型修改方法。

选择要修改的参数,进行数学模型误差定位,这是非常困难的事情。通常是不知道哪些参数产生数学模型的误差。选取太多的待修改的参数,会增加修改计算的计算机 CPU 时间,引起病态条件的数值计算;选取太少的待修改的参数,真解可能不在选取的参数范围之内,在待修改的参数内无法找到正确的修改结果。目前主要采用的方法如下。

(1)将计算固有振型 $\boldsymbol{\phi}_{ar}$ 与试验固有振型 $\boldsymbol{\phi}_{tr}$ 进行比较,找出两者振型误差大的区域。

(2)模态力残差(modal force residues,MFR)法。

残差力向量 $\boldsymbol{F}_r$ 的计算公式为

$$\boldsymbol{F}_r = (\boldsymbol{K} - \omega_{tr}^2 \boldsymbol{M}) \boldsymbol{\phi}_{tr} \qquad (3.69)$$

式中, $\boldsymbol{K}$ 与 $\boldsymbol{M}$ 为满的或缩聚的矩阵。

按式(3.69)计算残差力向量, $\boldsymbol{F}_r$ 值越大的部位,表明相关性越差。

(3) 为了表征振型在几何空间上的相关性,Lieven 和 Ewins 提出了坐标模态置信准则(coordinate modal assurance criterion, COMAC),它通过结构上同一自由度的模态特性表征两种不同模型的相关性。COMAC 的计算公式为

$$\mathrm{COMAC}(k) = \frac{\left| \sum_{i=1}^{m} \boldsymbol{\phi}_{tik}^{\mathrm{T}} \boldsymbol{\phi}_{aik} \right|^2}{\sum_{i=1}^{m} \boldsymbol{\phi}_{aik}^2 \sum_{i=1}^{m} \boldsymbol{\phi}_{tik}^2} \qquad (3.70)$$

对每个自由度按上式计算坐标模态置信准则,找到坐标模态置信准则 COMAC 大的自由度。

2. 误差定位方法讨论

1) 质量-弹簧模型

建立质量-弹簧模型如图 3.9 所示,模型共有 5 个自由度,质量块质量为 1 kg,弹簧的刚度为 100 N/m。

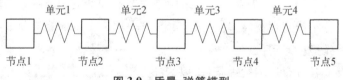

图 3.9　质量-弹簧模型

首先,开展模态计算分析,计算结果如表 3.4 所示。

表 3.4　模态计算频率

序　号	1	2	3	4	5
频率/Hz	$1.299\ 5 \times 10^{-6}$	0.983 63	1.871 0	2.575 2	3.027 3

为了验证模型诊断与误差定位方法的应用效果,令单元 1 的刚度值折减为原值的 50%。修改模型后与原模型的结果对比如表 3.5 所示。

表 3.5　模型修改前后结果对比

序　号	修改后/Hz	修改前/Hz	差异/%	MAC/%
1	$1.30×10^{-6}$	$1.30×10^{-6}$	0	100.00
2	0.91	0.98	−7.47	96.30
3	1.59	1.87	−14.93	85.70
4	2.36	2.58	−8.26	84.50
5	2.96	3.03	−2.07	94.10

　　采用振型差值法、MFR 法和 COMAC 法分别对模型进行误差定位分析,如图 3.10~图 3.12 所示。

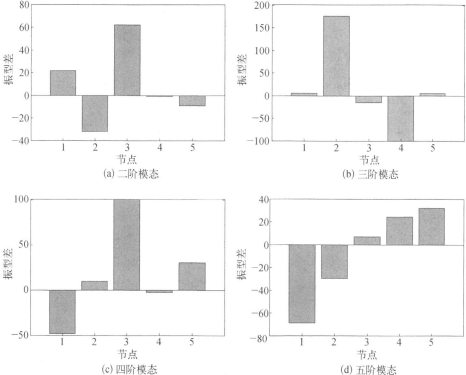

(a) 二阶模态　　(b) 三阶模态

(c) 四阶模态　　(d) 五阶模态

图 3.10　振型差值法误差定位

　　通过上述分析发现,采用振型差值法、COMAC 法进行误差定位的准确性均稍差,其中振型差值法并未给出准确的单元(即节点 1 和节点 2)定位,COMAC 法给出的值节点 1 最大,在一定程度上反映了误差区域,但是其他节点值也较高,

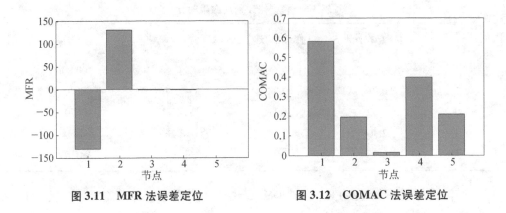

图 3.11　MFR 法误差定位　　　　图 3.12　COMAC 法误差定位

会给误差定位带来一定的误判。整体来看,对于这两种方法,COMAC 法稍好于振型差值法。振型差值法和 COMAC 法仅包含了振型信息,而误差源对整体模态的影响可能不仅表现在局部振型,换句话说,误差源对整体振型的影响不能依靠局部振型的差异来体现。而 COMAC 法略好于振型差值法的原因在于,COMAC 法表现了误差源对于所有模态的反映,而振型差值法是对于单个模态的反映。采用振型的空间差异来进行误差诊断虽无法直观地给出误差区域,但是可以结合动力学分析和经验的手段间接判断出哪些区域的误差会导致振型的差异,即哪些地方的误差会导致振型的空间差异应有前期大量的知识积累支持,这需要丰富的建模和工程经验。

　　所有误差定位方法中,MFR 法给出的效果最好,准确地定位到了误差区域节点 1 和节点 2 之间,这是因为 MFR 法包含的信息最多,不仅包含了振型信息还包含了刚度和质量信息,因此可以较为精确地确定误差区域。灵敏度方法也是无法精确地定位误差区域(图 3.13),即灵敏度大的位置不一定是误差源的位置,并且第 5 阶模态的灵敏度值最小,从表 3.5 中可以看出第 5 阶模态的误差也是最小的。虽然灵敏度的误差定位也不够准确,但是有一点需要注意的是误差源灵敏度的量级并非非常小,仍不可忽略。因此,虽然灵敏度对误差区域的定位不够准确,但是灵敏度仍是一个有效的工具,可采用灵敏度分析的方法来进行参数的确认,去掉那些灵敏度小的参数,保留灵敏度大的参数。

　　2) 复合材料板壳结构模型

　　以上采用简单模型对不同误差定位方法进行了研究,并初步获得一些结论,MFR 法在进行误差定位时具有很好的优势,结合工程经验和灵敏度分析方法能够有效地确定待修正参数。下面将采用板壳结构模型深入研究 MFR 法。

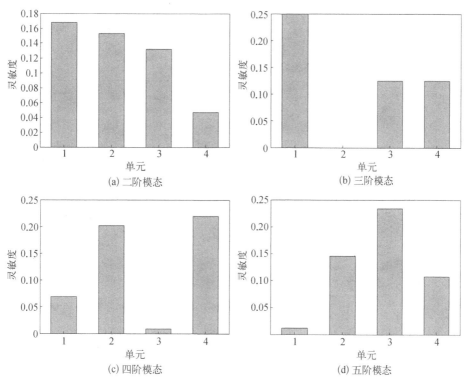

(a) 二阶模态

(b) 三阶模态

(c) 四阶模态

(d) 五阶模态

图 3.13 灵敏度分析法误差定位

首先建立复合材料板壳结构模型,如图 3.14 所示,共包含 400 个单元,将模型中间高亮部分单元的弹性模量折减为原模型的 50%。然后通过两个模型进行误差定位分析。两个模型的相关性分析如表 3.6 所示。

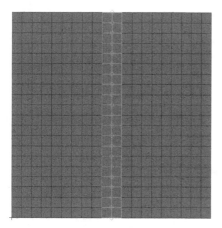

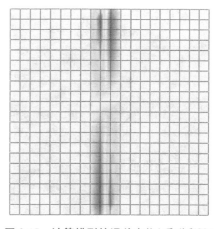

图 3.14 复合材料板壳模型   **图 3.15 计算模型的误差定位(后附彩图)**

利用 MFR 法对两个模型进行误差定位分析,计算结果如图 3.15 所示。从图中可以看出,MFR 法很清晰地给出了误差定位区域,并且定位区域完全正确。

表 3.6　模型修改前后结果对比

序号	原模型/Hz	折减刚度后模型/Hz	频率差/%	MAC/%
1	130.3	128.8	−1.1	99.1
2	195.3	188.7	−3.4	98.4
3	233.3	225.0	−3.6	98.3

以上仅是通过全自由度模型的对比分析得到结论,而在正式模态试验时试验自由度往往会小于有限元自由度,并且试验自由度不包含转角自由度。为了检验实际应用效果,建立两个试验分析模型,一个模型较细,包含 49 个测点;另一个模型较粗,包含 25 个测点。分别验证网格粗细对误差定位的影响。误差定位的计算结果分别见图 3.16 和图 3.17。通过图中可以看出,即使自由度较少仍能分辨出误差区域,但是网格较粗时的效果稍差。因此,建议在进行测点布置时,在误差较大的区域,一般为连接位置,尽量地布置较多的测点。

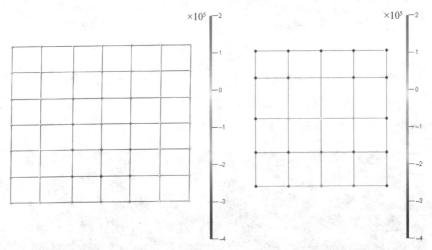

图 3.16　较细试验模型的误差定位
（后附彩图）

图 3.17　较粗试验模型的误差定位
（后附彩图）

3）复杂模型误差定位流程

由于复杂模型影响因素较多,对建模错误和不确定性因素辨识较困难。待修正区域选取过多,一方面会增加工作量;另一方面还会加剧修正灵敏度矩阵的病态,使修正结果无法满足要求。误差定位出现遗漏、丢失应该修正的参数,修正结果也无法满足要求。本书给出一种空间相关性差异定位、灵敏度分析、工程经验等相结合的方法。首先,进行动力学模型给出的振型与试验给出的振型的空间相关性研究,根据两者的振型曲线或曲面之差的分布与 MFR 误差分布的比较,应用动力学分析的方法,根据建模简化过程进行诊断,初步确定建模错误的原因与待修改参数区域的定位;然后,对初步确定的修正参数进行灵敏度分析,研究修正参数置信度和各参数对修正目标函数的贡献,进一步对修正参数进行选定,保留对修正目标影响较大的参数;最后,结合工程判断和模型建模过程,对修正参数进行确认,排除虚假修正参数(即建模过程中已确认参数为正确的部分),具体的技术路径如图 3.18 所示。

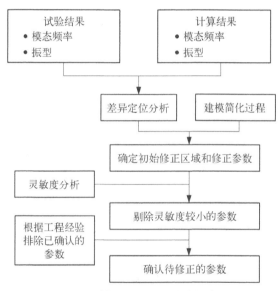

图 3.18　模型诊断与误差定位方法

3.5　高温动力学模型修正方法

对热环境下的复杂结构来说,结构动力学模型涉及边界效应、装配间隙等引起的局部非线性、阻尼、多相材料间的热传导、温度分布等诸多因素。而且随着环境温度的改变,各个因素对结构的动特性的影响也会发生相应改变,这些变化必然反映到结构的动态特征上来,进一步增加建模难度,有可能造成所建立的结构动力学模型无法预示结构在动力学试验中表现出来的动力学行为特征,甚至出现计算结果与试验结果完全不一致的情况,从而丧失模型的预测能力与推断依据。如某研究所开展了典型结构在不同温度环境下的动力学性能计算与试验,其建立的动力学模型也考虑了材料性能随温度变化的特征。模型计算结果表明,在常温环境下,模态计算结果与模态试验结果吻合程度良好。随温度升高,计算结构模态频率呈下降趋势。然而,实际试验结果变化更为复杂,当温度升高到一定程度后,结构模态频率不仅没有随温度的升高而降低,反而出现了随温度升高而升高的现象,并且模态振型也与计算结果完全不一致。

　　如上所述,高温环境下耐热结构动力学特性会表现出与传统动力学行为完全不同的特性,热模态受材料参数随温度变化与热应力共同影响,相应的模态频率随结构弹性模量等参数的变化并不是单调的,与传统模态分析完全不同,如图3.19和图3.20所示。因此传统的基于灵敏度的模型修正方法已不再适用。

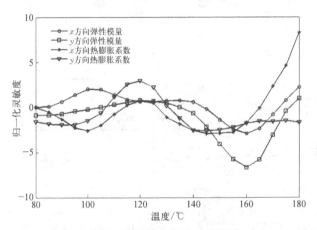

图 3.19　灵敏度随温度变化曲线

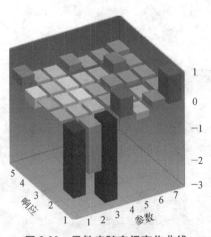

图 3.20　灵敏度随空间变化曲线

3.5.1 高温动力学模型分层修正方法

高温环境对结构动力学特性的影响非常复杂,相应的模型修正较常温环境动力学模型修正也更加困难。目前,对于高温环境动力学的模型修正一般分为两步,一步是进行温度场的修正,另一步是进行结构模态频率、振型等修正。修正时,选取热膨胀系数、弹性模量、连接刚度等作为修正参数。为了论述方便,可将模态修正参数分为两类,一类是热膨胀系数、边界刚度等,与热变形有关;另一类是弹性模量、剪切模量(或泊松比)等刚度参数。两类参数都会对模态频率、振型等产生重要影响,并且由于对温度场与结构振动的耦合机理认识不清,修正时无法确定到底是与热变形有关的参数占主导,还是与刚度有关的参数占主导,导致修正出现困难。

由于工程复杂系统中包含大量的不确定性和耦合因素,修正过程出现困难,为了解决上述问题可以采用分层的思想。对于高温动力学模型修正的分层可以采用两种方案,一种是按照结构的复杂性进行分层;一种是按照耦合关系进行分层。结构复杂性分层是指将复杂系统分解成简单系统或部件并分别进行研究,耦合关系分层是将多场耦合问题逐步分解成单物理场问题。将复杂问题层层分解,可以使得系统的复杂性逐渐降低,便于进行理论分析和物理建模,同时也便于开展更加细致和充分的试验研究。

高温动力学模型计算的基本过程为根据热传导获得结构的温度场分布,将温度场分布插值给有限元模型,然后进行高温环境下的静力变形计算,最后进行非线性摄动模态的计算,获得结构高温动特性。从整个过程来看,可以把修正过程分为三步,分别是温度场修正、变形场修正和动力学模型修正。

3.5.2 基于代理模型的模型修正方法

如上所述,高温动力学模型与传统动力学模型有所不同,并且需要开展温度、变形、动力学不同学科的模型修正,因此,为了降低修正难度和实现修正过程的统一,建议采用基于代理模型的模型修正方法。

基于代理模型的统一修正方法如式(3.71)所示,可以描述参数的有约束优化问题,即寻找最优的参数,使得有限元和试验的相关性最好。

$$\begin{cases} \text{find } k_p \\ \min J \\ \text{s.t. } k_p^l \leqslant k_p \leqslant k_p^u \end{cases} \tag{3.71}$$

代理模型(Meta-model)方法的应用领域比较广泛,与结构有限元模型修正相关的应用领域为工程设计领域。当采用代理模型方法进行结构设计时,综合应用统计分析、数据拟合及优化技术,建立结构设计变量(输入)与结构响应(输出)之间的近似关系模型,以替代复杂的结构有限元模型,可有效地提高结构优化设计的效率。同理,当修正复杂结构的有限元模型时,利用代理模型建立结构修正参数(输入)与结构模态参数(输出)之间的近似关系模型,替代结构的有限元模型以实现大型结构的有限元模型修正算法。

通常,代理模型方法由三部分组成: ① 试验设计,即选择结构输入信息(有限元模型修正参数)集合;② 模型选择,即选择输入、输出关系模型;③ 模型建立,即通过数据拟合技术建立输入、输出关系模型,如图 3.21 所示。

图 3.21　Meta-model 算法组成

上述各个部分都有相应的不同算法或模型,这里总结比较常用的部分结果,如表 3.7 所示。本节将对各组成部分做详细介绍。

表 3.7　Meta-model 各组成部分常用算法或模型

试验设计方法	模型选择	求解模型参数方法	常用 Meta-model
Factorial design	多项式模型 (包含一次项,二次项)	最小二乘回归或 加权最小二乘回归	响应面模型 (Response surface methodology)
Central composite	样条拟合 (包含一次项,三次项)		
Box-Behnken			
D-optimal	Kernel Smoothing 统计技术	最优线性无 偏估计方法	Kriging 模型
G-optimal			
Orthogonal array			
Placket-Buramn	径向基函数 神经元网络模型	后向传播方法等 (Backpropagation)	人工神经网络模型 (Artificial neural network)
Hexagon			

1. 试验设计方法

试验设计,是指对试验进行科学的、合理的安排,从而达到最好的试验效果。理想的试验设计能够根据需要科学、合理地安排各种试验因素,严格控制试验误差,有效地分析试验数据,用相对较少的人力、物力、时间,最大限度地获得丰富而可靠的资料。可以说,试验设计为试验过程提供依据,是试验数据处理的前提,因此,也是提高科研成果质量的一个重要保证。合理的试验设计可以使用较少的试验次数拟合出更为逼近的响应面模型,从而达到事半功倍的效果。

根据试验因素的个数情况,试验设计可以分为单因素试验和多因素试验。单因素试验指只考虑单个因素的试验,试验设计方法有黄金分割法、分数法、交替法、等差法、等比法、对分法和随机法等。多因素试验即为考虑两个或两个以上因素的试验,试验设计方法有正交试验设计、均匀试验设计、稳健试验设计、完全随机化设计、随机区组设计等。

根据试验因素水平组合的情况,试验设计分为全面试验和部分试验。对试验的所有因素的所有水平之间的组合全部实施一次以上试验的称为全面试验,又叫全面析因试验。常见的全面试验设计有析因设计、中心复合设计。中心复合设计在析因设计的基础上增加了试验点。全面试验设计的优点是毫无遗漏地考虑了因素各水平的所有可能组合,能获取全面的试验信息,有利于分析因素间的交互作用。其缺点是当试验因素和水平数增多时,试验的处理数目会急剧增加。部分试验是指按某种准则,从全面试验设计中挑选出一定数量的具有代表性的试验处理来安排试验的方法,比如正交设计、均匀设计等。它在保证一定的试验效果的同时,大幅度减少了试验次数,较为常用。

试验设计方法最早由英国的生物统计学家 Fisher 于 20 世纪 20 年代提出[33],同时也提出了试验设计方法应该遵循的基本三原则,即重复原则、局部控制原则和随机化原则,以提高试验设计的效率和精度,此后统计学家们又相继提出了很多有效实用的试验设计方法。20 世纪 40 年代日本的统计学家田口玄一将广泛应用于试验设计中的正交设计表格化,同时又深入浅出地说明了使用方法,对推广试验设计做出了重大的贡献[34]。试验设计是基于概率论和数理统计的试验安排基本点,其目的是将样本点科学地安排在设计空间内,通过仿真分析得到每组样本点处对应的响应从而确定响应面系数,然后建立响应面模型对设计空间外的结构响应进行预测。常用的试验设计方法有拉丁超立方抽样、中心复合设计抽样、正交设计、均匀设计、全因子设计法、部分因子设计法等。

1）拉丁超立方抽样

拉丁超立方抽样由北美的三位学者 McKay、Beckman 和 Conover[35] 于 1979 年提出,该方法可以在整个设计空间中高效无重复抽取样本,能够以较少的试验样本获取较高的计算精度。

2）中心复合设计抽样

中心复合设计抽样是由 Box 等[36-40] 于 1951 年提出的,该方法通过附加中心点和轴点来减少设计点的个数。

3）正交设计

正交设计是日本的统计学家田口玄一博士[34] 在改进全因素试验、拉丁及希腊拉丁方试验的基础上于 1949 年提出的一种用正交表来安排和设计试验的方法,经多个试验项目检验,该设计方法的效果十分显著,在工程应用中获得了巨大的经济利益。

4）均匀设计

均匀设计是方开泰和王元[41] 于 1978 年以正交设计为基础,结合数论和多元统计提出的一种新的试验设计方法,该方法舍弃了正交试验的“整齐可比”特征,仅保留其“均匀分散”特征,将试验点均匀地分散于设计空间,能用较少的试验代价获得较高精度的计算结果。

5）全因子设计法

全因子设计法中的每一个设计变量都划分为两个或者多个水平,包含了所有 k 个设计变量的两个水平的设计称为两水平的全因子设计,该设计共有 2^k 个试验点,可知当设计变量的数目增加时,所需要的试验点个数将按指数增加,计算量过大会导致计算效率的降低。

6）部分因子设计法

部分因子设计法将整个设计空间中的样本点划分为不同的水平,然后选择足够多的不同水平的样本点来进行试验设计,k 个设计变量的两水平的部分因子设计所需要的试验点个数为 2^{k-p}(p 为部分因子系数)。部分因子设计虽然相对全因子设计减少了试验点,但由于试验点分布不均匀等因素的影响,所选择的试验点不具有典型代表性,因此限制了该设计方法适用范围。

2. 响应面代理模型

响应面模型是将结构的因子组合表示成结构输出相应的函数,即可用式(3.72)表示:

$$L = \psi(x_1, x_2, \cdots, x_n) \tag{3.72}$$

式中，L 为结构的输入向量；$x_1, x_2, \cdots, x_n$ 为结构的输出向量；ψ 为响应函数。

若以一个因子为例，并假设结构的响应函数是连续的，则上述响应面模型可由任意点 x_m 的泰勒级数展开近似：

$$L = \psi(x_m) + (x_1 - x_m)\psi'(x_m) + (x_1 - x_m)^2\psi''(x_m) + \cdots \tag{3.73}$$

式中，ψ' 为一阶导数；ψ'' 为二阶导数。

当 $x_m = 0$ 时，上式可用多项式表示，即

$$L = \beta_0 + \beta_1 x_1 + \beta_{11} x_1^2 + \cdots \tag{3.74}$$

通常响应面模型采用二阶多项式模型，例如两个因子的二阶响应面模型可表示为

$$L = \beta_0 + \beta_1 x_1 + \beta_2 x_2 + \beta_{11} x_1^2 + \beta_{22} x_2^2 + \beta_{12} x_1 x_2 \cdots \tag{3.75}$$

式中，β_{11}、β_{22}、β_{12} 分别为 $\dfrac{1}{2}\dfrac{\partial^2 \psi}{\partial x_1^2}$、$\dfrac{1}{2}\dfrac{\partial^2 \psi}{\partial x_2^2}$、$\dfrac{1}{2}\dfrac{\partial^2 \psi}{\partial x_1 x_2}$。

为了便于叙述，将上述响应面模型写成矩阵形式：

$$L = X\beta + \varepsilon \tag{3.76}$$

式中，β 为估计向量；ε 为误差项。

上述响应面模型为理论上准确的模型，实际中利用结构的输入、输出数据建立上述响应面模型时，结构响应的估计值如式（3.77）所示：

$$\hat{L} = Xb + \varepsilon \tag{3.77}$$

式中，b 为参数向量。

通常采用最小二乘法计算该估计值，因此上式中 ε 应包含结构测试输出信息的随机误差部分。

3. 径向基代理模型

径向基函数（radial basis function，RBF）代理模型是一种利用离散的多元数据拟合未知函数的传统代理模型技术。从原理上讲，RBF 代理模型是将径向基函数作为基函数，将样本点和未知点之间的欧氏距离作为对应基函数的自变量，再通过线性叠加的方法构造出对应的未知函数。

径向基函数的基本形式为

$$f_r(x) = \sum_{i=1}^{n_s} (\beta_r) \phi(\| x - x_i \|) = \boldsymbol{\beta}_r^{\mathrm{T}} \boldsymbol{\varphi} \tag{3.78}$$

式中,基函数 $\boldsymbol{\varphi} = [\phi(\| x - x_1 \|), \cdots, \phi(\| x - x_{n_s} \|)]^{\mathrm{T}}$; 权向系数矢量 $\boldsymbol{\beta}_r = [(\beta_r)_1, \cdots, (\beta_r)_{n_s}]^{\mathrm{T}}$,且应满足差值条件

$$(f_r)_i = y_i \quad (i = 1, 2, \cdots, n_s) \tag{3.79}$$

式中,y_i 为精确值; $(f_r)_i$ 为预测值。

于是有

$$\boldsymbol{A}_r \boldsymbol{\beta}_r = y \tag{3.80}$$

$$\boldsymbol{\beta}_r = \boldsymbol{A}_r^{-1} y \tag{3.81}$$

$$\boldsymbol{A}_r = \begin{pmatrix} \phi(\| x_1 - x_1 \|) & \cdots & \phi(\| x_1 - x_{n_s} \|) \\ \vdots & & \vdots \\ \phi(\| x_{n_s} - x_1 \|) & \cdots & \phi(\| x_{n_s} - x_{n_s} \|) \end{pmatrix} \tag{3.82}$$

式中,ϕ 为径向函数,可以选择为 $\phi(r, c) = (r^2 + c^2)^{-\frac{1}{2}}$,或与之类似的径向函数。

RBF 模型的优点在于物理意义明确,算法直观,很容易形成高效的程序。

4. Kriging 代理模型

与径向基模型不同,Kriging 模型是一种半参数化模型,由一个参数化模型与一个非参数随机过程联合构成,如式(3.83)所示:

$$y(\boldsymbol{x}) = f(\boldsymbol{x})^{\mathrm{T}} \boldsymbol{\beta} + z(\boldsymbol{x}) \tag{3.83}$$

式中,$f(\boldsymbol{x})$ 为多项式模型,类似响应面模型,因为其不同的形式对 Kriging 模型估计的精度影响不大,所以通常可取为常数; $z(\boldsymbol{x})$ 为不独立但同分布的正态分布函数,即 $z(\boldsymbol{x})$ 服从 $N(0, \sigma^2)$ 的正态分布,但协方差不为 0。

在因子空间中,$f(\boldsymbol{x})$ 具有对数据模型进行整体近似的功能,而 $z(\boldsymbol{x})$ 则具有对数据模型局部近似功能。$z(\boldsymbol{x})$ 的存在,使得 Kriging 模型具有更大的灵活性,这也是 Kriging 模型与响应面模型的主要区别之处,相比响应面模型而言,

Kriging 模型更适合于近似具有复杂非线性的结构输入、输出模型。

$z(x)$ 的协方差矩阵具有如下形式：

$$\mathrm{Cov}[z(x_i)z(x_j)] = \sigma^2 \boldsymbol{R}[R(x_i, x_j)] \tag{3.84}$$

式中，$\boldsymbol{R}$ 为相关矩阵；$R(x_i, x_j)$ 为 n_s 个样本点中两个点 x_i、x_j 之间的空间相关函数，其对 Kriging 模型的精度具有主要作用。

此外，需要指出 $R(x_i, x_j)$ 可取不同的函数形式，通常认为采用高斯相关函数能够得到较好的计算结果，如式(3.85)所示：

$$R(x_i, x_j) = \exp\Big(\sum_{k=1}^{n_s} \theta_k \mid x_i^k - x_j^k \mid^2 \Big) \tag{3.85}$$

式中，θ_k 为需要估计的参数；x_i^k、x_j^k 分别为样本点的第 k 个元素。

下面给出参数 θ_k 的估计方法。通常用已知的结构响应的线性组合来估计未知结构响应，即可引入如下矩阵形式：

$$\hat{y} = \boldsymbol{C}^{\mathrm{T}} \boldsymbol{Y} \quad (\boldsymbol{Y} = [y_1, y_2, \cdots, y_{n_s}]^{\mathrm{T}}) \tag{3.86}$$

由上式可知，结构响应估计值的残差为

$$
\begin{aligned}
\hat{y} - y &= \boldsymbol{C}^{\mathrm{T}} \boldsymbol{Y} - y \\
&= \boldsymbol{C}^{\mathrm{T}}(\boldsymbol{F}\boldsymbol{\beta} + \boldsymbol{Z}) - f^{\mathrm{T}}\boldsymbol{\beta} + z \\
&= \boldsymbol{C}^{\mathrm{T}}\boldsymbol{Z} - z + (\boldsymbol{F}^{\mathrm{T}}\boldsymbol{C} - f)^{\mathrm{T}}\boldsymbol{\beta}
\end{aligned}
\tag{3.87}
$$

若要结构响应的估计值为无偏估计，则上式所示残差的均值应为 0，即有下式关系：

$$\boldsymbol{F}^{\mathrm{T}}\boldsymbol{C} - f = 0 \tag{3.88}$$

同时，结构响应估计值的方差为

$$
\begin{aligned}
S &= E(\hat{y} - y)^2 \\
&= E(z^2 + \boldsymbol{C}^{\mathrm{T}}\boldsymbol{Z}\boldsymbol{Z}^{\mathrm{T}}\boldsymbol{C} - 2\boldsymbol{C}^{\mathrm{T}}\boldsymbol{Z}z) \\
&= \sigma^2(1 + \boldsymbol{C}^{\mathrm{T}}\boldsymbol{R}\boldsymbol{C} - 2\boldsymbol{C}^{\mathrm{T}}r)
\end{aligned}
\tag{3.89}
$$

式中，r 为相关矩阵 $\boldsymbol{R}$ 中的一列。

使结构响应的估计值的方差最小,并满足无偏估计的约束条件,可建立如下的优化目标函数:

$$\Gamma = \sigma^2(1 + \boldsymbol{C}^{\mathrm{T}}\boldsymbol{R}\boldsymbol{C} - 2\boldsymbol{C}^{\mathrm{T}}\boldsymbol{r}) - \boldsymbol{\lambda}^{\mathrm{T}}(\boldsymbol{F}^{\mathrm{T}}\boldsymbol{C} - \boldsymbol{f}) \tag{3.90}$$

式中,$\boldsymbol{\lambda}$ 为拉格朗日乘子向量。

优化求解可得如下结果:

$$\boldsymbol{\lambda} = (\boldsymbol{F}^{\mathrm{T}}\boldsymbol{R}^{-1}\boldsymbol{F})^{-1}(\boldsymbol{F}^{\mathrm{T}}\boldsymbol{R}^{-1}\boldsymbol{r} - \boldsymbol{f}) \tag{3.91}$$

$$\boldsymbol{C} = \boldsymbol{R}^{-1}(\boldsymbol{r} - \boldsymbol{F}\boldsymbol{\lambda}) \tag{3.92}$$

将上述结果代入结构响应估计值的表达式可得

$$\hat{y} = \boldsymbol{C}^{\mathrm{T}}\boldsymbol{Y} = \boldsymbol{r}^{\mathrm{T}}\boldsymbol{R}^{-1}\boldsymbol{Y} - (\boldsymbol{F}^{\mathrm{T}}\boldsymbol{R}^{-1}\boldsymbol{r} - \boldsymbol{f})^{\mathrm{T}}(\boldsymbol{F}^{\mathrm{T}}\boldsymbol{R}^{-1}\boldsymbol{F})^{-1}\boldsymbol{F}^{\mathrm{T}}\boldsymbol{R}^{-1}\boldsymbol{Y} \tag{3.93}$$

若令 $\boldsymbol{\beta}^* = (\boldsymbol{F}^{\mathrm{T}}\boldsymbol{R}^{-1}\boldsymbol{F})^{-1}\boldsymbol{F}^{\mathrm{T}}\boldsymbol{R}^{-1}\boldsymbol{Y}$,则可用极大似然估计进行求解,建立如下似然函数:

$$-\frac{1}{2}\left[(n_s\ln\sigma^2 + \ln|\boldsymbol{R}|) + \frac{(\boldsymbol{Y} - \boldsymbol{F}\boldsymbol{\beta}^*)^{\mathrm{T}}\boldsymbol{R}^{-1}(\boldsymbol{Y} - \boldsymbol{F}\boldsymbol{\beta}^*)}{\sigma^2}\right] \tag{3.94}$$

对上述似然函数求导可得如下估计值:

$$\boldsymbol{\beta}^* = (\boldsymbol{F}^{\mathrm{T}}\boldsymbol{R}^{-1}\boldsymbol{F})^{-1}\boldsymbol{F}^{\mathrm{T}}\boldsymbol{R}^{-1}\boldsymbol{Y} \tag{3.95}$$

$$\sigma^2 = \frac{(\boldsymbol{Y} - \boldsymbol{F}\boldsymbol{\beta}^*)^{\mathrm{T}}\boldsymbol{R}^{-1}(\boldsymbol{Y} - \boldsymbol{F}\boldsymbol{\beta}^*)}{n_s} \tag{3.96}$$

上述式(3.95)和式(3.96)均是参数 θ_k 的函数,因此,最终可建立如下的优化问题:

$$\max: -\frac{n_s\ln\sigma^2 + \ln|\boldsymbol{R}|}{2} \tag{3.97}$$

求解上述优化问题,即可得到参数 θ_k 的估计值,从而建立 Kriging 模型。

5. 不同模型的比较

由于响应面模型较为常用,对其适用性已经开展了大量的研究,在此不再赘述。这里主要比较径向基代理模型和 Kriging 代理模型。

为方便验证,使用六驼峰测试函数(six-hump camelback function)作为数值算例。其解析表达式为

$$f_{sc}(x) = 4x_1^2 - 2.1x_1^4 + \frac{1}{3}x_1^6 + x_1x_2 - 4x_2^2 + 4x_2^4 \qquad (3.98)$$

设计空间 $x_{1,2} \in [-2, 2]$，在此设计空间中绘制图像如图 3.22 所示。

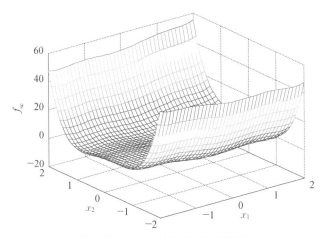

图 3.22　六驼峰测试函数示意图

在样本空间均匀选择样本点,然后构造代理模型。构造完成后,随机选择若干样本点,代入代理模型进行计算,将计算结果与理论结果进行对比。

首先,构造径向基代理模型,完成后,代理模型计算点与理论模型对应情况如图 3.23 所示。

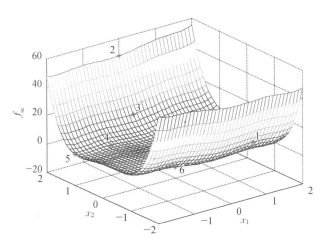

图 3.23　径向基代理模型计算结果

其中,＊代表代理模型计算结果点,对应各点的误差情况如表 3.8 所示。

表 3.8　径向基代理模型计算结果情况

序　号	样本点	理论值	计算值	相对误差/%
1	(1, −1.5)	11.997	11.983	0.12
2	(0, 2)	48.000	48.000	0.00
3	(0, 1.5)	11.264	11.250	0.12
4	(−1, 1)	3.233	3.233	0.00
5	(−2, 1)	1.733	1.733	0.00
6	(−1, −1)	1.233	1.233	0.00

以同样的样本密度,构造 Kriging 代理模型,对应情况如图 3.24 所示。

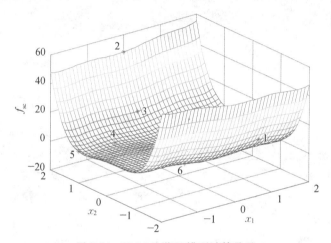

图 3.24　Kriging 代理模型计算结果

对应的误差情况如表 3.9 所示。

表 3.9　Kriging 代理模型计算结果情况

序　号	样本点	理论值	计算值	相对误差/%
1	(1, −1.5)	11.983	11.983	0.00
2	(0, 2)	48.000	48.000	0.00
3	(0, 1.5)	11.250	11.250	0.00
4	(−1, 1)	3.233	3.233	0.00
5	(−2, 1)	1.733	1.733	0.00
6	(−1, −1)	1.233	1.233	0.00

可以发现,无论是径向基代理模型还是 Kriging 代理模型均可以比较准确地还原函数的采样点值。

　　为了对比两种方法,降低在建立模型时的采样点数。得到的对比结果如表 3.10 所示。

表 3.10　降低采样点数后的计算结果情况

序　号	样本点	理论值	径向基模型		Kriging 模型	
			计算值	相对误差/%	计算值	相对误差/%
1	$(1, -1.5)$	11.983	11.811	-1.44	11.983	0.00
2	$(0, 2)$	48.000	45.833	-4.52	47.998	0.00
3	$(0, 1.5)$	11.250	11.061	-1.68	11.250	0.00
4	$(1, 1)$	3.233	3.233	0.00	3.233	0.00
5	$(-2, 1)$	1.733	1.733	0.00	1.733	0.01
6	$(-1, -1)$	1.233	1.227	-0.54	1.233	0.01

　　可以发现,Kriging 代理模型由于其优异的非线性性能,在采样点数较少的情况下,依然可以准确地还原测试函数。

3.5.3　高温环境下结构动力学模型修正应用实例

　　以某模拟舱段结构为例,其外形如图 3.25 所示,对模型修正过程进行介绍。

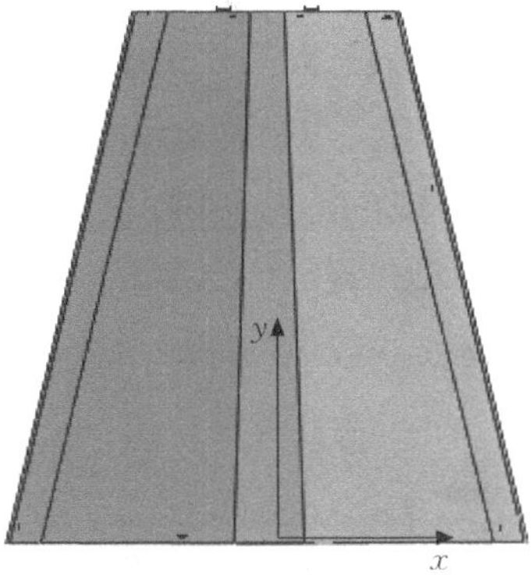

　　首先,进行刚体运动质量、热变形自由膨胀、静力学分析检查、模态分析检查等模型检查工作。

　　1. 刚体运动质量矩阵

　　采用 3.4.1 节中的方法对有限元模型的质

图 3.25　试验件示意图

量进行计算与修正,有限元质量为 54.48 kg,几何模型实际质量为 53.36 kg,具体质量属性如表 3.11 所示。

表 3.11　质量属性对比

类　型	质量/kg	x_{cog}/m	y_{cog}/m	z_{cog}/m
实际模型	53.36	0.69	0.10	0.000 04
计算模型	54.48	0.68	0.098	-5.03×10^{-9}
误差/%	2.10	-1.45	-2.00	

　　从表中可以看出,计算模型的质量略高,这是因为在进行建模时对模型几何

进行了简化,如去掉了圆角、未对几何交叠部位进行质量扣除等。但是通过对比分析来看,模型的误差满足工程需求。

2. 热变形自由膨胀检查

将某金属材料作为虚材料,施加 100 K 的温升,任意一节点的六个自由度限制刚体运动,然后采用 NASTRAN 的 SOL 101 求解器计算得到 Von-Mises 应力场。计算得到的值小于 0.01 MPa,检查通过。

3. 静力学分析检查

按照 3.4 节的计算方法进行力残差功计算,比值 ε 理论上应该等于 0。一般情况下取最大可接受值为 1.0^{-8}。对于本例,基于 NASTRAN 的计算结果为 $2.201\,102\,9\times10^{-13}$,检查通过。

4. 模态分析检查

首先,设置为自由-自由边界,然后进行模态计算,之后查看 f06 文件读取刚体模态频率,模态频率均小于典型值 $\delta = 0.005$ Hz。最高计算刚体模态频率和最低弹性模态频率的比值为 6.69×10^{-7},小于规范要求值 $\chi = 10^{-4}$,检查通过。

其次,开展模型诊断与误差定位方法研究。采用 MFR 法定位,误差定位图如图 3.26 所示。实际上对于建模而言,最大的不确定度发生在连接部位,然而此模型连接部位众多,不可能对每一个连接刚度进行修改,只能选择几个对低频模态影响较大的区域参数进行修改,如图 3.26 所示。

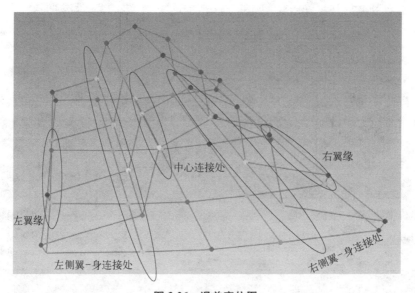

图 3.26　误差定位图

最后,开展研究模型的模型修正工作。对于本例,模态试验的温度场是通过石英灯辐射加热的方式来加载的,悬吊方式为自由-自由。

采用 SINDA/FLUINT 软件进行热辐射计算。以热电偶的测量值为修正目标,进行温度场的模型修正。通过对比可以看出,温度场的计算误差小于 4%,计算精度能够满足需求。

由于悬吊方式为自由-自由,因此进行变形场的修正无需考虑边界条件,只需要修正热膨胀系数即可。由于本例的研究模型几何关系比较复杂,在进行热变形测量时不太方便,因此并未获取热变形数据。考虑到本例只需要修正热膨胀系数,本例选择相同材料平板的均匀温度场自由-自由热变形数据来获得不同温度下的热膨胀系数,并将此热膨胀系数赋给有限元模型进行热模态的计算。以模态频率差和 MAC 值为修正目标,选择上述模型诊断和误差定位参数为修正参数,开展基于代理模型的模型修正工作。修正结果列入表 3.12 和表 3.13 中,试验振型与计算振型对比如图 3.27 所示。

表 3.12　温度场有限元计算结果与试验结果对比

试验测点	对应的有限元节点	实测结果	计算结果	误差/%
T1	节点 7 482	774.9	781.5	0.9
T2	节点 96 436	782.8	783.6	0.1
T3	节点 10 473	796.0	800.0	0.5
T4	节点 112 997	860.5	829.7	−3.6
T5	节点 137 045	852.4	833.9	−2.2
T6	节点 8 348	859.9	867.7	0.9
T7	节点 9 990	880.9	878.4	−0.3
T8	节点 126 066	859.5	886.9	3.2
T9	节点 113 695	900.0	906.3	0.7
T10	节点 137 865	898.6	906.3	0.9

表 3.13　高温环境下模型计算结果与试验结果对比

序　号	计算结果/Hz	试验结果/Hz	误差/%	MAC
1	230.3	223.2	3.2	94.2
2	320.7	329.5	−2.7	92.1
3	372.5	412.2	−9.6	90.3

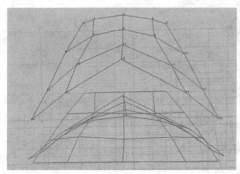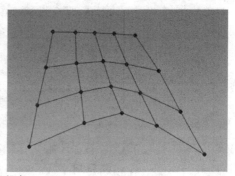

(a) 一阶模态

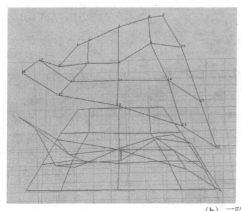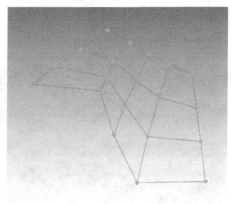

(b) 二阶模态

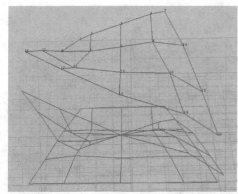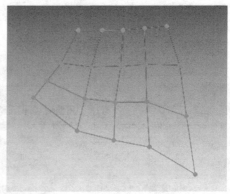

(c) 三阶模态

图 3.27 高温状态试验振型与计算振型的对比

3.6　小结

本章介绍了高温环境下结构动力学模型检查方法与误差定位方法。工程问题一般都比较复杂,正确的误差定位需要依靠数学定位方法、灵敏度分析方法和工程经验相结合来解决问题,建模的规范化、建模过程的描述等也显得非常重要。传统动力学建模规范中,模型检查主要分为三部分,即质量检查、几何及单元检查、刚体模态检查。热模态计算分析较传统模态更为复杂,传统的模型检查并不能完全覆盖热模态分析需求。根据热模态分析特点,针对热应力分析过程引入了热膨胀检查和静力检查,使得模型检查完全覆盖热模态分析需求。目前,真正制约复杂结构模型修正的主要问题是误差定位,模型误差定位是充分应用动力学分析的方法进行诊断,对模型建模错误和不确定性因素进行辨识的过程,其主要目的是消除建模错误和选取待修正参数。文中给出的数学定位方法、灵敏度分析方法和工程经验相结合的复杂结构误差定位途径,可为相关研究人员提供参考。

另外,介绍了基于代理模型的高温动力学模型修正方法。高温动力学模型随着温度的变化将会表现出或刚化或软化效应,其动力学行为非常复杂,传统的灵敏度分析方法在应用于此问题时会出现迭代困难。同时,为了降低高温动力学的模型修正难度,采用温度场、变形场、振动场分别修正的分层修正策略,修正过程涉及热传导计算、热应力计算和模态计算。为了实现修正方法的统一,采用代理模型是一个比较方便的选择。对于高温动力学模型来讲,Kriging 模型具有较好的非线性拟合能力,比较适合此类问题。

参考文献

［ 1 ］ Dhotarad M S, Ganesan N. Vibration analysis of a rectangular plate subjected to thermal gradient. Journal of Sound and Vibration, 1978, 60(4): 481 – 497.

［ 2 ］ Ganesan N, Dhotarad M S. Influence of a thermal gradient on the natural frequencies of tapered orthotropic plates. Journal of Sound and Vibration, 1979, 66(4): 621 – 625.

［ 3 ］ Brown A M, Sullivan R. Dynamic modeling and correlation of the X-34 composite rocket nozzle. Alabama: NASA TP-1998-208531, 1998.

［ 4 ］ Brown A M. Temperature-dependent modal test/analysis correlation of X-34 FASTRAC composite rocket nozzle. Journal of Propulsion and Power, 2002, 18(2): 284 – 288.

［ 5 ］ Arafat H, Nayfeh A. Nonlinear interactions in the responses of heated annular plates. Palm

Springs：45th AIAA/ASME/ASCE/AHS/ASC Structures，Structural Dynamics and Materials Conference，2004.

[6] Friswell M J, Mailershead J E. Finite element model updating in structural dynamics. London：Kinwer Academic Pubfishers, 1995.

[7] Berman A, Flannelly W G. Theory of incomplete models of dynamic structures. AIAA Journal, 1971, 9(8)：1481 – 1487.

[8] Ahmadian H, Gladwell G M L, Isman F. Finite element model identification using modal data. Journal of Sound and Vibration, 1994, 172(5)：657 – 669.

[9] Friswell M I, Inman D J, Pilkey D F. Direct updating of damping and stiffness matrices. AIAA Journal, 1998, 36(3)：491 – 493.

[10] Kidder R L. Reduction of structural frequency equations. AIAA Journal, 1997, 3 (11)：892 – 898.

[11] Collins J D. Statistical identification of structures. AIAA Journal, 1974, 12：1180 – 1189.

[12] Ojalvo I U. Partial suggestions for modifying math models to correction with actual model test results. Las Vegas：Proc. of 7th IMAC, 1989.

[13] Wei J. Correction of FEM via selected physical parameters. Las Vegas：Proc. of 7th IMAC, 1989.

[14] Friswell M I, Mollershead J E, Ahmadian H. Finite element model updating using experimental test：parameterization and regularization. Philosophical Transactions of the Royal Society B：Biological Sciences, 2001, 359：169 – 186.

[15] 吴振强,程昊,张伟,等.热环境对飞行器壁板结构动特性的影响.航空学报,2013,34(2)：334 – 342.

[16] 王永岗,戴诗亮.受热双层金属圆板的非线性振动.清华大学学报(自然科学版)，2003，43(2)：218 – 221.

[17] 刘芹,任建亭,姜节胜,等.复合材料薄壁圆柱壳热振动特性分析.机械强度,2006,28(5)：634 – 648.

[18] 黄世勇,王智勇.热环境下的结构模态分析.导弹与航天运载技术,2009,(5)：50 – 56.

[19] 杨雄伟,李跃明,闫桂荣.考虑材料物性热效应飞行器声振耦合动态特性分析.固体力学学报,2010,31(S)：134 – 142.

[20] 耿谦,李跃明,杨雄伟.热应力作用下结构声-振耦合响应数值分析.计算力学学报,2012,29(1)：99 – 104.

[21] 邱吉宝,王建民.运载火箭模态试验仿真技术研究.宇航学报,2007,3：7 – 13.

[22] 邱吉宝,王建民.航天飞行器虚拟动态试验技术研究及展望.航天飞行器环境工程,2007,24(1)：1 – 14.

[23] 邱吉宝,向树红,张正平.计算结构动力学.合肥：中国科学技术大学出版社,2009.

[24] 张正平,邱吉宝,王建民,等.航天飞行器结构虚拟动态试验技术新进展.振动工程学报,2008,21(3)：209 – 222.

[25] 向树红,晏廷飞,邱吉宝.40 吨振动台虚拟试验仿真技术研究.宇航学报,2004,25(4)：375 – 381.

[26] 朱安文,曲广吉,高耀南.结构模型修正中一种新的摄动方法.中国空间科学技术,2001,

5：33－39.

[27] 朱安文,曲广吉,高耀南.航天器结构动力模型修正中的缩聚方法.中国空间科学技术,2003,2：6－10.

[28] 丁继锋,韩增尧,马兴瑞.大型复杂航天器结构有限元模型的验证策略研究.宇航学报,2010,31(2)：547－555.

[29] 丁继锋,韩增尧,庞世伟.基于频响函数模型修正影响因素的仿真.中国空间科学技术,2010,30(5)：1－8.

[30] 程文龙,刘娜,钟奇,等.卫星稳态热模型参数修正方法研究.宇航学报,2010,31(1)：270－275.

[31] 何成,何欢,陈国平.基于分级修正思想的高温环境结构动力学模型修正.南京：第十届全国振动理论及应用学术会议,2011.

[32] 袁昭旭,于开平.高温环境下结构动力学模型修正方法研究.振动与冲击,2017,36(15)：171－180.

[33] Moore J. RA Fisher：a faith fit for eugenics. Studies in History and Philosophy of Biological and Biomedical Sciences, 2007, 38：110－135.

[34] 田口玄一.实验设计法.魏锡禄,王世芳,译.北京：机械工业出版社,1987.

[35] McKay M D, Beckman R J, Conver W J. A comparison of three method for selecting values of input variables in the analysis of output from a computer code. Technometrics, 1979, 21(2)：239－245.

[36] Box G E P, Behnken D W. Some new three level designs for the study of quantitative variables. Technometrics, 1960, 2(4)：455－475.

[37] Box G E P. Multi-factor designs of first order. Biometrika, 1952, 39：49－57.

[38] Box G E P, Draper N R. A basis for the selection of a response surface design. Journal of the American Statistical Association, 1959, 54：622－654.

[39] Box G E P, Wilson K B. On the experimental attainment of optimum conditions. Journal of the Royal Statistical Society：Series B, 1951, 13(1)：1－45.

[40] Box G E P, Hunter J S. Multi-factor experimental designs for exploring response surfaces. Annals of Mathematical Statistics, 1957, 28：195－241.

[41] 方开泰,王元.均匀设计与均匀设计表.北京：科学出版社,1994.

第4章

高超声速飞行器结构动力学响应分析技术

4.1 概述

当在强噪声环境中叠加高温效应时,对舵面、进气道、机身外表面等具有复杂构型的薄壁热结构而言,由于边界面内约束,存在面内压缩薄膜力,导致可能出现横向过屈曲大变形、间歇或持续随机跳变等非线性力学响应现象,加大了结构响应分析的难度,给飞行器结构设计、强度分析和仪器设备环境适应性提出了新的困难与挑战[1,2]。

4.2 复合材料平板热噪声非线性解析分析方法

4.2.1 热噪声载荷下的壁板结构非线性动力学方程的建立

基于 Reddy 高阶剪切变形板理论,并在此框架下采用 von-Karman 应变-位移大挠度非线性几何关系,建立复合材料薄壁结构的本构关系,利用 Hamilton 原理对广义位移进行变分,获得偏微分动力学方程组,再应用伽辽金法将其转化为常微分方程,获得热噪声载荷下复合材料板的非线性动力学方程。

1. 单层板的本构关系

单层板是组成层合板结构的基本层单元,而层合板的弹性特性和强度取决于各单层板的弹性特性和强度、每层的铺设方向、各层的铺层顺序以及层数,因此需要确定每一层板的应力-应变关系。

假定层合板由 n 层正交各向异性层板构成,则考虑热效应的本构关系为

$$\begin{Bmatrix} \sigma_x \\ \sigma_y \\ \tau_{xy} \end{Bmatrix} = \begin{bmatrix} \bar{Q}_{11} & \bar{Q}_{12} & \bar{Q}_{16} \\ \bar{Q}_{21} & \bar{Q}_{22} & \bar{Q}_{26} \\ \bar{Q}_{61} & \bar{Q}_{62} & \bar{Q}_{66} \end{bmatrix} \left(\begin{Bmatrix} \varepsilon_x \\ \varepsilon_y \\ \gamma_{xy} \end{Bmatrix} - \begin{Bmatrix} \alpha_x \\ \alpha_y \\ \alpha_{xy} \end{Bmatrix} T \right) \tag{4.1}$$

$$\begin{Bmatrix} \tau_{yz} \\ \tau_{xz} \end{Bmatrix} = \begin{bmatrix} \bar{Q}_{44} & \bar{Q}_{45} \\ \bar{Q}_{54} & \bar{Q}_{55} \end{bmatrix} \left(\begin{Bmatrix} \varepsilon_{yz} \\ \varepsilon_{xz} \end{Bmatrix} - \begin{Bmatrix} \alpha_{yz} \\ \alpha_{xz} \end{Bmatrix} T \right) \tag{4.2}$$

其中, α 为材料热膨胀系数; $\bar{Q}_{ij}(i, j = 1, 2, 4, 5, 6)$ 为转换弹性常数, 由主方向上的材料参数以及单层铺设角决定。

2. von-Karman 非线性大挠度应变–位移关系

当薄板发生大挠度变形, 即 $w > h/5$ 时, 直法线假设不再成立, 此时薄板的应变–位移几何关系可以用 von-Karman 型非线性大挠度应变–位移关系给出。

$$\begin{cases} \varepsilon_{xx} = \dfrac{\partial u}{\partial x} + \dfrac{1}{2}\left(\dfrac{\partial w}{\partial x}\right)^2, \ \varepsilon_{yy} = \dfrac{\partial v}{\partial y} + \dfrac{1}{2}\left(\dfrac{\partial w}{\partial y}\right)^2, \ \varepsilon_{zz} = \dfrac{\partial w}{\partial z} = 0 \\ \gamma_{xy} = \dfrac{\partial u}{\partial y} + \dfrac{\partial v}{\partial x} + \dfrac{\partial w}{\partial x}\dfrac{\partial w}{\partial y}, \ \gamma_{yz} = \dfrac{\partial w}{\partial y} + \dfrac{\partial v}{\partial z}, \ \gamma_{xz} = \dfrac{\partial u}{\partial z} + \dfrac{\partial w}{\partial x} \end{cases} \tag{4.3}$$

3. Reddy 高阶剪切变形板理论

建立复合材料板的应变–位移关系后, 需要给出板的位移场方程。在复合材料板壳结构中横向剪切、拉弯耦合和弯剪耦合效应十分突出, 甚至可能因此造成结构失稳破坏。高阶剪切板理论精度较高, 可以描述这些剪切和耦合效应, 因此这里采用 Reddy 三阶剪切变形薄板理论。

$$\begin{cases} u(x, y, z, t) = u_0(x, y, z, t) + z\varphi_x(x, y, t) - \dfrac{4}{3h^2}z^3\left[\varphi_x(x, y, z) + \dfrac{\partial w_0(x, y, z)}{\partial x}\right] \\ v(x, y, z, t) = v_0(x, y, z, t) + z\varphi_y(x, y, t) - \dfrac{4}{3h^2}z^3\left[\varphi_y(x, y, z) + \dfrac{\partial w_0(x, y, z)}{\partial x}\right] \\ w(x, y, z, t) = w_0(x, y, t) \end{cases}$$

$$\tag{4.4}$$

其中, u、v、w 为板内任一点在 (x, y, z) 方向上的位移; u_0、v_0、w_0 为板几何中面即面 $z = 0$ 内的位移; φ_x、φ_y 为板几何中面法线相对 y、x 轴的转角。

4. 复合材料层合板本构关系

层合板物理性质沿厚度方向的非均匀性, 造成应力在各铺层之间的不连续性,但是在每一层内,应力沿厚度方向是连续的函数,所以应力在每一层积分后叠加,可得板的内力 N、M、P,结合式(4.1)的应力-应变本构关系可得内力与变形的关系即板的本构方程为

$$\begin{Bmatrix} N \\ M \\ P \end{Bmatrix} = \begin{bmatrix} A & B & E \\ B & D & F \\ E & F & H \end{bmatrix} \begin{Bmatrix} \varepsilon^0 \\ \kappa^0 \\ \kappa^2 \end{Bmatrix} - \begin{Bmatrix} N^{\mathrm{T}} \\ M^{\mathrm{T}} \\ 0 \end{Bmatrix} \tag{4.5}$$

$$\begin{Bmatrix} Q \\ R \end{Bmatrix} = \begin{pmatrix} A & D \\ D & F \end{pmatrix} \begin{Bmatrix} \varepsilon^0 \\ \kappa^2 \end{Bmatrix} \tag{4.6}$$

其中,N^{T} 和 M^{T} 分别为温升引起的热薄膜力和热弯矩,其计算式如下:

$$N^{\mathrm{T}} = \begin{Bmatrix} N_x^{\mathrm{T}} \\ N_y^{\mathrm{T}} \\ N_{xy}^{\mathrm{T}} \end{Bmatrix} = \sum_{k=1}^{n} \begin{bmatrix} Q_{11} & Q_{12} & 0 \\ Q_{21} & Q_{22} & 0 \\ 0 & 0 & Q_{66} \end{bmatrix}_k \begin{Bmatrix} \alpha \\ \alpha \\ 0 \end{Bmatrix}_k \int_{z_{k-1}}^{z_k} T\mathrm{d}z \tag{4.7}$$

$$M^{\mathrm{T}} = \begin{Bmatrix} M_x^{\mathrm{T}} \\ M_y^{\mathrm{T}} \\ M_z^{\mathrm{T}} \end{Bmatrix} = \sum_{k=1}^{n} \begin{bmatrix} Q_{11} & Q_{12} & 0 \\ Q_{21} & Q_{22} & 0 \\ 0 & 0 & Q_{11} \end{bmatrix}_k \begin{Bmatrix} \alpha \\ \alpha \\ 0 \end{Bmatrix}_k \int_{z_{k-1}}^{z_k} Tz\mathrm{d}z \tag{4.8}$$

A、B、D 等为板的刚度矩阵,其元素 A_{ij}、B_{ij}、D_{ij} 等定义为

$$(A_{ij}, B_{ij}, D_{ij}, E_{ij}, F_{ij}, H_{ij})$$
$$= \sum_{k=1}^{n} \int_{z_{k-1}}^{z_k} Q_{ijk}(1, z, z^2, z^3, z^4, z^6)\mathrm{d}z \quad (i, j = 1, 2, 6) \tag{4.9}$$

$$(A_{ij}, D_{ij}, F_{ij}) = \sum_{k=1}^{n} \int_{z_{k-1}}^{z_k} Q_{ijk}(1, z, z^2, z^4)\mathrm{d}z \quad (i, j = 4, 5) \tag{4.10}$$

式(4.5)中,

$$\varepsilon^0 = \begin{Bmatrix} \varepsilon_{xx}^0 \\ \varepsilon_{yy}^0 \\ \varepsilon_{xy}^0 \end{Bmatrix}; \ \kappa^0 = \begin{Bmatrix} \varepsilon_{xx}^1 \\ \varepsilon_{yy}^1 \\ \varepsilon_{xy}^1 \end{Bmatrix}; \ \kappa^2 = \begin{Bmatrix} \varepsilon_{xx}^3 \\ \varepsilon_{yy}^3 \\ \varepsilon_{xy}^3 \end{Bmatrix} \tag{4.11}$$

式(4.6)中，

$$\boldsymbol{\varepsilon}^0 = \begin{Bmatrix} \gamma_{yz}^0 \\ \gamma_{zx}^0 \end{Bmatrix}; \; \boldsymbol{\kappa}^2 = \begin{Bmatrix} \gamma_{yz}^2 \\ \gamma_{zx}^2 \end{Bmatrix} \tag{4.12}$$

5. 动力学方程

利用 Hamilton 原理：

$$\int_{t_1}^{t_2} (\delta U + \delta W - \delta K)\,\mathrm{d}t = 0 \tag{4.13}$$

对 5 个广义位移进行变分可得 5 个运动方程：

$$N_{x,x} + N_{xy,y} = I_0 \ddot{u}_0 + (I_1 - cI_3)\ddot{\varphi}_x - cI_3 \frac{\partial \ddot{w}_0}{\partial x} \tag{4.14}$$

$$N_{y,y} + N_{xy,x} = I_0 \ddot{v}_0 + (I_1 - cI_3)\ddot{\varphi}_y - cI_3 \frac{\partial \ddot{w}_0}{\partial y} \tag{4.15}$$

$$N_{y,y}\frac{\partial w_0}{\partial y} + N_y \frac{\partial^2 w_0}{\partial y^2} + N_{xy,x}\frac{\partial w_0}{\partial y} + N_{xy,y}\frac{\partial w_0}{\partial x} + 2N_{xy}\frac{\partial^2 w_0}{\partial y \partial x}$$

$$+ N_{x,x}\frac{\partial w_0}{\partial x} + N_x \frac{\partial^2 w_0}{\partial x^2} + c(P_{x,x} + P_{xy,x} + P_{xy,y} + P_{y,yy})$$

$$+ (Q_{x,x} - 3cR_{x,x}) + (Q_{y,y} - 3cR_{y,y}) + p(x,y,t)$$

$$= I_0 \ddot{w}_0 + cI_3 \left(\frac{\partial \ddot{u}_0}{\partial x} + \frac{\partial \ddot{v}_0}{\partial y} \right) + c(I_4 - cI_6)\left(\frac{\partial \ddot{\varphi}_x}{\partial x} + \frac{\partial \ddot{\varphi}_y}{\partial y} \right) - c^2 I_6 \left(\frac{\partial^2 \ddot{w}_0}{\partial x^2} + \frac{\partial^2 \ddot{w}_0}{\partial y^2} \right) \tag{4.16}$$

$$M_{x,x} + M_{xy,y} - cP_{x,x} - cP_{xy,y} - (Q_x - 3cR_x)$$

$$= (I_1 - cI_3)\ddot{u}_0 + (I_2 - 2cI_4 + c^2 I_6)\ddot{\varphi}_x - c(I_4 - cI_6)\frac{\partial \ddot{w}_0}{\partial x} \tag{4.17}$$

$$M_{y,y} + M_{xy,x} - cP_{y,y} - cP_{xy,x} - (Q_y - 3cR_y)$$

$$= (I_1 - cI_3)\ddot{v}_0 + (I_2 - 2cI_4 + c^2 I_6)\ddot{\varphi}_y - c(I_4 - cI_6)\frac{\partial \ddot{w}_0}{\partial y} \tag{4.18}$$

其中，$c = \dfrac{4}{3h^2}$；广义惯量 $I_i(i = 0, 1, 2, 3, 4, 6)$ 定义为

$$(I_0, I_1, I_2, I_3, I_4, I_6) = \sum_{k=1}^{n} \int_{z_{k-1}}^{z_k} \rho_k (1, z, z^2, z^3, z^4, z^6) \, dz \qquad (4.19)$$

式(4.14)~式(4.18)构成的动力学微分方程组包含 5 个广义位移,通常仅关心其横向位移,消除其余广义位移,将方程组简化进行求解。

6. 矩形板的动力学方程

以四边固支复合材料矩形板为例,其边界条件为

$$\begin{cases} w = \varphi_x = 0 & (x = 0, \ x = a) \\ w = \varphi_y = 0 & (y = 0, \ y = b) \end{cases} \qquad (4.20)$$

满足四边固支边界条件无量纲化后的横向位移的模态函数为

$$w(x, y, t) = \sum_{m=1}^{M} \sum_{n=1}^{N} W_{mn}(t) \sin^2 \frac{m\pi x}{a} \cos^2 \frac{n\pi y}{b} \qquad (4.21)$$

为获得单模态方程,取 $M = N = 1$,将式(4.14)~式(4.18)无量纲化并消去除横向位移 w 以外的广义位移,得到关于 w 的微分方程 $L(w, t)$,对其应用伽辽金法,得

$$\int_a^b \int_0^a L(w, t) \sin^2 \frac{\pi x}{a} \sin^2 \frac{\pi y}{b} dx dy = 0 \qquad (4.22)$$

积分后可得含有立方非线性项的常微分方程:

$$\ddot{w} + 2\xi\omega\dot{w} + k_0(1 - S)w + \alpha w^3 = p(t) \qquad (4.23)$$

该方程为达芬方程,其一次项包含屈曲系数 S,代表温度的影响;立方项代表大变形所导致的非线性;等号右端为噪声载荷。

4.2.2　非线性动力学方程多尺度渐近摄动分析方法

1. 载荷项的处理

采用多尺度法求解前述的单模态非线性常微分方程:

$$\ddot{w} + 2\xi\omega\dot{w} + k_0 w + \alpha w^3 = p(t) \qquad (4.24)$$

为适用于多尺度分析方法,考虑常温情况,采用有界噪声表示板所受到的激励[3],它由一个谐和函数来定义,其振幅为常量,频率和相位为随机变量,表达式如下:

$$p(t) = P\cos[\Omega t + \lambda B(t) + \varphi] \qquad (4.25)$$

其中,P 和 Ω 均为常数,分别表示有界噪声振幅和频率;$B(t)$ 为标准维纳过程;λ 表示维纳过程的强度;φ 为服从 $[0, 2\pi]$ 上均匀分布的随机变量,表示随机相位角;$p(t)$ 表示具有零均值的广义平稳随机过程,其 PSD 为

$$S_{\mathrm{p}}(\omega) = \frac{P^2}{2\pi}\left[\frac{\lambda^2}{4\,(\omega - \Omega)^2 + \lambda^4} + \frac{\lambda^2}{4\,(\omega + \Omega)^2 + \lambda^4}\right] \tag{4.26}$$

当 λ 较小时,有界噪声是个窄带过程;当 $\lambda \to \infty$ 时,有界噪声趋近于白噪声过程。式(4.26)所表示的 PSD 如图 4.1 所示。

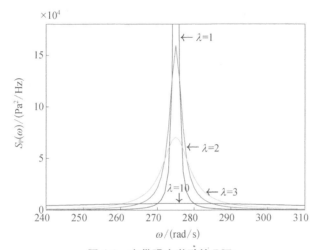

图 4.1　窄带噪声激励的 PSD

窄带噪声的功率谱与给定功率谱有差别,这是因为采用多尺度方法时,右端项必须为谐和函数,这也是采用多尺度法所必须做出的妥协。

2. 窄带噪声激励下多尺度方法求解

多尺度方法适用于非线性达芬方程的求解,但仅限于一次项系数为正的情况,即式中 $S<1$ 的情况,当 $S>1$ 即热屈曲后,下述多尺度方法的推导不再适用,因此这里只讨论热屈曲前的情况。

根据 Eslami 的推导[4],首先将方程作简化处理。

用 $t' = \omega t$ 代替原来的时间变量 t,但为了后续表达方便,依然用 t 表示新的时间变量,而不使用 t'。假设 $w = (h/L_x)\hat{w}$,则原方程可表示为

$$\hat{w}_{,tt} + 2\varepsilon\mu\,\hat{w}_{,t} + \hat{w} + \varepsilon\,\hat{w}^3 = F\cos[vt + \lambda B(t/\omega) + \varphi] \tag{4.27}$$

需要注意的是,这里已将有界噪声激励代入,在式(4.27)中

$$\varepsilon = (\alpha/\omega^2)(h/L_x^2)\,;\ \mu = \xi/\varepsilon\,;\ F = (P/\omega^2)(L_x/h)\,;\ v = \Omega/\omega \qquad (4.28)$$

考虑主共振的情况 $(v \approx 1)$，令 $F = \varepsilon f$，则式(4.27)改写为

$$\hat{w}_{,tt} + 2\varepsilon\mu\,\hat{w}_{,t} + \hat{w} + \varepsilon\,\hat{w}^3 = \varepsilon f \cos[vt + \lambda B(t/\omega) + \varphi] \qquad (4.29)$$

为得到式(4.29)的近似解，引入时间尺度 $T_n = \varepsilon^n t\,(n = 0,\ 1,\ 2,\ \cdots)$，则微分算子变为

$$\frac{\mathrm{d}}{\mathrm{d}t} = D_0 + \varepsilon D_1 + \cdots \qquad (4.30)$$

$$\frac{\mathrm{d}^2}{\mathrm{d}t^2} = D_0^2 + 2\varepsilon D_0 D_1 + \cdots \qquad (4.31)$$

其中，$D_n = \partial/\partial T_n\,(n = 0,\ 1,\ 2,\ \cdots)$。

设近似解为

$$\hat{w} = w_0(T_0,\ T_1) + \varepsilon w_1(T_0,\ T_1) + \cdots \qquad (4.32)$$

将其代入式(4.29)并使等号两边 ε 的同次幂的系数相等，取两次近似，得到如下两个方程：

$$D_0^2 w_0 + w_0 = 0 \qquad (4.33)$$

$$D_0^2 w_1 + w_1 = -2D_0 D_1 w_0 - 2\mu D_0 w_0 - w_0^3 + f\cos[vT_0 + \lambda B(T_0/\omega) + \varphi] \qquad (4.34)$$

式(4.33)的解可以表示为

$$w_0 = A(T_1)\mathrm{e}^{\mathrm{i}T_0} + \bar{A}(T_1)\,\mathrm{e}^{-\mathrm{i}T_0} \qquad (4.35)$$

将式(4.35)代入式(4.34)得

$$D_0^2 w_1 + w_1 = -(2\mathrm{i}A' + 2\mathrm{i}\mu A + 3A^2\bar{A})\mathrm{e}^{\mathrm{i}T_0} - A^3\mathrm{e}^{3\mathrm{i}T_0} + (1/2)f\mathrm{e}^{\mathrm{i}[vT_0 + \lambda B(T_0/\omega) + \varphi]} + c.c. \qquad (4.36)$$

其中，$c.c.$ 为等号右边的共轭复数。

考虑主共振的情况下，v 与 1 的接近程度由下式定义：

$$v = 1 + \varepsilon\sigma \qquad (4.37)$$

$$vT_0 = T_0 + \sigma T_1 \tag{4.38}$$

其中，σ 为激励频率的失调参数。

将式(4.38)代入式(4.36)，得

$$D_0^2 w_1 + w_1 = -\left(2\mathrm{i}A' + 2\mathrm{i}\mu A + 3A^2\bar{A} - (1/2)f\mathrm{e}^{\mathrm{i}[\sigma T_1 + \lambda B(T_0/\omega) + \varphi]}\right)\mathrm{e}^{\mathrm{i}T_0} - A^3\mathrm{e}^{3\mathrm{i}T_0} + c.c. \tag{4.39}$$

消除上式中的永年项，得到关于 w_0 振幅的关系式：

$$2\mathrm{i}A' + 2\mathrm{i}\mu A + 3A^2\bar{A} - (1/2)f\mathrm{e}^{\mathrm{i}[\sigma T_1 + \lambda B(T_0/\omega) + \varphi]} = 0 \tag{4.40}$$

其中，A 表示成极坐标形式为

$$A = (1/2)a(T_1)\mathrm{e}^{\mathrm{i}\beta(T_1)} \tag{4.41}$$

将式(4.41)代入式(4.40)，并分离实部和虚部得

$$a' + \mu a - (1/2)f\sin(\sigma T_1 + \lambda B + \varphi - \beta) = 0 \tag{4.42}$$

$$a\beta' + (3/8)a^3 - (1/2)f\cos(\sigma T_1 + \lambda B + \varphi - \beta) = 0 \tag{4.43}$$

接下来，令

$$\gamma = \sigma T_1 + \lambda B\left(\frac{T_0}{\omega}\right) + \varphi - \beta \tag{4.44}$$

并对时间尺度 T_1 求导得

$$\beta' = \sigma + \frac{\lambda}{\varepsilon\omega}B' - \gamma' \tag{4.45}$$

将式(4.44)和式(4.45)代入式(4.42)和式(4.43)得

$$a' + \mu a - (1/2)f\sin\gamma = 0 \tag{4.46}$$

$$a\gamma' - a\sigma - a\frac{\lambda}{\varepsilon\omega}B' + (3/8)a^3 - (1/2)f\cos\gamma = 0 \tag{4.47}$$

从式(4.46)和式(4.47)解出 a，γ 后，可得方程的一次近似解为

$$\hat{w} = a\cos(\omega t - \gamma) + O(\varepsilon) = a(t)\cos\left[\omega t - \varepsilon\omega t - \lambda B\left(\frac{t}{\omega}\right) - \varphi + \beta\right] + O(\varepsilon) \tag{4.48}$$

式中，幅值 $a(t)$ 与时间相关且包含随机过程，因而需通过数值计算求解。

4.2.3 算例分析

利用一标准复合材料板开展研究,板的几何及材料参数为:边长 $a = 300\,\text{mm}$,长宽比 $\beta = 1$,边厚比 $k = 100$,即厚度 $h = 3\,\text{mm}$,四边简支,层合板材料为碳/环氧复合材料,铺层方式为 $[0°/90°]_s$。单层板具体参数如下: $E_1 = 181\,\text{GPa}$, $E_2 = 10.3\,\text{GPa}$, $G_{12} = G_{21} = 7.17\,\text{GPa}$, $G_{23} = 6.21\,\text{GPa}$, $\upsilon_{21} = 0.28$, $\alpha_1 = 0.02\alpha_0$, $\alpha_2 = 22.5\alpha_0$, $\alpha_0 = 10^{-6}/℃$, $\rho = 1\,600\,\text{kg/m}^3$。后面如无特殊说明均采用此复合材料板为研究对象。板内的温度为均匀温度场。

为检验上述方法,编制程序生成窄带噪声激励,生成的激励时域图像以及 PSD 分别如图 4.2 和图 4.3 所示。

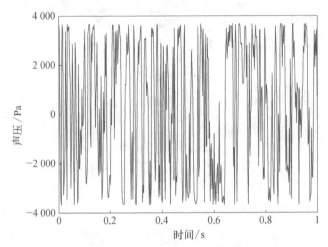

图 4.2 窄带噪声激励时域图像

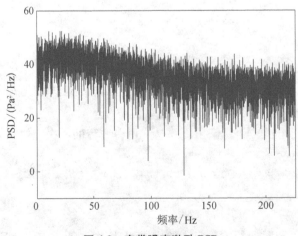

图 4.3 窄带噪声激励 PSD

将上述激励代入多尺度求解方法,采用 MATLAB 编程求解式(4.46)和式(4.47)构成的微分方程组,将所得结果代入式(4.48)可得窄带噪声激励下板的时域响应,如图 4.4 和图 4.5 所示为多尺度法求得的时域响应以及其 PSD。由结果可知板的横向位移以某一固定频率围绕中心平衡位置振动,其幅值呈现出随机的特点,这与后续有限元计算结果相吻合。

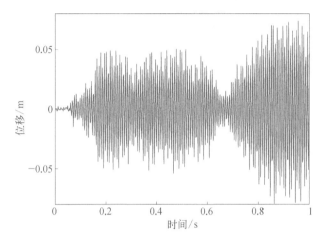

图 4.4　采用多尺度法求得的窄带噪声激励下板的时域响应

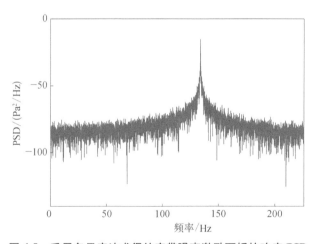

图 4.5　采用多尺度法求得的窄带噪声激励下板的响应 PSD

进一步加入温度的影响,由于温升几乎只影响到方程的一次项系数 k_0,故用 $k_0(1-S)$ 代替原来的 k_0,重复上面的推导过程,可得响应随温度变化的规律。

分析响应的幅值随温度及噪声声压级的变化规律。如图 4.6 所示为响应的幅值随温度变化规律。图 4.7 给出了响应幅值随声压级的变化规律。由图 4.6

和图 4.7 可知,热屈曲前,随温度升高响应幅值逐渐增大;响应幅值随声压级增大而增大。这与数值计算所得到的响应规律一致,因此多尺度法能较好反映热屈曲前的响应规律。

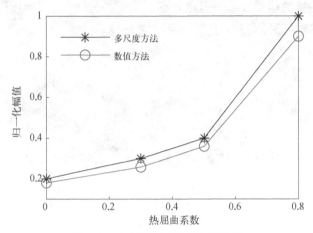

图 4.6　响应幅值随温度变化规律

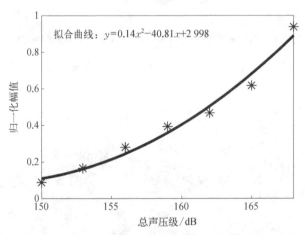

图 4.7　响应幅值随声压级的变化规律

4.3　热噪声载荷下非线性响应的数值分析方法

4.3.1　热噪声载荷下结构非线性有限元方法

考虑 4.2.1 所述的模型,结合 Reddy 剪切薄板理论和 von-Karman 型非线性应变-位移关系,建立非线性有限元动力学方程[5-7]。

单元位移的插值表示如下：

$$u = N \delta^e \tag{4.49}$$

其中，$u = \{u_0, v_0, w_0\}^T$；N 为单元位移形函数；δ^e 为单元节点自由度。

应用虚功原理，系统的内部虚功和外部虚功为

$$\begin{cases} \delta W_{\text{int}} = \int_A (\delta \varepsilon^{0T} N + \delta \kappa^T M) \, dA \\ \delta W_{\text{ext}} = \int_A \{\delta w [p(x, y, t) - \rho h w_{,tt}] - \delta u (\rho h u_{,tt}) - \delta v (\rho h v_{,tt})\} \, dA \end{cases} \tag{4.50}$$

令内外虚功相等，将得到的单元动力学方程组装，并考虑动力学边界条件，可得整体动力学方程：

$$M\ddot{W} + (K - K_{N\Delta T} + K_1 + K_2) W = P_{\Delta T} + P(t) \tag{4.51}$$

其中，M、K 和 P 分别为系统的质量矩阵、线性刚度矩阵和载荷向量；K_1 和 K_2 为一阶和二阶非线性刚度矩阵，它们分别跟系统的位移以及位移的立方项相关。

4.3.2　热噪声载荷下复合材料板薄壁结构动响应规律

1. 振动响应随温度的变化

保持声压级为 150 dB，考察系统在不同热屈曲系数（$S=0$, 0.5, 1.5, 2, 2.5, 3, 3.5, 4）下的响应规律，结果如图 4.8 所示。由图 4.8 可知，热屈曲前（$S < 1$），温度升高，振动幅值有所增高；热屈曲后（$S > 1$），出现突弹跳变，且随着温度升高，跳变出现频率逐渐下降，直至板围绕一个屈曲后平衡位置做小幅振动。

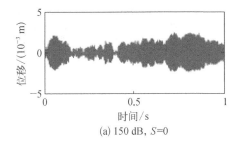

(a) 150 dB, $S=0$

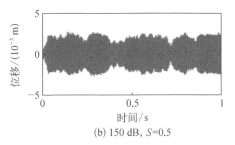

(b) 150 dB, $S=0.5$

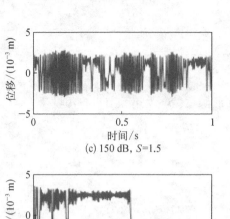

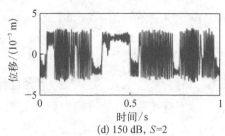

(c) 150 dB, $S=1.5$　　　　(d) 150 dB, $S=2$

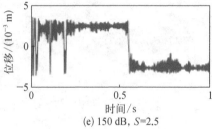

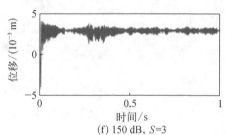

(e) 150 dB, $S=2.5$　　　　(f) 150 dB, $S=3$

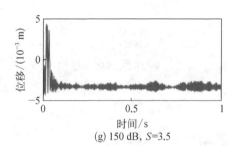

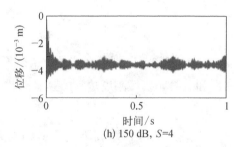

(g) 150 dB, $S=3.5$　　　　(h) 150 dB, $S=4$

图 4.8　同一声压级下响应随温度变化情况

2. 振动响应随噪声声压级的变化

常温（即 $S=0$）时，不同声压级噪声载荷作用下，板的中点横向位移时间历程如图 4.9 所示；热屈曲后（以 $S=2$ 为例，即温升 124℃），各声压级下的响应如图 4.10 所示。

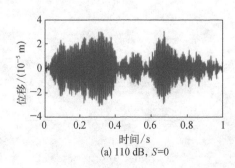

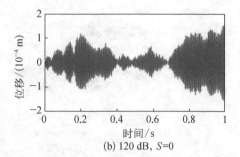

(a) 110 dB, $S=0$　　　　(b) 120 dB, $S=0$

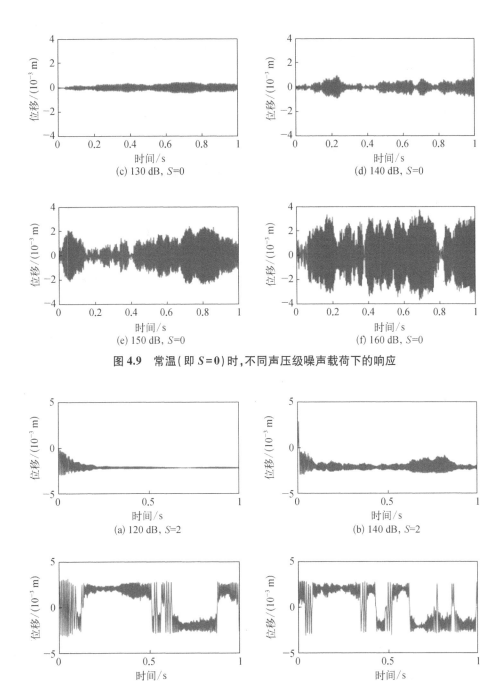

图 4.9　常温(即 $S=0$)时,不同声压级噪声载荷下的响应

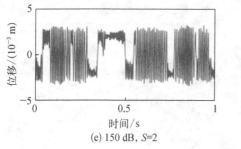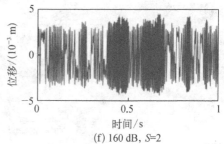

图 4.10　热屈曲后($S=2$)各声压级下的响应

从图 4.9 和图 4.10 中可以看出,热屈曲前,板始终围绕零平衡位置做随机振动,且随着声压级的不断增大,振动幅值逐渐增大。热屈曲后,在较低声压级(120 dB、140 dB)时,系统围绕一个屈曲后平衡位置做随机振动,表现为响应的均值偏离零平衡位置,当达到和超过该温度下的某一噪声载荷时,系统发生了跳变,即从围绕一个屈曲后平衡位置振动,跳到另一屈曲后平衡位置附近振动。并且随着声压级的增大,这种跳动发生的频次也在增大,即从间歇性跳变状态逐渐发展到持续性跳变。

3. 热噪声载荷下壁板突弹跳变边界

观察不同声压级和温度组合工况下的位移响应时间历程图,当噪声载荷增加到刚好发生跳变时,认为此时的噪声声压级为对应温度下的临界噪声载荷。临界噪声载荷随温度变化的曲线如图 4.11 所示。该曲线可认为是跳变发生的边界,如果噪声和温度载荷工况在此曲线下方,则不发生跳变,反之将发生跳变。

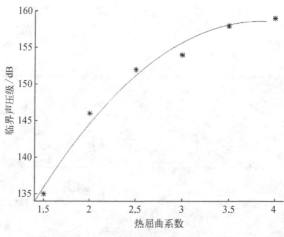

图 4.11　不同温度下的临界噪声载荷

由图 4.11 可知,层合板发生突弹跳变的临界噪声载荷随温度的升高而增大。分析认为,当温度升高时,热应力使得屈曲后的刚度曲线具有负刚度区域的非线性增强,而噪声载荷需要克服负刚度区域的驱动力才能从一个平衡位置跳跃到另一个平衡位置,因此只有增大噪声载荷的强度才能发生突弹跳变现象。

4. 热噪声载荷下壁板结构突弹跳变判据

根据所获得的一阶模态振动方程,可以得到位移和速度响应的联合概率密度,通过得到的联合概率密度函数图的形状可以得知系统的较大可能运动状态。

非线性系统的 FPK 方程推导过程详见 Caughey 的文章[8],对形如 $\ddot{w} + \beta\dot{w} + F(w) = f(t)$ 的非线性系统,令 $y_1 = w$, $y_2 = \dot{w}$,则其 FPK 方程为

$$\frac{W_0}{4}\frac{\partial^2 p}{\partial y_2^2} - \frac{\partial}{\partial y_1}(y_2 p) + \frac{\partial}{\partial y_2}\{[\beta y_2 + F(y_1)]\}p = 0 \tag{4.52}$$

其中,W_0 为激励强度。

通过求解该方程可得响应的联合概率密度函数:

$$p(y_1, y_2) = p(x, \dot{x}) = C\exp\left\{-\frac{4\beta}{W_0}\left[\frac{y_2^2}{2} + \int_0^{y_1} F(\zeta)\,\mathrm{d}\zeta\right]\right\} \tag{4.53}$$

其中,C 为归一化因子;ζ 为代替 y_1 的临时变量,积分后即消除。

将 $F(x) = k_0 w + \alpha w^3$ 代入式(4.53)得

$$p(x, \dot{x}) = C\exp\left[-\frac{4\beta}{W_0}\left(\frac{y_2^2}{2} + k_0\frac{y_1^2}{2} + \alpha\frac{y_1^4}{4}\right)\right] \tag{4.54}$$

为突出位移响应的概率密度分布特征,令速度 $y_2 = 0$,典型位移响应及对应的概率密度分布分别如图 4.12 和图 4.13 所示。

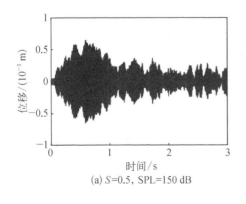
(a) $S=0.5$, SPL$=150$ dB

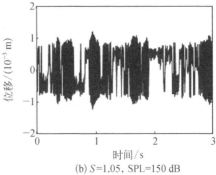
(b) $S=1.05$, SPL$=150$ dB

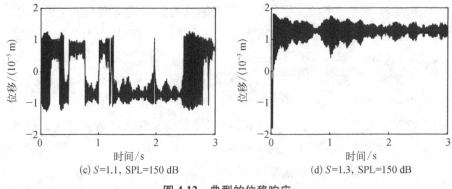

(c) S=1.1, SPL=150 dB　　　　　　　(d) S=1.3, SPL=150 dB

图 4.12　典型的位移响应

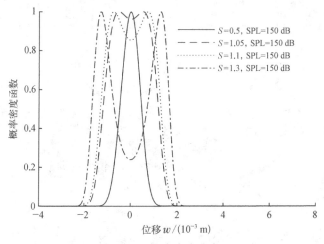

图 4.13　概率密度分布

从图 4.13 中可以看到,两个峰分离得越远,波谷越深,越不容易发生跳变,波谷的深浅表征了跳变发生的频次。通过构造出一个跳变判据参数 Δ 来反映系统从无跳变发展到持续性跳变的过程[9],从而实现对跳变的有无及跳变类型的判别。

$$\Delta = \frac{p(w)\mid_{w=0}}{p(w)\mid_{w=Q}} \tag{4.55}$$

式中, $p(w)$ 代表位移 w 的概率密度函数; $w=0$ 代表零平衡位置,即图 4.13 中曲线波谷的位置; $w=Q$ 代表屈曲后平衡位置,即图 4.13 中曲线波峰的位置。绘制不同温度、不同声压级下 Δ 关于声压级和温度的曲面,从而确定跳变边界。

绘制不同温度、不同声压级下 Δ 关于声压级和温度的曲面如图 4.14 所示,可以看到曲面分为 $\Delta \approx 0$ 和 $\Delta \approx 1$ 的区域,分别代表无跳变和持续性跳变,中间过渡区域上升速度很快,我们用两条等高线将过渡区表示出来,可以看到 Δ 呈现出 S 形上升的趋势,一定存在拐点使得上升速度最快,推导出拐点对应的临界载荷,发现与有限元计算误差不超过 2.5%,因此 Δ 可以作为跳变判据。Δ 的拐点所构成的等高线可以作为跳变边界,其曲线呈对数函数形状,表明跳变临界载荷关于屈曲系数呈对数增长,即临界载荷随温度升高而增大,如图 4.15 所示。

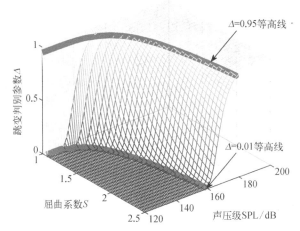

图 4.14　Δ 关于 SPL 和 S 的曲面(后附彩图)

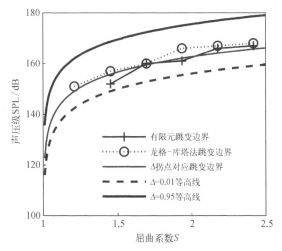

图 4.15　理论跳变边界

$$\mathrm{SPL}_{\mathrm{cr}} = 10\left[\lg \frac{5\beta k_0^2 \left(1-S\right)^2}{36\alpha p_{\mathrm{coe}}^2} + 10\right] \tag{4.56}$$

式中,β 为阻尼项系数;k_0 为线性刚度系数;S 为热屈曲系数;α 为立方项系数;p_{coe} 为载荷转换系数,代表声压在向单模态方程转化以及无量纲化过程中的变化。

4.4 基于非线性降阶方法的高效动响应分析方法

4.4.1 非线性降阶方法的基础理论

几何非线性振动有限元方程可以写成如下形式[10-15]:

$$M\ddot{w}(x,t) + C\dot{w}(x,t) + K_{\text{L}}w(x,t) + K_{\text{NL}}(w) = F(x,t) \qquad (4.57)$$

其中,M 为质量矩阵;C 为阻尼矩阵;K_{L} 为线性刚度矩阵;$K_{\text{NL}}(w)$ 为非线性刚度矩阵;F 为外载荷。

基于隐式缩减法降阶的两个关键问题之一便是选取一组基底:

$$w(x,t) = \sum_{r=1}^{n} \phi_r(x) q_r(t) = \boldsymbol{\Phi}\boldsymbol{q} \qquad (4.58)$$

从而将模型由物理空间转换到广义空间中,降低其计算量。这里我们通过求解结构线性振动的特征值问题:

$$K_{\text{L}}\boldsymbol{\phi}(x)_r = \omega_r^2 M\boldsymbol{\phi}(x)_r \quad (r = 1, 2, \cdots, n) \qquad (4.59)$$

得到其线性模态并选取数阶作为基底。

选取 n 阶模态将式(4.57)转换至广义空间得

$$\widetilde{M}\ddot{q}(x,t) + \widetilde{C}\dot{q}(x,t) + \widetilde{K}_{\text{L}}q(x,t) + \boldsymbol{\gamma}(q_1, q_2, \cdots, q_n) = \widetilde{F}(x,t) \qquad (4.60)$$

其中,

$$\begin{cases} \widetilde{M} = \boldsymbol{\Phi}^{\text{T}}M\boldsymbol{\Phi} = I \\ \widetilde{C} = \boldsymbol{\Phi}^{\text{T}}C\boldsymbol{\Phi} = \left[2\zeta_r\omega_r \right] \quad (r = 1, 2, \cdots, n) \\ \widetilde{K}_{\text{L}} = \left[\omega_r^2 \right] \quad (r = 1, 2, \cdots, n) \end{cases} \qquad (4.61)$$

解耦为对角矩阵。

$$\boldsymbol{\gamma}_r(q_1, q_2, \cdots, q_r) = \boldsymbol{\Phi}^{\text{T}}K_{\text{NL}}(\boldsymbol{\Phi}\boldsymbol{q}) = \sum_{i=1}^{n} A_i^r q_i + \sum_{i=1}^{n}\sum_{j=i}^{n} B_{ij}^r q_i q_j + \sum_{i=1}^{n}\sum_{j=i}^{n}\sum_{k=j}^{n} C_{ijk}^r q_i q_j q_k \qquad (4.62)$$

式中，$\boldsymbol{\gamma}_r$ 为第 r 个非线性回复力；A_i^r 为热载荷引起的刚度系数；B_{ij}^r、C_{ijk}^r 为二次、三次非线性刚度系数，对于平梁/板，二次非线性刚度系数为 0。

4.4.2　非线性刚度系数的计算

根据非线性刚度系数的个数 n，施加 n 组静态位移，得到 n 组非线性静态响应，即可求得非线性刚度系数。

在物理坐标系中表达总的节点力为

$$\boldsymbol{F}_{\mathrm{T}} = \boldsymbol{F}_{\mathrm{L}} + \boldsymbol{F}_{\mathrm{NL}} = \boldsymbol{K}\boldsymbol{X}_{\mathrm{c}} + \boldsymbol{\Gamma}(\boldsymbol{X}_{\mathrm{c}}) \tag{4.63}$$

其中，$\boldsymbol{X}_{\mathrm{c}}$ 为指定的物理坐标系下的节点位移；$\boldsymbol{F}_{\mathrm{L}}$ 和 $\boldsymbol{F}_{\mathrm{NL}}$ 分别为线性和非线性项，如果位移较小，节点力向量就可以表达为线性公式。

分别采用线性静力求解和非线性静力求解，即可得到

$$\boldsymbol{F}_{\mathrm{NL}} = \boldsymbol{\Gamma}(\boldsymbol{X}_{\mathrm{c}}) = \boldsymbol{F}_{\mathrm{T}} - \boldsymbol{F}_{\mathrm{L}} \tag{4.64}$$

以下通过指定位移场开展计算：

$$\begin{cases} \boldsymbol{X}_{\mathrm{c}} = -\boldsymbol{\phi}_1 q_1 \\ \boldsymbol{X}_{\mathrm{c}} = +\boldsymbol{\phi}_1 q_1 \end{cases} \tag{4.65}$$

$\boldsymbol{F}_{\mathrm{NL}}$ 通过式（4.64）得到，表达成模态坐标：

$$\begin{cases} \widetilde{\boldsymbol{F}}_{\mathrm{NL1}} = \boldsymbol{\Phi}^{\mathrm{T}} \boldsymbol{F}_{\mathrm{NL1}} = \boldsymbol{\Phi}^{\mathrm{T}} \boldsymbol{\Gamma}(+\boldsymbol{\phi}_1 q_1) = [a_{11}^r] q_1 q_1 + [b_{111}^r] q_1 q_1 q_1 \\ \widetilde{\boldsymbol{F}}_{\mathrm{NL2}} = \boldsymbol{\Phi}^{\mathrm{T}} \boldsymbol{F}_{\mathrm{NL2}} = \boldsymbol{\Phi}^{\mathrm{T}} \boldsymbol{\Gamma}(-\boldsymbol{\phi}_1 q_1) = [a_{11}^r] q_1 q_1 - [b_{111}^r] q_1 q_1 q_1 \end{cases} \tag{4.66}$$

其中，$[a_{11}^r]$、$[b_{111}^r]$ 为长度为 L 的向量。

因为 q_1 是已知的标量，$[a_{11}^r]$ 和 $[b_{111}^r]$ 可以通过求解 $2\times L$ 的线性方程组得到，类似可以得到 $[a_{jj}^r]$ 和 $[b_{iii}^r]$（$j = 2, 3, \cdots, L$）。

同样，对于两个不同下标的系数，指定位移场：

$$\begin{cases} \boldsymbol{X}_{\mathrm{c}} = +\boldsymbol{\phi}_1 q_1 + \boldsymbol{\phi}_2 q_2 \\ \boldsymbol{X}_{\mathrm{c}} = -\boldsymbol{\phi}_1 q_1 - \boldsymbol{\phi}_2 q_2 \\ \boldsymbol{X}_{\mathrm{c}} = +\boldsymbol{\phi}_1 q_1 - \boldsymbol{\phi}_2 q_2 \end{cases} \tag{4.67}$$

从而得到

$$
\begin{cases}
\begin{aligned}
\widetilde{\boldsymbol{F}}_{\mathrm{NL1}} &= \boldsymbol{\Phi}^{\mathrm{T}}\boldsymbol{\Gamma}(+\phi_1 q_1 + \phi_2 q_2) \\
&= [a^r_{11}]q_1 q_1 + [b^r_{111}]q_1 q_1 q_1 + [a^r_{22}]q_2 q_2 + [b^r_{222}]q_2 q_2 q_2 \\
&\quad + [a^r_{12}]q_1 q_2 + [b^r_{112}]q_1 q_1 q_2 + [b^r_{122}]q_1 q_2 q_2 \\
\widetilde{\boldsymbol{F}}_{\mathrm{NL2}} &= \boldsymbol{\Phi}^{\mathrm{T}}\boldsymbol{\Gamma}(-\phi_1 q_1 - \phi_2 q_2) \\
&= [a^r_{11}]q_1 q_1 - [b^r_{111}]q_1 q_1 q_1 + [a^r_{22}]q_2 q_2 - [b^r_{222}]q_2 q_2 q_2 \\
&\quad + [a^r_{12}]q_1 q_2 - [b^r_{112}]q_1 q_1 q_2 - [b^r_{122}]q_1 q_2 q_2 \\
\widetilde{\boldsymbol{F}}_{\mathrm{NL3}} &= \boldsymbol{\Phi}^{\mathrm{T}}\boldsymbol{\Gamma}(+\phi_1 q_1 - \phi_2 q_2) \\
&= [a^r_{11}]q_1 q_1 + [b^r_{111}]q_1 q_1 q_1 + [a^r_{22}]q_2 q_2 - [b^r_{222}]q_2 q_2 q_2 \\
&\quad - [a^r_{12}]q_1 q_2 - [b^r_{112}]q_1 q_1 q_2 + [b^r_{122}]q_1 q_2 q_2
\end{aligned}
\end{cases}
\tag{4.68}
$$

求和前两个方程,可以得到

$$
\widetilde{\boldsymbol{F}}_{\mathrm{NL1}} + \widetilde{\boldsymbol{F}}_{\mathrm{NL2}} = 2[a^r_{11}]q_1 q_1 + 2[a^r_{22}]q_2 q_2 + 2[a^r_{12}]q_1 q_2
\tag{4.69}
$$

因为 $[a^r_{11}]$ 和 $[b^r_{111}]$ 已经获得,$[a^r_{12}]$ 便可由式(4.69)获得。求和式(4.68)中第一个和第三个方程,可以得到 $[b^r_{112}]$ 和 $[b^r_{122}]$,从而所有的 $[b^r_{jjk}]$ 和 $[b^r_{kkj}]$ 均可获得。

对于 $[b^r_{123}]$,可以指定位移:

$$
\boldsymbol{X}_{\mathrm{c}} = +\phi_1 q_1 + \phi_2 q_2 + \phi_3 q_3
\tag{4.70}
$$

得到

$$
\begin{aligned}
\widetilde{\boldsymbol{F}}_{\mathrm{NL}} &= \boldsymbol{\Phi}^{\mathrm{T}}\boldsymbol{\Gamma}(+\phi_1 q_1 + \phi_2 q_2 + \phi_3 q_3) \\
&= [a^r_{11}]q_1 q_1 + [a^r_{22}]q_2 q_2 \\
&\quad + [a^r_{33}]q_3 q_3 + [a^r_{12}]q_1 q_2 + [a^r_{13}]q_1 q_3 + [a^r_{23}]q_2 q_3 \\
&\quad + [b^r_{111}]q_1 q_1 q_1 + [b^r_{222}]q_2 q_2 q_2 + [b^r_{333}]q_3 q_3 q_3 + [b^r_{112}]q_1 q_1 q_2 \\
&\quad + [b^r_{221}]q_2 q_2 q_1 + [b^r_{113}]q_1 q_1 q_3 + [b^r_{331}]q_3 q_3 q_1 + [b^r_{223}]q_2 q_2 q_3 \\
&\quad + [b^r_{332}]q_3 q_3 q_2 + [b^r_{123}]q_1 q_2 q_3
\end{aligned}
\tag{4.71}
$$

从而得到其中的唯一未知量 $[b^r_{123}]$。

4.4.3　分析算例及试验验证

选取尺寸为 800 mm×600 mm×20 mm 的铝平板,四边固支,一阶屈曲温度为 5.269℃,参考温度为 0℃,处于均匀的 2℃ 环境中。将非线性降阶分析方法与商业有限元分析结果进行对比验证,分别选取板中点和 1/4 点作为位移结果观测点。施加 0~500 Hz 零均值均布高斯白噪声,如图 4.16 所示。

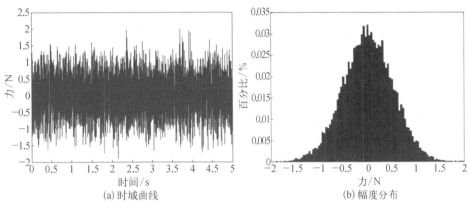

(a) 时域曲线　　(b) 幅度分布

图 4.16　高斯白噪声

由于所加均布载荷为对称载荷,根据激励频率范围,选取前 4 阶对称模态,即 1、4、8、11 阶模态作为基底,则共有 24 个非线性刚度系数。

图 4.17 为横向振动位移 PSD,曲线整体吻合较好,高频处降阶模型曲线较低。

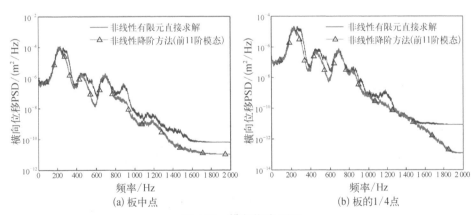

(a) 板中点　　(b) 板的 1/4 点

图 4.17　横向位移 PSD

降阶分析耗时 12 min 9 s。其中,非线性静力分析、非线性刚度系数的确定和面内基底的确定用时 7 min 32 s;ABAQUS STANDARD 分析用时 3 h 40 min。

可见,降阶方法极大地提高了非线性动态分析的效率。

1. 基底选取对结果的影响

除了静载大小对最终结果的影响,所选基底模式及数量对非线性降阶结果也有非常大的影响,而在降阶分析中,通常希望在结果达到要求的基础上,选取的基底越少越好,因此,以板中点横向位移结果为研究对象,选取不同的基底组合,检验不同基底组合下的结果效果。

由于本例为对称板受对称载荷的屈曲前运动,可以判断其运动应主要由对称模态主导。由图 4.18(a)~(d)可以发现,非对称模态的选取对结果没有影响。由图 4.18(a)、(e)、(f)可以发现,对称模态的选取能反映结构相应频率范围的响应趋势,而激励频率范围为 0~500 Hz,故选取到第 11 阶模态(891.407 Hz)就能得到较好的结构响应结果。

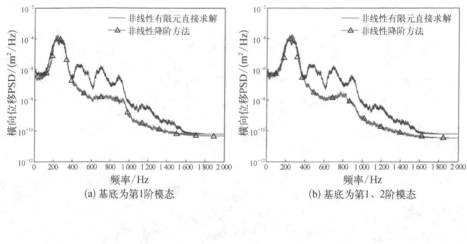

(a) 基底为第1阶模态　　　　　　　　　(b) 基底为第1、2阶模态

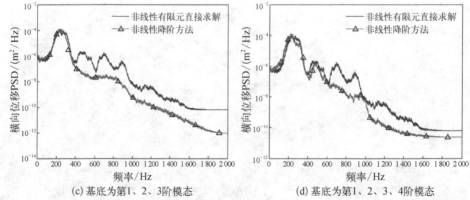

(c) 基底为第1、2、3阶模态　　　　　　(d) 基底为第1、2、3、4阶模态

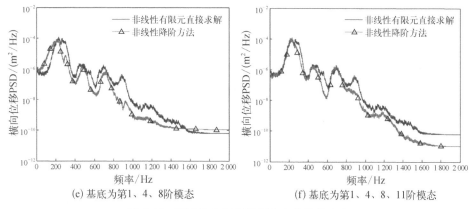

(e) 基底为第1、4、8阶模态　　　　(f) 基底为第1、4、8、11阶模态

图 4.18　不同基底组合下板中点的位移响应

综上可知,基底的选取应根据结构的几何形式、激励形式、激励的频率范围以及所关心的频率范围等综合考虑,选取影响较大的若干阶模态,而不用全部选取。

2. 降阶效率分析

对于降阶分析,最关心的还是它的计算效率,究竟可以将非线性振动计算的速度提高多少,时间节省多少,而影响计算效率最大的因素就是基底数量,在此,对这个因素进行分析。

对于一个平板,在降阶过程中,所需要求解的非线性静力方程数量随所选模态数量的变化趋势如图 4.19 所示,可以发现,所需要求解的非线性静力方

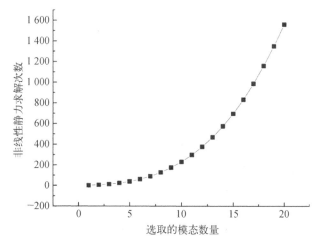

图 4.19　非线性静力方程求解数量随所选模态数量的变化趋势

程数量随所选模态数量增加呈指数型增长,其所消耗的时间也将呈指数型增长。

对于前述平板模型,20 000 时间步的时域分析,在 ABAQUS 隐式非线性动力学分析中耗时 250 min 左右,而一个非线性静力方程耗时 50 s 左右,如图 4.20 所示,随着所选模态数量的增加,非线性静力分析所消耗的时间迅速增加。

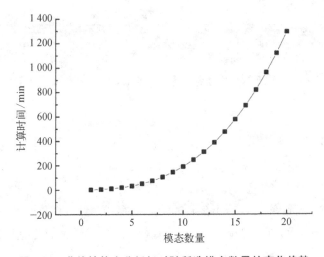

图 4.20 非线性静力分析耗时随所选模态数量的变化趋势

从理论上讲,对于一个结构,当第一次降阶分析把非线性刚度系数确定好之后,后续再做非线性动态分析都可以利用这一组非线性刚度系数,即非线性静力分析仅需做一次,但是在实际应用中发现,一组非线性刚度系数很难满足结构所有工况下的非线性动态分析。所以,模态数量的选取,直接影响了降阶效率,故在实际应用时,应尽量根据结构、载荷等的对称形式,选取尽可能少的模态来进行降阶计算。

3. 试验验证

为了验证热噪声分析方法的正确性,采用复合材料平板开展热噪声试验,通过试验结果验证预示方法的正确性。

热噪声试验系统见第 7 章,试验与仿真分析的结果如图 4.21 所示,可见仿真结果与试验结果的趋势一致,验证了分析方法的正确性。

进一步分析不同噪声载荷量级下的 RMS 值,如图 4.22 所示。可见随着噪声载荷的量级增加,振动响应呈现非线性硬化的现象。

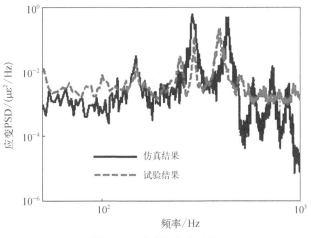

图 4.21　试验与仿真对比

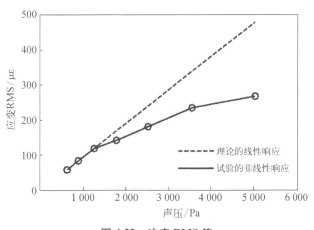

图 4.22　响应 RMS 值

4.5　基于结构有限元/声学边界元的热噪声响应分析方法

4.5.1　方法概述

基于结构有限元/声学边界元的声振响应分析方法是常温环境下的一种经典方法。该方法与本章前几节所采用的时域分析方法不同,是一种基于频域的求解方法。

该方法的计算思路主要是：通过建立有限元模型，获得结构的振动模态、应力模态特性，将其作为结构条件，导入边界元模型中，同时导入结构有限元网格和声学边界元网格，作为声学分析的基础。在声学分析过程中，将制定的输入功率谱作为条件，分别通过声振响应分析和基于模态的后处理分析得到结构的加速度和应力 PSD[16]。

热噪声载荷下动态响应和应力分析流程如图 4.23 所示，相对于常温下的声振响应计算分析，增加了温度场分析、热应力计算、热模态分析等环节。

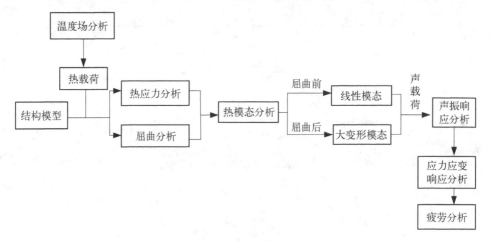

图 4.23　热环境下有限元/边界元仿真分析流程

该方法与 4.3 节、4.4 节所述的时域非线性有限元求解方法相比的优势是：① 适用于复杂结构，计算效率较高；② 能够有效考虑声载荷的传播特性，计算中计及声场的空间载荷特性。该方法的主要劣势是：其为频域分析方法，只能考虑热屈曲前的弱非线性问题，不适用于突弹跳变等强非线性现象。

4.5.2　分析算例及试验验证

同样采用第 7 章所述的热噪声试验系统，开展复合材料平板的热噪声试验，建立相应的声场模型，如图 4.24 所示。

图 4.25 和图 4.26 分别给出了加速度响应谱和应变响应谱，通过与试验结果的对比，可以看出该方法具有较好的计算精度。

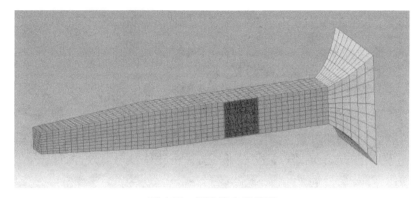

图 4.24　行波管声场模型

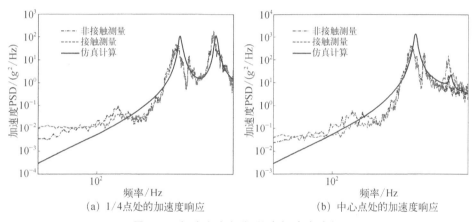

（a）1/4 点处的加速度响应　　　　　（b）中心点处的加速度响应

图 4.25　加速度响应谱（仿真与试验对比）

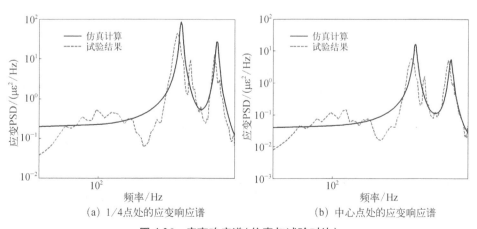

（a）1/4 点处的应变响应谱　　　　　（b）中心点处的应变响应谱

图 4.26　应变响应谱（仿真与试验对比）

4.6 小结

（1）针对热噪声载荷下复合材料薄板非线性系统，建立了常微分非线性动力学方程，采用非线性有限元方法，获得了热屈曲前后板的非线性动响应规律。

（2）形成了高温环境下基于降阶方法的结构非线性声振响应预示方法，通过与商业软件、试验结果等对比，验证了方法的正确性与有效性，计算效率显著提高。

（3）开展了热噪声载荷下复合材料薄板结构突弹跳变边界的研究，获得了载荷、温度、板尺寸参数等对板突弹跳变边界影响的规律，并从机理上解释了突弹跳变边界，给出了突弹跳变的判据。

（4）突弹跳变在热屈曲后出现，随着温度的升高，发生突弹跳变所需要的噪声载荷增大。突弹跳变发生的原因在于：外部载荷大于热屈曲后的非线性恢复力，临界点对应的恢复力与温度之间的定量关系可作为跳变边界。利用板的一阶模态振动方程得到位移和速度响应的联合概率密度，用波谷处概率与波峰处概率的比值构造出的判别参数，可作为突弹跳变判据。

参考文献

[1] Cheng H, Li H B, Zhang W, et al. Effects of radiation heating on modal characteristics of panel structures. Journal of Spacecraft and Rockets, 2015, 52(4): 1228 – 1235.

[2] 张伟,张正平,李海波,等.高超声速飞行器结构热试验技术进展.强度与环境,2011, 38(1): 1 – 8.

[3] 徐伟.非线性随机动力学的若干数值方法及应用.北京: 科学出版社,2013.

[4] Eslami H, Kandil O A. Nonlinear forced vibration of orthotropic rectangular plates using the method of multiple scales. AIAA Journal, 1989, 27(7): 955 – 960.

[5] Dhainaut J M, Guo X, Mei C, et al. Nonlinear random response of panels in an elevated thermal-acoustic environment. Journal of Aircraft, 2003, 40(4): 683 – 691.

[6] Chen R X, Mei C. Finite element nonlinear random response of beams to acoustic and thermal loads applied simultaneously. La Jolla: 34th AIAA/ASME/ASCE/AHS/ASC Structures, Structural Dynamics and Materials Conference, 1993.

[7] Liguore S L, Thomas M J, Pitt D M. Application and demonstration of nonlinear reduced order modeling (NLROM) for thermal/acoustic response. Honolulu: 53rd AIAA/ASME/ASCE/AHS/ASC Structures, Structural Dynamics and Materials Conference, 2012.

[8] Caughey T K. Derivation and application of the Fokker-Planck equation to discrete nonlinear

dynamic systems subjected to white random excitation. The Journal of the Acoustical Society of America, 1963, 35(11): 1683-1692.

[9]　Liu L, Lv B, He T. The stochastic dynamic snap-through response of thermally buckled composite panels. Composite Structures, 2015, 131: 344-355.

[10]　Mei C, Dhainaut J M, Duan B, et al. Nonlinear random response of composite panels in an elevated thermal environment. Wright-Patterson AFB, Ohio: AFRL-VA-WP-TR-2000-3049, 2000.

[11]　Duan B, Mei C, Ro J J. Nonlinear response of thermal protection system at supersonic speeds. Seattle: 42nd AIAA/ASME/ASCE/AHS/ASC Structures, Structural Dynamics and Materials Conference, 2001.

[12]　Przekop A. Nonlinear response and fatigue estimation of aerospace curved surface panels to acoustic and thermal load. Virginia: Old Dominion University, 2003.

[13]　Rizzi S A, Przekop A. The effect of basis selection on thermal-acoustic random response prediction using nonlinear modal simulation. Palm springs, California: 45th AIAA/ASME/ASCE/AHS/ASC Structures, Structural Dynamics and Materials Conference, 2004.

[14]　Przekop A, Rizzi S A. Dynamic snap-through of thin-walled structures by a reduced-order method. AIAA Journal, 2007, 45(10): 2510-2519.

[15]　Spottswood S M, Hollkamp J J, Eason T G. Reduced-order models for a shallow curved beam under combined loading. AIAA Journal, 2010, 48(1): 47-55.

[16]　程昊,吴振强,张伟,等.热/声耦合环境下飞行器壁板结构响应分析.佛山:中国航天结构强度与环境工程专业信息网 2011 年度技术信息交流会,2011.

第 5 章

C/SiC 复合材料结构热噪声失效机理

5.1　概述

为提高飞行性能而大量采用耐高温、高强度、低密度的碳纤维增韧陶瓷基复合材料(C/SiC)薄壁结构制成的热结构可同时具备承载和防热功能,是当前高超声速飞行器热结构的发展方向[1]。极端的表面温度、高温度梯度、高噪声脉动压力以及长时间巡航是高超声速飞行器飞行环境的显著特点,这种复杂耦合环境对结构材料性能、结构动力学特性、自动控制等都会产生严重影响:如热声载荷作用下复合材料薄壁结构表现出复杂的大挠度非线性响应,高强噪声作用下复合材料薄壁结构疲劳裂纹的萌发、扩展甚至结构失效。因此,耐热/噪声损伤的热结构是高超声速飞行器迫切需要解决的关键问题,耐久可靠的热结构是飞行器安全服役的关键。只有揭示 C/SiC 热结构在高温、强噪声环境下的损伤和失效机理,才能为热载荷与噪声载荷耦合环境对薄壁结构影响的研究奠定基础,并最终为 C/SiC 热结构的设计、损伤预测和安全使用提供支撑和保障。

5.2　国内外研究现状

5.2.1　国外研究现状与进展

C/SiC 复合材料主要应用于空天飞行器热防护系统、冲压发动机、火箭发动机、先进刹车系统和航空发动机等方面。针对不同应用领域,C/SiC 复合材料采用不同的纤维预制体和制备工艺以满足不同的特定要求。

在航空发动机领域,根据航空发动机长时(数百上千小时)、热(700 ～

1 650℃)、力(疲劳、蠕变、复杂载荷)、氧化(氧、水、熔盐)耦合环境需求,法国 Snecma 公司由第一代的 C/SiC 复合材料,通过对纤维预制体和基体的微结构设计,发展出了多元多层基体自愈合材料。Snecma 公司发展的自愈合材料体系见表 5.1,其氧化后的微结构见图 5.1,可见第一代陶瓷基复合材料的基体为单纯的 SiC 基体,第二代和第三代陶瓷基复合材料的自愈合 Si-B-C 基体(由 SiC、B4C、SiBC 多层交替组成),氧化后形成的玻璃相能够对裂纹和孔隙起到很好的封填愈合作用。自愈合作用显著提高了陶瓷基复合材料在空气下的疲劳性能(图 5.2):第二代采用 Nicalon SiC 纤维或 T-300 碳纤维增强的自愈合材料在 1 200℃、120 MPa 条件下寿命能达到数百小时(考核 100 h 相当于发动机上使用 1 000 h),第三代采用 Hi-Nicalon SiC 纤维增强的自愈合材料在 1 200℃、120 MPa 条件下寿命能达到近千小时,完全满足发动机使用要求。第二代自愈合材料已经在 M53、M88、F100 等发动机密封片/调节片上获得应用,第三代自愈合材料用于研制燃烧室火焰筒和火焰稳定器等已经历大量考核,即将进入工程应用[2]。

表 5.1　法国 Snecma 公司发展的多元多层自愈合陶瓷基复合材料

材料分级	牌　号	商　标	纤　维	界　面	基　体	涂　层
第一代	A262	Sepcarbionx®	T-300	PyC	CVI-SiC	CVD SiC
	A373	Cerasep®	Nicalon	PyC	CVI-SiC	CVD SiC
第二代	A400	Cerasep®	Nicalon	PyC	CVI-(Si-B-C)n	CVD SiC
	A500	Sepcarbinox®	T-300	PyC	CVI-(Si-B-C)n	CVD SiC
第三代	A410	Cerasep®	Hi-Nicalon	PyC	CVI-(Si-B-C)n	CVD SiC

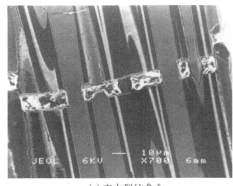

(a) 束内裂纹愈合

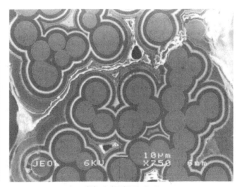

(b) 束间裂纹愈合

图 5.1　多元多层自愈合陶瓷基复合材料氧化后的微结构照片

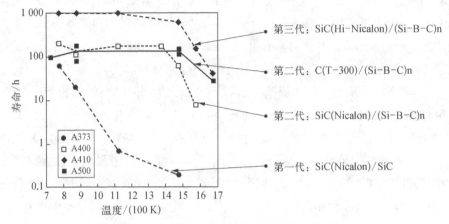

图 5.2　法国自愈合陶瓷基复合材料的性能

针对航空发动机环境需求,美国 NASA 主要利用其独有的高性能 Sylramic SiC 纤维,通过对界面的微结构设计,制备了界面自愈合材料。该材料在空气、103 MPa 应力下,断裂寿命均超过 500 h,其中 N24-C 型超过 1 000 h,表现出非常优异的性能。界面自愈合材料已经在 F110、F119 等发动机密封片/调节片上获得工程应用,在 F136、F414 等发动机燃烧室部件上获得大量考核,即将进入工程应用。

在火箭发动机应用领域,为了提高 C/SiC 复合材料的层间力学性能,并且降低制造成本,法国 SEP 公司于 1975~1979 年,制备出一种结合了二维和多维结构优点的预制体——Novoltex 预制体。这种预制体在面内具有较好的力学性能,同时大大提高了复合材料的层间力学性能。并且,由于针刺纤维束和纤维布的孔隙相互贯穿(图 5.3),孔隙均匀使得化学气相渗透(chemical vapor

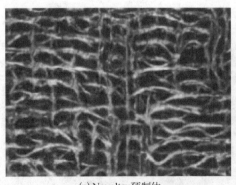

(a) Novoltex 预制体

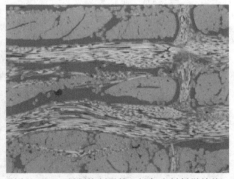

(b) Novoltex 预制体制得的 C/C 复合材料微结构

图 5.3　**Novoltex 预制体及其制得的 C/C 复合材料的微结构**

infiltration,CVI)致密化工艺比较容易进行。由美国联合技术研究中心(United Technologies Research Center,UTRC)设计、法国 Snecma 公司研制的 Novoltex C/SiC 吸气式预燃室、非冷却燃烧室浮壁、进气口前缘后缘,于 2001 年在 UTRC 超燃冲压发动机试验装置上,以飞行速度为 7 马赫数的飞行条件成功地通过试验验证;Snecma 公司制造的 Novoltex C/SiC 完全无渗漏热交换器于 2003 年成功通过验证[3]。

在高性能刹车领域,20 世纪 90 年代中期,德国率先开展了这一领域的研究,为了降低成本,采用短切纤维作为预制体,利用液硅浸渗工艺制备出 C/SiC 刹车盘,并成功用于保时捷赛车和新款奥迪 A8L 汽车。

在空天飞行器大面积热防护领域,美国 NASA 和欧洲航天局提出了 C/SiC 盖板式热防护的结构单元和组合的设计方法。该热防护系统是由 C/SiC 防热盖板、隔热单元、密封单元以及连接单元组合的,所用材料为二维 C/SiC 复合材料。美国和欧洲在空天飞行器热结构的设计和工艺上,以二维 C/SiC 复合材料为基础,采用了构件组合的思路和薄壁结构的理论。为此他们开展了关于 CMC-SiC 组合热结构设计和工艺理论与方法的研究,发展了用于组合热结构的气动热载、尺寸选择和飞行器热响应综合分析的软件。

5.2.2　国内研究现状与进展

针对不同应用领域,西北工业大学开展了大量工作,研究了 C/SiC 复合材料在不同应用领域的失效机理,并有针对性地进行了微结构设计,发展了多种满足不同应用需求的 C/SiC 复合材料。

针对 C/SiC 复合材料在航空发动机热端部件领域的应用(如涡轮叶片、涡轮机罩盖以及燃气出口方向舵等零部件),阐明了 400~1 500℃ 航空发动机热端环境(水/氧气氛、应力、气流、温度)中超高温复合材料的热/力/氧/水损伤机理。在国际上首次提出超高温复合材料的应力氧化机理受归一化应力(NS)控制:NS 小于第一临界值 N1 时,氧化主要由气体通过尺寸小于裂纹的制备缺陷的扩散控制,环境气氛和温度的影响与无应力氧化时一致;NS 大于第二临界值 N2 时,氧化由 C 相反应控制,氧化速率随氧化剂浓度和温度升高而提高;NS 介于 N1 和 N2 之间时,氧化主要由气体通过裂纹的扩散控制。确定了 C/SiC 临界 NS。发现了水/氧环境加速 SiC 氧化有助于愈合涂层间隙,从而提高 C/SiC 和 SiC/SiC 抗氧化性能这一重要现象,提出了在涂层和基体中添加自愈合组元主动封填裂纹的材料改性思路。针对不同型号发动机需求,通过对基体的自愈合改性,发展了三种自愈合改性方法:一是玻璃封填自愈合,二是多元多层自愈合,三是多元弥散自愈合[2]。

在火箭发动机领域,研究揭示了温度是决定 C/SiC 烧蚀机理的首要因素,发现超过 2 700℃会引起 SiC 分解气化,导致严重烧蚀;在 2 000~2 700℃,C/SiC 烧蚀率随温度升高而增大的机理主要归结为反应速率升高和反应产物黏度降低引起材料消耗增加。此外,阐明了压力强化烧蚀传热和传质效应,发现在喷管喉部上游该效应最强烈,材料烧蚀率最大;材料表面所受气动剪切力由速度梯度决定,发现烧蚀表面材料及反应产物去除与否取决于其附着力与剪切力的消长。在此基础上提出,改性成分氧化产物的沸点须高于服役温度而熔点须低于服役温度,烧蚀表面才能有效形成熔体层,改性成分才能发挥作用,据此对耐烧蚀复合材料进行改性成分选择和微结构设计[4]。

玻璃封填自愈合采用硅硼玻璃对 C/SiC 复合材料基体进行自愈合改性,利用硼硅酸盐玻璃在 SiC 上的良好润湿性,将硼硅酸盐玻璃引入 C/SiC 复合材料的孔隙和裂纹,在高温下通过玻璃软化流动实现复合材料自愈合。玻璃封填改性的最有效温度范围为 700~1 000℃。

多元多层自愈合采用 CVI B_4C 和 CVI Si-B-C 对 C/SiC 复合材料基体进行多元多层改性。自愈合 C/SiC 复合材料在等效模拟环境(900℃、60 MPa、水氧环境)下考核 295 h 后,强度提高了约 13.53%,强度衰减速率比 C/SiC 复合材料低 29 倍;在风洞环境下,700℃时强度衰减速率比 C/SiC 复合材料低 4 倍,900℃时低 9 倍;在发动机燃烧室环境(1 000~1 350℃)中考核16 h,材料无损伤,剩余强度提高约 30.1%。结果表明,多元多层自愈合显著提高了材料的环境性能。

多元弥散自愈合利用浆料浸渍结合 CVI、RMI 或 PIP 等工艺对 C/SiC 复合材料基体进行改性,能够进一步提高复合材料的致密度。多元弥散自愈合 C/SiC 复合材料具有良好的抗氧化热震性能,氧化热震 60 次后强度没有明显降低。

通过对纤维预制体和界面的设计,西北工业大学重点发展了自愈合 SiC/SiC 复合材料。以国产二代 SiC 纤维增韧、BN 作为界面的二维自愈合 SiC/SiC 复合材料在 120 MPa 拉伸载荷和 1 000℃以下具有优异的抗氧化性能和抗蠕变性能,稳态蠕变速率为 10^{-9} 数量级,可满足高推比航空发动机尾喷管调节片/密封片的使用要求[5]。

在高超声速飞行器方面,系统研究了 1 300~2 000℃再入大气模拟环境下

C/SiC 转动副的高温、高载、低速转动摩擦磨损行为,确定了全 C/SiC 转动副的室温与高温磨损机理。C/SiC 转动副的室温磨损由表层微凸体在不同尺度范围内的断裂方式控制,磨损机理主要为磨粒磨损和黏着磨损;高温磨损主要由表面氧化膜的形成控制,磨损机理为轻微黏着磨损。发现了载荷是影响摩擦磨损机理转变的最显著因素,在摩擦磨损中燃气的作用主要由表面化学反应过程控制。此外,阐明了第一临界归一化应力与超高温复合材料基体开裂应力在氧化损伤过程中的关联性,提出了热/力/氧耦合环境中超高温复合材料的损伤机理。在此基础上,针对高超声速飞行器环境实现了防热结构一体化超高温复合材料的工艺与预制体结构优化设计,大幅提高了超高温复合材料的许用应力和许用寿命。作用机理研究成果用于控制舵铰链的结构设计,研制出以机身襟翼和控制舵为代表的 5 类超高温复合材料结构件,支撑了高超声速飞行器的研制[6]。

在高性能刹车系统方面,研究阐明了碳/陶刹车材料的热导率、断裂韧性、硬度对其磨粒磨损、氧化磨损、疲劳磨损和黏着磨损行为的影响规律,揭示了碳/陶刹车材料的摩擦磨损行为与碳纤维、碳基体、SiC 基体和残留 Si 含量的关系,提出了碳/陶刹车盘的摩擦磨损机理。发现了残留 Si 含量及其分布是影响黏着磨损的关键因素,据此发展了残留 Si 含量控制方法,并针对不同型号飞机刹车要求实现了高温摩擦副材料的优化设计。

在空间环境应用方面,揭示了 –200～400℃ 空间环境条件(低温、原子氧、质子、电子)与超高温复合材料的相互作用机理。在国际上率先开展了超高温复合材料空间低温性能研究,发现了低温引发纤维与基体的热失配累积是材料低温性能变化的根本原因,揭示了材料低温性能演化机制,建立了纤维/基体界面低温演化模型。通过预制体选型和基体裂纹封填,大幅提高了 C/SiC 模量,实现了 C/SiC 的空间低温性能优化。项目成果得到国际同行的关注和跟踪,并在卫星镜筒的设计中获得应用[7,8]。

国内系统研究了 C/C 材料、基体改性 C/C(C/C-SiC、C/C-ZrC)、涂层改性C/C(SiC-C/C、TaC-C/C、ZrC-C/C) 和涂层/基体改性 C/C(SiC-C/SiC、HfC-C/SiC、ZrC-C/ZrC)在原子氧、质子和电子等高能空间粒子辐照下的损伤机理,确定了抗空间粒子辐照复合材料的基体和涂层改性原则。基体改性时,需在满足抗氧化能力的前提下,选取与基体结构相似的改性组元,否则改性组元导致的二次辐照将加剧材料损伤。涂层改性时,需提高涂层制备工艺,提高涂层结合性与完整性,否则局部缺陷将使防护作用大打折扣。

5.3 复合材料结构失效检测方法

5.3.1 C/SiC 复合材料损伤分析及评估原则和步骤

1. C/SiC 复合材料损伤分析及评估原则

通常,C/SiC 复合材料部件损伤结果的评估应从四个方面考虑:部件的类型、损伤类型、损伤所影响的范围、损伤的程度。每个部件按其结构重要性不同分为不同的区域,根据不同区域的应力水平、由结构试验确定的安全系数以及结构的设计类型和几何形状,确定部件损伤的可接受水平:许可损伤、可修补损伤、不可修补损伤。

2. C/SiC 复合材料损伤评估步骤

损伤评估一般按损伤程度确定、损伤结果评估、可接受损伤水平的确定等几个步骤进行。

具体实施方法:首先采用目测、敲击等方法初步确定损伤的部位及损伤范围大小;然后有针对性地对所关心的损伤部位采用红外热波成像、X 射线实时成像及工业 CT 成像等无损检测手段精确确定损伤的位置及范围大小。

5.3.2 C/SiC 复合材料的典型损伤模式

无论是哪类损伤模式,有的可以目视直观观测到,但大多数损伤很难以目视观测到,因此,针对后者目视不可见的损伤,或探究复合材料内部损伤演化及扩展详情,必须通过无损检测的方法和手段来对其损伤结果进行评估。

1. 分层

分层是指层间的脱黏或开裂,是 2D-C/SiC 复合材料的典型损伤模式。2D-C/SiC 是采用碳纤维布叠层制备的预制体,这种类似层合板成型工艺的复合材料的层间结合强度明显比面内结合强度低,使得复合材料容易产生层间脱离,形成分层损伤。此外,2D-C/SiC 复合材料中 C 纤维与 SiC 基体热膨胀系数不匹配更成为分层的诱因。因此,分层是 2D-C/SiC 复合材料最为典型的损伤类型,会影响复合材料结构的完整性,大幅削弱复合材料的力学性能等[9]。

图 5.4 显示了 2D-C/SiC 复合材料平板在受到弯曲和拉伸力学载荷后出现的分层损伤。图 5.4(a)为三点弯曲试验后试样断面显微结构,在弯曲试验过程中,材料内部发生了不可逆的损伤,产生层间剥离。受力后,当材料中裂纹传递

到纤维束和纤维束结合处时,裂纹的传递分为两种方式:一种是在纤维束间传递,导致纤维束间开裂;另一种是裂纹绕过纤维束,在基体中传递,导致基体开裂。尤其是在存在制造缺陷的位置,分层损伤更容易发生,导致材料抗弯强度下降较大。图 5.4(b)为 2D-C/SiC 复合材料在单向拉伸载荷下的损伤试样显微结构,在拉伸载荷作用下,材料内部同样产生了典型的层间剥离损伤。

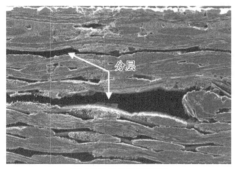

(a)三点弯曲分层损伤　　　　　　　　　(b)单向拉伸分层损伤

图 5.4　2D-C/SiC 复合材料典型分层损伤

图 5.5 所示为 3DN-C/SiC 复合材料在弯曲载荷作用下的破坏断口形貌。其中图 5.5(a)所示为弯曲试样破坏断口宏观形貌,可见,铺层之间有分层现象,裂纹起始于无纬布与胎网的弱界面处,沿两种裂纹路径扩展。一种是沿与试样宽度方向平行的一层纤维束(或纤维)与基体的弱界面结合处扩展;另一种是在遇到垂直于铺层方向的针刺纤维束时,将力传递给针刺纤维束,沿针刺纤维束(或纤维)与基体的弱界面处扩展,直到发生界面脱黏或纤维断裂失效,从而达到裂纹增韧的效果。图 5.5(b)为(a)中部分区域的放大图,由图可以看出,裂纹扩展

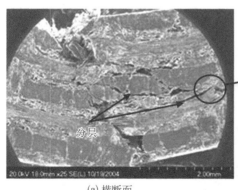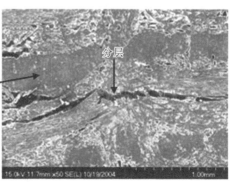

(a)横断面　　　　　　　　　　　(b)图(a)中局部放大图

图 5.5　3DN-C/SiC 复合材料中典型分层损伤

遇到垂直于铺层方向的针刺纤维束时,先沿纤维束与基体的弱界面处扩展,直到发生针刺纤维束断裂失效,最终形成分层。

图 5.6 为 2D-C/SiC 复合材料工形梁的弯曲失效照片。由图可知,分层发生在工形梁上翼缘的中面附近,并且由固定端逐渐向梁的轴向扩展。

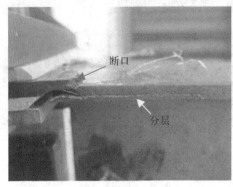

(a) 断裂失效   (b) 分层失效

图 5.6　2D-C/SiC 复合材料工形梁结构失效模式

图 5.7 为该工形梁最终破坏特征,其中图 5.7(a)显示上法兰发生拉伸断裂失效,而图 5.7(b)表明下法兰发生压缩分层失效。

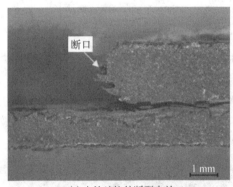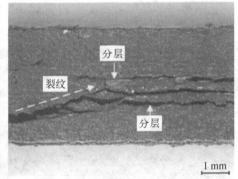

(a) 上法兰拉伸断裂失效   (b) 下法兰压缩分层失效

图 5.7　2D-C/SiC 复合材料工形梁结构局部失效特征

根据应变测试结果可知,2D-C/SiC 复合材料工形梁弯曲时受压侧的应变响应基本为线性,而受拉侧的应变响应开始为线性,但当载荷达到 4.3 kN 左右时发生突变并急剧增大。受拉侧应变突变来源于分层形成的局部屈曲,但是由受压侧应变响应曲线和载荷位移曲线可知,这种局部屈曲并没有影响工形梁整体承载。

图 5.8 为 2D-C/SiC 复合材料分层损伤区域的工业 CT 照片。图中可以明显看出试样的中部有一条颜色较暗的线,贯穿整个试样中央,与其他区域颜色明显不同,可以判断是分层损伤的截面。图中白色的带状区域为密度较高的区域,有可能是制造过程中的夹杂缺陷,或基体富集区。可见工业 CT 检测受到分层损伤尺度的限制,对于厚度较薄材料及结构的分层,或者接触式分层损伤的检测较为困难。

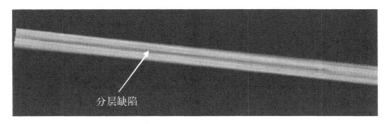

分层缺陷

图 5.8　2D-C/SiC 分层缺陷的 CT 照片

因为分层损伤的延伸方向与平板平行,且是面状损伤,所以不适宜使用 X 射线检测,而红外热成像对于面状损伤十分敏感,故对于分层缺陷的检测一般使用红外热成像的方法。

瞬时的脉冲加热使试样内产生温差,分层的存在使其周围的温度变化异于正常部位,再通过温度传感器传送至计算机,最终形成一副灰度对比图。分层损伤在灰度图中的形貌特点是大片颜色明显异于周围图像区域。图 5.9 便是分层损伤区域的红外热成像图。

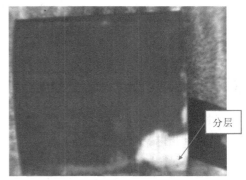

分层

图 5.9　C/SiC 复合材料分层损伤的红外热成像结果

2. 裂纹

裂纹缺陷是复合材料中一种常见的缺陷形式,产生的原因包括:① C 纤维与 SiC 基体热膨胀失配产生 SiC 基体微裂纹;② 静态力学过载导致开裂损伤;③ 动态力学疲劳导致开裂损伤;④ 外力冲击开裂;⑤ 热应力开裂;⑥ 氧化腐蚀等化学因素导致开裂损伤[10]。

对于热结构复合材料来说,裂纹缺陷不仅会严重降低材料的强度,而且会成为氧化性介质向材料内部扩散的通道,这类线状损伤宜采用 X 射线实时成像及工业 CT 进行检测。

　　SiC 基体微裂纹是 C/SiC 复合材料特有的本征结构特征。根据产生的原因和所在位置,可以将 C/SiC 复合材料原始试样中的裂纹分为四种。第一种是 C 纤维和 SiC 基体热膨胀系数不匹配形成的裂纹,它们一般垂直于纤维束轴向,分布在 SiC 基体上,如图 5.10(a)所示;第二种是存在于纤维束交叉部位,纤维束收缩方向不同导致的剪切型裂纹,如图 5.10(b)所示,它们一般平行于纤维束轴向;第三种是分次沉积造成的各层基体结合差形成的裂纹,如图 5.10(c)所示,它们一般平行于纤维束轴向;第四种是 C 纤维与 SiC 基体之间的裂纹,如图 5.10(d)所示。虽然这些制备过程形成的微裂纹通过常规的无损检测方法和仪器几乎检测不到,但其存在并不影响复合材料的宏观力学性能。其中,图 5.10(a)为光学显微照片,图(b)~图(d)为电子显微照片。

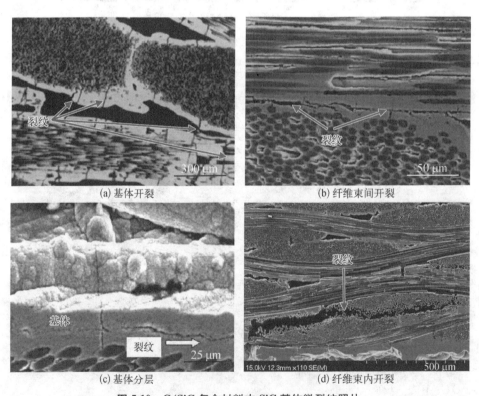

(a) 基体开裂　　　　　　　　　　(b) 纤维束间开裂

(c) 基体分层　　　　　　　　　　(d) 纤维束内开裂

图 5.10　C/SiC 复合材料中 SiC 基体微裂纹照片

　　某 C/SiC 复合材料构件经过振动试验后,发现其法兰连接处可能存在裂纹,进行 X 射线实时成像检测可以清楚观测到弧面沟槽的周向裂纹(图 5.11),这是因为开孔处螺栓在振动时存在应力集中。裂纹一般在受到力学载荷后才会大量增殖和扩展。

3. 孔洞特征

C/SiC 复合材料中的 C 纤维和 SiC 基体的热膨胀系数差异较大,从制备温度冷却下来或者经过高温处理后,基体和涂层表面会形成大量

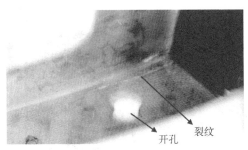

图 5.11　某 C/SiC 复合材料构件法兰盘的 X 射线实时成像图

微小裂纹。在高温氧化气氛条件下,这些微小裂纹会成为氧化性介质的扩散通道,造成 C/SiC 复合材料中 C 相氧化消耗,导致复合材料损伤。C/SiC 复合材料的氧化以由 C 纤维和 PyC 组成的 C 相氧化为主,随着氧化的进行,C/SiC 复合材料内部产生大量孔洞,导致复合材料内部密度不均匀,使 C/SiC 复合材料的承载能力下降,甚至导致 C/SiC 复合材料最终失效。另外,C/SiC 复合材料易发生氧化是材料的致密度较低导致的[11]。

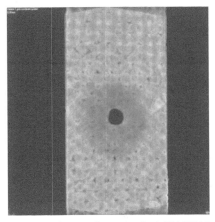

图 5.12　中心开孔 C/SiC 复合材料平板氧化后的工业 CT 检测照片

如图 5.12 所示,图中黑色区域为氧化区域,氧化的发生起始于开孔处,随着氧化时间的延长氧化区域向外扩展,形成了如图的低密度区,即氧化损伤。在损伤区域材料内部起承载作用的 C 纤维被氧化,材料的强度便会急速下降。这种损伤的出现十分危险,会严重影响到材料的正常使用,所以应及时避免此类损伤的出现。这种损伤呈面状,使用红外热成像技术或者工业 CT 来检测可以清晰地观察材料内部氧化损伤及扩展情况。

图 5.13 所示为中心开孔(直径 3 mm)的 C/SiC 复合材料平板氧化不同时间的工业 CT 检测照片。图中黑色区域为氧化区域,由图 5.12 可知,试样的氧化从开孔处开始逐渐向周围扩展,因为开孔破坏了此区域的防氧化涂层,使开孔处的氧化速度加快。其中图 5.13(a)为氧化 1 h 后的 CT 图片,氧化区域直径约为 5 mm,图 5.13(b)为氧化 2 h 后的 CT 图片,氧化区域直径约为 10 mm,氧化面积增加了 3 倍,这说明该试样在氧化 1 h 后,氧化速率加快,这与该试样的氧化失重数据相吻合。

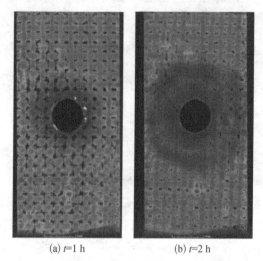

(a) t=1 h   (b) t=2 h

图 5.13   C/SiC 复合材料开孔板氧化 t 时间后的 CT 图片

4. 冲击损伤特征

当 C/SiC 复合材料结构受到外来低能量冲击如鸟撞、小石子打击以及维护中的工具跌落等作用时,由于平纹编织复合材料沿其厚度方向没有增强纤维,面内强度较低,在外界冲击力作用下极易产生损伤,如基体开裂、分层损伤以及纤维断裂等。当冲击能量较低时,复合材料结构内部容易产生基体开裂和分层损伤等目视不可见损伤;当冲击能量较高时,会造成复合材料结构的穿透或侵入等侵彻损伤,如图 5.14 所示。

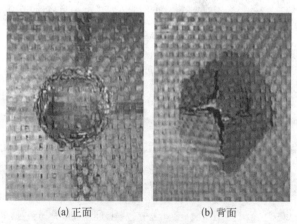

(a) 正面   (b) 背面

图 5.14   C/SiC 复合材料冲击损伤后照片

5. 铆接结构损伤特征

图 5.15 所示为 2D-C/SiC 复合材料铆钉连接板的穿钉破坏模式,即裂纹直接穿过铆钉中心。从图中可以观察到铆钉二维碳布铺层与试样宽度方向平行,垂直于试样受力方向,沿铆钉孔中心垂直于加载方向的裂纹扩展方向与铆钉二维铺层方向基本一致。由于铆钉 2D-C/SiC 碳布结合强度不高,当裂纹扩展到带孔板与铆钉的接触面时,裂纹继续沿原裂纹扩展方向进行扩展,穿过铆钉碳布层间弱界面,直至铆钉发生层间开裂。

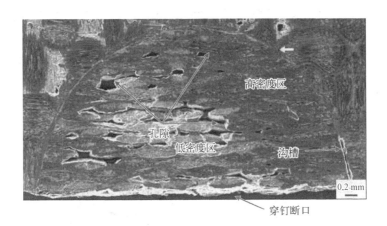

图 5.15　2D-C/SiC 复合材料铆钉连接板的穿钉破坏模式

从图中还可以观察到铆钉周边区域密度较高,而中间区域密度较低,在高密度区和低密度区都有孔隙存在,在低密度区孔隙率较高,且孔洞较大。铆钉与带孔板的连接处呈半圆形弧线,且普遍比较致密,但在右端端口处有部分沟槽存在,这可能是裂纹沿铆钉中心穿过铆钉与带孔板的连接处时,沿边界扩展所造成的。

5.3.3　基于红外热成像技术区分孔洞与分层损伤

图 5.16 和图 5.17 分别为 C/SiC 复合材料平板在 $t = 0.1$ s 和 $t = 0.56$ s 时刻的红外热成像一阶微分图。从中可以看到一处明显的长条状热异常区域,在它的周围还有几处椭圆形的热异常区域,标定后确认是孔洞。这两处热异常区域的灰度不同,在一阶微分热图上的灰度转变时间(由暗变亮的时间)也不同,应该是不同热学性质的组成结构。

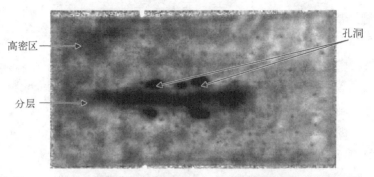

图 5.16　C/SiC 复合材料平板在 $t=0.1$ s 时的红外热成像一阶微分图

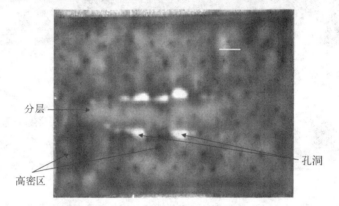

图 5.17　C/SiC 复合材料平板在 $t=0.56$ s 时的红外热成像一阶微分图

5.3.4　基于声发射技术的损伤在线监测方法

大量的研究表明,尽管复合材料的损伤形式有各自不同的复杂性,但几乎都有一个共同特点,那就是这些损伤缺陷发生、发展时都有明显的声发射特征,而且声发射手段对于这些损伤过程的分析都非常及时和有效。利用声发射技术,可以接收到来自复合材料承载过程中的纤维断裂、基体开裂、界面剥离和分层等主要损伤信息。这些细观损伤机理不同,发射的声发射信号特征也各不相同。因此,可以利用声发射技术鉴别其具体损伤失效机制和失效次序,研究其界面状况,评价其力学性能等,故而声发射技术是一种很有价值的研究手段。

图 5.18 给出了 2D-C/SiC 复合材料单向拉伸过程中声发射信号累积能量随载荷变化的曲线。

从图中可以看出,在承受单向拉伸载荷时,2D-C/SiC 复合材料的声发射过程大体上可以分为三个阶段。

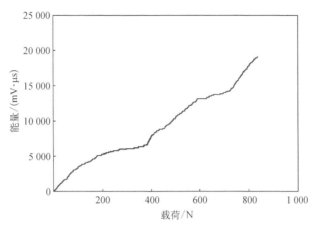

图 5.18　2D-C/SiC 复合材料单向拉伸过程中声发射累积能量-载荷曲线

（1）初始阶段,此阶段载荷对应破坏载荷的 0~30%。该阶段的载荷基本上是线性增加的,材料处于弹性阶段。加载初期就有声发射信号产生,声发射信号能量随载荷增大逐步增多,但声发射信号总能量较低;在外部载荷达到破坏载荷的 30%时,声发射信号能量基本不再增加,趋于稳定。该阶段的声发射信号主要为微裂纹在基体和界面中扩展时产生。由于 C/SiC 复合材料的制备温度较高,并且纤维和基体的热膨胀系数不匹配,在 C/SiC 复合材料的冷却过程中产生热应力,导致试样在制备完毕冷却到室温后,基体中会有许多微裂纹产生。另外,纤维直径小、根数多,在复合材料中分布排列难以全部准直和规则,在加载时,准直性较差的纤维因承受偏离轴向的载荷,容易产生界面摩擦,造成界面微区损伤。

图 5.19 为声发射事件平均持续时间随加载时间变化的历程曲线。

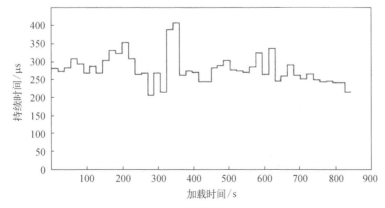

图 5.19　2D-C/SiC 复合材料单向拉伸过程中声发射平均持续时间-加载时间曲线

从图中可以看出,声发射事件平均持续时间几乎不变,相对能量维持在较低的水平,这说明损伤类型基本上为小能量级的损伤,即基体原生微裂纹(试件制备过程中产生的微裂纹和孔洞)的稳定扩展、界面稳定开裂等小能量损伤。原生微裂纹逐渐扩展成为较大的宏观裂纹,裂纹扩展过程中的能量释放速率降低,从而使裂纹扩展速率降低。

(2) 中间阶段,此阶段所对应的载荷为破坏载荷的30%～80%。这一阶段以基体宏观裂纹稳定扩展、层间开裂为主,同时伴有少量纤维断裂。此阶段声发射能量产生率较前一阶段有所增大。在断裂载荷60%处,声发射信号能量增加趋势减缓。这主要是因为随应力的逐渐增大,基体宏观裂纹密度逐渐达到饱和,声发射信号能量产生率也随之下降。图5.19中的声发射信号的持续时间发生较大波动。

(3) 断裂阶段,此阶段从断裂载荷的80%一直持续到试样断裂。这一阶段试样进入严重损伤区,声发射信号能量迅速增大并达到最大值。如图5.19所示,在这一阶段,声发射平均持续时间逐渐下降,主要承载的纤维束开始逐步断裂直至整个试件断裂,此阶段损伤主要发生在试件局部区域,损伤类型以纤维断裂为主。

图5.20为2D-C/SiC单向拉伸时声发射信号平均频率随时间的变化图。从图中可以看出随着拉伸的进行,声发射信号的平均频率逐步上升。众所周知,材料承受外载时,损伤破坏总是从结构的薄弱处开始。对C/SiC复合材料,裂纹起源于基体,初期是原生微裂纹在基体中扩展。随着扩展过程的进行,裂纹逐渐扩展成为宏观裂纹,并遇到纤维阻碍,被分散成向其他方向扩展,使原来的一条裂

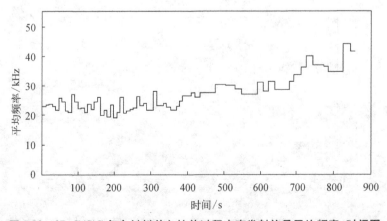

图5.20　2D-C/SiC复合材料单向拉伸过程中声发射信号平均频率-时间图

纹扩展能同时分散于几条裂纹,降低了裂纹尖端的应力集中。随着应力的不断
增大,C/SiC 复合材料的损伤由基体开始逐步过渡到纤维,纤维逐渐开始断裂,
最终导致材料的失效。因此,结合图 5.20 可以推断出:基体开裂主要发生在损
伤过程的前期和中期,其声发射信号的频率较低;而纤维断裂主要发生在材料损
伤的后期,其声发射信号频率较高。因此,在整个拉伸过程中声发射信号的频率
随时间而逐渐上升。

从单向拉伸试验获得的声发射信号中分别抽取典型的信号,对其做傅里
叶变换,分析其频域特征,结果如图 5.21 所示。其中,图(a)主要发生在损伤
过程的前期,图(b)主要发生在损伤过程的中期,图(c)主要发生在损伤过程
的后期。

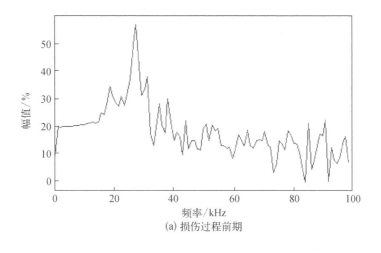

(a) 损伤过程前期

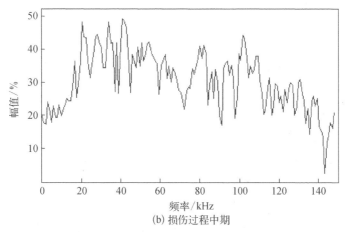

(b) 损伤过程中期

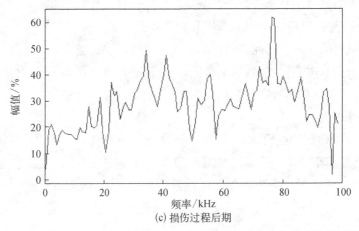

(c) 损伤过程后期

图 5.21　2D-C/SiC 复合材料单向拉伸过程不同阶段声发射信号频域图

根据上面的分析,可以确定:图 5.21(a)所示声发射信号为基体开裂时产生,主要由低频信号组成,主峰频率为 25 kHz。图 5.21(b)所示声发射信号分布在损伤过程的中期。对于 2D-C/SiC 复合材料的损伤过程,可以确定该信号为复合材料层裂时产生,其频率组成十分复杂,同时含有基体、界面和纤维开裂的频率成分。图 5.21(c)所示声发射信号为纤维断裂时产生,主要由高频信号组成,主峰频率在 78 kHz。从图 5.21(c)中可以发现纤维断裂产生信号的频率组成较为复杂,除了在 78 kHz 处有一频率主峰存在之外,还在 36 kHz 和 41 kHz 位置存在两处次主峰。这是因为纤维断裂时常伴有界面损伤发生,会有一定程度和数量的纤维拔出,从而产生相应的中频信号。

5.3.5　适用于噪声试验现场评估的红外热波无损检测方法

红外热波无损检测技术是利用变化性热源(热激励)与媒介材料及媒介结构之间的相互作用,对材料及结构内部的不均匀性或异常(损伤和缺陷)进行无损检测的技术。对于施加于物体的变化温度场(热波),媒介材料表面及表面下的物理特性和边界条件会以特定方式影响热的传输,并以某种方式在媒介材料表面的温场变化图,即热图上反映出来。通过控制热激励方法和测量材料表面的温场变化,可获取材料的均匀性信息以及其表面以下的结构信息。

红外热波无损检测技术针对被检物材质、结构和缺陷类型及检测条件,设计不同特性的热源,并用计算机和专用软件控制对被测物体进行周期、脉冲、阶梯等形式的加热,采用红外成像技术对时序热波信号进行数据采集,并用专用软件对实时图像信号进行处理,最终将检测结果以图像形式显示出来,从而达到探伤目的。其工作原理如图 5.22 所示。

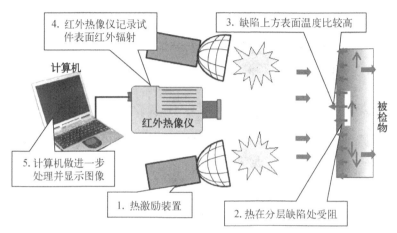

图 5.22　闪光灯脉冲激励红外热波检测系统工作原理图

（1）热源加热被测物表面;

（2）热波在试件内传导,在隔热型缺陷处受阻;

（3）热量在分层缺陷上方试件表面发生积聚,与其他区域出现温差;

（4）利用红外热像仪记录材料表面的红外辐射;

（5）计算机将采集到的数据进行处理并显示图像。

在实际检测中,为了判别和验证缺陷可以用下列方法。

（1）根据灰度判别。通常根据灰度图中是否存在热异常区域判读试件中是否存在缺陷,不同灰度级别的热异常反映出缺陷的程度及深度的差别。

（2）根据不同时刻的红外热图判别。由于不同时刻的热图和试件不同深度的信息相关,较早时刻的热图含有试件的表面及较浅层信息,易受试件的表面状态影响,较晚时刻的热图含有更多的试件内部深层信息。

（3）根据一阶微分处理的红外热图进行判断,时序的一阶微分热图去除直流成分,消除背景噪声等的影响。

（4）在试验时可以正反面检测判读,通过对同一试件正反面检测验证热异常区域是否存在。

（5）对于试件边缘分层可以通过显微镜观测验证。

（6）对于内部的缺陷可以进行解剖验证。

针对噪声试验现场评估，本研究采用 InspectIR 便携式红外无损检测系统、非制冷型热像仪 infratec、阶梯热激励装置以及软件处理系统。首先需要对该方法进行实验室检测验证，然后才能到噪声试验现场进行应用验证。

1. 基本检测

首先，对试验件进行基本检测，采用背面人工粘贴外物（如铁片）的方法，选择并确定合适的仪器参数来检测出疑似缺陷/损伤或者存在热异常的部位。

图 5.23 给出了试件 1#在不同时刻的一阶微分红外热图，从热传导过程可以看出，该试件最早呈现的是结构特征，即图中的点状结构。此外由于该材料试件热导率较高，厚度较薄，在图像的第 1 帧就可以看到该试件出现的热异常区域，如图（a）中箭头所示。图（b）是热传导的第 51 帧结果，可以看到结构不均匀信息和与图（a）对应的热异常区域。图（c）中呈现的是在试件背面人工粘贴的不同尺寸的缺陷信息，如图中箭头所示。

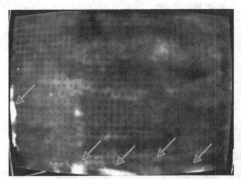
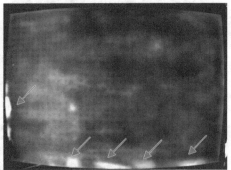

(a) 1#件-第1帧　　　　　　　　　(b) 1#件-第51帧

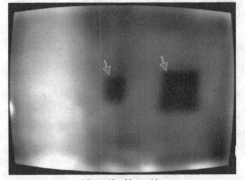

(c) 1#件-第191帧

图 5.23　试件 1#在不同时刻的红外热图

这说明通过选择合适的仪器参数,该仪器可用来进行 C/SiC 复合材料无损检测。随后对试件 2#进行检测。

图 5.24 给出了试件 2#正反两面检测的红外热图结果,两面均选择第 11 帧进行比对。图中可见热异常区域具有对称性,因此可以判断为结构性缺陷。

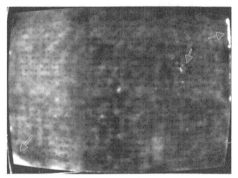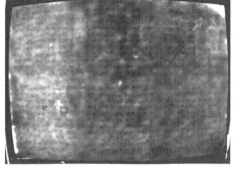

(a) 2#件正面-第11帧　　　　　　　　　(b) 2#件反面-第11帧

图 5.24　试件 2#红外热图

2. 外物影响

完成基本检测验证后,对外物影响特别是试验现场外物影响情况下的检测进行验证。

图 5.25 为金属支架支撑的试件 2#的红外热图,结果中未见明显热异常,图(c)中的箭头所示为支撑试件用的支架,由此可以得出信息即热传导已经穿透整个试件。

图 5.26 和图 5.27 分别给出了试件 4#正反两面检测的结果,可以看到在第 1 帧时刻热图中均未出现明显热异常现象,在正面的第 61 帧和反面的第 71 帧均可以看到热异常区域,如图中箭头所示,并且正反两面异常区域相对应。

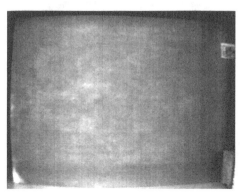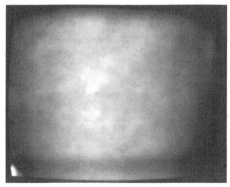

(a) 2#件-第1帧　　　　　　　　　(b) 2#件-第58帧

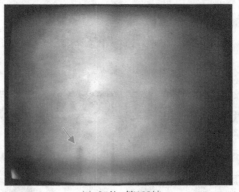

(c) 2#件-第108帧

图 5.25 试件 2#正面在不同时刻的红外热图

(a) 4#件-第1帧

(b) 4#件-第61帧

图 5.26 试件 4#正面在不同时刻的红外热图

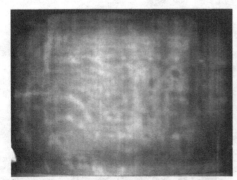

(a) 4#件-第1帧

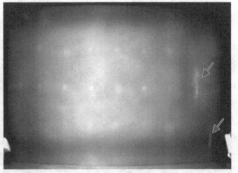

(b) 4#件-第71帧

图 5.27 试件 4#反面在不同时刻的红外热图

图 5.28 给出了已经在表面粘贴传感器的试件进行模拟真实的噪声试验过程中的外物影响。试验中,表面传感器及其配线的分布对热图有一定的影响,此外图(a)中的白色斑点,如圆圈标示的区域,均为表面残留的蜡痕迹,对检测也有很大的影响,如果位于传感器或者涂蜡痕迹下方的热异常区域被覆盖,就很难在试验中检测出。但是通过与可见光下试件表面痕迹进行比对,可以得到热图(b)和热图(c)中圆圈标示的热异常区域。

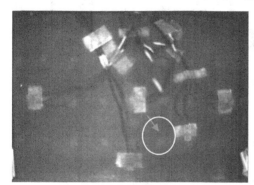

(a) 3#件-第1帧

(b) 3#件-第11帧

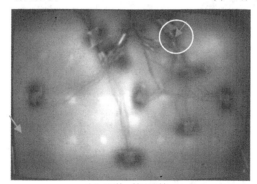

(c) 3#件-第134帧

图 5.28　试件 3#在不同时刻的红外热图

3. 面内检测

完成基本检测和外物影响检测验证后,对缺陷/损伤的面内定位和尺寸检测进行验证。

图 5.29 分别给出了试件 1#在不同时刻的热图结果,图(a)是第 1 帧图像,未见明显热异常区域,图(b)和图(c)逐渐开始出现热异常区域,如图中箭头所示。由此反映了随着热传导过程逐渐出现的结构信息与深度有关, 缺陷尺寸标注见图中。在图(a)~图(c)中均看到在试件下方有一条宽度约为 39 mm 的区域(图

中圆圈区域标示处),是加热过程中桌角产生的反射投影,在后面几个试件的检测中同样可见,因此不代表缺陷和异常信息。

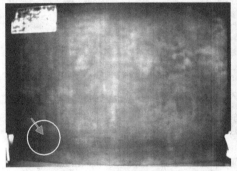

(a) 1#件-第1帧

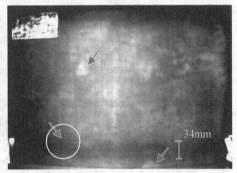

(b) 1#件-第11帧

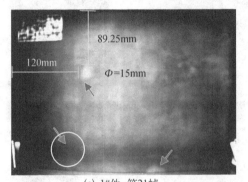

(c) 1#件-第21帧

图 5.29　试件 1#在不同时刻的红外热图

从图 5.30 中可看出,圆圈所示热异常区域要比箭头指向区域稍深。

1#件-第1帧

图 5.30　试件 1#反面在不同时刻的红外热图

4. 深度检测

完成上述检测验证后,对缺陷/损伤的深度定位检测进行验证。由于验证过程中未测量试验件实际厚度,该定位只给出了各个热异常位置的相对深度,而非绝对深度。首先对人工缺陷试件 1#进行深度检测,结果如图 5.31 所示。从 97 帧开始,到 115 帧,再到 191 帧缺陷边界清晰可见。故此推断两处缺陷处于同一深度。

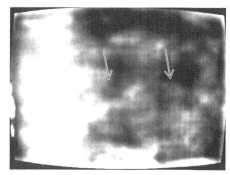
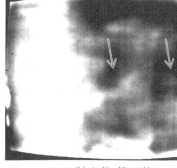

(a) 1#件−第97帧　　　　　　　　　　　(b) 1#件−第115帧

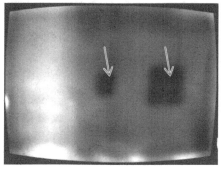

(c) 1#件−第191帧

图 5.31　试件 1#在不同时刻的红外热图

图 5.32 为试件 1#正面第 1 帧、第 5 帧和第 10 帧的热图。主要对比标注两处热异常区域,可以看出两处深度是相同的。

因此,基于上述检测方法的实验室验证,可以确认采用所述仪器和检测方法,完全适用于噪声试验现场检测。此外,红外热波检测到的热异常区域的三维尺寸和三维位置可以确定,这对于研究本征缺陷和损伤演化有着重要意义,后续 C/SiC 复合材料薄壁结构的噪声试验研究中,充分体现了红外热波无损检测方法和技术在试验现场的可行性和实用性,为后续损伤失效机理分析提供了支撑。

5.3.6　分析方法总结

综合使用无损检测方法对 C/SiC 复合材料结构进行检测分析,可以获得复合材料结构的典型损伤模式,如孔洞、分层、裂纹以及冲击损伤,这些损伤均有适用的损伤评估方法。总的来说,X 射线实时成像适合于检测材料内部的裂纹、冲击等线性损伤,红外热波成像法适于检测分层、密度等面型缺陷,这两者可作为普遍筛选性的检测,而工业 CT 成像则作为具体损伤细节检测的最佳方法。

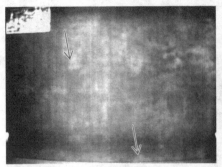
(a) 1#件-第1帧

(b) 1#件-第5帧

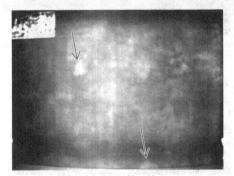
(c) 1#件-第10帧

图 5.32　试件 1#正面在不同时刻的红外热图

　　采用声发射技术进行损伤过程的在线监测,能够反映出声发射源的动态响应特性,从而可以对材料在环境中的损伤过程做到实时监控、实时评价,但由于复合材料结构本身的多样性和复杂性,声发射数据和图谱的解析仍非常困难。

　　5.3.5 节验证了便携式红外热波无损检测仪器和方法在噪声试验现场的适用性,结果表明采用所述仪器和检测方法,可确定热异常区域的三维尺寸和三维位置,这对于研究本征缺陷和损伤演化有着重要意义,后续 C/SiC 复合材料薄壁结构的噪声试验研究中,充分体现了红外热波无损检测方法和技术在试验现场的可行性和实用性,为后续损伤失效机理分析提供了支撑。

5.4　复合材料结构微观失效模式

5.4.1　C/SiC 复合材料的组成与结构

对材料损伤模式的正确判定基于对材料组成与结构的认识,这里就先介绍一下 C/SiC 复合材料的基本组成与结构。C/SiC 复合材料一般由四大结构单元组成：连续碳纤维、SiC 陶瓷基体、PyC 界面层和抵抗环境侵蚀的表面涂层，具有类似生物体的仿生结构，分别类似于骨架、肌肉、筋络和皮肤。其中，作为材料"骨架"的碳纤维占复合材料体积分数的 40%～50%，对复合材料的性能有很大的影响。目前，二维陶瓷基复合材料使用的编织方式主要有平纹编织和缎纹编织两种。

　　图 5.33 是一种 2D-C/SiC 复合材料的剖面示意图。从图(a)中可以看到 C/SiC 复合材料内部的碳纤维束(颜色较深部分)被 SiC 基体包裹。而图(b)是剖面图像放大 5 000 倍的微观形貌，可以看到在碳纤维丝外部有一层 PyC(白色)层包裹，PyC 层之外是 SiC 基体。表明纤维束之间和纤维丝之间都有 SiC 基体存在；纤维与基体材料以一定厚度的 PyC 界面层作为过渡。界面层是碳纤维材料和 SiC 陶瓷基体之间的过渡层。

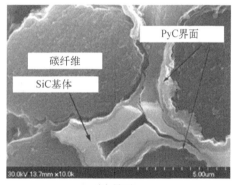

(a) 断面　　　　　　　　　　　　　　　　(b) 界面

图 5.33　2D-C/SiC 复合材料微观结构图

5.4.2　复合材料的损伤模式

　　根据 C/SiC 复合材料的组成与结构特点，在前期 C/SiC 复合材料损伤与性能影响研究基础上，将 C/SiC 复合材料损伤主要分为结构性损伤和非结构性损伤两大类[12]。

　　1. 结构性损伤

　　结构性损伤是指深入或贯穿构件材料的重度损伤。这类损伤主要表现为孔洞、分层、凹陷及重要连接部位(铆钉、法兰孔处)的贯穿裂纹，损伤尺度较大，破坏了 C/SiC 复合材料的整体结构，对复合材料的力学性能影响较大，直接削弱构

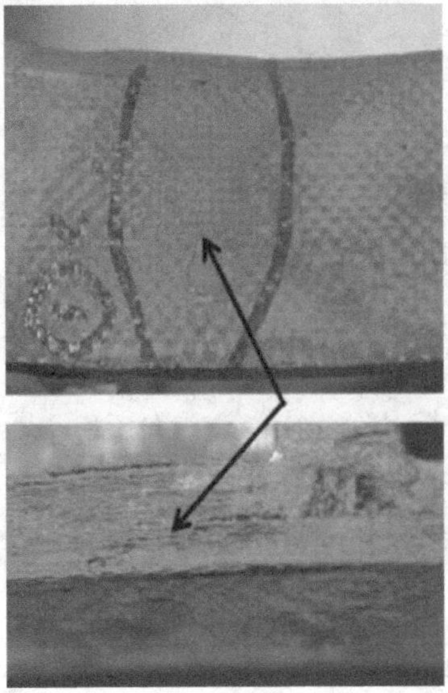

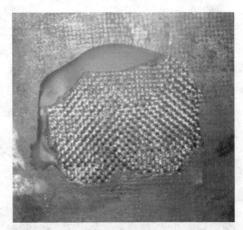

裂纹贯穿
头层薄板

图 5.34　某 C/SiC 复合材料构件结构性损伤（贯穿裂纹）

件的承载能力,继而对复合材料的其他性能产生显著影响。此外,发生结构性损伤的构件会存在局部破损区域,形成物质扩散通道,导致服役环境中氧化腐蚀物质不断向内侵蚀,引发材料的深度氧化和结构失效,进而影响构件整体的结构强度、整体刚度、功能实现、服役寿命以及重复使用。图 5.34 所示为某 C/SiC 复合材料承力件上贯穿裂纹造成的结构性损伤。

造成结构性损伤的主要因素: 在构件包装、运输、安装调试、验证试验等过程中的操作不当等机械损伤因素;长时间热流冲击(试验或服役环境)、振动等环境损伤因素。

2. 非结构性损伤

非结构性损伤是指构件表面涂层或近表面的表层材料(包括部分纤维/基体材料)发生的轻度机械损伤。

这类损伤位置较浅、尺度较小,主要分布在表面涂层和表层材料深度范围内,表现为划痕、裂纹、沟槽、凹坑,以及表层材料(包括部分纤维/基体材料)破损等损伤形态,一般不会影响主结构的承载能力,但会影响材料迎风面的抗氧化性能、局部力学性能和环境服役性能,严重者也可能造成局部的非均匀优先氧化和烧蚀,给飞行器服役带来安全和可靠性方面的巨大风险。图 5.35 所示为 C/SiC 复合材料热结构件表面涂层破损形成的局部非结构性损伤。

造成非结构性损伤的主要因素: 在构件包装、运输、安装调试、验证试验等过程中的刮蹭、摩擦、相互碰撞、跌落、重物冲击等意外机械损伤因素。

图 5.35　某 C/SiC 复合材料构件非结构性损伤(涂层破损)

5.4.3　平纹编织复合材料典型载荷作用下的破坏模式

下面介绍平纹编织 2D-C/SiC 复合材料在典型载荷作用下的损伤破坏模式。本节研究平纹编织 2D-C/SiC 复合材料在室温和高温环境中拉伸载荷、弯曲载荷、面内剪切载荷以及层间剪切载荷作用下的破坏模式,及其在室温环境中面内剪切疲劳载荷和层间剪切疲劳载荷作用下的失效模式。

1. 室温静载破坏

1) 拉伸载荷破坏模式

图 5.36 为 2D-C/SiC 室温拉伸断口形貌。如图(a)所示,断口有大量纤维束拔出,纤维束内几乎所有纤维也同时被拔出,拔出的纤维在很大程度上仍保留着原始的弯曲形状,因而介于纤维束和纤维中间尺度的纤维簇变得难以分辨,甚至于消失,试样断口表面呈毛刷特征。图(b)显示纤维拔出表面较为平整光滑,有一些热解碳界面层已从纤维表面脱落,从纤维拔出后所遗留下的环状 SiC 基体壳层上可看到有规则的基体裂纹存在。

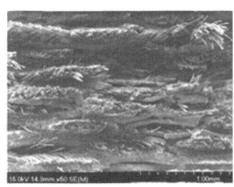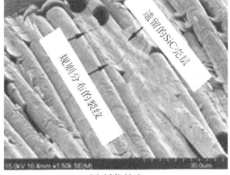

(a) 纤维束拔出　　　　　　　　　　　(b) 纤维拔出

图 5.36　2D-C/SiC 复合材料拉伸载荷破坏模式

2) 弯曲载荷破坏模式

图 5.37 为 2D-C/SiC 复合材料在弯曲载荷作用下断口的典型破坏模式。可以看到断口有大量纤维束的拔出现象[图 5.37(a)],而拔出的纤维束内又有分簇拔出(方框区域)和纤维拔出现象[图 5.37(b)]。这种多级分簇现象说明裂纹不是在一个断裂面内扩展,一些纤维在达到最大载荷前就以较大的聚集形式(纤维束或较大的纤维簇)相继断裂,多级分簇拔出可以有效延长裂纹扩展时间,延长裂纹扩展路径,对提高试样韧性有一定贡献。同时,由于纤维相继承载,有效发挥了纤维的强度,有利于提高试样的整体强度[13,14]。

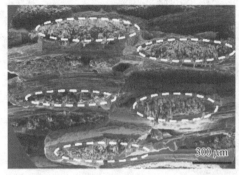

(a) 纤维束拔出   (b) 纤维簇和纤维拔出

图 5.37   2D-C/SiC 复合材料弯曲载荷破坏模式

3) 面内剪切破坏模式

C/SiC 复合材料的面内剪切强度是由基体和纤维共同决定的。C/SiC 材料面内剪切破坏后的断口形貌如图 5.38 所示。C/SiC 的面内剪切失效过程为: ① 裂纹首先从应力集中较高的切口根部产生,同时表面的涂层部分脱落;② 随着载荷的逐渐增加,裂纹沿切口方向扩展。当裂纹碰到 0° 纤维(垂直于加载方向)时,界面开裂,纤维束被剪断,宏观上表现为纤维断口不齐,并有一定量的纤维拔出,如图 5.38(a)所示;当裂纹碰到 90° 纤维(平行于加载方向)时,由于界面处结合强度较弱,裂纹沿着界面开裂,90° 纤维束发生撕裂,如图 5.38(b)所示。随着载荷的增大,材料损伤程度增大,纤维发生大量断裂,微裂纹相连形成宏观裂纹。当两个切口根部产生的裂纹相遇后,材料发生断裂并完全失效。复合材料面内剪切的损伤机理主要包括: 基体剪切开裂、界面分层以及

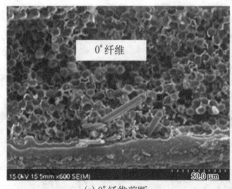

(a) 0°纤维剪断   (b) 90°纤维撕裂

图 5.38   2D-C/SiC 复合材料面内剪切破坏模式

纤维束的剪切断裂和拔出。

　　4）层间剪切破坏模式

　　图 5.39 为 2D-C/SiC 复合材料在层间剪切载荷作用下断口的典型破坏模式。

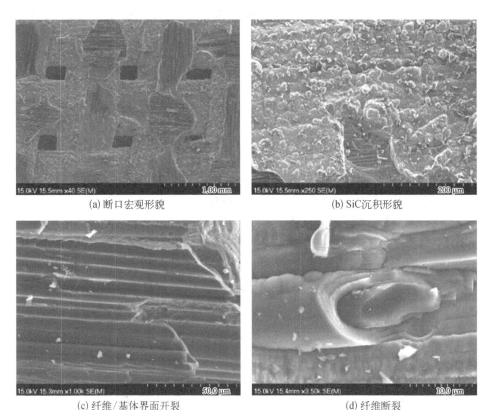

(a) 断口宏观形貌　　　　　　　　　　(b) SiC沉积形貌

(c) 纤维/基体界面开裂　　　　　　　　(d) 纤维断裂

图 5.39　2D-C/SiC 复合材料层间剪切破坏模式

　　从图 5.39(a)显示的断口上可以看出,该材料层间断裂的断口有 3 种典型特征:菜花状沉积 SiC 形貌、纤维/基体界面开裂和纤维断裂。

　　图 5.39(b)显示的 CVI 法制备 SiC 时形成的典型菜花状沉积形貌说明,2D-C/SiC 在层间剪切载荷作用下,由于在材料内部孔洞的尖锐边缘存在很大的应力集中,在这些地方可优先形成裂纹,形成的裂纹会向基体内部扩展,最后连接在一起,导致材料断裂;另一种可能的情况是形成的层间剪切裂纹直接穿过复合材料内部的孔洞。这两种情况导致材料内部孔洞表面分开,显示出 CVI 法制备 SiC 的沉积形貌。

　　除了材料内部孔洞的尖锐边缘,纤维/基体的界面也是层间剪切裂纹的可能萌发处。2D-C/SiC中存在大量的平行于载荷方向的纤维/基体界面,该界面剪切强度远小于基体的剪切强度,一般小于20 MPa,因此在层间剪切应力的作用下,纤维/基体界面容易发生相对滑动,导致界面开裂,形成如图5.39(c)所示的形貌。

剪切载荷作用下,断口的两个表面相互错动,导致了部分纤维的断裂,但并未发生大量纤维的断裂。这是因为2D-C/SiC中碳纤维布的编织方式为平纹编织,碳纤维并不是严格平行于剪切应力,而是呈一定角度。当剪切裂纹扩展通过这部分纤维时,可能导致纤维的断裂,如图5.39(d)所示。纤维的断口与纤维轴向呈一定的角度,与纤维受到拉应力时垂直于纤维轴向断裂的特点明显不同,说明纤维的断裂是剪应力造成的[15]。

2. 室温疲劳破坏

1)面内剪切疲劳

图5.40为2D-C/SiC室温面内剪切疲劳断口。可以看出,纤维拔出现象不明显,纤维束断裂比较平整,与室温面内剪切断口形貌相似。图(a)和图(b)为90°方向纤维束(平行于加载方向)的形貌。图(c)和图(d)为0°方向纤维束(垂直于加载方向)的形貌。从图(a)中可以看到,90°纤维束呈台阶状断裂,类似于层间剪切疲劳断口的分层现象。这说明裂纹在90°纤维束中扩展时,纤维/基体界面逐渐发生剪切破坏。有些部位的界面结合较强,裂纹尖端就会产生应力集中,导致邻近纤维发生剪切断裂。当90°纤维束中的裂纹扩展至纤维束交叉点处时,遇到0°纤维束后可能发生偏转,产生横向裂纹,如图(b)所示。裂纹偏转至0°纤维束中会使得纤维/基体界面开裂,如图(c)所示。在疲劳过程中,基体在剪应力下逐渐开裂,纤维(束)/基体界面不断脱黏,此时,0°纤维束便可桥接裂纹。纤维上桥接裂纹的部分发生应力集中,使纤维断裂。载荷传递到邻近纤维上,当剩余纤维不足以承载时材料发生破坏。界面脱黏后脆性断裂的基体与纤维不断发生摩擦,一方面使得纤维因磨损而强度下降,另一方面在摩擦的过程中出现基体碎片,如图(d)中所示,这些基体碎片会对界面的脱黏起到一定的促进作用,加速裂纹扩展[16]。

2)层间剪切疲劳

图5.41显示了2D-C/SiC室温层间剪切疲劳断口,可以看出和室温层间剪切断口十分相似,在纤维与基体的界面处或者在基体内部发生断裂[图5.41(a)],断面上存有一些残余基体碎片[图5.41(b)],纤维的拔出长度参差不齐[图5.41(c)],与面内剪切断口相比,层间剪切疲劳断口有明显的分层现象[图5.41(d)],这充分说明了层间剪切疲劳过程中纤维/基体界面结合力减弱。

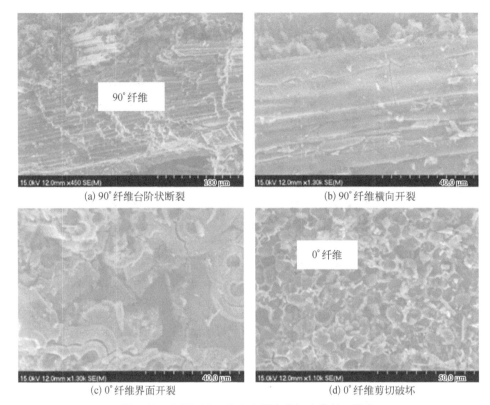

(a) 90°纤维台阶状断裂　　　　　　　　(b) 90°纤维横向开裂

(c) 0°纤维界面开裂　　　　　　　　　(d) 0°纤维剪切破坏

图 5.40　室温下 2D-C/SiC 面内剪切疲劳断口形貌

3. 高温静载破坏

1）拉伸载荷破坏模式

图 5.42 为 2D-C/SiC 高温拉伸破坏断口。从断口可以发现有 0°纤维和纤维束的断裂和拔出,断裂的位置一般发生在经向纤维和纬向纤维交接的地方,是因为在纤维交接的地方容易出现应力集中,导致这些地方的应力比其他地方偏大,可以推断裂纹在同一层面内的扩展就是沿着这样的路径。从整个断裂面来看,纤维的断裂位置并不相同,而是一个孤立的、参差不齐的断裂面图。还可以看出,湿氧环境下纤维的拔出长度稍长于氩气环境下的[17]。

2）弯曲载荷破坏模式

C/SiC 在室温、800℃、1 000℃和 1 200℃下测试后的弯曲断口形貌如图 5.43 所示。由图可见,C/SiC 从室温到 1 200℃的弯曲断口上都能发现大量的纤维簇拔出。这说明 C/SiC 在室温和高温下均以韧性破坏方式断裂,复合材料内部各组元之间的应力状态改变并没有影响复合材料的断裂模式。从图中还可发现,

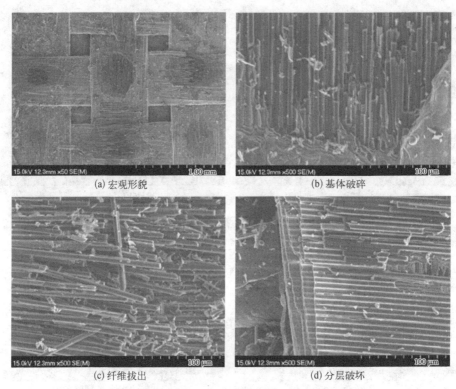

(a) 宏观形貌　　　　　　　　　(b) 基体破碎

(c) 纤维拔出　　　　　　　　　(d) 分层破坏

图 5.41　2D-C/SiC 室温层间剪切疲劳断口形貌

(a) 氩气环境　　　　　　　　　(b) 湿氧环境

图 5.42　2D-C/SiC 高温拉伸断口

随着测试温度的升高,试样断口上被氧化的纤维面积越来越大,从涂层近表面向试样内部扩展[18,19]。

3) 面内剪切破坏模式

图 5.44 为 2D-C/SiC 在 1 000℃下的面内剪切断口形貌,从图(a)中方框区域可以看出 C 纤维出现了明显的氧化现象,而图(b)中除了 C 纤维氧化,还可以

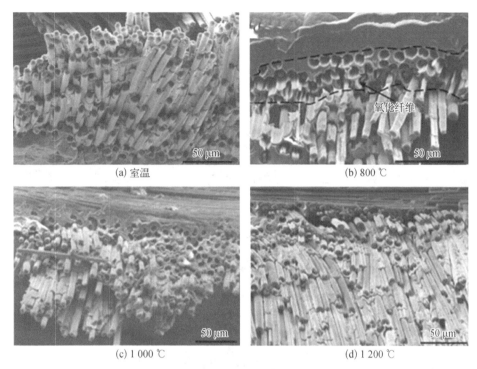

图 5.43　2D-C/SiC 在不同温度下测试后的弯曲断口形貌

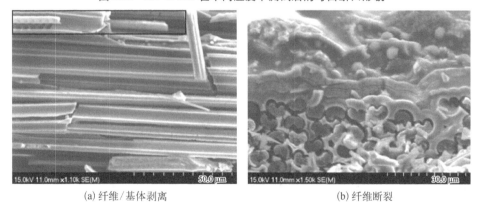

图 5.44　2D-C/SiC 在 1 000℃下的面内剪切断口

清晰地看到 SiC 基体表面的熔融相以及 SiC 基体中的裂纹。

4）层间剪切破坏模式

2D-C/SiC 在高温空气中的层间剪切断裂特征与室温断口类似,当 2D-C/SiC 断裂后,断口表面的 C 纤维发生了氧化,仅保留了 SiC 基体和部分 C 纤维。由图 5.45(a)可知,在 700℃的层间断口表面有很多基体碎片,并且有碎片从基体剥落后遗留的痕迹。而如图 5.45(b)和(c)所示,在 1 000℃和 1 200℃的断口上,没有发现大量的基体碎片。

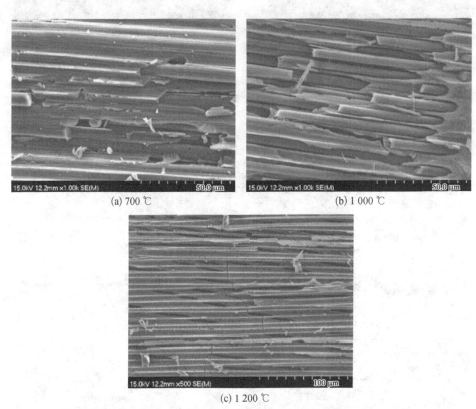

(a) 700 ℃　　　　　　　　　　　　　(b) 1 000 ℃

(c) 1 200 ℃

图 5.45　2D-C/SiC 在不同温度下的层间剪切断口形貌

5.4.4　缎纹编织复合材料典型载荷作用下的破坏模式

下面介绍缎纹编织 2D-C/SiC 复合材料在典型载荷作用下的损伤破坏模式。本节研究缎纹编织 2D-C/SiC 复合材料在室温中拉伸载荷、弯曲载荷、面内剪切载荷以及层间剪切载荷作用下的破坏模式,在高温中拉伸载荷、弯曲载荷以及层间剪切载荷作用下的破坏模式,及其在室温环境中拉伸疲劳载荷和层间剪切疲劳载荷作用下的破坏模式。

1. 室温静载破坏

1) 拉伸载荷破坏模式

图 5.46 为缎纹 2D-C/SiC 室温拉伸断口形貌。从图(a)可以看出拉伸断裂时也有部分纤维拔出现象,且基体中存在孔隙和微裂纹。从图(b)可以发现基

体/纤维发生界面剥离现象,且基体剥离后纤维束也发生损伤,但仅在纤维束外缘的部分纤维发生断裂,说明试样发生纤维布脱黏滑移破坏时,纤维不能有效承载并发生破坏以吸收能量。

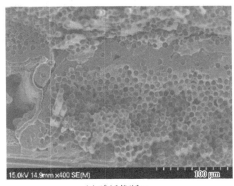 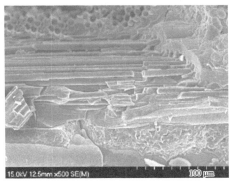

(a) 0° 纤维断口　　　　　　　　(b) 90° 纤维断口

图 5.46　缎纹 2D-C/SiC 室温拉伸断口

2)弯曲载荷破坏模式

图 5.47 为缎纹 2D-C/SiC 室温弯曲断口形貌。三点弯曲是一个比较复杂的失效过程,同时伴随着拉伸和压缩作用。在三点弯曲试验过程中,失效起始于试样最大弯矩处,碳纤维和基体一起发生拉伸断裂,然后裂纹沿纵向向试样内部扩展,直至整个断面断裂。观察图(a)发现,大量 90°纤维发生断裂,表明载荷通过界面传递时,纤维不能有效承载而发生剪切断裂。由图(b)可以看到,存在界面脱黏、纤维拔出,拔出长度参差不齐,纤维的拔出增加了界面能的消耗,是一种促进复合材料强度和韧性协同提高的断裂机制。

 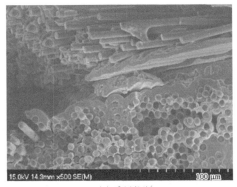

(a) 90°纤维断口　　　　　　　　(b) 0°纤维断口

图 5.47　缎纹 2D-C/SiC 室温弯曲断口

3）面内剪切破坏模式

图 5.48 为缎纹 2D-C/SiC 室温面内剪切断口形貌。从断口 SEM 照片可以看到,基体和纤维由于裂纹的扩展均发生断裂,而且纤维呈现多级拔出,有纤维簇的拔出,也有单丝纤维的拔出,且纤维拔出时是参差不齐的。因此可以得知,在复合材料面内剪切过程中,是由基体和纤维束共同抵抗外力作用的。

4）层间剪切破坏模式

图 5.49 为缎纹 2D-C/SiC 室温层间剪切断口形貌。观察剪切断口照片可看出,缎纹 2D-C/SiC 复合材料常温下发生层间剪切失效时剪切断口平整,断口处界面发生剥离,纤维与基体一起发生脆性断裂,无界面脱黏、纤维拔出现象,表明界面结合过强。复合材料在层间剪切失效后纤维部分保持完好,基本没有受到损伤。因此,推断在层间剪切过程中碳纤维并不参与作用,失效仅发生在基体内部或是基体/纤维界面上。

 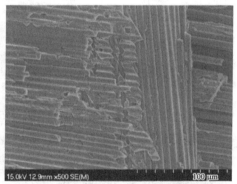

图 5.48　缎纹 2D-C/SiC 室温面内剪切断口　　图 5.49　缎纹 2D-C/SiC 室温层间剪切断口

2. 室温疲劳破坏

1）拉伸疲劳

图 5.50 为缎纹 2D-C/SiC 室温拉伸疲劳断口形貌。图（a）是试样低倍下的形貌,试样断口参差不齐同时有一些分层现象,为典型的"Z"字形断裂。"Z"字形断裂中主裂纹与 0°纤维束轴呈一定角度,有显著的剪切破坏的特征,表现为整层纤维布分层与脱黏,两层脱黏的纤维布之间的基体发生局部剪切破坏。"Z"字形断裂的损伤模式除了 0°纤维束的损伤外还有大量 90°纤维束的基体开裂和纤维断裂。并且这种断裂模式的主裂纹扩展路径较长,更有利于通过一系列损伤来吸收能量,延迟材料失效。存在很多纤维束和纤维簇的整体拔出。图（b）和图（d）上可以看到界面脱黏、纤维簇和单丝纤维的拔出,还可以发现基

体/纤维发生了界面剥离现象。图(c)是靠近涂层的微结构,可以发现大量基体和 90°纤维发生断裂,当裂纹扩展时,90°纤维不能有效承载而大量断裂。

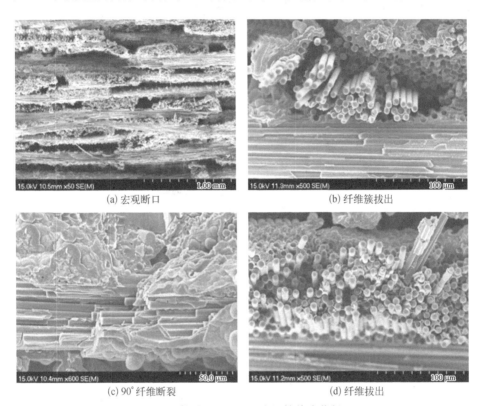

(a) 宏观断口　　　　　　　　　　　(b) 纤维簇拔出

(c) 90°纤维断裂　　　　　　　　　(d) 纤维拔出

图 5.50　缎纹 2D-C/SiC 室温拉伸疲劳断口

2) 层间剪切疲劳

图 5.51 为缎纹 2D-C/SiC 室温层间剪切疲劳断口形貌。从图(a)和图(b)显示的断口上可以看出,材料层间断裂的断口具有典型的菜花状沉积 SiC 形貌。另外,从图(a)可以看到断裂多发生在基体内部和纤维与基体的界面上;从图(b)可以看出断口处呈现"台阶状",这表明裂纹传递时界面结合强度低于基体强度,裂纹发生偏转。图(c)为基体/纤维发生界面剥离后的状态,复合材料在层间剪切失效后纤维部分保持完好,基本没有受到损伤;失效后基体与纤维分离,发生界面脱黏后的基体部分很平整光滑,并能清晰地看到基体的碎片。

3. 高温静载破坏

1) 拉伸载荷破坏模式

图 5.52 为缎纹 2D-C/SiC 复合材料高温真空拉伸断口的 SEM 照片。从图中

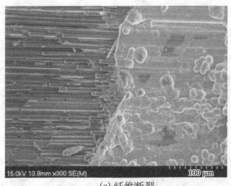
(a) 纤维断裂

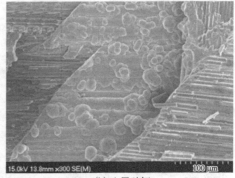
(b) 分层破坏

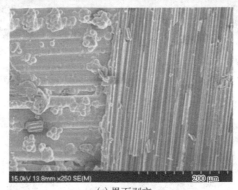
(c) 界面剥离

图 5.51　缎纹 2D-C/SiC 室温层间剪切疲劳断口

可以看出,宏观断口较为平整[图(a)],纤维以纤维束、纤维簇、单丝纤维形式多尺度拔出,且拔出尺寸较长[图(b)]。图(c)中可以看到纤维束之间的孔洞,在孔洞的地方易出现应力集中而产生裂纹,裂纹在界面处发生偏转。而图(d)中可以明显地看到裂纹偏转情况。

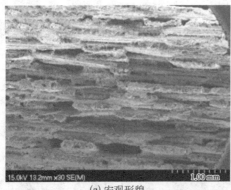
(a) 宏观形貌

(b) 纤维簇和纤维拔出

(c) 裂纹界面偏转　　　　　　　　　　(d) 裂纹基体偏转

图 5.52　缎纹 2D-C/SiC 高温真空拉伸断口

2）弯曲载荷破坏模式

在三点弯曲试验的过程中,材料的受力是很复杂的,试样的表面承受的应力最大,上底面受压应力,下底面受拉应力,在断裂过程中还存在剪应力。图 5.53 为缎

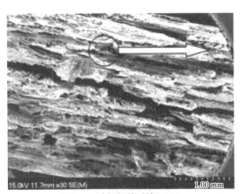
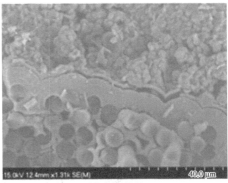

(a) 宏观形貌　　　　　　　　　　(b) 基体断裂

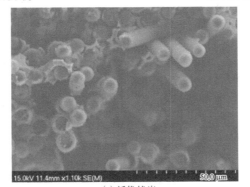

(c) 纤维拔出

图 5.53　缎纹 2D-C/SiC 高温真空弯曲断口

纹 2D-C/SiC 在高温时的弯曲断口形貌图。由图(a)观察发现,试样断裂时裂纹扩展相对室温略有偏转,但总体上来说都比较平整。在三点弯曲试验过程中,失效起始于试样最大弯矩处,碳纤维和基体一起发生拉伸断裂[图(b)],然后裂纹沿纵向(垂直于纤维方向)向试样内部扩展,直至整个断面断裂,虽有少量纤维拔出[图(c)],但断口形貌整体比较平整,表现为明显的拉伸"脆性"断裂特征,因此弯曲破坏主要发生在上压头压迫的一小段区域内。

3) 层间剪切破坏模式

图 5.54 为缎纹 2D-C/SiC 复合材料高温真空层间剪切断口的 SEM 照片。图(b)~图(d)为图(a)中的局部放大图,具体位置在图中已有明确标记。从图(b)能够看出,试样发生剪切破坏的基体部分断裂后呈"台阶状",这是因为在层间剪切过程中基体内部的裂纹会经过界面转移而使得扩展得到缓解,并不是直接深入基体内部。纤维束间基体中有一个非连续疏松层,影响了基体的整体性,导致基体强度和层间剪切强度较低。图(c)和图(d)分别为基体/纤维发生界面剥离和裂纹偏转后的状态。可见,复合材料在层间剪切失效后纤维部分保持完

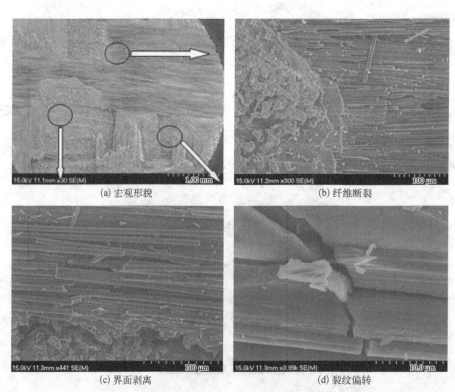

(a) 宏观形貌   (b) 纤维断裂

(c) 界面剥离   (d) 裂纹偏转

图 5.54　缎纹 2D-C/SiC 高温真空层间剪切断口

好,基本没有受到损伤;失效后基体与纤维分离,发生界面脱黏后的基体部分很平整光滑,并能清晰地看到制造过程中导致的基体裂纹。

5.5　复合材料薄壁结构热噪声失效机理

5.5.1　噪声损伤形貌分析

下面依次介绍 2.5 mm 厚平板、1.5 mm 厚平板、0.8 mm 厚平板在噪声试验后的宏观和微观形貌,并对其损伤机理进行分析。

1. 2.5 mm 平板

进行厚度为 2.5 mm 的复合材料平板的噪声试验。施加噪声载荷 150 dB、153 dB、156 dB、159 dB、162 dB、165 dB、168 dB,各保持 40 s;后降低噪声载荷至 165 dB,保持 1 800 s;试验后平板完好。噪声载荷累计作用时间 2 485 s。图 5.55 为噪声试验前、后的红外热成像图,均未发现明显热异常。

(a) 试验前　　　　　　　　　　　　　(b) 试验后

图 5.55　2.5 mm 平板试验前、后试验件红外热成像照片

2. 1.5 mm 平板

1.5 mm 平板在噪声载荷 150 dB、153 dB、156 dB、159 dB 下受载各 40 s;载荷升高到 162 dB,保持 100 s;后继续施加噪声载荷 165 dB,保持 40 s;继续升高到 167 dB 时,平板发生破坏。噪声载荷累计作用时间 319 s。

根据图 5.56 的破坏过程图像与图 5.57 的试验前、后的红外检测图像

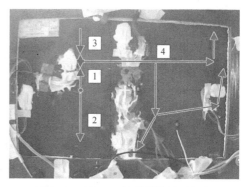

图 5.56　1.5 mm 平板裂纹扩展图像

(a) 试验前　　　　　　　　　　　　　(b) 试验后

图 5.57　1.5 mm 平板试验前、后的红外检测照片

可以发现,裂纹起裂处为长度中轴线上,层间缺陷的下部。裂纹沿宽度向上、下两方向同时扩展(裂纹 1 和裂纹 2);裂纹 3 在层间缺陷上方出现,向下扩展与裂纹 1 汇合,导致层间缺陷处沿厚度方向开裂;然后裂纹沿 4 方向继续扩展,并导致层间开裂加剧。随后裂纹继续扩展,最终导致整块平板碎裂。

　　图 5.58 为起裂处断口 SEM 照片。从图(a)可以看出,断口比较平齐,复合材料的层间空隙略大,该处的密度较其他位置低,可能是其产生裂纹的原因。图(b)为图(a)中圆圈处的放大图,可以看到 0° 纤维束既有平齐的剪切断裂形貌(见右上角),也有拉伸载荷下的纤维拔出形貌,只是纤维拔出很短。图(c)为图(a)中方框处的放大图,可以看到 0° 纤维束(垂直于纸面,沿平板长度方向)和 90° 纤维束(平行于纸面,沿平板宽度方向)都呈现阶梯状的剪切破坏形貌。图(d)为图(b)中呈现拉伸形貌的单丝纤维的放大图,可以看出复合材料界面层厚度约为 200 nm,满足强度最优的界面厚度要求。另外,从图(d)还可以看出,在无氧化的条件下,纤维断口区域出现类似氧化后的凹凸不平的现象。表面能谱分析结果(表 5.2)显示,纤维断口表面存在 Si 元素,说明纤维在制备过程中已因热失配而断裂,因此沉积基体时 SiC 会附着在纤维断口表面。而纤维的预先断裂则会导致该处强度较低,在噪声载荷下首先发生破坏。

表 5.2　表面能谱信息

元　素	重量百分比/%	原子百分比/%
C K	75.63	87.89
Si K	24.37	12.11

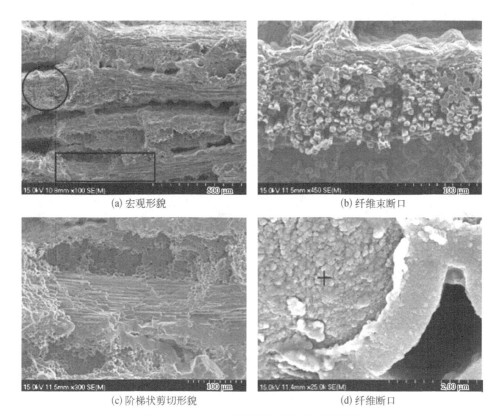

(a) 宏观形貌　　　　　　　　　　　　　　(b) 纤维束断口

(c) 阶梯状剪切形貌　　　　　　　　　　　(d) 纤维断口

图 5.58　1.5 mm 平板裂纹起裂处断口形貌

3. 0.8 mm 平板

在噪声试验中对厚度 0.8 mm 的平板先施加 150 dB、153 dB 噪声载荷并各保持 30 s;然后施加 150 dB、153 dB、156 dB 载荷并各保持 60 s;继续升高到 157 dB 时试验件发生破裂。噪声载荷累计作用时间 324 s。试验过程中,整个 C/SiC 平板在垂直平面方向出现肉眼可见的大幅度起伏,平板的变形情况与拉-压弯曲载荷下的变形情况类似。

在如图 5.59 所示的平板破坏过程图中,裂纹在宽度中轴线

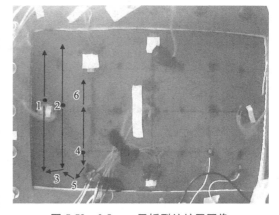

图 5.59　0.8 mm 平板裂纹扩展图像

附近起裂;然后沿宽度方向向上、下对称扩展;随后在起裂处右侧又产生新的裂纹并同样沿宽度方向向上、下扩展,扩展到底部时与左侧裂纹连通;后又在位置4处产生裂纹,扩展并与左侧裂纹连通。

根据起裂处的断口 SEM 照片(图 5.60)可知,0°纤维束仍然是平齐的剪切断口,没有出现弯曲破坏时纤维丝、纤维簇、纤维束的多级拔出现象;而 90°纤维仍然呈现典型的阶梯状剪切破坏形貌。

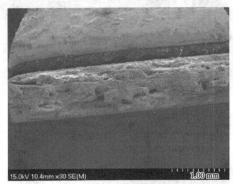

(a) 宏观形貌   (b) 90°纤维断裂形貌

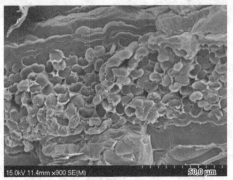

(c) 0°纤维断口

图 5.60　0.8 mm 平板裂纹起裂处断口形貌

5.5.2　热噪声损伤形貌分析

1.5 mm 平板试验过程: 600℃下施加噪声载荷 147 dB、150 dB 各 40 s;常温下施加噪声载荷 147 dB、150 dB 各 40 s;600℃下施加噪声载荷 150 dB、153 dB 各 40 s;600℃下施加噪声载荷 159 dB、162 dB 各 40 s;常温下施加噪声载荷 156 dB、159 dB、162 dB 各 40 s。

以上试验过程完成后,试验件完好。继续升高温度至 600℃进行试验,噪声载荷加至 164 dB 时,试验件发生破坏。图 5.61 为试验前、后试验件的状态。根据安装正视图图 5.61(a)可知,噪声来流方向为从左至右,试验后试验件破坏形成七块碎片[图 5.61(b)]。

(a) 试验前　　　　　　　　　　　　(b) 试验后

图 5.61　试验件状态

图 5.62 为平板的破坏过程图像。可以发现,裂纹起裂处为噪声气流上游,平板被夹持区域宽度的 1/4 处,裂纹沿长度和宽度方向同时扩展(裂纹 1 和裂纹 2);随后在裂纹 2 的中部沿宽度方向产生裂纹 3、裂纹 4 并继续扩展,最终导致破坏成两块碎片飞出;裂纹 2 继续扩展一段(裂纹 5),并向下沿宽度方向扩展,裂纹 7 瞬间产生并和裂纹 5 连通,形成一块碎片飞出;裂纹 2 和裂纹 5 的路径上又向上产生裂纹 6 和裂纹 8,形成一块碎片。从首条裂纹出现到试验件最终破坏历时 7 s。

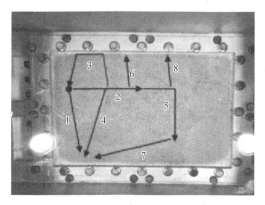

图 5.62　平板裂纹扩展图像

图 5.63 为试验前、后平板的红外热成像图片。由于探头尺寸限制,平板 PB-2 仅检测了平板尺寸 280 mm×200 mm 的区域。从红外照片可知,平板存在一个异常高温区,说明此处的密度较低,热噪声试验时可能成为损伤发源地。除此之外,薄壁平板大部分区域的致密度比较好。

对比图 5.63(a)、(b)两图中的方框处,可以发现试验前、后的热异常区域显示出很好的相关性。另外还可以看出,热异常区域并没有成为试验时的损伤发

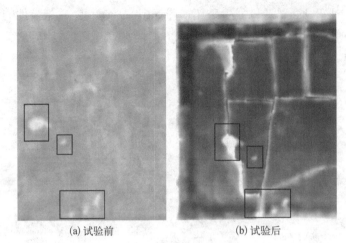

(a) 试验前   (b) 试验后

图 5.63 平板试验前、后红外检测照片

源地,只是处于裂纹延伸扩展的路径上。

图 5.64 为平板首条裂纹起裂处的 SEM 照片。下面按方框所示位置依次分析。

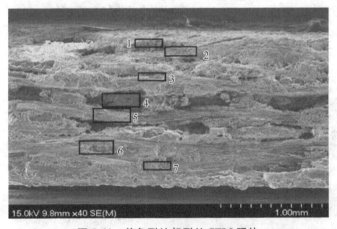

图 5.64 首条裂纹起裂处 SEM 照片

位置 1(图 5.65)处为靠近表面的 0°纤维。图 5.65(b)为图 5.65(a)的放大图,可以看出 0°纤维平齐断裂,而且并没有出现明显的氧化现象。

位置 2(图 5.66)处为靠近涂层处的 90°纤维。图 5.66(a)可以看出存在剪切载荷下的台阶状断裂形貌,图 5.66(b)~(d)为放大图,可以看出 90°纤维断裂时并不是平齐断口,而是与剪切载荷下的尖头状断口相似。

位置 3(图 5.67)处为 90°纤维处,该处基体已剥离,纤维裸露。图 5.67(c)

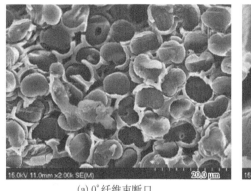

(a) 0°纤维束断口　　　　　　　　(b) 0°纤维断口

图 5.65　位置 1 处 SEM 照片

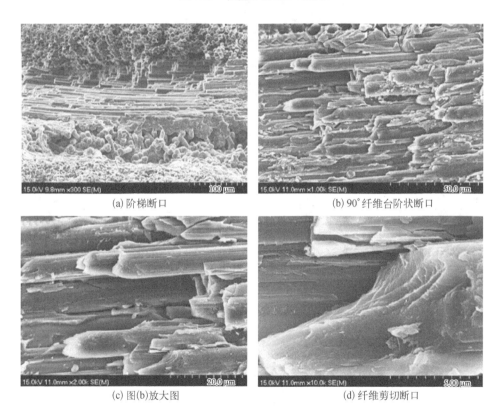

(a) 阶梯断口　　　　　　　　　　(b) 90°纤维台阶状断口

(c) 图(b)放大图　　　　　　　　　(d) 纤维剪切断口

图 5.66　位置 2 处 SEM 照片

为图 5.67(b)的放大图,可看出纤维几乎没有受损,也没有出现纤维变细或是蚀坑,表明该纤维裸露处没有发生氧化。

位置 4(图 5.68)处为一处向内凹陷的 0°纤维。从放大图(b)来看,断口平

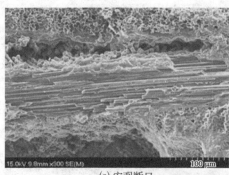
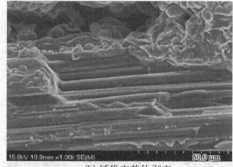

(a) 宏观断口　　　　　　　　　　　　　(b) 纤维束基体剥离

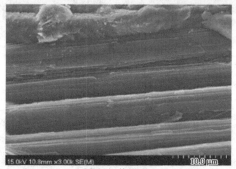

(c) 纤维基体剥离

图 5.67　位置 3 处 SEM 照片

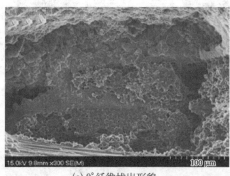
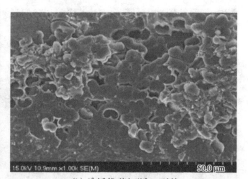

(a) 0°纤维拔出形貌　　　　　　　　　(b) 0°纤维剪切断口形貌

图 5.68　位置 4 处 SEM 照片

整,无纤维拔出。

位置 5 处的断口形貌如图 5.69 所示。图(b)、图(c)为图(a)中方框内的放大图,该处 90°纤维剪切断裂时从纤维中部断裂,从图(c)可以看出,外部 SiC 基体破坏导致纤维暴露后,碳纤维并没有出现氧化。从图(d)也可以看出,纤维断裂后产生的断口处也没有发生氧化。

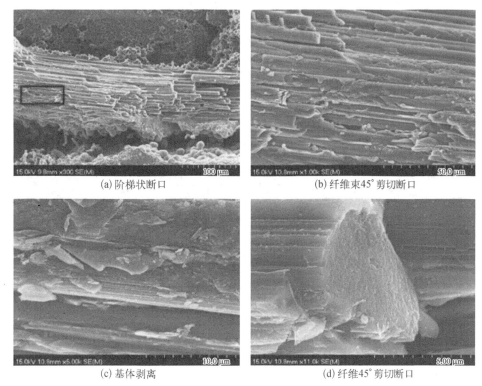

(a) 阶梯状断口　　　　　　　　(b) 纤维束45°剪切断口

(c) 基体剥离　　　　　　　　　(d) 纤维45°剪切断口

图 5.69　位置 5 处 SEM 照片

位置 6(图 5.70)处可以看出该处是 90°纤维先行破坏,然后扩展到 0°方向纤维,0°方向纤维没有氧化现象。另外,还可以看出,材料的界面强度是合适的,因为图中该处有类似于拉伸条件下的分簇拔出现象,而不是直接剪断的平齐断

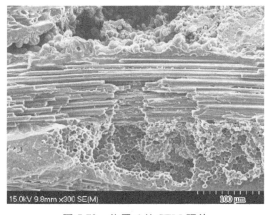

图 5.70　位置 6 处 SEM 照片

口,证明裂纹扩展过程中界面起到了偏转裂纹的作用。

位置7(图5.71)处为靠近涂层处的90°纤维,图(a)为典型的剪切断裂形貌,图(b)为图(a)的放大图,可以看出也无氧化出现。

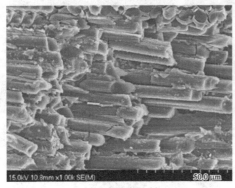 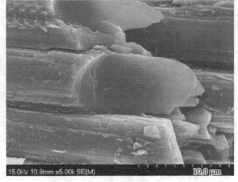

(a) 纤维束剪切断口　　　　　　　　　　　　(b) 纤维剪切断口

图 5.71　位置 7 处 SEM 照片

5.5.3　噪声损伤机理

1. 1.5 mm 平板动应变分析

应变传感器位置如图5.72(a)所示,图5.72(b)为1.5 mm平板在不同噪声量级下动应变 RMS 值的变化规律,可以看出动应变变化规律基本一致,即在150~165 dB 噪声量级范围内,动应变 RMS 值随声压级增大呈线性单调增大趋势。由数值对比可知,平板中心位置的应变最大,而该处在长度(S3)和宽度(S4)方向的应变值之比则与平板的长宽比和复合材料的泊松比有关。平板边缘位置处 S1 和 S2 的较小应变值则是由于夹具约束限制了材料变形。结合0.8 mm平板在噪声试验中的整体变形情况可知,平板在试验过程中发生了类似中心加载或平面均布加载的弯曲变形行为。

基于上述分析,结合试验件安装方式、夹持方式与边界条件,利用 ABAQUS 软件建立 C/SiC 平板四分之一模型,根据 C/SiC 的材料性能参数,计算出了 C/SiC 平板表面施加均布力时,不同位置的应力。图 5.73 为所获得的不同厚度 C/SiC 平板的 Von-Mises 应力分布云图,其中图(a)为 0.8 mm 平板,图(b)为 1.5 mm平板。

对比试验结果和有限元模拟的结果,可以发现对于两块不同厚度的平板,裂纹起裂位置都不是在最大应力处,反而接近最小应力处。这说明导致 C/SiC 平

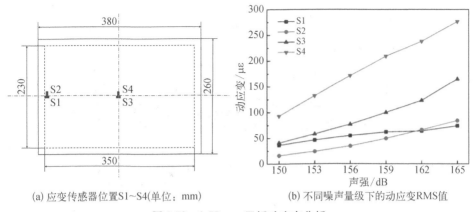

(a) 应变传感器位置S1~S4(单位：mm)　　　　(b) 不同噪声量级下的动应变RMS值

图 5.72　1.55 mm 平板动应变分析

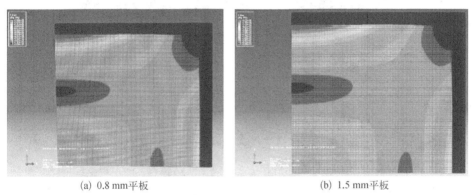

(a) 0.8 mm平板　　　　　　　　　　(b) 1.5 mm平板

图 5.73　不同厚度 2D-C/SiC 平板的 Von-Mises 应力分布图(后附彩图)

板出现应变变形的静力不是导致平板开裂的原因。

　　图 5.74 显示了 1.5 mm 平板中心 S4 应变计在不同量级噪声下的应变时域数据,所施加的噪声载荷依次为 156 dB、159 dB、162 dB 和 165 dB。可以看出复合材料平板在噪声载荷下围绕一定的平衡位置做随机振动,是一种类似于弯曲振动疲劳下的受载模式。由数值可知,平板表面处于拉-压疲劳状态,疲劳载荷平均值为拉应力,且随噪声声压级的升高而升高;平板的最大拉应变也随噪声声压级升高而线性升高,升高速度为 200 $\mu\varepsilon$ /3 dB,165 dB 时最大拉应变为 800 $\mu\varepsilon$;平板的最大压应变也随噪声声压级升高而线性升高,升高速度为 100 $\mu\varepsilon$ /3 dB,165 dB 时最大压应变为 600 $\mu\varepsilon$ 。167 dB 时,最大拉应变预计仅为 933.4 $\mu\varepsilon$,远小于 6 000 $\mu\varepsilon$ 的 C/SiC 拉伸断裂应变;最大压应变预计仅为 666.6 $\mu\varepsilon$,同样远小于 3 000 $\mu\varepsilon$ 的 C/SiC 压缩断裂应变。这说明平板开裂的原因不是噪声激励下的

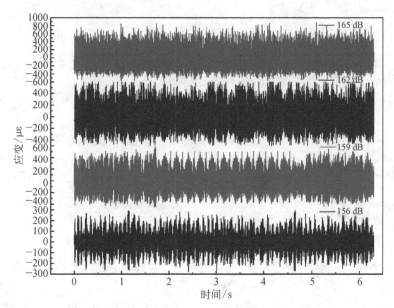

图 5.74   1.5 mm 平板 S4 应变计的应变时域数据

瞬态最大应变,而可能是疲劳累积损伤。

2. 噪声破坏断口与面内、面外剪切疲劳断口对比

图 5.75 为 1.5 mm 平纹 2D-C/SiC 室温噪声试验后起裂点典型的断口形貌。从图(a)看到存在纤维布的整体拔出,从图(b)可以看到有 0°纤维平断口和纤维拔出并存,从图(c)和图(d)则可以看到有 0°纤维和 90°纤维的同时层状断裂,且 90°纤维层状断裂非常显著。以上可以作为平板噪声破坏时起裂点处的典型断口形貌。

弯曲试验过程中,导致材料损伤和破坏的应力可分为拉伸应力和剪切应力两类。拉-拉疲劳损伤研究表明,C/SiC 的室温疲劳极限高于 80%,因此在本研究所涉及的噪声试验过程中,最大拉应变所对应的应力,不足以导致平板出现疲劳破坏。由于平板起裂处的断口形貌显示 90°纤维束存在剪切破坏行为,因此有必要进行剪切疲劳研究,以进一步确定平板的破坏机理。

面内剪切疲劳性能测试利用长春试验机研究所的 100 kN 电液伺服动静试验机进行,型号为 Model CSS-280S-100。试验中,采用正弦波控制的应力加载方式进行面内剪切疲劳试验,应力最大值为 140 MPa,应力比为 0.5,加载频率为 45 Hz,测试温度为室温,测试环境为空气。试验后,利用 SEM 对断口微观形貌进行分析。

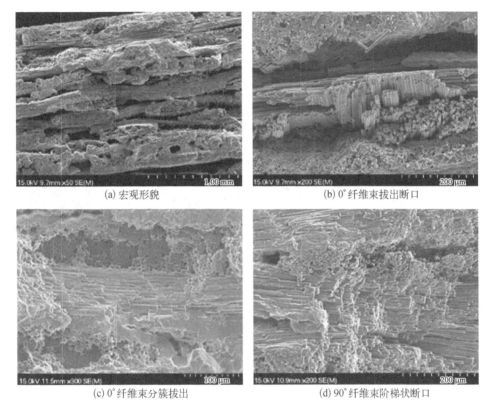

(a) 宏观形貌　　　　　　　　　　　　　(b) 0°纤维束拔出断口

(c) 0°纤维束分簇拔出　　　　　　　　　(d) 90°纤维束阶梯状断口

图 5.75　1.5 mm 平板裂纹起裂处典型断口形貌

图 5.76 为平纹 2D-C/SiC 面内剪切疲劳断口形貌。从图 (a) 和图 (b) 可以看出存在少量的纤维布拔出,90°纤维以撕裂破坏为主。从图 (c) 可以看出 90°纤维也存在层状断裂模式,但是此种层状断裂并不是主要的,90°纤维的破坏仍然是以图 (b) 显示的撕裂破坏为主。而且,0°纤维与 90°纤维未同时层状断裂。从图 (d) 可以看出,0°纤维的平断口不显著。以上可以看出,面内剪切疲劳的断口与噪声破坏的断口有相似之处,但是仍然存在显著区别。

使用 Instron E10000 试验机对复合材料进行面外剪切疲劳实验。采用正弦波控制的应力加载方式进行面外剪切疲劳试验,应力比为 0.5,加载频率为 20 Hz,测试温度为室温。试验后,利用 SEM 对断口微观形貌进行分析。

图 5.77 为平纹 2D-C/SiC 面外剪切疲劳断口形貌。从图 (a) 可以看出存在少量的纤维布拔出,从图 (c) 可以看出 90°纤维层状断裂显著,但是从图 (b) 和图 (d) 来看,0°和 90°纤维未出现同时的层状断裂,0°纤维仅有平断口。以上可以看出,面外剪切疲劳断口与噪声破坏断口非常相似,但仍有少许不同。

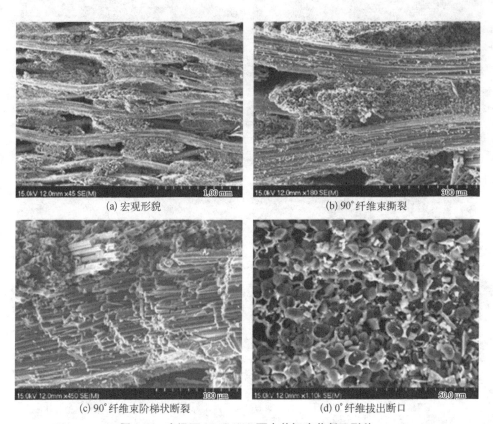

(a) 宏观形貌　　　　　　　　　　(b) 90°纤维束撕裂

(c) 90°纤维束阶梯状断裂　　　　　(d) 0°纤维拔出断口

图 5.76　室温下 2D-C/SiC 面内剪切疲劳断口形貌

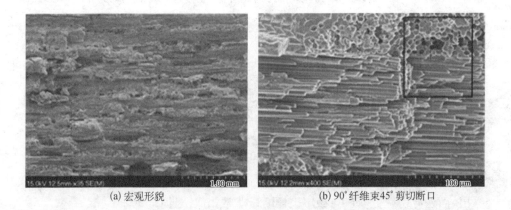

(a) 宏观形貌　　　　　　　　　　(b) 90°纤维束45°剪切断口

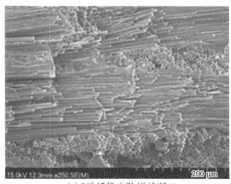 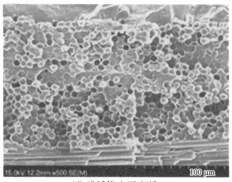

(c) 90°纤维束阶梯状断口　　　　　　　(d) 0°纤维束平齐断口

图 5.77　室温下 2D-C/SiC 面外剪切疲劳断口形貌

　　在 1.5 mm 平板上取样进行拉伸剩余强度测试后,观察其断口形貌如图 5.78 所示。可以看到有纤维布和纤维丝的拔出,如图(a)所示;90°纤维以撕裂破坏为主,如图(b)所示;0°纤维平断口和纤维拔出并存,如图(c)所示;但 0°纤

(a) 宏观形貌　　　　　　　　　　　(b) 90°纤维束撕裂

(c) 0°纤维束断口　　　　　　　　　(d) 90°纤维阶梯状断裂

图 5.78　1.5 mm 平纹 2D-C/SiC 平板取样拉伸断口形貌

维和 90°纤维未同时层状断裂,如图(d)所示。所以,噪声载荷下平板裂纹起裂处存在拉伸破坏可能,但并不是唯一原因。

而后续进行缎纹编织 1.5 mm 厚 2D-C/SiC 平板噪声试验时,加载到 168 dB,持续 10 min,平板未破坏,取下试验件后也没有肉眼可见的裂纹。根据已测得的数据,缎纹编织 2D-C/SiC 复合材料比起平纹编织的材料来说,拉伸强度更高,这可能是其在 168 dB 下未发生破坏的原因。结合以上所有分析,我们得出结论:噪声载荷下复合材料平板的破坏是一种拉-压和面外剪切耦合下的破坏。

5.6 小结

综合使用无损检测方法对 C/SiC 复合材料结构进行检测分析,可以获得复合材料结构的典型损伤模式,如孔洞、分层、裂纹以及冲击损伤,这些损伤均有适用的损伤评估方法。总的来说,X 射线实时成像适合于检测材料内部的裂纹、冲击等线性损伤,红外热波成像法适于检测分层、密度等面型缺陷,这两者可作为普遍筛选性的检测,而工业 CT 成像则作为具体损伤细节检测的最佳方法。采用声发射技术进行损伤过程的在线监测,能够反映出声发射源的动态响应特性,从而可以对材料在环境中的损伤过程做到实时监控、实时评价,但由于复合材料结构本身的多样性和复杂性,声发射数据和图谱的解析仍非常困难。验证了便携式红外热波无损检测仪器和方法在噪声试验现场的适用性,结果表明采用所述仪器和检测方法,可确定热异常区域的三维尺寸和三维位置,这对于研究本征缺陷和损伤演化有着重要意义,后续 C/SiC 复合材料薄壁结构的噪声试验研究中,充分体现了红外热波无损检测方法和技术在试验现场的可行性和实用性,为后续损伤失效机理分析提供了支撑。

由试验过程中录像和动应变数据分析,强噪声载荷激励下平板呈现出类似于弯曲载荷下的拉-压变形行为。不同厚度的 2D-C/SiC 复合材料平板,在噪声载荷下起裂处的断口形貌均非常相似,接近剪切疲劳的断口形貌。因此,强噪声载荷下 2D-C/SiC 平板同时承受弯曲载荷(长度和宽度方向)和面外剪切载荷(厚度方向),噪声载荷下复合材料平板的破坏是一种拉-压和面外剪切耦合下的破坏。高频的拉-压疲劳引起纤维簇的拔出和脆断,形成脆性断口,导致局部弱化;面外剪切疲劳耦合导致裂纹沿层间快速扩展,形成层状裂纹,最终导致材料破坏。

强噪声载荷下,2D-C/SiC 平板厚度超过 2.5 mm 后不会发生噪声破坏,厚度超过 0.8 mm 后对小尺寸分层缺陷不敏感,但厚度 0.8 mm 时分层会改变平板的破坏模式和起裂位置。对于热噪声载荷下的 1.5 mm 厚复合材料平板,从首条裂纹出现处取样的断口 SEM 照片来看,1.5 mm 厚平板在 600℃ 下热噪声破坏后,仍然具有典型的剪切破坏形貌:90° 纤维台阶状断裂,0° 纤维大部分被直接剪断。破坏时,90° 纤维先行破坏,然后扩展到 0° 方向。而且不论是靠近平板涂层处还是平板中部,均没有出现氧化现象,这可能是因为试验在 600℃ 和常温下交替进行,平板处在 600℃ 环境中的时间极短,高温下尚不足以给氧气足够的扩散、反应时间。红外热波无损检测发现的热异常位置与裂纹萌生区域并没有明确关联。

参考文献

[1]　傅恒志.未来航空发动机材料面临的挑战与发展趋向.航空材料学报,1998,18(4):
52 - 61.

[2]　栾新刚.3D C/SiC 在复杂耦合环境中的损伤机理与寿命预测.西安:西北工业大学,2007.

[3]　梅辉.2D C/SiC 在复杂耦合环境中的损伤演变和失效机制.西安:西北工业大学,2007.

[4]　Lamouroux F, Bertrand S, Pailler R, et al. Oxidation-resistant carbon-fiber-reinforced ceramic-matrix composites. Composites Science and Technology, 1999, 59(7): 1073 -1085.

[5]　张立同.纤维增韧碳化硅陶瓷复合材料:模拟、表征与设计.北京:化学工业出版社,2009.

[6]　张钧.热力氧化环境中 CFCC-SiC 复合材料微结构演变及损伤机理.西安:西北工业大学,2007.

[7]　Zhang Y N, Zhang L, Cheng L, et al. High load friction behavior of a hinge bearing based on a carbon/silicon carbide composites. Journal of the American Ceramic Society, 2007, 90 (4): 1139 - 1145.

[8]　Al-Dheylan K A. The low velocity impact loading of Al_2O_3/SiC whiskey reinforced ceramic composite. Journal of Materials Processing Technology, 2004, (155 - 156): 1986 - 1994.

[9]　Chen B, Zhang L T, Cheng L F, et al. Ablation characteristic of 3D C/SiC composite nozzle in a small solid rocket motor. Journal of Inorganic Materials, 2008, 23 (5): 938 - 944.

[10]　Caprino G, Spataro G, Luongo S D.Low-velocity impact behaviour of fibre glass-aluminium laminates. Composites: Part A, 2004, 35: 605 - 616.

[11]　Hattiangadi A, Siegmund T. A thermomechanical cohesive zone model for bridged delamination cracks. Journal of the Mechanics and Physics of Solids, 2004, 52 (3): 533 - 566.

[12]　Mei H, Cheng L F, Ke Q Q. High-temperature tensile properties and oxidation behavior of carbon fiber reinforced silicon carbide bolts in a simulated re-entry environment. Carbon,

2010, 48(11): 3007 - 3013.

[13] Verrilli M J, Opila E J, Calomino A, et al. Effect of environment on the stress-rupture behavior of a carbon-fiber-reinforced silicon carbide ceramic matrix composite. Journal of the American Ceramic Society, 2004, 87(8): 1536 - 1542.

[14] Fan S W, Xu Y D, Zhang L T. Three-dimensional needled carbon/silicon carbide composites with high friction performance. Materials Science and Engineering: A, 2007, 467(1 - 2): 53 - 58.

[15] Mall S, Engesser J M. Effects of frequency on fatigue behavior of CVI C/SiC at elevated temperature. Composites Science and Technology, 2006, 66: 863 - 874.

[16] Bhatt R T, Choi S R, Cosgriff L M, et al. Impact resistance of environmental barrier coated SiC/SiC composites. Materials Science and Engineering: A, 2008, 476(1): 8 - 19.

[17] Liu X C, Cheng L F, Zhang L T, et al. Tensile properties and damage evolution in a 3D C/SiC composite at cryogenic temperatures. Materials Science and Engineering A, 2011, 528: 7524 - 7528.

[18] Luan X G, Cheng L F, Xie C W. Stressed oxidation life predication of 3D C/SiC composites in a combustion wind tunnel. Composites Science and Technology, 2013, 88: 178 - 183.

[19] Liu Y S, Cheng L F, Zhang L T, et al. Oxidation protection of multilayer CVD SiC/B/SiC coatings for 3D C/SiC composite. Materials Science and Engineering: A, 2007, 466(1 - 2): 172 - 177.

第6章

高温环境下结构动响应先进测试技术

6.1 概述

为获得复合材料结构的动强度特性,需开展高温动响应试验,如热模态试验、热振动和热噪声试验等。试验中,主要需要对两类物理量进行测量:一类是提供给控制系统的反馈物理量,如温度、振动、噪声等物理量;另一类是作为试验结果分析的原始数据,代表结构的响应信息,如结构变形、温度、加速度响应等[1]。高温环境下的结构动响应试验具备如下特点。

(1)材料性能复杂。复合材料结构采用新型的 C/SiC、C/C 等材料,材料形式具有平纹编织、三维编织等形式,材料呈现各向异性,其生产工艺的特点也导致其性能分散性较大。

(2)试验件形式多样,包括平板结构、热防护结构、翼舵结构乃至全机系统。其考核温度普遍在 600℃ 以上,且不允许对保护涂层产生较大破坏。

(3)测量参数和测量通道多,需要测量温度、热流、应变、位移、加速度和噪声等多种物理量。为了获得丰富的试验数据,还需布置尽量多的测量点。

(4)在高温动响应试验中,加热设备、力载荷施加设备等众多,测量环境异常复杂。例如,热噪声试验中,除了高温、强背景辐射外,还存在高强噪声、氮气气流等,同时多台设备之间的干涉现象也十分严重。

上述特点给结构高温动响应测量带来了极大的挑战。高温若接近或超过传感器温度上限,会严重影响测量精度乃至无法测量。加热设备自身的高温辐射会造成强光背景,影响光学测试系统性能,降低测量精度;加热设备的遮挡也会造成光学测量的视场局限。振动噪声环境会影响精密测试设备的安全,也会造成传感器的安装可靠性降低。气流扰动会影响光学测量系统的测量精度。非金属材料结构以及不可打孔等问题也使得接触式传感器的安装成为困难。因此，国内当前还未能建立起满足工程需求的高温动响应的测量方法。本章基于所开展的测量技术做相关研究，重点从温度、应变、振动和噪声的测量上进行介绍。

6.2 强辐射背景下温度测试技术

由于温度测量的广泛需求，基于各种原理的温度测量方法已经得到极大的发展，诸如热电偶传感器、热电阻型传感器、电容型温度传感器、热敏电阻、红外传感器等传统温度测量方式已经成熟，新型的核四极矩谐振（NQR）温度传感器、光纤温度传感器等也得到了广泛的研究。但是，新型传感器的测温范围一般较低，不能满足高温测量的需求。复合材料结构温度范围大，试验环境恶劣，可选择的测量手段较少，从成本和可靠性而言，热电偶和红外测温这两种传统的测量方法依然是温度测量的首选。

6.2.1 热电偶测量

热电偶是一种最简单、最普通、测温范围最广的温度传感器，尤其适用于1 000℃左右温区内的温度测量。热电偶是一种无源接触式测量器件，在无需外部供电情况下可以把温度信号转换成热电动势信号，然后通过电气仪表转换成被测介质的温度。主要优点包括：① 接触式测温，准确度较高；② 结构简单，体积小，安装方便；③ 测量范围广，在−150~1 600℃，采用特殊材料时可达2 800℃；④ 热容量小，响应速度快，热电极不受形状限制[2]。

1. 热电偶测温原理

热电偶测温的基本原理为热电效应，热电效应示意图见图6.1。由两种不同成分的均质导体 A、B 构成一个闭合回路，使两端结点处于不同温度下，回路中便产生热电势和电流。这种物理现象称为热电效应。

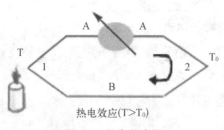

热电效应(T>T₀)

图 6.1 热电效应图

热电偶的两个结点，一个称为热端或测量端（T），测量时将它置于被测温度场中；另一个称为冷端或参考端（T_0），一般要求处于某个恒定的温度下。热电偶产生的热电动势由接触热电势和温差热电势组成，接触热电势产生的机理是由于互相接触的两种金属导体内部因自由电子密度不同,在接触界面上自由电子密度大的向自由电子密度小的方向扩散,从而形成一个动态平衡的电势势垒。电子扩散的速率与自由电子的密度及金属所处的温度成正比。温差热电势则是针对同一种金属导体,温度高的一端自由电子的动能大于温度低的一端自由电子的动能,导致电子扩散产生。由于温差电势比接触电势小,热电偶回路的热电动势主要是由接触电势引起的。热电偶温度计测温原理图如图 6.2 所示。

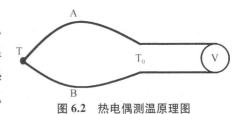

图 6.2 热电偶测温原理图

其中,T 为热端或测量端,T_0 为冷端或参考端。A 和 B 称为热电极,热电势 $E_{AB}(T, T_0)$ 的大小由接触电势和温差电势决定。对于已选定的热电偶,当参考端温度恒定时,总热电动势就变成测量端温度 T 的单值函数,即 $E_{AB}(T, T_0) = f(T)$。这就是热电偶测量温度的基本原理。

在热电偶的使用中,热电偶遵循四个定则,即:均质导体定则、中间导体定则、中间温度定则和参考电极定则。

热电偶必须采用两种不同材料的导体,热电偶的热电势仅与两结点的温度有关,而与热电偶的尺寸、形状、接触面积以及沿热电极的温度分布无关。如果热电偶的热电极是非均质导体,在不均匀温度场中测温时将会有附加电势产生,造成测量误差。所以热电极材料的均匀性是衡量热电偶质量的重要技术指标之一。这即是热电偶均质导体定则。

热电偶实际应用中,接入的测量仪表、连接导线、显示仪表和接插件等均可看成是与热电极不同材料的中间导体。中间导体定则表明,在热电偶回路中接入第三种材料的导体,只要其两端的温度相等,该导体的接入就不会影响热电偶回路的总热电动势。这为在热电偶回路中连接仪表、连接导线等提供了理论依据。即只要保证连接导线、仪表等接入时两端温度相同,则不影响回路热电势。但是,如果引入的第三导体两端温度不相等,则测量获得的热电偶电势将会产生变化,导致测量误差。

中间温度定则为热电偶制定分度表提供了理论依据,使得参考端的温度即使不处于 0℃ 也可以进行温度测量。而参考电极定则简化了热电偶材料的选配工作,只要获得任意两种材料热电极与标准铂电极配对的热电势,则这两种材料热电极配对时的热电势便可直接求得,而不需逐个测定。

实际温度测量时,热电偶的输出电压与温度之间并非呈良好的线性关系,因此,对于任何一种实际的热电偶,并不是由精确的关系式表示其特性,而是用特性分度表。分度表是在冷端温度为 0 的条件下得到的,不同的热电偶具有不同的分度表。这种热电势与热端温度数值对照的测量方式,使得当冷端温度不为0℃时,需要进行冷端温度补偿。

2. 热电偶在高温动态环境中的应用

1)测量特点

复合材料结构高温动强度试验中,试验件多处于高温振动状态,同时存在温度变化率较大的瞬态加热,使得热电偶测量具有如下特点:

(1)高温动强度试验多为一次性试验,要求热电偶测温具备良好的可靠性,尽量减小对热场的影响;

(2)对于温度变化率大、测量跟随性高的试验状态,要求热电偶传感器的时间常数小;

(3)高温振动环境将会导致热电偶引线的脱落、断线等问题,对热电偶的安装和选型提出了较高要求;

(4)辐射加热器、振动台等试验设备将会产生较强的电磁场,会给热电偶测量信号产生较大的电磁干扰,需要采取屏蔽防护措施。

2)热电偶选型

试验时应根据试验对象、测温范围、使用气氛和精度要求等进行热电偶的选用。表 6.1 表示了几种高温试验中常用的热电偶类型。

对于复合材料结构,无法采用电焊接的方法固定热电偶,同时复合材料结构多处于振动状态,这就要求热电偶端头尽量小,热电偶引线相对柔软,以方便热电偶的黏结和抗振动。

当 $T<1\,000℃$ 时,多选用廉金属热电偶,如 K 型热电偶。其使用温度范围宽,高温下性能较稳定,是航天领域广泛应用的一种热电偶,在瞬时应用中,它可应用于 $1\,200℃$。因为热振动试验和热噪声试验持续时间相对较短,且热电偶多一次性使用,所以可选用 K 型热电偶[3]。

3)热电偶安装

在多种测量误差中,由安装造成的误差远大于系统误差(测量仪器误差、线路误差等)。针对复合材料结构,最常用的安装方式仍然以黏结为主,黏结剂的使用范围决定了热电偶的测温范围,同时此测量范围还与固化温度有关。由于高温动强度关注高温区,需选择无机高温胶。热电偶片的黏结品质将直接影响安装可靠性和测量精度,应严格按照黏结工艺规程操作。

表 6.1　常用热电偶类型

热电偶名称	分度号 新	热电极性识别 极性	热电极性识别 识别	$E(100, 0)$ /mV	测温范围/℃ 长期	测温范围/℃ 短期	对分度表允许偏差 等级	对分度表允许偏差 使用温度/℃	对分度表允许偏差 允差
铂铑-铂	S	正	亮白较硬	0.646	0~1 300	1 600	Ⅲ	≤600	±1.5 ℃
		负	亮白较软					>600	±0.25%t①
镍铬-镍硅	K	正	不莱磁	4.096	−200~1 200	1 300	Ⅱ	−40~1 300	±2.5℃或±0.75%t
		负	稍莱磁				Ⅲ	−200~40	±2.5℃或±1.5%t
镍铬硅-镍硅	N	正	不莱磁	2.774	−200~1 200	1 300	Ⅰ	−40~1 100	±1.5℃或±0.4%t
		负	稍莱磁				Ⅱ	−40~1 300	±2.5℃或±0.75%t
镍铬-康铜	E	正	暗绿	6.319	−200~760	850	Ⅱ	−40~900	±2.5℃或±0.75%t
		负	亮黄				Ⅲ	−200~40	±2.5℃或±1.5%t
铜-康铜	T	正	红色	4.279	−200~350	400	Ⅱ	−40~350	±1℃或±0.75%t
		负	银白色				Ⅲ	−200~40	±1℃或±1.5%t

① t 为测量温度。

热电偶黏结的方法存在工艺参数控制困难、操作流程复杂、需要高温固化等不足,目前国内正积极探索以热喷涂技术为主的安装技术。热喷涂技术主要是通过某种热源将某些材料加热至熔融或半熔融状态,然后喷射到涂敷的基体表面上,形成一层性能优于原来基体的涂层,从而使原工件具有更加优异的表面性能。

图 6.3 为 NASA 采用热喷涂技术将高温传感器安装在复合材料结构表面上,首先采用等离子喷涂在复合材料表面形成底层,然后采用火焰喷涂过渡层,将传感器固定在过渡层上,最后用火焰喷涂一层固定层,实现热电偶的固定。

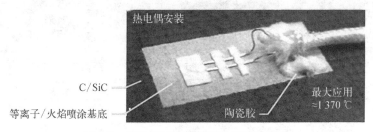

图 6.3　美国 NASA 热电偶的热喷涂安装

4) 热噪声试验中的应用问题

在复合材料结构件热噪声试验应用中,选用 K 型热电偶进行温度测量,采用陶瓷套管进行隔热和绝缘保护,采用高温黏结剂进行黏结。由于强噪声环境的影响,在试验过程中出现了热电偶线断裂问题,噪声量级越大,持续时间越长,热电偶线断裂现象越严重。试验中还多次出现黏结部位虚接、脱落等问题,并且黏结部位虚接后由于仍然受到辐射加热作用,温度变化并不急剧,从而不能及时确认并采取措施,导致测量温度不能准确反映试件温度,同时也会导致输出功率过大,实际温度过高,给人员或设备带来危险。此外,黏结部位的热容、吸收率等参数也会影响测量精度。总之,热电偶的安装可靠性仍然是热噪声试验温度测量中面临的主要问题。

6.2.2　红外测温仪测量

1. 红外测温基本理论

一切物体都在不停地向周围空间发射红外辐射能量。物体的温度越高,它辐射到周围空间的能量就越多,因此,可以通过对物体自身辐射能量的测量,准确地测量它的表面温度,这就是红外辐射测温法的依据[4]。

根据红外测温原理,在实际测量时,红外测温仪接收的有效辐射包括: 目标自身辐射、反射辐射和大气辐射,如图 6.4 所示。

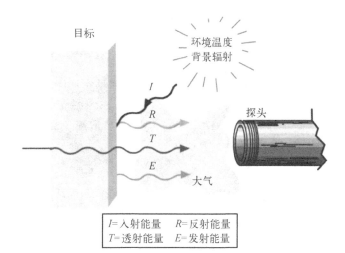

图 6.4　红外测温仪接收的能量

目标表面的辐射亮度为

$$L_\lambda = \varepsilon_\lambda L_{b\lambda}(T_0) + (1 - \alpha_{u\lambda})L_{b\lambda}(T_u) + F_{h\_o}(1 - \alpha_{h\lambda})L_{b\lambda}(T_h) \qquad (6.1)$$

其中,第一部分为目标自身的光谱辐射亮度;第二部分为物体反射的环境光谱辐射亮度;第三部分为目标附近高温物体的辐射亮度。T_0 为被测目标表面温度;T_u 为环境温度;T_h 为高温物体的温度;ε_λ 为表面发射率;$\alpha_{u\lambda}$ 为表面对环境辐射的吸收率;$\alpha_{h\lambda}$ 为表面对高温物体辐射的吸收率;F_{h_o} 为高温物体表面到目标表面的角系数。

作用于红外测温仪的辐射照度为

$$
\begin{aligned}
E_\lambda = A_0 d^{-2}[\, & \tau_{a\lambda}\varepsilon_\lambda L_{b\lambda}(T_0) + \tau_{a\lambda}(1 - \alpha_{u\lambda})L_{b\lambda}(T_u) \\
& + \tau_{a\lambda}F_{h\_o}(1 - \alpha_{h\lambda})L_{b\lambda}(T_h) + \varepsilon_{a\lambda}L_{b\lambda}(T_u)\,]
\end{aligned}
\qquad (6.2)
$$

式中,$\tau_{a\lambda}$ 为大气光谱透射率;$\varepsilon_{a\lambda}$ 为大气发射率;A_0 为红外测温仪最小空间张角所对应的目标的可视面积;d 为该目标到测量仪器之间的距离。通常,$A_0 d^{-2}$ 为常值,由红外测温仪的参数决定。

红外测温仪的光谱响应电压为

$$I_s = gR_\lambda[\,\tau_{op}A_r E_\lambda + P_{c\lambda}(T_c)\,] \qquad (6.3)$$

其中,g 为点温仪灵敏度;R_λ 为辐射与电压系数;τ_{op} 为透镜透射率;$P_{c\lambda}(T_c)$ 为光学杂散光。

由式(6.2)和式(6.3)可见,影响红外测温仪测量精度的因素主要包括:大气透射率、大气发射率、环境温度、环境发射率、附近高温物体、附近高温物体辐射角系数、目标面发射率、透镜透射率和光学杂散光等。

在热噪声试验中,红外测温仪距离试件较近,而且大气温度较低,因此,可将大气透射率视为1,而不考虑大气发射率。由于试验件温度相对于环境温度而言很高,环境温度辐射也可以不考虑。因此,式(6.2)可简化为

$$E_\lambda = A_0 d^{-2} [\varepsilon_\lambda L_{b\lambda}(T_0) + F_{h\_o}(1 - \alpha_{h\lambda})L_{b\lambda}(T_h)] \tag{6.4}$$

根据红外测温仪测量波段及处理方式的不同,红外测温仪又分为全辐射测温法、亮度测温法、双波段测温法、多波段测温法等[5],其中,亮度测温法是最常用的一种测量方法,基于这种方法的红外测温仪通常工作在 $3 \sim 5~\mu m$ 或 $8 \sim 14~\mu m$, ε_λ、$\alpha_{h\lambda}$ 通常可认为与 λ 无关。杂散光为设备内部的杂散光线,其值一般较小,当不考虑杂散光时,红外测温仪的响应电压与工作波段内辐射照度的积分近似为线性关系。

$$V_h = \int_{\lambda_1}^{\lambda_2} I_s \mathrm{d}\lambda = gA_r \int_{\lambda_1}^{\lambda_2} \tau_{op} R_\lambda E_\lambda \mathrm{d}\lambda \tag{6.5}$$

其中,A_r 为红外测温仪透镜的面积;R_λ 为探测器的光谱响应度,对确定的红外测温仪为常数。

可将 $K = gA_r R_\lambda \tau_{op} A_0 d^{-2}$ 视为常数,则响应电压可近似为

$$V_h = K[\varepsilon_{\bar{\lambda}} f(T_0) + F_{h\_o}(1 - \alpha_{\overline{h\lambda}})f(T_h)] \tag{6.6}$$

其中,$\varepsilon_{\bar{\lambda}}$、$\alpha_{\overline{h\lambda}}$ 分别为目标面在红外测温仪工作波段内的平均发射率和对高温物体辐射的平均吸收率。

由普朗克定理可知,黑体的光谱辐射力表示为

$$L(\lambda, T) = \frac{c_1 \lambda^{-5}}{e^{c_2 \lambda T} - 1} \tag{6.7}$$

$$f(T) = \int_{\lambda_1}^{\lambda_2} L(\lambda, T)\mathrm{d}\lambda \tag{6.8}$$

对式(6.8)在 $2 \sim 5~\mu m$ 和 $8 \sim 13~\mu m$ 波长分别积分可得到 $f(T)$ 与温度变化关系,其关系近似为

$$f(T) = CT^n \tag{6.9}$$

对于各系数之值,文献[6]认为在 2~5 μm 时, $C = 7.2768 \times 10^{-23}$, $n = 9.2554$;在 8~13 μm 时, $C = 1.9675 \times 10^{-8}$, $n = 3.9889$。 文献[7]等认为,对 6~9 μm 探测器,$n = 5.33$;对 2~5 μm 探测器,$n = 8.68$;对 8~13 μm 探测器,$n = 4.09$。

当被测物体可看作灰体时,$\varepsilon = \alpha$。 红外测温仪获得的刻度示数 T_τ 为

$$T_\tau^n = \varepsilon T_0^n + F_{h\_o}(1 - \varepsilon) T_h^n \tag{6.10}$$

可以看出,采用高温辐射加热的热噪声试验中,影响红外测温仪测量精度的主要因素为试验件的发射率、加热器对试验件的角系数以及加热器的温度。需要说明的是,T_h 为加热器在红外测温仪工作波长范围内的等效黑体温度。

2. 强辐射背景对红外测温仪的影响机理

1)被测物体发射率的影响

物体的发射率与它的材料、形状、表面粗糙度、凹凸度、氧化程度、颜色、厚度等有关,并且随温度和波长而变化,这些因素是红外测温仪现场应用的主要测量误差来源[8]。物体的发射率对波长最敏感,其次是表面状态和温度。发射率还与测试方向有关,最好保持测试角在 30° 之内。

图 6.5 表示了发射率误差在 10% 时,不同工作波长红外测温仪的测量误差。从中可以看出,对于辐射率设定不准造成的误差,短波热成像仪比长波热成像仪

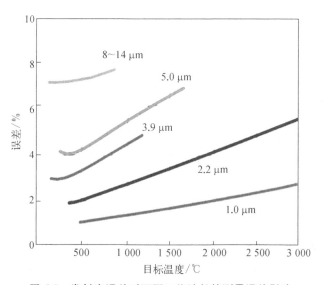

图 6.5　发射率误差对不同工作波长的测量误差影响

小得多。因此对 8~13 μm 工作波段的热成像仪,辐射率的设定更要尽可能准确。在不能准确测量发射率的条件下,为了降低发射率误差,采用高发射率涂料是一种较为可行的方法。

需要指出的是,有很多的物体不能简单地看成灰体,就是说,$\varepsilon \neq \alpha$,尤其是一些特定的波长,$\alpha_\lambda / \varepsilon_\lambda$ 可能远大于1,那么它吸收的热量也远大于发射的热量,这也可能造成相当的测量误差。

2) 石英灯加热器辐射的影响

热噪声试验中,石英灯加热器作为被测目标附近的高温物体,其辐射波段多集中在 5 μm 以下[9,10],是影响测量精度的主要因素之一。相关文献[11-13]分别对高温物体温度误差、角系数误差和吸收误差进行了分析。

高温物体温度的测量误差影响目标测温的准确性,在其他因素不变时,目标的测温误差随不同的高温物体测量误差的变化见图 6.6,当高温物体温度的测量误差达 20% 时,在 2~5 μm 波段,红外测温仪的测温误差为 6.9% 左右;而在 8~13 μm 波段,红外测温仪的测温误差为 3.6% 左右。

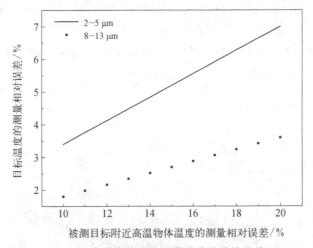

图 6.6　高温物体温度测量误差导致的误差

高温物体所在位置的变化对红外测温仪的测温结果有较大的影响,在其他因素不变时,当 F_{h_o} 的测量误差达 20% 时,在 2~5 μm 波段,红外测温仪的测温误差为 6.9% 左右;而在 8~13 μm 波段,红外测温仪的测温误差为 3.6% 左右,如图 6.7 所示。

附近高温物体吸收率测量不准,对不同波段的影响不同,在其他因素不变

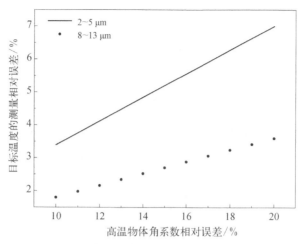

图 6.7　高温物体角系数误差导致的误差

时,当吸收率的测量误差达 20% 时,在 2~5 μm 波段,红外测温仪的测温误差为 12.9% 左右;而在 8~13 μm 波段,红外测温仪的测温误差为 6.7% 左右,如图 6.8 所示。

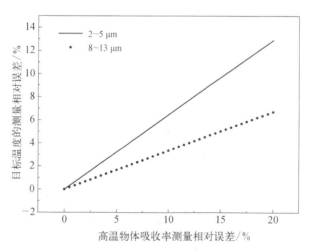

图 6.8　高温物体吸收率误差导致的误差

可以看出,高温物体温度误差与角系数误差对目标测温的准确性具有同等的权重,而吸收误差的影响比前两个因素更大。同时,相对于长波红外测温仪,附近高温物体对短波红外测温仪的影响更大。因此,热噪声试验中,长波测温仪具有更好的抵抗石英灯加热器干扰的能力。

3）红外测温仪影响因素研究试验

为验证分析结论,采用 1.6 μm 红外点温仪进行影响因素试验。石英灯加热器正面加热复合材料壁板结构试验件,试验件表面涂有耐高温黑色涂料。点温仪选用四台雷泰(Raytek)点温仪,其测温范围为 250~1 450℃,同时粘接热电偶以进行温度校验。

采用如图 6.9 所示的正面加热、背面测温的方法开展的试验结果表明,因为加热器辐射并不会入射至点温仪,所以测量结果与热电偶保持了较好的一致性,测量误差小于 5%。采用如图 6.10 所示的试验方案对加热器侧进行温度测量试验。方式 1 中,点温仪通过一个不透明管延伸至试验件附近进行测量,对石英灯加热器光线进行遮挡;方式 2 通过反射板中心的一个开孔透过石英灯阵进行测量。两种方式均无石英灯出现在视场范围内。

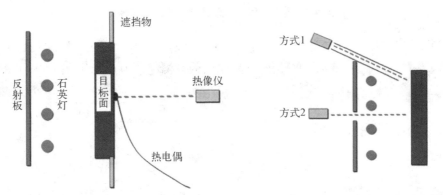

图 6.9　正面加热、背面测温的试验验证　　　　图 6.10　同一侧加热与测温的试验验证

图 6.11 表示了方式 2 的试验结果。结果表明,石英灯加热器启动之后,点温仪就有 450℃ 的示数,采用方式 1 的试验也出现了相同结果。试验初始阶段的点温仪示数过大,应是加热器辐射光谱通过试验件反射进入点温仪镜头导致的。当加热器的等效温度为 700℃ 时,虽然试验件温度为 27℃,但试验件反射的加热器辐射也会使点温仪的示温达到 450℃,加热器的等效温度与实际预期是基本相符的。由此表明,短波红外测温方法无法应用于石英灯加热器侧的温度测量。

石英灯加热器光谱特性研究表明,加热器光谱功率主要集中在 4 μm 以下,为此选用 5 μm 的红外点温仪开展高温测量研究。同样采用 C/SiC 材料试验件进行测试验证,测试方式与图 6.10 方式 2 相同,同时粘贴一个 K 型热电偶作为比对,发射率设置为 0.92。试验比对结果如图 6.12 所示。

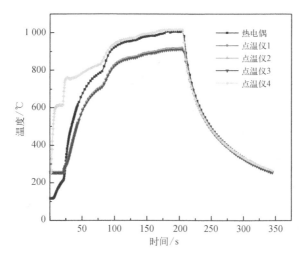

图 6.11　加热器辐射影响测试曲线（后附彩图）

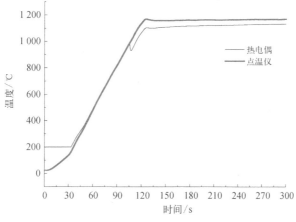

图 6.12　长波段点温仪温度测量对比

热噪声试验进行红外测温的几条应用建议：① 在石英灯辐射被遮挡时,宜选用短波红外测温仪;当需要透过石英灯阵测量时,宜选用长波红外测温仪;② 当透过石英窗进行测温时,必须选用短波红外测温仪,如果还必须透过石英灯阵,则须考虑石英灯辐射对红外测温仪的影响;③ 试验件发射率越大,加热器效率越高,红外测温仪抗干扰能力越强,背景辐射影响越小,因此试验件涂黑对红外测温十分有利。

3. 点温仪在高温动态试验中的应用

1）测量特点

由于热噪声试验的强噪声影响,多次出现了热电偶线断裂问题,采用热电偶进行温度测量已无法保证其可靠性,红外点温仪是较好的温度测量替代方案。它的热惯性小,可达千分之一秒,可测量运动物体和快速变化的温度;无振动噪声环境下的安装问题;作为非接触测量方法,它通过热辐射进行热交换,对物体无影响;具有较高的测温上限,可达 2 000℃。非常适合各类复合材料结构高温动强度试验。但此种方法也易受到强辐射背景影响,同时受发射率、气体环境、距离系数等参数影响较大。因此,在试验中需进行多方位的评价选型和细致应用。

2)红外点温仪选型

随着技术的不断发展,红外测温仪进行了优化设计,并取得了新进展,为用户提供了多种功能和多种用途的仪器,扩大了用户选择余地。在选择测温仪型号时,应首先确定测量要求,如被测目标温度、被测目标大小、测量距离、被测目标材料、目标所处环境测量精度等。

测温范围是测温仪最重要的一个性能指标。如 Raytek 产品覆盖范围为 −50~3 000℃,但这不能由一种型号的红外测温仪来完成。每种型号的测温仪都有自己特定的测温范围。在热噪声试验中,温度范围一般在 1 200℃ 以下,可选择 250~1 250℃ 量程的型号。根据黑体辐射定律,在光谱的短波段由温度引起的辐射能量的变化将超过由发射率误差引起的辐射能量的变化,因此,测温时应尽量选用短波。但是,由于石英灯辐射加热器的影响集中在短波,在无法摒弃石英灯加热器影响的情况下,则需要选择 5 μm 以上的长波。

被测物体和测温仪视场决定了仪器测量的精度。使用红外测温仪测温时,一般只能测定被测目标表面上确定面积的平均值。对于单色测温仪,在进行测温时,被测目标面积应充满测温仪视场。建议被测目标尺寸超过视场大小的 50%。如果目标尺寸小于视场,背景辐射能量就会进入测温仪的视场从而干扰测温读数,造成误差。

距离系数 ($K = S:D$) 是测温仪到目标的距离 S 与测温目标直径 D 的比值,它对红外测温的精确度有较大影响,K 值越大,分辨率越高。如果测温仪远离目标,而目标又小,就应选择高距离系数的测温仪,以减小测量误差。例如,对测量距离与目标直径之比 $S:D = 8:1$ 的测温仪,测量距离应满足表 6.2 的要求[14]。

表 6.2 S 值应满足的要求

目标直径 D/mm	15	50	100	200
测量距离 S/mm	<120	<400	<800	<1 600

测温仪所处的环境条件也是需要考虑的因素。热振动、热噪声试验时,测温仪处于环境温度高、试件振动、热气流扰动等环境下,可选用厂商提供的保护套、水冷却系统、空气冷却系统、空气吹扫器等附件来解决环境影响并保护测温仪。同时,也可选用比色测温仪,其温度是由两个独立的波长带内辐射能量的比值来确定的。因此被测目标很小、不充满视场,测量通路上存在烟雾、尘埃、阻挡,对辐射能量有衰减,都不对测量结果产生重大影响。对于细小而又处于运动或振动之中的目标,它是较好的选择。

3)点温仪的应用案例

选取 C/SiC 复合材料平板结构作为被测物体,采用石英灯辐射加热器和行波管噪声装置组合成的热噪声试验系统开展热噪声试验。平板安装在行波管侧壁上,在试件同侧进行加热。温度测量采用 K 型热电偶和长波红外点温仪,结构正面安装 K 型热电偶,红外点温仪安装在加热器的后面,如图 6.13 所示。

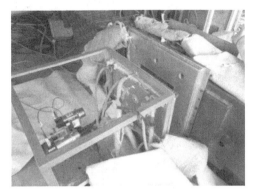

图 6.13 点温仪测量布置

试验过程中获得的数据对比如图 6.14 所示。可看出,热电偶和点温仪的一致性较好,采用的高发射率涂料在高温下的发射率变化可忽略,加热器对长波点温仪的干扰可不考虑。

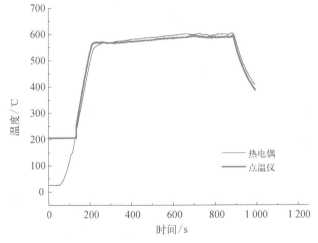

图 6.14 热电偶与点温仪测温对比

6.3 高温环境下动态变形/应变测试技术

6.3.1 电阻应变片

1. 电阻应变片基础

热噪声试验需要获取试验件高温强噪声下的应变响应。高温应变测试中,高温会对传感器、测试仪器以及测试数据带来诸多的影响。与常温应变测试相比,高温应变测试具有如下特点[15]。

(1) 需采用专门的高温应变计: 常温应变计工作温度一般在$-30 \sim 60℃$,更高温度下,应变计所用材料与性能都不太适用。因此,需要根据测试要求选择合适的高温应变计,并需要考虑高温带来的热输出影响。

(2) 由于构件处在高温环境下,除应变计本身外,其安装方法也与常温应变计不同,需用热喷涂固定或者高温固化处理,且需用专门高温线连接。

(3) 由于构件在高温下温度一般不均匀分布并随时间变化,因此,需要在测量应变的同时测量各测点的温度分布。

(4) 因为高温测量时数据受多种因素影响,所以,需要对数据进行相应的修正。

1) 应变测试理论

一个测点上的贴片数和方位问题,由该点的应力状态而定: 如果能明确测点处为单向应力状态,则只要沿该单向应力方向贴一个工作应变计即可测出应变的大小 ε;如果应变的大小和方向均未知,则可以在待测点处将应变计以等边形布片方式(120°)安装,先测出3个已知方向的组合应变 ε_a、ε_b、ε_c,然后,计算得到2个主应变 ε_1、ε_3 的大小和方向,应变计贴法如图6.15所示。

根据材料力学理论,在实际应用中往往使用莫尔圆法求解得到需要的2个主应变 ε_1、ε_3的大小和方向。

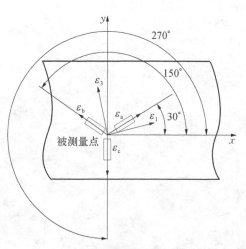

图 6.15 应变计安装方式

具体公式如下:

$$d = (\varepsilon_a + \varepsilon_b + \varepsilon_c)/3 \tag{6.11}$$

$$r = (\varepsilon_a - d)/\cos 2\varphi \tag{6.12}$$

$$\text{tg}\, 2\varphi = \frac{\sqrt{3}(\varepsilon_c - \varepsilon_b)}{2\varepsilon_a - \varepsilon_b - \varepsilon_c} \tag{6.13}$$

$$\varepsilon_1 = d + r,\ \varepsilon_3 = d - r \tag{6.14}$$

式中,ε_a、ε_b、ε_c 分别为图中所贴 3 个应变计方向所测的应变;ε_1、ε_3 分别为计算得到的主应变大小;φ 为 ε_a 和 ε_1 分别与 x 轴的夹角之差。

再根据广义胡克定律,主应力与主应变的关系式(平面应力问题)为

$$\begin{bmatrix} \sigma_1 \\ \sigma_3 \end{bmatrix} = \frac{E}{1 - \mu^2} \begin{bmatrix} 1 & \mu \\ \mu & 1 \end{bmatrix} \begin{bmatrix} \varepsilon_1 \\ \varepsilon_2 \end{bmatrix} = \begin{bmatrix} \dfrac{E}{1 - \mu^2}(\varepsilon_1 + \mu\varepsilon_3) \\ \dfrac{E}{1 - \mu^2}(\mu\varepsilon_1 + \varepsilon_3) \end{bmatrix} \tag{6.15}$$

最后,计算 Von-Mises 应力 σ_{eq}:

$$\sigma_{eq} = \sqrt{\frac{(\sigma_1 - \sigma_3)^2 + \sigma_3^2 + \sigma_1^2}{2}} \tag{6.16}$$

2) 高温应变测试方案

应变计的组桥方式一般有 1/4 桥、半桥和全桥,3 种组桥方式在本质上都是将应变计作为电桥桥臂,把应变转化成为电压输出,区别在于应变计(工作片)和平衡电阻的数量不同:1/4 桥以 1 个工作片输出单向的应变 ε,半桥以 2 个工作片输出组合应变 $\varepsilon_1 - \varepsilon_2$,而全桥以 4 个工作片输出组合应变 $\varepsilon_1 - \varepsilon_2 + \varepsilon_3 - \varepsilon_4$,测量过程中需要根据测量要求选择不同的组桥方式。以 1/4 桥为例,组桥方式如图 6.16 所示。

其中,R_{L1}、R_{L2}、R_{L3} 为导线电阻;R_1 为工作片;R_2、R_3、R_4 为电桥平衡电阻器。4 个电阻器的标称阻值相同。当采用三线法接线时,导线电阻 R_{L1} 与 R_{L2} 相对补偿,可消除导线电阻的接入影响。1/4 桥使

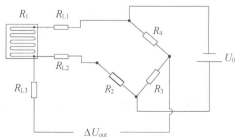

图 6.16　三线法接线电路

用一个工作片 R_1 粘贴在被测物体表面感受单一方向的变形,而其他 3 个平衡电阻器阻值不会发生变化。R_1 产生的应变 ε 与电桥输出电压 ΔU 之间的关系如下:

$$\varepsilon = \frac{1}{K} \cdot \frac{\Delta R_1}{R} = \frac{4\Delta U}{KU} \tag{6.17}$$

式中,ΔR_1 为主动应变计电阻的变化量;R 为应变片的名义电阻(这个数据由制造商提供);K 为应变计的灵敏度系数;U 为供桥电压;ΔU 为电桥的输出电压。这样,就建立了应变 ε 与输出电压 ΔU 之间的关系,在供桥电压 U 确定的情况下,只要测量出 ΔU 就可以计算出主动应变计的应变 ε 的值。

(1)灵敏度系数随温度的变化。在测量过程中,高温使应变计敏感栅的灵敏系数、基底和黏结剂的弹性模量与泊松比发生变化,从而引起应变计灵敏度系数的变化,所以,必须对应变计的灵敏度系数进行标定和修正。图 6.17 所示为应变计生产厂家针对某一批次生产的应变计提供的灵敏度温度系数曲线。

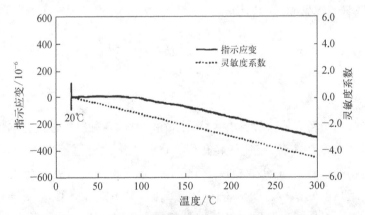

图 6.17　灵敏度温度系数曲线

通过图中虚线,可以得到灵敏度系数修正方程:

$$K'(T) = K[1 + k_0(T - T_0)] \tag{6.18}$$

式中,直线的斜率 k_0 为 $-0.16\%/(10℃)$;K 为标称灵敏度系数($K = 2.05$);T_0 为标定温度($T_0 = 20℃$);K' 为修正后的灵敏度系数;T 为应变计的实时工作温度。

(2)高温应变计的热输出。当应变计安装在构件表面时,其电阻会随温度变化而变化,该电阻相对变化所对应的应变量称为热输出。不过,对于高温动态应变测量而言,其测量的主要是较高频率的相对应变变化量,而热输出主要为低频漂移信号,可以通过高通滤波方式进行去除。但是,当温度变化较大时,应变片电阻也会产生较大的变化,导致桥路无法达到平衡,从而产生整体性的偏移,也会导致测量精度的下降。

2. 高温电阻应变片的安装

为开展热噪声试验的动态应变测量,选用 C/SiC 复合材料平板试验件进行了应变片的高温安装技术研究。首先采用 HPI 高温胶进行了高温胶接方法研究,由于其周期较长(安装+固化需要 3 天左右)、热输出的规律性差等原因,又开展了热喷涂安装技术研究。

热喷涂主要分为氧-乙炔火焰喷涂法和等离子喷涂法。其中火焰喷涂法由于装置简单,操作方便,且冲刷力相当柔和,是当前应变片安装的主要方式。而按照喷料的不同,火焰喷涂又分为熔线式和粉末式两种。熔线式主要原理就是由氧-乙炔混合气体形成高温火焰,把通过喷枪进入的氧化铝棒材或金属线状体熔化,在高压气流的作用下喷射至试件表面,并淀积成涂层。粉末式的区别是采用粉末状材料,而不是棒材或线状体,虽然它的涂层微粒更细更均匀,但容易受环境条件影响,粉料的稳定配比及粉料的干燥保存也比较困难。因此选用熔线式热喷涂安装方法,如图 6.18 所示。

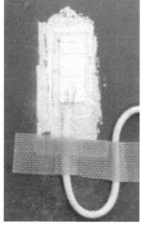

图 6.18　复合材料表面的应变计热喷涂安装

3. 高温电阻应变片的应用技术

对于静态应变片,由于采用三线制,桥路可以自配平,并可以消除连接导线的电阻变化对应变测量的影响,因此采用商用的应变采集板卡即可实现应变的组桥测量。但是高温动态应变片因为仅关注动态应变的变化值,对应变绝对值不作考虑,所以通常采用两线制的引线方式。温度较低时,采用铜线或铝线等电阻率较低的导线,所以导线电阻较小,应变调理采集设备能够通过软件实现桥路的配平。但高温环境下,导线需采用铂、镍铬等电阻率较大的耐高温材料做引线,引线的电阻值较大,已经超出了应变调理设备的配平能力,而且在高温环境下应变片的总电阻(即应变片与引线电阻之和)还随着温度不断增大,使得惠斯通桥路严重不平衡。

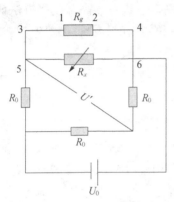

图6.19 大电阻动态应变片调理原理图

为实现高温动态应变片的准确调理,设计了一种新型的两线制动态应变片调理方案,其原理图如图6.19所示,应变片选用 HPI 公司的 HFP 系列型号,其丝栅材料为铂钨合金,引线为铂合金,可用于 1 000℃ 高温下,引出线为镍铬合金,电阻可达 3.2 Ω/m。

将程控电阻与动态应变片进行并联,程控电阻的阻值由程控电阻断路时测得的桥路输出电压来进行计算。并联后的阻值 $R_{56} \approx R_0$,由此可实现桥路的平衡。但是,程控电阻 R_x 并联入电路,将使得测量设备获得的应变读数与实际读数存在明显误差,为此必须进行相关的修正。

从应变调理桥路原理出发,开展相关的理论推导,获得此种解调方案下实际应变 $\Delta\varepsilon$ 与示数应变 $\Delta\varepsilon'$ 的关系。

假设配平时刻动态应变片的电阻为 R_g,与导线电阻 R_L 之和为 R_t,温度为 T,在测量时刻,电阻变化了 ΔR_g,温度变化量为 ΔT。

与程控电阻并联后的电阻为

$$R_{56} = \frac{R_x R_t}{R_x + R_t} \tag{6.19}$$

微分后得

$$dR_{56} = \left(\frac{R_x}{R_x + R_t} \right)^2 dR_t \tag{6.20}$$

而对于惠斯通桥路而言,测量电压值为

$$U' = \frac{R_{56} - R_0}{2(R_{56} + R_0)} U_0 \quad (6.21)$$

微分后得

$$dU' = \frac{R_0}{(R_{56} + R_0)^2} U_0 dR_{56} = \frac{R_0}{(R_{56} + R_0)^2} \frac{R_x^2}{(R_x + R_t)^2} U_0 dR_t \quad (6.22)$$

由于配平后的 $R_{56} \approx R_0$，所以进一步得

$$dU' = \frac{R_x^2}{4R_0 (R_x + R_t)^2} U_0 dR_t \quad (6.23)$$

按照应变采集设备的采集电压与应变对应关系，示数应变为

$$\Delta \varepsilon' = \Delta U' \frac{4}{U_0 K} = \frac{R_x^2}{K R_0 (R_x + R_t)^2} \Delta R_t \quad (6.24)$$

其中，K 为应变片灵敏度。

实际应变 $\Delta \varepsilon$ 导致的应变片自身阻值变化为

$$\Delta R_{g\varepsilon} = R_g K \Delta \varepsilon \quad (6.25)$$

温度变化导致的应变片与导线阻值变化、测量材料与应变片膨胀系数不一致导致的阻值变化之和为

$$\Delta R_{gT} = R_g \left[\alpha_{Rg} + K(\alpha_s - \alpha_g) \right] \Delta T \quad (6.26)$$

应变片的总阻值变化为

$$\Delta R_g = \Delta R_{gT} + \Delta R_{g\varepsilon} = R_g \left\{ K \Delta \varepsilon + \left[\alpha_{Rg} + K(\alpha_s - \alpha_g) \right] \Delta T \right\} \quad (6.27)$$

其中，α_{Rg} 为应变片的电阻温度系数；α_s 为试验件的热膨胀系数；α_g 为应变片的热膨胀系数。

假设导线的温度变化量为 ΔT_L，则应变片与导线的总电阻变化量为

$$\begin{aligned}
\Delta R_t &= \Delta R_g + \Delta R_L \\
&= R_g \left\{ K \Delta \varepsilon + \left[\alpha_{Rg} + K(\alpha_s - \alpha_g) \right] \Delta T \right\} + (R_t - R_g) \alpha_{RL} \Delta T_L
\end{aligned} \quad (6.28)$$

其中，α_{RL} 为导线的电阻温度系数。

将式（6.28）代入式（6.24）可得

$$\Delta \varepsilon' = \frac{R_x^2}{KR_0 (R_x + R_t)^2} (R_g \{ K\Delta \varepsilon + [\alpha_{Rg} + K(\alpha_s - \alpha_g)]\Delta T\} \quad (6.29)$$

$$+ (R_t - R_g)\alpha_{RL}\Delta T_L)$$

简化后可得到实际应变与示数应变的关系为

$$\Delta \varepsilon = \frac{R_0}{R_g} \left(1 + \frac{R_t}{R_x} \right)^2 \Delta \varepsilon' - C \quad (6.30)$$

其中, $C = \dfrac{\alpha_{Rg}}{K} + (\alpha_s - \alpha_g)\Delta T + \dfrac{R_L}{R_g} \dfrac{\alpha_{RL}}{K} \Delta T_L。$

　　由于应变片的灵敏度系数不会保持恒定,会随着温度的变化而变化,可进一步通过下式进行灵敏度系数修正:

$$K(T) = K_0 [1 + c(T - T_0)] \quad (6.31)$$

式中, c 为修正系数; K_0 为标称灵敏度系数; T 为修正时的温度。

　　从调理方案出发,可搭建如图 6.20 所示的大电阻应变片调理系统。

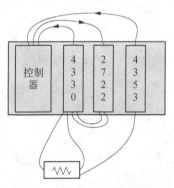

图 6.20　大电阻应变片调理系统

系统依托 NI 数据采集模块,主要包括控制器、应变采集板卡 PXIe4330、程控电阻板卡 PXI2722 和温度测量板卡 PXIe4353。高温动态应变片与 2722 并联接入 4330 的 1/4 桥路上,4330 测量的电压数据通过背板输入控制器,控制器通过 Labview 软件进行数据采集,经数据分析后控制 2722 板卡提供一个特定的电阻值,4353 板卡采集温度数据至控制器中进行温度修正计算。具体实施过程中,首先将程控电阻断路,采集非配平情况下桥路的电压 U',然后软件按照式(6.32)计算出程控电阻输出值 R_x,并控制程控电阻输出电阻值 R_x。

$$R_x = \frac{U_0 + U'}{2U'} R_0 \quad (6.32)$$

　　最后开始桥路采集和温度数据采集,采集后的示数应变 $\Delta \varepsilon'$ 和温度数据进入控制器,并按照式(6.30)进行运算,获得实际应变 $\Delta \varepsilon$。

6.3.2　数字图像相关方法

1. 数字图像相关方法基本原理

数字图像相关方法(Digital Image Correlation,DIC)是由 Sutton 等在 1983 年[16]提出的。数字图像相关测量方法根据物体表面随机分布的斑纹的光强在变形前后的相关性来确定物体表面位移及应变,其测量过程为用摄像机采集物体表面变形前后的两幅数字图像,然后对这两张图片进行相关性运算。此方法通过获取物体表面选定区域内以各计算点为中心的图像子区在物体变形前后的位置变化关系,计算各计算点的位移和应变。由于二维数字图像相关方法只使用一个摄像机,故而只能测量物体平面内的变形,但根据理论分析和试验结果验证,一个相对小的平面外位移会改变图像的放大系数,从而引起平面内的测量误差。三维数字图像相关方法基于立体视觉原理(图 6.21),可以避免上述误差并且可以对物体表面的三维形貌及三维变形进行测量。待测物点 P 分别成像于左相机焦平面上的 P_1 和右相机焦平面上的 P_2;O_1 和 O_2 分别为左、右相机的光心。根据小孔成像原理,用标定靶对两个相机位置进行标定,获取相机的固有参数和非固有参数。所谓固有参数是根据小孔成像原理对相机图像的描述,其参数分别为焦距 f、主点 $C(C_x,C_y)$ 的位置坐标、径向畸变量。非固有参数即在标定靶所在坐标系中相机的位置参数,包括平动参数和转动参数。根据所获取的两个相机的内外参数确定待测物点 P 分别在左、右相机焦平面的位置,即 P_1 和 P_2 的位置坐标。由于 P 点位于 P_1O_1 和 P_2O_2 的

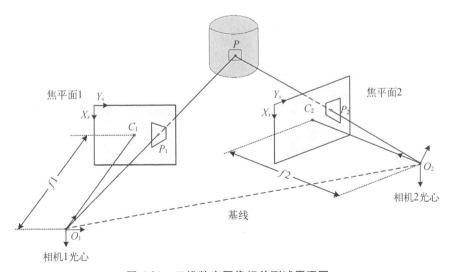

图 6.21　三维数字图像相关测试原理图

延长线交点上,P点位置可以根据P_1和P_2的位置确定。对待测物体表面上的多个点重复上述过程,可以得到若干个空间点坐标,从而用这些空间点坐标直接构成或经曲面拟合后构成三维形貌。三维数字图像相关系统就是利用双相机立体视觉原理,在被测物表面数字图像中取以所求位置为中心的正方形图像子区,确定测量区域中每个子区的中心点变形前和变形后的三维坐标,变形前后空间坐标之差即为所求三维位移。

在变形前的图像中确定子区大小,在变形后的图像中通过一定搜索方法,按照一定的相关函数进行相关计算,寻找与变形前图像子区中心点的相关系数为最大值或最小值的变形后图像中子区,以确定所求点的位移。常用的搜索方法有金字塔搜索法[17]、邻近域搜索法,常用的相关函数有标准化相关函数、标准化协方差相关函数、最小平方距离相关函数等[18,19]。

对数字图像进行相关运算有两种方法:一种方法为拉格朗日法,另一种方法为欧拉法。拉格朗日法是物体变形后任意时刻的位移量均以物体上一时刻的变形状态为参考状态进行相关运算,即所得各时刻的位移量均为相对上一时刻的相对位移量,物体的总变形量为所采集的各时刻相对位移的叠加;而欧拉方法是以物体未变形的状态为参考状态,其后当计算变形后任意时刻的位移时,均以此未变形状态作为参考状态进行相关计算,即直接得出变形后各时刻的总变形量。在计算精度方面,因为欧拉方法以未变形的状态作为各时刻的初始状态,避免了拉格朗日方法计算过程中计算误差的累积,从而具有相对高的计算精度。然而在大变形的情况下,欧拉方法的相关性较差。为了同时考虑到计算精度和计算效率,可以采用欧拉法和拉格朗日法混合的方法,即在位移突变的时刻添加中间参考状态进行相关计算。

2. 高温环境下数字图像相关方法适用性分析

首先进行高温散斑制作,采用美国 Amerco 公司黑色、白色高温漆进行随机散斑制作,散斑制好后进行固化,在93℃下固化 2 h 后,即可在高温下使用,且散斑无褪色消失等现象。

当物体表面温度高于 500℃时,物体表面的热辐射从波长较长的红外光向可见的短波方向移动并进入相机感光芯片的敏感波长区域,使得采集的物体表面图像亮度显著增强并可能出现严重的饱和,如图 6.22 所示。而这些额外的亮度与物体表面散斑特征无关,将极大减少图像中反映物体表面散斑特征的信息,从而导致所采集的变形图像出现严重的退相关效应,造成数字图像相关分析失效。

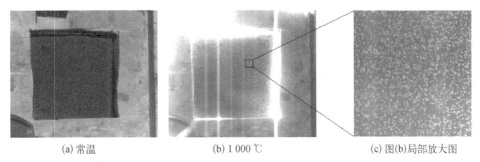

(a) 常温　　　　　　(b) 1 000 ℃　　　　　　(c) 图(b)局部放大图

图 6.22　同一试件在常温和 1 000℃下获取的图像

由普朗克公式:

$$I(\lambda,\ T) = 2hc^2\lambda^{-5}(e^{hc/\lambda kT} - 1)^{-1} \tag{6.33}$$

可获得热辐射中波长与温度的关系,如图 6.23 所示。当试件温度低于 1 000℃
时,热辐射影响的波长范围主要在 500 nm 以上,其中波长低于 800 nm 的辐射会
引起相机 CCD 的感应,形成图像噪声,降低图像表面信息,而波长低于 500 nm
的辐射则影响比较微小。

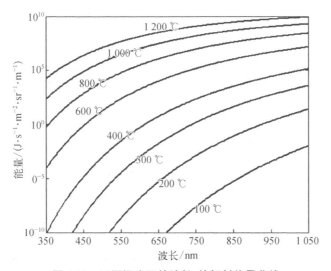

图 6.23　不同温度下的波长-热辐射能量曲线

由普朗克公式获得各个温度下物体辐射 450 nm 光波的能量,如图 6.24 所
示,当温度低于 1 000℃时,物体表面辐射 450 nm 光波的能量是相对较低的,即
此部分光波对相机采集图像的影响较小,在可接受范围之内。

为减小高温热辐射对相机采集图像的影响,采用窄带滤波法,即使用波长为

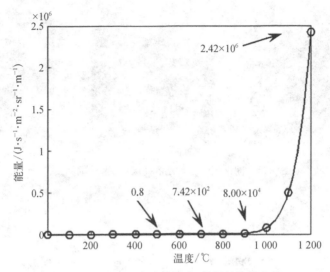

图 6.24　450 nm 光波的温度−热辐射能量曲线

450 nm 的窄带带通滤波透镜,滤波片半高宽为 40 nm,将其放置在相机成像透镜前方。当波长大于 500 nm 时通光率几乎为 0,光波将无法通过窄带带通滤波透镜,因此可以将波长大于 500 nm 的光波过滤掉,很好地降低高温辐射引发的图像噪声。

在石英灯加热的高温环境下,石英灯本身会发出强烈的包含整个可见光范围的光波,此时带通滤波并不能完全消除这些强杂光对相机成像带来的影响。对于图像获取的灰度值,可以分解成物体表面反射贡献和杂光贡献两部分,即 $G(x,y) = G_o(x,y) + G_n(x,y)$,其中 G_o 为物体表面反射贡献灰度值,G_n 为杂光贡献灰度值。为了减少杂光干扰,采用主动照明法,考虑到高温环境下所需的带通滤波透镜性质,使杂光贡献部分灰度值接近相机 CCD 的噪声水平且满足整体图像灰度值没有过饱和。在配备了窄带带通滤波透镜后,相机仅能感应到波长在 450 nm 左右的光波,所以选取波长在 450 nm 左右的蓝光 LED 光源,并增大蓝光源功率,配备窄带滤波片和蓝光源的数字图像相关测试系统,如图 6.25 所示。

图 6.25　配备窄带滤波片和蓝光源的数字图像相关测试系统

通过 1 000℃下 C/SiC 平板热变形试验,验证窄带滤波和蓝光主动照明下所采集图像的有效性。如图 6.26 所示,1 000℃时,试验件表面由于温度过高而发红,当对试验件进行大功率蓝光源照明后,试验件的发红效应被掩盖,试验件表面呈蓝色,因为在相机镜头前加上蓝光滤波片,使得照相机采集反射蓝光波长的光线,在 1 000℃下相机所采集图像与常温下所采集图像并无区别,所以结果表明带通滤波在 1 000℃下对消除高温辐射引起的退相关现象具有非常明显且有效的作用。

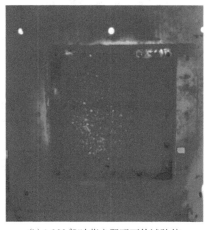

(a) 1 000 ℃未开光源时的试验件　　　　　　(b) 1 000 ℃时蓝光照明下的试验件

(c) 常温下CCD相机采集的散斑图　　　　　　(d) 1 000 ℃下CCD相机采集的散斑图

图 6.26　采用窄带滤波和主动照明的试验效果[(a)(b)后附彩图]

3. 高温环境下动态响应测量应用实例

采用高温 DIC 方法,对复合材料平板在常温和高温环境噪声作用下的动态响应进行测试。试验前在试验件表面利用黑、白高温漆制成高温散斑场,试验件安装在行波管夹具上,施加噪声到指定量级时,利用两台高速相机同步采集,并采用窄带滤波和主动照明相结合的方式,消除图像退相关现象,采集频率 2 000 Hz,采集时间 5 s,高温噪声环境下的 DIC 测试系统如图 6.27 所示。后续 DIC 选取的分析点为 P1~P5,如图 6.28 所示,A1 和 A2 为激光测振计测点,与 DIC 测试选取的分析点 P1 和 P2 相对应,施加的噪声为 50~500 Hz 的白噪声,量级温度为 600℃。

图 6.27　高温噪声环境下的 DIC 测试系统

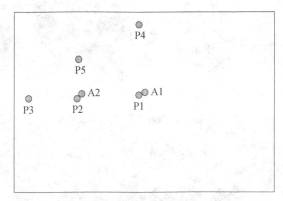

图 6.28　DIC 测试数据测点分布

1）常温噪声激励试验

常温环境下试验件不同测点加速度测试结果的 RMS 值如表 6.3 所示。常温环境下采用 DIC 和激光测振仪测试结果的频谱图分别如图 6.29 和图 6.30 所示,其中,DIC 测试的结果为一阶频率为 203 Hz,二阶频率为 346 Hz;激光测振仪数据分析结果为一阶频率为 200 Hz,二阶频率为 352 Hz。两者测试结果吻合度较好。

表 6.3　平板试验件常温下的加速度 RMS 值

噪声量级	P1	P2	P3	P4	P5	A1	A2
147 dB	38.77g	49.48g	34.62g	21.05g	45.88g	38.54g	50.21g

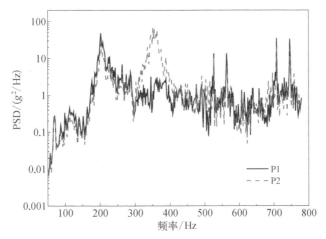

图 6.29　常温环境 DIC 测试测点 A1 和测点 A2 加速度频谱图

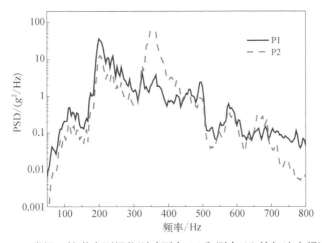

图 6.30　常温环境激光测振仪测试测点 A1 和测点 A2 的加速度频谱图

2）高温噪声激励试验

高温环境下试验件不同测点加速度测试结果的 RMS 值如表 6.4 所示。高温环境下采用 DIC 和激光测振仪测试结果的频谱图分别如图 6.31 和图 6.32 所示,其中,DIC 测试的结果为一阶频率为 423 Hz,二阶频率为 492 Hz;激光测振仪数据分析结果为一阶频率为 424 Hz,二阶频率为 496 Hz。两者测试结果吻合度较好。

表 6.4　平板试验件高温下的加速度 RMS 值

噪声量级	P1	P2	P3	P4	P5	A1	A2
147 dB	$29.27g$	$45.31g$	$40.39g$	$14.18g$	$33.27g$	$35.43g$	$64.70g$

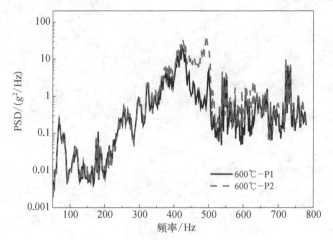

图 6.31 高温环境 DIC 测试测点 A1 和测点 A2 加速度频谱图

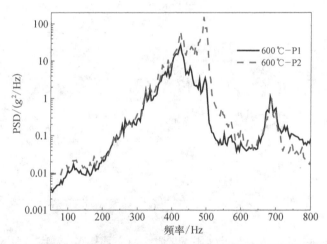

图 6.32 高温环境激光测振仪测试测点 A1 和测点 A2 加速度频谱图

6.4 高温振动测试技术

6.4.1 高温振动测量方法

振动加速度测量一直是高温环境下振动试验的技术瓶颈[20]。同时,获取复合材料结构高温环境下的振动响应,是开展复合材料结构动强度评估的先决条件。当前,能够实现高温振动测量的设备有高温压电加速度传感器和激光多普勒测振仪等。

1. 高温压电加速度传感器

高温加速度传感器通常是电荷传感器,基本工作原理基于压电材料的压电效应。为了适应高温环境需求,高温加速度传感器的压电材料需要选择具有较高居里温度的压电陶瓷材料。

到目前为止,已经研制出的高温加速度传感器长时间工作温度标称上限为650℃。但在实际试验中发现,在温度低于 650℃ 时,测量结果也并不理想。如美国 NASA 在利用 PCB 高温加速度传感器测试某翼舵结构的高温模态时,出现了信号异常现象。

这主要是由于压电陶瓷在温升条件下存在信号漂移现象。瞬变温度环境相比于恒温环境,除了使得压电材料产生瞬变热应力,同时会引发热释电效应,其中热释电效应影响又为主要影响。热释电性是指铁电材料的极化率随温度变化的特性,极化率发生改变,则压电材料表面由自发极化引起的电荷数就会发生变化,从而使加速度输出信号受到较大的信号干扰。该干扰信号的幅值与环境温升率、压电陶瓷的热释电系数和传感器的灵敏度等均有关,所以在高温、温度变化率较大且无法准确测量的高温动态试验中,高温压电加速度传感器已不宜应用。

2. 激光多普勒测振仪

基于多普勒原理的激光非接触测振技术,是国际上近十年来成熟起来的新型非接触测量手段,也是目前最先进的非接触振动测量技术[21]。激光测振仪主要利用激光多普勒效应,其原理如图 6.33 所示,激光器发射一束单色激光至振动的被测物体上,当被测物体向着接收器移动时,物体散射回的波被压缩,波长缩短,频率升高;反之,当被测物体背着接收器移动时,散射回的波长将变长,频率会降低。这种振动引起的频率的变化

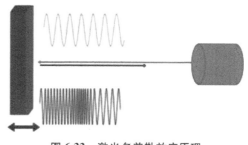

图 6.33　激光多普勒效应原理

叫做多普勒频移,该频移量与物体的运动速度 v 成正比。测出多普勒频移 f_D,即可以计算出物体的运动速度 v。频移与速度的关系如式(6.34)所示。

$$f_D = \frac{2v}{\lambda} \tag{6.34}$$

激光测振仪即是采用激光多普勒效应进行振动测量的。其光路如图 6.34 所示。

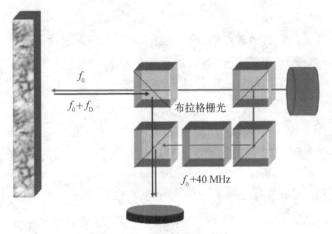

f_0

$f_0 + f_D$

布拉格栅光

$f_0 + 40\ \text{MHz}$

图 6.34　激光测振仪光路

由 He-Ne 激光器发射出一束稳定的频率为 f_0 的单频激光,经过一个半透半反分光镜后被分成两束。其中一条光束作为测量光束经过另一个半透镜后射向被测物体表面,另一束光线作为参考光束经过反射后射向图 6.34 下方的半透镜,然后和测量光束一起射向光探测器。由于接收器接收的信号具有正弦特征,不能直接确定振动方向,因此参数光束需引入一个 40 MHz 的附加频移。测量光束经过测量物体的漫反射(或贴反光膜反射)后,频率改变为 $f_0 + f_D$。测量光束与参考光束产生干涉信号。通过控制器内的速度解码卡,依据多普勒原理,解调出被测物体的速度信号。最后输出振动速度的模拟电压信号,供数据管理系统采集分析。设备构成如图 6.35 所示。

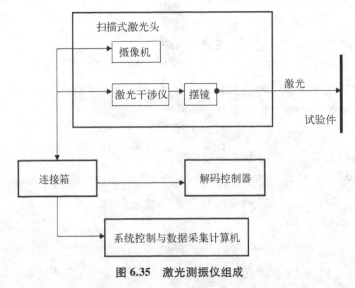

图 6.35　激光测振仪组成

目前,多普勒激光测振技术在很多行业中被广泛使用[22-24],相关的仪器设备都已经商品化。如 POLYTEC 公司生产的激光测振仪指标是:频率范围 0 ~ 30 MHz;速度量程 50 nm/s ~ 30 m/s;位移量程 2 pm ~ 10 m;加速度量程 $10^{-8}g$ ~ $10^{7}g$。能够满足常规的高温振动测量要求。

6.4.2　激光测振仪在热噪声试验的应用

1. 激光测振仪的降噪防护

为减小噪声对激光测振仪的激励,同时保证激光测振仪工作在较低的噪声声压级环境中,基于 VA One 软件的仿真结果,设计和加工了测振仪隔音箱,隔音箱的主体结构如图 6.36 所示。采用安装头与安装盖将玻璃片进行密封,隔音箱内部粘接一层三聚氰胺吸声材料。实施过程中,将激光测振仪放置于一块厚的金属底板上,激光测振仪与金属底板之间垫有橡胶垫片,用于隔离底部振动;然后将主体结构与底板压紧,组成封闭空腔,激光测振仪整体放置于此空腔中。

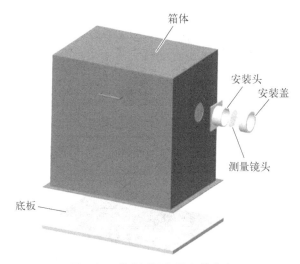

图 6.36　激光测振仪隔音箱方案

结合常温噪声试验,对隔音箱的隔音效果进行了验证。在 165 dB 噪声试验中,隔音箱自身具有 15 dB 以上的隔音效果,在高频段(300 Hz 以上)的隔音效果较好;而从行波管至隔音箱内则衰减了 53 dB。进一步分析表明噪声衰减与噪声声压级的大小基本无关,168 dB 时隔音箱声压为 115 dB,距离激光测振仪的 120 dB 的使用噪声上限具有一定的安全裕度。

2. 复合材料结构表面处理方法

由于热噪声试验中试验件为 C/SiC 复合材料,其表面为黑色,且温度高达1 000℃ 左右,对 632.8 nm 波长的光具有强烈吸收作用,从而使基于光学反射多普勒效应的激光测振信号反射十分微弱,严重降低了测量结果的准确性。需要通过表面处理增强试验件高温下的信号反射效果。表面处理方式有:喷涂陶瓷涂层、制作高温反射胶层等手段。

3. 热噪声试验中的测量应用

针对热噪声试验不同的试验目的、试验件形状和试验温度情况,制定了热噪声试验中的激光测振方案,如图 6.37 所示。根据不同的试验布置方式,共有三种激光测振仪测量加速度的方案。图 6.37(a)和图 6.37(b)中的方案适用于测点处正、反面加速度基本一致的结构,其中,图 6.37(a)中的方案对热噪声环境模拟准确性高,但加热温度上限偏低;图 6.37(b)中的方案加热温度能够达到很高,但热噪声环境分别施加在试验件的两个面上,与实际存在机理上的偏差。图

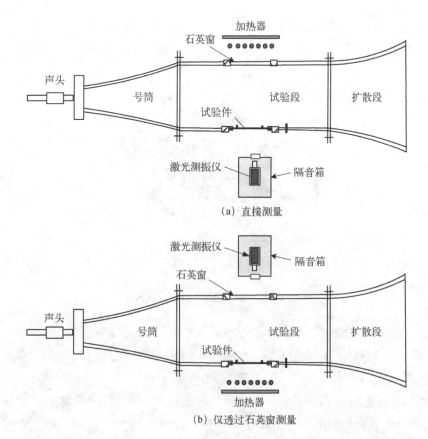

(a) 直接测量

(b) 仅透过石英窗测量

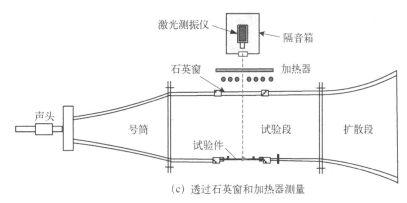

（c）透过石英窗和加热器测量

图 6.37　热噪声试验中的激光测振方案

6.37（c）中的方案适用于加筋板、翼舵等结构的热噪声试验,但测量影响因素较多,测量难度最大。

　　三种方案中,激光测振仪均需放置于隔音箱中,隔音箱内部粘贴三聚氰胺隔声材料,试验件表面采用石英微珠+耐高温胶制作形成激光反射层。

　　为了验证热噪声环境下激光测振方案的可行性,开展了常温噪声环境下的验证试验,主要用于验证表面反射状态良好的情况下,激光测振仪的测量精度。所采用的试验为 2.5 mm 厚 C/SiC 平板试验件,试验件上安装加速度传感器,激光测点位于加速度传感器附近。分别验证了图 6.37（a）和（b）中的方案。

　　利用图 6.37（a）中的方案获得的加速度传感器与激光测振仪测量数据对比如表 6.5 所示。从中可看出激光测振仪与加速度传感器的测量误差基本在 5% 以内。利用图 6.37（b）中的方案获得的测量结果基本与此类似。在测量结果的 PSD 谱的对比分析方面,激光测振仪与加速度传感器也具有良好的一致性。由此说明常温下测量方案具有较好的可行性,噪声环境、玻璃等的影响可以忽略不计。

表 6.5　加速度传感器与激光测振传感器测量数据对比

噪声量级 /dB	加速度 传感器 1/g	激光测振仪 1 /g	误差 /%	加速度 传感器 2/g	激光测振仪 2 /g	误差 /%
165	227.80	226.53	−0.56	139.17	146.87	5.53
166	280.91	278.13	−0.99	182.38	190.78	4.61
159	163.05	162.46	−0.36	117.20	119.83	2.24
162	237.35	231.56	−2.44	152.77	160.98	5.37
165	316.73	297.79	−5.98	206.79	199.23	−3.66

为了进一步验证高温强噪声环境下激光测振方案的可行性,采用复合材料平板结构开展了热噪声试验。试验共设置 2 个测点,关于平板中心对称,成功获得了 800℃下不同噪声量级的试验件加速度响应数据。图 6.38 表示了 800℃时试验件加速度响应随声压级变化的曲线。从中可看出,测点 1 和测点 2 的响应曲线变化较为一致。

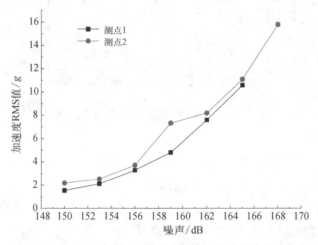

图 6.38　800℃下试件加速度响应随声压级变化的关系曲线

6.5　高温噪声测试技术

6.5.1　常温环境下噪声测试技术

1. 常温环境下噪声测量方法

飞行器环境试验工程中的噪声在多数情况下是作为结构的随机压力载荷来研究的,主要关系的是噪声的功率谱和时-空相关系数等,最常用的参数是声压,为标量。也可采用声强,其定义为垂直传播方向上单位面积内通过的平均声能,单位是 W/m^2,用 I 表示,为矢量。在大多数情况下,我们主要关心的噪声频率范围为 $50 \sim 10\,000\,Hz$,通常将该频率范围分为若干小频段,即通常所说的频程或频带,在航天工程中,噪声测量多采用倍频程或 1/3 倍频程[25]。

飞行器环境试验工程通常采用传声器测量噪声。传声器把声信号转变为相应的电信号,根据工作原理可以分为声压式和压差式两类。而实际使用的传声器有声压式、压差式和两者的组合方式等。因为高声强噪声试验中,噪声的声压较高,频率范围宽,工作环境恶劣,所以对测量传声器的要求较高,这种环境下,通常采用电容传声器或压电传声器测量高声强噪声[26]。

电容传声器的电容两极由传感器的膜片和背极组成。它采用聚四氟乙烯材料作为振动膜片,这种材料经过特殊电处理后,表面永久地驻有极化电荷,取代了电容传声器极板,故称为驻极体电容传感器。声压作用在传声器膜片上,引起膜片的振动,使传声器的电容变化,从而使传声器的输出电压变化。电容传声器输出稳定性好,频带宽。由于膜片质量小,振动灵敏度变小,尺寸也很小,是常用的测量传声器,但它结构精密,要注意防潮,以免出现水汽凝结现象,使绝缘性能降低,产生噪声。

压电传声器结构简单可靠,不需要极化电压,由传感器的膜片感受声压。当声压作用在传感器膜片上时,引起膜片的振动,对后面的压电元件产生压力,从而使传感器的输出电压变化。压电传声器具有频带宽、灵敏度高、信噪比高、结构简单、工作可靠、质量小等特点,可测的声压级可达到 170 dB 以上。

2. 噪声传感器在高声强行波管噪声试验中的应用

高声强行波管噪声试验的应用中,传声器往往被安装在行波管的侧壁上进行测量,如图 6.39 所示。安装方式又分为齐平安装(flush-mounted)和异侧安装两类,齐平安装方式如图 6.40(a)所示,传声器的测量位置和试验件的位置在同

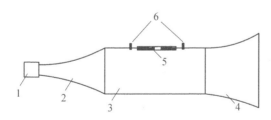

图 6.39　噪声传感器测量

1. 换能器;2. 指数号筒;3. 行波管试验段;4. 扩散段;5. 试验件;6. 传声器

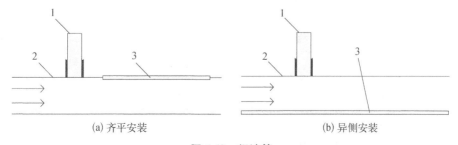

(a) 齐平安装　　　　　　　　　　(b) 异侧安装

图 6.40　行波管

1. 传声器;2. 行波管侧壁;3. 试验件

侧,噪声传感器所测得的实际声压就是试验件的实际声压。异侧安装多用于修正行波管中,通常将试验件的壁面作为行波管的一个侧壁,传声器布置在试验件对侧壁面,如图 6.40(b)所示,所测量的实际声压与试验件受到的声压也视为相同。

6.5.2　高温环境下噪声测试技术

1. 高温环境下噪声测量技术

由于噪声传感器耐高温辐射的性能十分有限,在高热辐射环境下开展噪声测试是有相当难度的技术工作[27]。为开展热噪声行波管试验和发动机试验,实现高温热辐射环境下噪声载荷的测量,国外在 20 世纪 70 年代起就开展了相关研究,研究得到的技术包括:基于冷却装置的高温噪声测量方法、基于声波导管的高温噪声测量方法和基于等离子体传声器的高温噪声测量方法[28-31]。这些技术在高超声速飞行器热噪声试验中得到应用。

1) 基于冷却装置的高温噪声测量技术

基于冷却装置的高温噪声测量方法如图 6.41 所示,在电容传声器或压电传声器外套一个水套,对传感器进行强制冷却,保证传声器在合理的使用温度下工作。研究表明,加冷却装置的传感器具有良好的动态特性。该方法的劣势在于传感器与水套的装配间隙和声传递通道会对声测量产生影响,并且体积通常较大,在一些情况下无法安装,从而限制了使用范围。

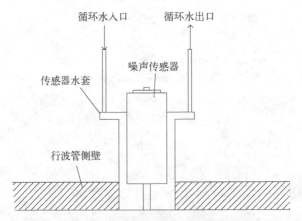

图 6.41　基于冷却装置的高温噪声测量方法

2) 基于声波导管的高温噪声测量技术

声波导管噪声测量系统实际上是类似图 6.42 所示的管道传声系统,实际测

量的 $P_0(t)$ 为声测量通道入口处的脉动压力。由管道声学的原理可知,声波会沿着半无限管道传播到末端,传声器测量的压力是声波传递了距离 l 后的响应。若声波导管的入口处的压力为 $P_0\cos\omega t$,则在时刻 t,距离入口处的距离为 x 的声波可以表示为

$$P_x(t) = P_0 e^{-ax}\cos(\omega t - bx) \tag{6.35}$$

其中, a 为是衰减因子,是管道直径、气体特性和频率的函数; b 为相位因子,与声在沿声波导管传播的过程中的相位延迟相关。

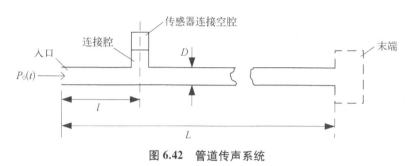

图 6.42　管道传声系统

由公式(6.35)可知,衰减因子受管道直径的影响,在采用该管道传声系统进行噪声测量时,应确保管道直径远小于管道的长度和分析频率上限对应的波长,在使用过程中,管道传声系统中的压力密度和温度的时域波动相对于时间平均值变化不宜过大。同时,对于实际的等横截面的有限长声管道而言,声波在传递至末端后不可避免地会发生反射。在设计声波导管的声测量通道时,应采取措施,消除反射回传声器位置的波产生的影响。具体而言,可以采用延长管延长声管道的长度、在末端放置吸声材料等方法。

3) 基于等离子体传声器的高温噪声测量技术

主要是利用辉光放电压力传感器原理[32,33],通过电离中性气体分子(等离子体)将能量转移到电子或离子的机制实现对声波的感知,通过专门的放大调制原理和装置,实现声信号的传递、放大和转换。

2. 热噪声行波管试验段热辐射区域噪声测量技术

在早期的热噪声行波管试验中,温度条件较低,一般在 200~300℃ 水平,为防止噪声传感器受辐射加热损坏,将噪声传感器布置在远离试验段辐射加热区域的位置上,随着试验要求的不断提高,试验件温度要求达到高于 1 000℃ 的水平,还需要测量复杂的异型热噪声行波管辐射加热区域内的噪声响应,噪声传感

器将经历更加恶劣的环境,行波管热辐射区域内的噪声测量非常困难,下面介绍两种能在一定的频率范围内实现噪声测量的工程方法。

1)基于热辐射防护装置的热噪声测量技术

在热噪声试验过程中,行波管内部气流速度较快,气体本身温度并不高。对噪声传感器造成影响的主要是石英灯或试件的热辐射,长时间的热辐射极易损坏噪声传感器的膜片。

为避免噪声传感器被热辐射损坏,可采取辐射遮挡的措施,如图 6.43 所示,噪声传感器安装在传感器水套内,通过玻璃钢绝缘套安装在行波管试验段的安装底座上,底座上有辐射防护挡板,用以保护噪声传感器不被石英灯辐射或试件表面的热辐射长时间加热。辐射防护挡板可通过冷却循环水进行冷却降温,避免挡板温度过高。由于辐射挡板和水套的存在,噪声传感器与行波管通过一个弯型或转折型的传声通道连通,对于如图 6.44 所示的转折型传声通道声腔体,行波管管内的噪声需要从声测量通道入口传递至噪声传感器测量面进行测量。传声通道声腔体的存在不可避免地会限制噪声的有效测量频率范围,在设计时可采用有限元分析方法对传声管道的传声特性进行分析,确定有效的测量频率范围。

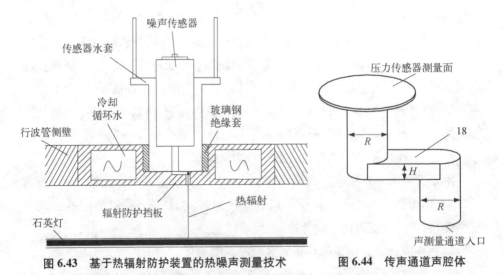

图 6.43　基于热辐射防护装置的热噪声测量技术　　　图 6.44　传声通道声腔体

2)基于声波导管的高温噪声测量技术

根据管道传声原理设计了如图 6.45 所示的声波导管结构设计方案。声波导管通过螺纹孔固定在行波管侧壁上,行波管侧壁通过循环水进行冷却,防止行

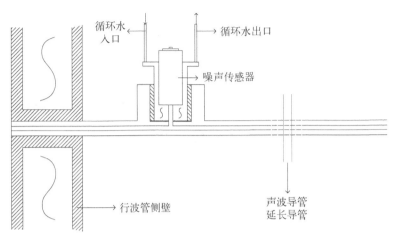

图 6.45   声波导管结构设计方案

波管侧壁和声波导管被辐射加热破坏,噪声传感器通过水套固定在声波导管上。这一方案既实现了噪声信号的正确测量,又避免了噪声传感器直接受热辐射作用,保证了噪声传感器在正常的工作温度环境范围内使用。声波导管的声测量通道如图 6.46 所示。

声波导管测量系统应具有较好的动态特性,能够在适当范围内准确测量频率响应。从管道传声系统

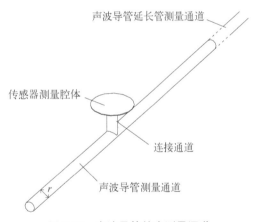

图 6.46   声波导管的声测量通道

的工作原理可知,脉动压力从声波导管的入口传递到传感器必然会存在一个时延,行波管噪声试验施加稳态随机噪声激励,实际测量的是统计平均的平稳各态历经的随机噪声,加之声波导管入口距传感器的传声通道距离较短,对于通常的行波管噪声试验而言,时延的影响可以忽略。但若要准确测量时域瞬态响应,就需要进行时频变换修正补偿纠正。

在设计声波导管的传声管道时,应确保传声管道截面积的恒定。截面积的突变会引起反射,故在实际声波导管的传声管路设计时,应尽量避免传声器的旁支和主管路的连接处出现突起、翻边或褶皱等。类似地,声波导管对测量的影响也可以采用有限元分析方法对传声管道的传声特性进行分析,确定声波导管测

量系统的测量频率范围。

为验证基于热辐射防护装置和基于声波导管的高温噪声测量系统,进行了高声强行波管的测量有效性验证。如图 6.47 所示,在均匀性较好的小尺寸行波管的同一横截面上分别布置基于声波导管的测量系统(P1)、基于热辐射防护装置的热噪声测量系统(P2)和常温传感器(P3)采集同一时刻下的噪声响应。当行波管具有良好的均匀性时,同一横截面上的声压处处相等。试验测试结果如图 6.48 所示,测点 P1、P2 与 P3 的响应在 50~500 Hz 的频率范围内一致性较好,可见基于热辐射防护装置的热噪声测量系统和基于声波导管的高温噪声测量系统能够在 50~500 Hz 的频率范围内准确获取行波管内噪声功率谱。

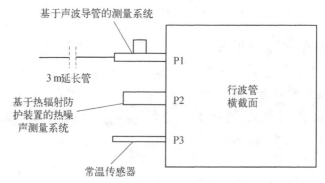

图 6.47　测点安装示意图

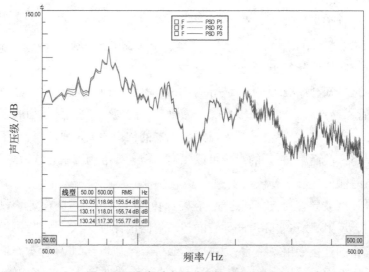

图 6.48　噪声对比测试结果(后附彩图)

6.6　小结

　　传统技术的完善、新技术的引入扩展了复合材料结构高温动响应测试的温度范围,提升了测量的精度。但现有的研究还具有很大的应用局限,对于作为试验主要控制参数和结构评估依据的应变、加速度等参数的测量,现有的技术能力依然不能满足高温动响应试验的要求[34,35]。在接触式测量手段中,主要面临传感器耐温极限低、传感器不容易安装、传感器信号存在温度效应等问题。在未来发展中,将着重发展耐高温敏感器件、耐高温安装技术以及传感器的校准技术等。在非接触式测量中,主要存在强辐射背景影响、测量部位遮挡以及高温气体等多因素导致的测量精度偏低等问题。未来将向着光学抗干扰技术、信号引出技术以及数据修正技术等方向发展。此外,随着新型测量技术的发展,光纤测试技术、薄膜测试技术以及 MEMS 智能传感器测试技术也是未来发展的重要方向。

参考文献

[1] 彭军.传感器与检测技术.西安:西安电子科技大学出版社,2003.

[2] 李科杰.新编传感器技术手册.北京:国防工业出版社,2002.

[3] 张钰.结构热试验技术.北京:宇航出版社,1993.

[4] 斯达尔 K,缪斯卡 G.红外技术.石定河,王桂群,译.武汉:华中工学院出版社,1982.

[5] Ng D. Two-Step calibration of a multiwavelength pyrometer for high temperature measurement using a quartz lamp. Cleveland: NASA TM-2001-211124, 2001.

[6] 张健,杨立,刘慧开.环境高温物体对红外热像仪测温误差的影响.红外技术,2005, 27(5):419 - 422.

[7] 李云红,孙晓刚,杨幸芳,等.红外热像仪测温精度的理论分析.西安工程科技学院学报, 2007,21(5):635 - 639.

[8] 寇蔚,杨立.热测量中误差的影响因素分析.红外技术,2001,23(3):32 - 34.

[9] Frey H U. Thermal model of an IR-Radiator and calculation of the radiation field. SAE Technical Paper, 2001(1):2243.

[10] 刘守文,裴一飞,孙来燕.航天器真空热试验用红外灯光谱分布研究.宇航学报,2010, 31(1):254 - 258.

[11] 刘慧开,杨立.太阳辐射对红外热像仪测温误差的影响.红外技术,2002,24(1): 34 - 37.

[12] 杨立,寇蔚,刘慧开,等.热像仪测量物体表面辐射率及误差分析.激光与红外,2002, 32(1):43 - 45.

[13] 施德恒,刘玉芳,孙金锋,等.反射辐射和探测器本身的辐射对实时测温系统测温精度的影响及其抑制.中国激光,2004,31(1):105-110.

[14] Fluke. Ti30 user manual CHI. Washington, U.S.A.: Fluke Corporation, 2005.

[15] 尹福炎,王文瑞.高温/低温电阻应变片及其应用.北京:国防工业出版社,2014.

[16] Sutton M A, Wolters W J, Peters W H. Determination of displacements using an improved digital correlation method. Image and Vision Computing, 1983, 1(3):133-139.

[17] Burt P J, Adelson E H. The Laplacian pyramid as a compact image code. IEEE Trans on Communications, 1983, 31(4):532-540.

[18] Ma S P, Jin G C. New correlation coefficients designed for digital speckle correlation method (DSCM). Florida: Proc.2003, SPIE5058, 2003.

[19] Tong W. An evaluation of digital image correlation criteria for strain mapping applications. Strain, 2005, 41:167-175.

[20] 张治君,成竹,王琦,等.热振动联合环境试验技术研究.实验力学,2013,28(4):529-535.

[21] 范志刚,左保军,张爱江.光电测试技术.北京:电子工业出版社,2008.

[22] 苏华昌,骞永博,李增文,等.舵面热模态试验技术研究.强度与环境,2011,38(5):18-24.

[23] 蔡劭佳,王飞.应用激光测振技术提高模态试验测量准确度.宇航计测技术,2012,32(6):13-16.

[24] Harland A R, Petzing J N, Tyrer J R, et al. Application and assessment of laser Doppler velocimetry for underwater acoustic measurements. Journal of Sound and Vibration, 2003, 265(3):627-645.

[25] 黄怀德.振动工程.北京:宇航出版社,1995.

[26] 马兴瑞,韩增尧.卫星与运载火箭力学环境分析方法及试验技术.北京:科学出版社,2014.

[27] 沙云东,王建,赵奉同,等.高温环境下薄壁结构声疲劳失效验证技术研究.装备环境工程,2016,13(5):17-24.

[28] Englund D R, Richards W B. The infinite line pressure probe. Denver, Colorado: Thirty-ninth International Instrumentation Symposium, 1984.

[29] Blackshear P L, Rayle W D, Tower L K. Study of screeching combustion in a 6-inch simulated afterburner. Washington: NACATN 3567, 1955.

[30] Samuelson R D. Pneumatic instrumentation lines and their use in measuring rocket nozzle pressure. Sacramento: Nuclear Rocket Operations, Aerojet-General Corporation, 1967.

[31] White M A, Dhingra M, Prasad J V R. Experimental analysis of a waveguide pressure measuring system. Journal of Engineering of Gas Turbines and Power, 2010, 132(4):271-280.

[32] Mettler R. The anemometric application of an electrical glow discharge in transverse air streams. California: California Institute of Technology, 1949.

[33] Babcock R, Hermsen R. Glow discharge microphone. Review of Scientific Instruments, 1970, 41:1659.

[34] 程昊,李海波,靳荣华,等.高超声速飞行器结构热模态试验国外进展.强度与环境,
2012,39(3):52-59.

[35] 吴振强,任方,张伟,等.飞行器结构热噪声试验的研究进展.导弹与航天运载技术,
2010,306(2):24-30.

第 7 章

薄壁结构热噪声复合环境试验技术

7.1 概述

高超声速飞行器在飞行过程中都经历着严酷的热噪声复合环境,大面积防热结构温度超过 1 000℃,声压级超过 160 dB,飞行时间超过 2 000 s,局部由推进系统/激波产生的高声强噪声超过 170 dB,由边界层和局部激波作用产生的气动加热可使结构温度达 2 000℃ 以上,严重影响着热防护系统的完整性和可靠性[1,2]。热噪声试验是评估和验证飞行器结构耐热噪声性能的重要手段,国外以德国工业设备管理公司(Industrieanlagen-Betriebsgesellschaft, IABG)、NASA 兰利研究中心、AFRL 等为代表的研究机构从 20 世纪 70 年代就开展了大量的研究工作。本章通过对国外热噪声试验系统方案、试验能力等的对比分析,总结系统特点和核心关键技术,可为热噪声试验系统的研制提供技术支撑。

热噪声复合环境给飞行器鼻锥、翼结构、方向舵、大面积防热等结构设计和热防护系统方案都带来了新的技术难题,气动热与力学环境(气动力、振动、噪声、冲击等)相互干扰或耦合效应明显,需要开展相关的试验系统研制和验证试验[2-6]。目前,国内在静热试验、热振动试验、热模态试验、高温测试技术、力热耦合分析等方面开展了相关研究工作,正逐步建立试验标准或规范[7-11]。热噪声复合环境试验技术是力、热复合环境试验验证体系中的重要组成部分,国内对此的研究刚刚起步。近年来,国内研究机构结合高超声速飞行器、可重复使用运载器等的结构和载荷特点,开展了热噪声复合环境试验系统研制,验证热与噪声的联合施加能力,分析热环境与噪声环境之间的相关耦合关系,针对典型复合材料壁板,开展常温噪声激励和热噪声复合环境下的动态响应和失效试验,形成了壁板结构的热噪声试验方法,对于高超声速飞行器热防护结构设计、热结构优化设计、验证试验实施等方面具有重要的借鉴和指导意义[12-15]。

7.2 热噪声试验技术发展历程

飞行器热噪声试验技术的发展历程如图 7.1 所示。从 20 世纪 50 年代开始,国外为解决发动机喷流噪声和边界层噪声产生的声疲劳问题,开展了整体结构和典型部件的声疲劳试验,制定了相关设计指南和数据表格以指导工业应用。此时,尚未关注到热环境对结构声疲劳性能的影响。70 年代早期,在 AFRL 资助下,国外学者较早开展了金属壁板结构的热噪声疲劳试验,德国 IABG 为鉴定航天飞机的热防护系统、运载火箭储箱,开始热噪声试验研究。70 年代中后期,虽然飞行器的发动机动力和飞行速度有了很大提高,但是飞行器结构表面的温度增加不大,通过修改飞行器外形设计,降低噪声声压级,声疲劳的问题在一定程度上已经缓解,声疲劳试验项目也随之减少。

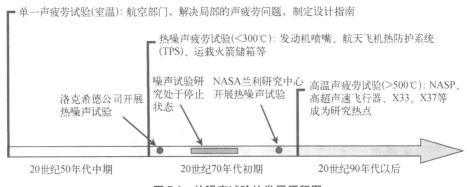

图 7.1 热噪声试验的发展历程图

20 世纪 80 年代初期,飞行器结构大量采用复合材料,导致出现一系列新的问题,声疲劳问题重新得到重视。90 年代以后,美国 NASA、DARPA 和 AFRL 联合参与的高超声速飞行器项目,也称为空天飞机(National Aero-Space Plane,NASP)计划,极大地推动了热噪声试验方法、测试技术和热噪声疲劳寿命预示方法的发展。此阶段,NASA 兰利研究中心、AFRL、德国 IABG、麦道公司等均开展了严酷热噪声复合环境诱发的材料和结构的疲劳失效试验。

2000 年以来,NASA 提出了"下一代发射技术"(Next Generation Launch Technology,NGLT),飞行器结构设计也由防热设计逐步向热结构设计方向转变。

美国 NASA 开展了大量 C/C、SiC 等高温材料翼、舵等结构件的热强度、热噪声方面的试验研究。

7.3　热噪声试验系统及其性能

20 世纪 70 年代开始,洛克希德公司、德国 IABG、NASA 兰利研究中心、AFRL、麦道公司等都开始建造热噪声试验系统,并后续不断对试验系统进行改造,使试验系统的加热、噪声施加、载荷控制等能力得到提升[11,16-18]。

7.3.1　德国 IABG 热噪声试验系统

为模拟航天飞机再入过程的热噪声复合环境,德国 IABG 建造了自己的热噪声试验系统,噪声装置分别采用行波管和混响室,加热方式采用火焰燃烧加热。常用的加热方式有石英灯加热和火焰加热等,具体的设备组合根据试验的环境条件而定。不同加热方式各有优劣,其中石英灯加热方式易于控制,但加热能力和耐噪声性能弱;火焰加热方式具有加热温度高、疲劳寿命好、运行费用低等特点,但控制性能不好。为验证轻质结构的热防护系统,德国 IABG 选取火焰加热方式,设计和建造了火焰燃烧系统,分别应用于行波管和混响室噪声试验系统,如图 7.2 所示。

(a) 行波管　　　　　　　　　　　　(b) 混响室

图 7.2　火焰加热方式热噪声试验系统

火焰加热装置安装在行波管侧壁上,每个火焰加热枪可单独调整,可使试验件获得较为均匀加热,燃烧器由甲烷和氧气驱动,配备激光测振计和摄像机对试验过程中的试验件进行监控和测量,试验系统相关技术参数如表7.1所示。

表7.1　混响室/行波管热噪声试验系统能力参数

噪 声 装 置	混 响 室	行 波 管
试验段尺寸	206 m³	0.8 m×1.2 m
总声压级	≤155 dB	≤160 dB
频率范围	100 Hz~10 kHz	50 Hz~10 kHz
加热热流	1 000 kW/m²	1 000 kW/ m²
表面温度	≤1 300℃	≤1 300℃

德国IABG开展的热噪声试验项目有:① 为防止来自低温主发动机的热辐射,阿里安-5运载火箭的氢气储箱表面采用了柔性隔热材料包覆。外隔热层在发射上升阶段一直暴露于高噪声环境中,而且在跨声速时还暴露于紊流中,为了检验氢气储箱隔热层在紊流压力场中的性能,同时又能保护储箱不会承受高于80℃的温度,在混响室内做了热噪声验证试验;② 对多层热防护系统板件进行了热噪声试验。试验条件为:两级分离期间,表面温度约700℃,声压级达165 dB;上面级再入期间,表面温度1 000℃,声压级为140 dB;③ 空间载人运输用的密封舱外防热瓦组合件需要进入再入条件下的严重气动加热噪声环境试验,在行波管热噪声试验系统中完成,加热温度可达1 200℃,试验时间超过1 600 s。

除了对温度场和噪声场进行测量和控制外,还对结构响应进行测量,包括用热电偶监测结构表面和内部的温度、用应变计测量结构的变形、用加速度计和激光振动仪测量结构的振动、用视频相机监测整个试验过程等。德国IABG在NASA工业会议上,针对未来运载器/可重复使用运载器(launch vehicle/reusable launch vehicle,LV/RLV)的试验需求展示的行波管热噪声试验系统如图7.3所示。

2001年,德国IABG新的噪声测试设备投入运行,满足对混响室(1 378 m³)尺寸和性能以及对测试设备增加的需求,所有设备整合到测试设备大楼,提高了测试仪器设备的通用性。常温行波管噪声装置的能力:试验区间0.8 m×1.2 m;声压级170 dB;三个号筒截止频率为30 Hz、50 Hz、100 Hz。热噪声疲劳设备的能力:试验区间0.5 m×0.7 m;声压级150~160 dB;加热热流1 300 kJ/(m²·s);加热方式采用火焰加热,表面温度为800~1 200℃。

图 7.3　IABG 行波管热噪声试验系统

7.3.2　AFRL 热噪声试验系统

20 世纪 90 年代初期,AFRL 的 Wright 实验室建造了热噪声疲劳试验系统,如图 7.4 所示包含两个行波管试验间,一个称为复合噪声环境试验间(combined environment acoustic chamber, CEAC),另一个称为子部件噪声试验间(sub-element acoustic chamber,SEAC)。CEAC 行波管热噪声试验系统加热能力要求最大热流率为 568 kW/m^2,峰值温度为 1 648℃,初始最高声压为 159 dB,后提高到 172 dB,试件尺寸为 4 ft×6 ft。SEAC 热流密度可达 830 kW/m^2,声压级为 174 dB,试件尺寸为 12 in×18 in。美国空军建造热噪声试验系统的长期设计目标是:声压级超过 159 dB,加热热流超过 568 kW/m^2,试验件尺寸从 20 in×20 in

图 7.4　Wright 实验室热噪声试验系统

到 6 ft×6 ft。CEAC 的中期设计目标是：声压级超过 159 dB，加热热流超过 1 136 kW/m^2，在横截面为 4 ft×4 ft×1 ft 的行波管内实现对 4 ft×4 ft 试验件噪声和热环境载荷的施加，同时包含机械载荷施加功能。噪声设备采用 12 个 Wyle 公司的噪声发生器来产生所需要的噪声声压级。

加热方式上，Wright 实验室对电弧加热、石墨加热、石英灯加热等进行了调研评估，认为电弧加热方式可实现所要求的高加热热流，但系统费用太高；石墨加热器可提供高加热热流的加热方式，但功率需求较大且易于氧化。目前，石英灯加热方式较为成熟、费用适当、可满足近期加热需求，但存在噪声环境下易于破坏的问题。Wright 研究中心通过增强石英灯支撑和固定装置，使石英灯的寿命在 159 dB 噪声环境下由 15 min 增加至 2 h；加热系统的总功率为 12 MW。冷却系统采用水冷方式，冷却设备主要用来冷却试验段舱壁、可控硅、石英灯组和压缩机组。

7.3.3　NASA 兰利研究中心热噪声试验系统

20 世纪 70 年代左右，NASA 兰利研究中心主要用于支持航天飞机热防护系统、空天飞机热防护系统以及不同类型的高超声速飞行器结构的研制和发展。在 1994～1995 年，为提高热噪声试验系统的能力，经历了较大改造，用于高速运输机子部件结构的声疲劳研究。2000 年左右，对热噪声试验设备的噪声控制设备进行能力提升，实现了闭环控制。

热噪声试验系统采用行波管作为噪声载荷产生装置，采用石英灯辐射加热器加热，由两个 30 kW 的 WAS3000 电动气流扬声器驱动，使用过滤的压缩空气，噪声声压级为 135～165 dB，号筒的截止频率为 27 Hz，有效的声压级频谱范围为 30～200 Hz。通过手动调节白噪声信号产生器的输出信号，不具有对试验区噪声载荷谱型调节的能力。可安装的最大试验件尺寸为 12 in×15 in。加热所采用的石英灯辐射加热器由 12 个 2.5 kW 的石英灯组成，石英灯组成的加热区域为 17.75 in×25.25 in，位于试验件对面的行波管壁上，距离试验件的距离为 12 in，加热热流为 45.5 kW/m^2。为验证石英灯辐射加热器的能力，采用钢板作为测试件，在最大功率 30 kW 时，在没有噪声的情况下，试验件温度可达到 566℃；在有噪声气流的情况下，试验件的温度会下降到 416℃ 左右。

兰利研究中心为提高热噪声试验系统的加热能力，对石英灯辐射加热器进行了重新设计。通过改进，其加热能力提升了 10 倍以上，加热热流由 45.5 kW/m^2 提升到 540 kW/m^2，加热采用模块化石英灯进行，每个石英灯的加热长度为

25.4 cm,同时采用空气和水冷却。噪声施加能力与控制方面,兰利研究中心分别于 1994 年和 2000 年,在保持石英灯加热系统不变的情况下,对噪声试验能力和系统测控能力进行了改造和能力提升,改造前后的热噪声试验系统如图 7.5 所示。

(a) 70年代试验系统 　　　　　　　　　　(b) 90年代试验系统

图 7.5　兰利研究中心热噪声试验系统

改造后热噪声试验系统的噪声装置由 8 个 WAS3000 电动气流扬声器驱动,噪声声压级理论上可增加 8 dB 左右,试验区的声压级最大可达 172 dB。行波管试验段横截面由 1.9 m×0.33 m 减小到 0.66 m×0.33 m,号筒的截止频率为 15 Hz,噪声频谱为 30~500 Hz。通过特殊设计可分别使用 2 个、4 个或 8 个电动气流扬声器。采用多输入、闭环控制和窄带控制器,提高对载荷谱型和测试区间相关性的控制,建立新的温度闭环控制系统和热电偶数据采集系统。

7.3.4　英国 BAE 系统公司热噪声试验系统

为满足新一代垂直起降飞行器需求和支撑先进飞行器结构的设计,1999 年英国 BAE 系统公司研制的噪声疲劳设备如图 7.6 所示,可实现噪声/热/面内载荷组合工况的试验。

BAE 系统公司建造的行波管噪声疲劳系统可实现的模拟声压级最高为 175 dB,采用美国 TEAM 公司的噪声产生器,声功率约为 200 kW。试验过程中,使用 40 个加热元件组成的加热阵列系统,试验件温度可达 800℃。加热元件安装在支撑支架上,通过使用垂直方向"门"和空气冷却,实现试验件上温度的快速上升或下降,模拟温度突然和极端变化。英国 BAE 系统公司的热噪声试验系统的行波管工作区间为 1.2 m×0.3 m×4.4 m,号筒的截止频率为 30 Hz,最高声压

图 7.6　英国 BAE 系统公司热噪声试验系统

级为 175 dB,试验件温度可达 800℃,可施加面内载荷 70 t。

7.3.5　热噪声试验系统性能对比

热噪声试验系统能力对比如表 7.2 所示,可知噪声施加装置有混响室和行波管,加热装置有火焰加热、石英灯组、模块化石英灯,声压级最高可达 175 dB,试验件温度可超过 1 000℃,基本满足了当时飞行器结构热噪声试验的考核需求。

表 7.2　热噪声试验系统能力对比

研究机构	建造年代/年份	噪声施加装置	加热装置	声压级	加热能力		试验区间
					热流/(kW/m²)	最高温度/℃	
IABG	20 世纪70 年代	混响室	火焰加热	最高 155 dB	1 000	1 300	206 m³
		行波管	火焰加热	最高 160 dB	1 000	800~1 200	0.5 m×0.7 m
NASA 兰利	20 世纪70 年代	行波管	石英灯组	135~165 dB（30~200 Hz）	45	565	1.9 m×0.33 m
	2000 年	行波管	模块化石英灯	126~172 dB（30~500 Hz）	540	1 093	0.66 m×0.33 m
AFRL	1993 年	行波管	石英灯组	初期 159 dB后来 172 dB	568	1 648	1.2 m×1.8 m
英国 BAE	1999 年	行波管	石英灯组	最高 175 dB	—	800	4.4 m×1.2 m

7.4 热噪声复合环境试验装置

7.4.1 热噪声复合环境试验系统构成

热噪声复合环境试验是一个涉及热、噪声、结构多场耦合的地面综合试验技术,其中载荷谱选取、试验件形式、试验件支撑方式、噪声声压级、热环境等都会对试验结果产生影响,同时噪声气流也对试验件的温度场存在影响。此处,热噪声试验系统采用行波管装置模拟高声强噪声环境,采用石英灯加热装置对试验件施加热载荷,加热装置和试验件分别位于行波管试验段的两侧,可满足在试验件同侧热和噪声环境的联合施加,如图 7.7 所示。

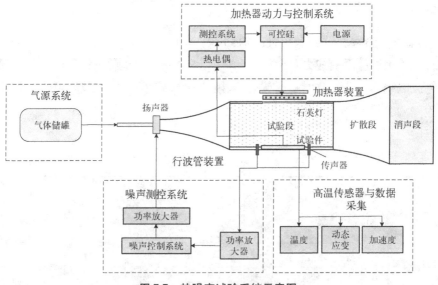

图 7.7 热噪声试验系统示意图

7.4.2 行波管内噪声气流速度测试

热噪声复合环境试验中,噪声气流对行波管和试验件具有降温作用,其中降温效应的大小与噪声气流速度密切相关。目前有关不同声压级下行波管内噪声气流的试验数据十分欠缺。此处采用风速仪对两种不同功率扬声器、不同声压级下的气流速度进行测量和分析。气流速度测量采用差压式探头和皮托管进行测量,流速的计算公式可表示为

$$v = \sqrt{\frac{2P_V}{\rho}} \qquad (7.1)$$

式中,P_V为测得差压(动压);ρ 为气体密度。为了安装方便,声速仪探头安装在行波管试验段和扩散段的连接处的中心位置,如图 7.8 所示。

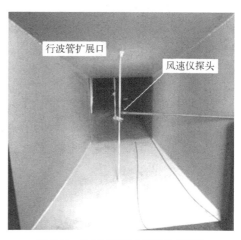

图 7.8　行波管噪声气流速度测试

首先采用功率为 10 000 W 的扬声器进行试验,测试结果表明噪声气流平均流速约为 10.0 m/s,其值随噪声载荷声压级增加而增大。当噪声载荷为 156 dB 时,噪声气流平均流速约为 6.1 m/s;当噪声载荷为 169 dB 时,噪声气流平均流速约为 12.2 m/s,具体数值如图 7.9 所示。在相同声压级下,噪声气流速度还受供气气压的影响,当供气气压增加时,行波管内噪声气流速度略有增加。

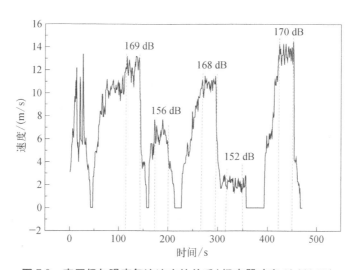

图 7.9　声压级与噪声气流速度的关系(扬声器功率 10 000 W)

当采用功率为 20 000 W 的扬声器进行试验时,不同声压级噪声载荷下行波管试验段内的气流平均流速大于 20.0 m/s,且随噪声声压级增加而增大。当噪声载荷为 165 dB 时,噪声气流平均流速约为 25.3 m/s;当噪声载荷为 170 dB 时,噪声气流平均流速约为 30.9 m/s(图 7.10)。

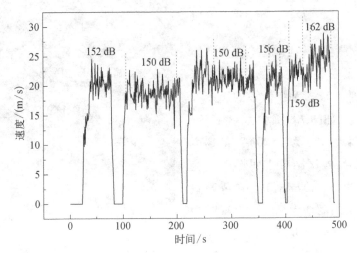

图 7.10　声压级与噪声气流速度的关系(扬声器功率 20 000 W)

7.4.3　单一噪声环境加载能力验证

为验证行波管噪声装置的加载能力,采用热噪声试验系统在常温环境下进行行波管噪声加载试验。试验中分别采用 10 000 W 和 20 000 W 的扬声器,噪声载荷分别为 156 dB、159 dB、162 dB 和 170 dB,安装 2 个传声器,其中 P1 点位于行波管试验段前端的内壁上,P2 点位于行波管试验段中心。

当采用 10 000 W 的扬声器进行噪声试验时,不进行反馈控制,P1 点的测试结果如图 7.11 所示,可知当气流压力为 2.5 倍大气压时,最大噪声载荷可达 167 dB;当气流压力为 3.0 倍大气压时,最大噪声载荷可达 169 dB。

当采用 20 000 W 的扬声器进行噪声试验时,施加 50~500 Hz 白噪声载荷谱,P1 点作为载荷控制点,P1 位置点测得所施加的噪声载荷 1/3 倍频程如图 7.12(a)所示,噪声载荷从 150 dB 开始,施加到 162 dB,可见在 50~500 Hz 之间,载荷谱控制较好。图 7.12(b)为等带宽噪声载荷 PSD 图。图 7.12(c)和(d)为没有进行反馈控制下 P1 点的噪声载荷测量值,噪声载荷最大可达 170 dB,但 50~500 Hz 噪声分布不均匀。

7.4.4　单一热环境施加能力验证

采用热噪声试验系统,开展无噪声气流条件下单一石英灯加热器加热能力试验,选取钛合金平板为试验件,尺寸为 288 mm×288 mm,厚度为 2 mm。试验

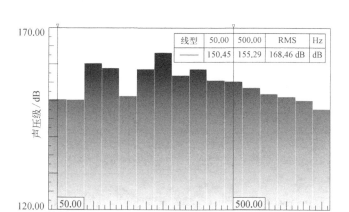

(a) 1/3 倍频程噪声载荷

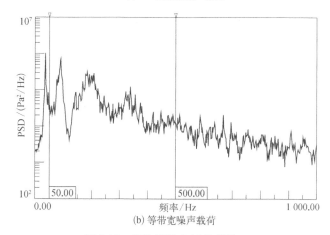

(b) 等带宽噪声载荷

图 7.11　行波管噪声 (169 dB)

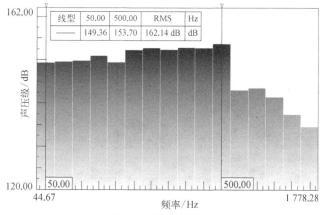

(a) 1/3 倍频程噪声载荷(162 dB)

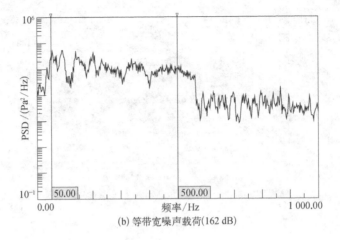

(b) 等带宽噪声载荷(162 dB)

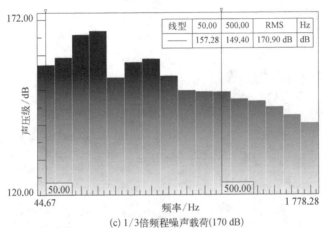

(c) 1/3倍频程噪声载荷(170 dB)

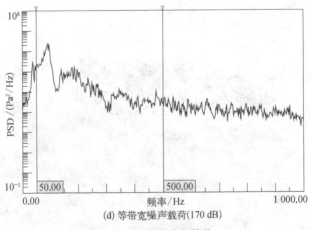

(d) 等带宽噪声载荷(170 dB)

图 7.12　行波管噪声载荷

中布置十多个温度测点,其中试验件上有 10 个测点,行波管上有 3 个测点(TX1~TX3),如图 7.13 所示。

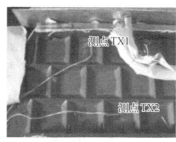
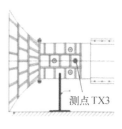

(a) 试验件温度测点　　　(b) 行波管试验顶部测点　　　(c) 行波管侧边测点

图 7.13　验证试验温度测点分布

　　试验中首先施加较低电压,检查石英灯加热器、测试系统等的工作情况;随后电压逐渐增加到 100 V 左右;待电压稳定后,再增加电压到 120 V;持续一段时间后试验完成。试验总时间约为 400 s,试验件上温度测点随时间的变化曲线如图 7.14 所示,其中测点 T2、T3、T4、T7、T8 为试验件中心位置附件的温度测点。当电压值为 100 V 时,试验件稳定后温度可达 540℃;当工作电压到 120 V 后,试验件温度可达 600℃,此时试验件温度还没有达到稳态,仍具有较快的上升趋势。对于厚度为 2 mm 的金属壁板结构,试验件前后测点温度基本一致,试验件四周测点的温度差别不大,试验件四边中部测点的温度差别略大,可知试验件的温度场不是十分均匀。靠近加热器的行波管侧壁温度可达 180℃,也处于上升趋势。

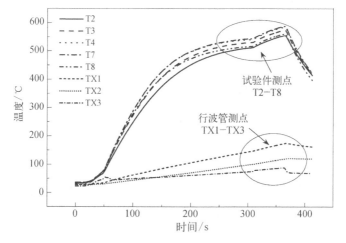

图 7.14　试验温度测点随时间的变化曲线

7.4.5　热与噪声复合环境联合施加能力验证

试验件仍为厚度为 2 mm 的钛合金平板,试验件中心同一位置附近安装两个温度测点 T1 和 T2,试验件边界处安装一个温度测点 T3,行波管上安装一个温度测点 TX1,试验件测点和试验过程如图 7.15 所示。试验中首先将试验件加热到 500℃,然后施加噪声载荷 150 dB,待试验件温度稳定后,考核噪声气流对试验件温度场的影响,随后再增加电压,使得试验件温度恢复到 500℃,噪声载荷也分别增加到 160 dB 和 165 dB。

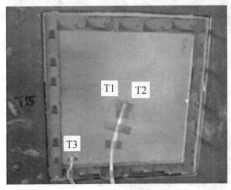

(a) 试验件表面温度测点分布　　　　　　　(b) 试验过程

图 7.15　温度测点和试验过程

试验结果如图 7.16 所示,表明热噪声试验系统具备了热、噪声载荷的综合

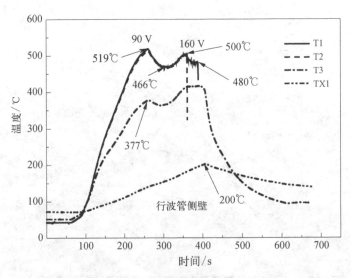

图 7.16　温度变化曲线

施加能力。在动态加热过程中,噪声气流使得试验件温度下降了 50~100℃。在温度 500℃ 和噪声 160 dB 联合施加时,试验件上的温度测点保持完好;当噪声载荷施加到 165 dB 时,试验件中心处的温度测点脱落,而处于试验件边角处的温度测点 T3 保持完好。行波管侧壁上测点 TX1 在试验过程中温度一直增加,最高达到了 200℃ 左右。

7.5　热噪声试验热/噪声相互影响分析

7.5.1　噪声气流对飞行器结构温度场分布影响

热噪声试验中,试验件表面的换热包含石英灯辐射加热器加热、试验件表面的紊流换热、试验件背面的自然对流换热以及辐射换热等。试验件表面的具体流动与换热情况如图 7.17 所示,试验件的主要热源为石英灯透过石英窗的辐射热流 q_{rl};试验件的热损失则包括噪声气流的对流冷却 q_{cf},外部自然对流 q_{cb},试验件正、反面的对外辐射损失 q_{rf} 和 q_{rb} 等。其中,外部自然对流相对较小,它的精度对整体影响不大,为简化计算模型,根据大空间自然对流换

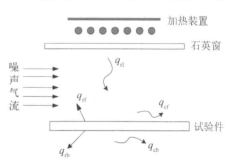

图 7.17　试验件表面流动与换热情况

热的经验准则关联式[5]可得到外部对流换热系数约为 7.62 W/(m² · K)。试验件温度场主要受试验件的热物理特性、加热热流、噪声气流的对流换热系数影响。

石英灯加热器是主要的加热源,通过自编的基于蒙特卡罗方法的热流场模拟软件对它在试验件表面产生的辐射热流 q_{rl} 进行计算,此前对同类型加热系统进行的模拟结果(测点热流为 54 kW/m²,计算热流为 55 kW/m²)表明,此软件能够达到很好的模拟精度。

图 7.18(a) 为建立的石英灯加热器热流场计算模型,共采用 26 根功率为 3 kW 的石英灯。图 7.18(b) 表示了石英灯加热器在试验件表面的热流场分布。从中可看到,加热器在试验件表面产生的热流场呈中间高、周边低的不均匀分布,边角上的热流仅占中心热流的 64%。模型中没有包含石英窗,需要对计算值进行修正,通过对石英玻璃辐射特性的研究分析,修正系数可取为 0.9,修正后的热流平均值为 57.1 kW/m²。

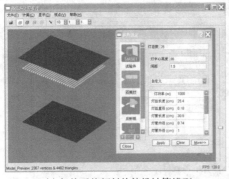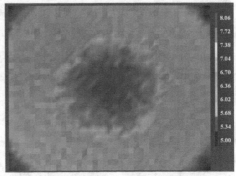

(a) 加热系统辐射热流场计算模型　　　　(b) 试验件表面热流场分布

图 7.18　试验件表面的入射热流场模拟[(b)后附彩图]

　　首先,建立流动分析的全尺寸行波管模型(图 7.19),进行常温环境下的流动特性分析。

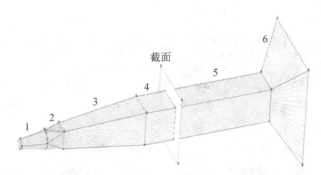

1. 圆锥段;2. 圆变方段;3. 扩展段;4. 试验前段;5. 试验段;6. 扩散段

图 7.19　全尺寸行波管流动分析模型

　　为产生 160 dB 以上的噪声载荷,需要采用 10 000 W 的噪声扬声器,所需液氮流量为 50~60 m³/min。图 7.20 表示了 160 dB 时常温环境所模拟的行波管噪声气流速度分布情况。从图 7.20(a)中可看出,由于进口管段直径较小,进口流速很高,近 160 m/s。噪声气流高速通过进口后,将在行波管扩展段内近似形成射流,从截面上的速度场分布[图 7.20(b)]上可看出,截面中心具有最大速度 26 m/s,愈靠近边壁速度愈小,截面上的平均速度为 10.5 m/s。在扩展段出口处,气流速度为 8.3 m/s。作为验证,采用风速仪和差压仪进行了行波管内噪声场气流的测试。测试结果表明,在 160 dB 声压下,出口处流速在 8~10 m/s 左右,与模拟值相近。

　　由于热噪声系统结构复杂,影响因素较多,若对整个行波管系统同时进行流

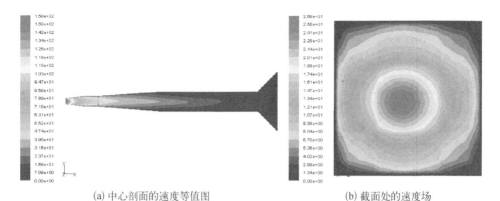

(a) 中心剖面的速度等值图　　　　　　(b) 截面处的速度场

图 7.20　常温环境下行波管内噪声气流速度分布(后附彩图)

动和换热分析比较复杂,此处选取行波管后半段作为优化的温度计算模型。由于试验件和加热器集中在此段,前段对此段的影响只体现在流态上,只要将全尺寸模型的流场模拟结果作为此段的入口边界,就能保证模拟的完整性。

在模拟过程中,充分模拟各类换热情况,试验件外侧给定自然对流换热系数和铝外表面发射率, 环境温度为常温,用于模拟 q_{cb} 和 q_{rb};由于试验件涂黑,内侧发射率设为 1.0,可用于模拟 q_{rf};将石英灯的辐射热场 q_{rl} 进一步处理,生成与热流场分布对应的内热源轮廓文件,通过内热源方式引入分析模型。将图 7.20(b)的流场信息作为模型的入口条件,通过耦合求解可解出 q_{cf}。作为对比,还进行了无噪声气流时的温度场计算。

行波管内无噪声气流和存在 160 dB 噪声气流时,试验件表面的温度分布分别如图 7.21(a)和(b)所示。从中可看出,无噪声气流时,由于对流换热系数较

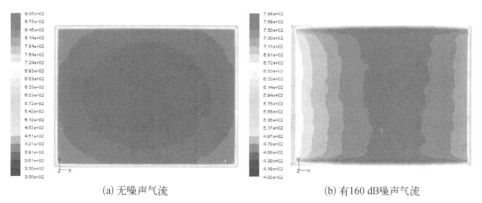

(a) 无噪声气流　　　　　　　　(b) 有160 dB噪声气流

图 7.21　试验件表面温度场分布(后附彩图)

小,温度分布主要由热流场分布决定,在水平和垂直方向都近似对称。有噪声气流时,最高温度从无气流时的 627℃ 下降到 485℃,下降幅度达到 142℃,试验件平均温度值也从 570℃ 下降到 443℃。而且水平方向上,试验件前端上风向的温度要小于试验件后端下风向的温度分布。

图 7.22 表示了试验件水平中线温度分布的模拟结果与 NASA Langley 的试验结果的对比,由于 NASA 的具体加热形式、功率大小、噪声流速等都不清楚,无法在具体值上对其进行比较。从趋势上看,模拟结果和试验结果是比较一致的。此后采用压缩空气模拟噪声气流进行了与模拟条件相近的加热试验,试验结果表明,无气流时的中心温度为 672℃,存在 9 m/s 的气流时的温度为 513℃。与模拟结果误差小于 7%。

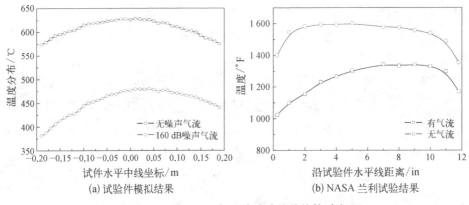

图 7.22   模拟结果与国外试验结果趋势对比

7.5.2   辐射加热对噪声场特性影响研究

在行波管中,由于高温试验件会使周围的气体温度升高,造成气体声学特性的变化,从而引起施加于试验件上的噪声声场的变化。为研究辐射加热对噪声场特性的影响,采用 SYSNOISE 声学分析软件建立了行波管试验段声场的分析模型,如图 7.23 所示。其左侧终端具有 165 dB 声压边界条件,右侧终端开口,即具有无反射的吸声边界条件;分析频率范围为 50~500 Hz;将行波管内试验件附近的声场温度设置为 500℃,深色所示的区域即为高温区,而浅色区域温度仍为 0。对于深色高温区域,其声速和空气密度分别为 636.45 m/s 和 0.457 kg/m^3。

在数值分析中,对不同区域的单元赋予不同的声学特性值,对于区域分界面处的节点添加声压和振速连续性条件进行计算,分析场点为高温区域的中心点

30	29	28	27	26	25	24	23	22	21	20	19	18	17	16	15	14	13	12	11	10	9	8	7	6	5	4	3	2	1
60	59	58	57	56	55	54	53	52	51	50	49	48	47	46	45	44	43	42	41	40	39	38	37	36	35	34	33	32	31
90	89	88	87	86	85	84	83	82	81	80	79	78	77	76	75	74	73	72	71	70	69	68	67	66	65	64	63	62	61
120	119	118	117	116	115	114	113	112	111	110	109	108	107	106	105	104	103	102	101	100	99	98	97	96	95	94	93	92	91
150	149	148	147	146	145	144	143	142	141	140	139	138	137	136	135	134	133	132	131	130	129	128	127	126	125	124	123	122	121
180	179	178	177	176	175	174	173	172	171	170	169	168	167	166	165	164	163	162	161	160	159	158	157	156	155	154	153	152	151
210	209	208	207	206	205	204	203	202	201	200	199	198	197	196	195	194	193	192	191	190	189	188	187	186	185	184	183	182	181
240	239	238	237	236	235	234	233	232	231	230	229	228	227	226	225	224	223	222	221	220	219	218	217	216	215	214	213	212	211
270	269	268	267	266	265	264	263	262	261	260	259	258	257	256	255	254	253	252	251	250	249	248	247	246	245	244	243	242	241
300	299	298	297	296	295	294	293	292	291	290	289	288	287	286	285	284	283	282	281	280	279	278	277	276	275	274	273	272	271
330	329	328	327	326	325	324	323	322	321	320	319	318	317	316	315	314	313	312	311	310	309	308	307	306	305	304	303	302	301
360	359	358	357	356	355	354	353	352	351	350	349	348	347	346	345	344	343	342	341	340	339	338	337	336	335	334	333	332	331

分析点

图 7.23　行波管声场分析模拟

处,结果如图 7.24 所示。可知频率低于 100 Hz 时,高温场中的声压级虽略有增加,但增加的幅度基本在 0.2 dB 以下;高于 100 Hz 后,声压级逐渐下降,虽然在 200 Hz 左右处声压级有所回弹,但总的声压级下降的趋势较为明显,在 400～500 Hz 处,下降幅度达到 3 dB。NASA Langley 的试验测试表明,由于热环境的存在,在不同声压级下,试验件附近测得的声压级均小于在试验件前端处传声器(无高温环境)的测试结果,数值上小 2 dB 左右,部分点的测试结果小 3 dB。

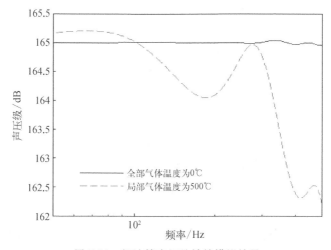

图 7.24　行波管声场特性的模拟结果

7.6　典型复合薄壁结构试验实例

7.6.1　噪声激励典型壁板动响应及失效试验

1. 试验条件及测试流程

采用研制的行波管噪声试验系统开展试验。噪声条件为白噪声载荷谱,声

压级为 156~168 dB,频率为 50~500 Hz,控制误差为±3 dB。试验件为平纹编织
的 C/SiC 平板。试验件分为两类:一类是 288 mm×288 mm,厚度分别为 1 mm、
2 mm 的正方形平板,暴露在噪声环境的试验件区域为 240 mm×240 mm,试验件
通过试验夹具与行波管试验段侧壁安装,安装方式如图 7.25 所示,采用螺栓进
行固定连接;另一类是 380 mm×260 mm,厚度为 1.5 mm 的矩形平板,暴露在噪声
环境的试验件区域为 350 mm×230 mm,试验件通过试验夹具与行波管试验段侧
壁安装,安装方式如图 7.26 所示,采用盖板形式进行连接。

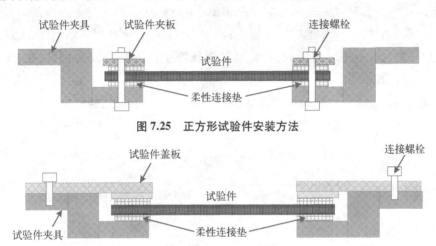

图 7.25　正方形试验件安装方法

图 7.26　矩形试验件安装方法

尺寸为 288 mm×288 mm 的 2 mm 厚 C/SiC 正方形平板的应变和加速度测点如
图 7.27(a)所示。其中应变测点 10 个(SG-1~SG-10,其中 SG-2、SG-3、SG-7、
SG-9 垂直于试验件边部;SG-1、SG-4、SG-8、SG-10 平行于试验件边部;SG-5 为
中心水平方向;SG-6 为中心垂直方向),加速度测点 2 个(AM-1、AM-2)。

尺寸为 288 mm×288 mm 的 1 mm 厚 C/SiC 正方形平板的应变和加速度测点
如图 7.27(b)所示。其中应变测点 10 个(SG-1~SG-10,其中 SG-1、SG-5、SG-8、
SG-10 垂直于试验件边部;SG-2、SG-6、SG-7、SG-9 平行于试验件边部;SG-3 为中
心水平方向;SG-4 为中心垂直方向),加速度测点为 2 个(AM-1、AM-2)。

尺寸为 380 mm×260 mm 的 1.5 mm 厚 C/SiC 矩形平板的应变和加速度
测点如图 7.28 所示。其中应变测点 12 个(SG-1~SG-12,其中 SG-1、SG-4、
SG-5、SG-8 垂直于试验件边部;SG-2、SG-3、SG-6、SG-7 平行于试验件边部;
SG-9、SG-11 为水平方向;SG-10、SG-12 为垂直方向),加速度测点 4 个,加速度计
测点 2 个(AM-1、AM-2),激光测振计测点与加速度计测点相同(LM-1、LM-2)。

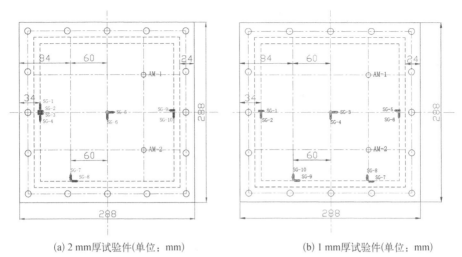

(a) 2 mm厚试验件(单位：mm)　　　　　　(b) 1 mm厚试验件(单位：mm)

图 7.27　C/SiC 正方形平板应变和加速度测点位置

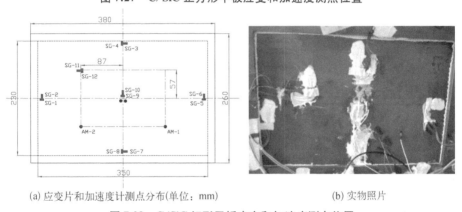

(a) 应变片和加速度计测点分布(单位：mm)　　　　　　(b) 实物照片

图 7.28　C/SiC 矩形平板应变和加速度测点位置

　　C/SiC 正方形试验件试验流程：针对 2 mm 厚试验件，噪声系统及测试装置就绪，采集系统开始采集；噪声施加到 156 dB，保持 2 min 左右；随后噪声施加到 159 dB，保持 2 min 左右；之后试验停止，观测试验件情况，是否有破坏；如试验件完好，继续施加噪声到 162 dB 和 165 dB，分别保持 2 min 左右，试验停止，观测试验件情况。针对 1 mm 厚试验件，前面流程相同。如没有破坏，噪声载荷继续施加到 168 dB，保持 2 min 左右，试验停止，实时观察试验件有无破坏。C/SiC 矩形试验件试验流程：噪声施加到 156 dB，稳定持续 40 s，进行动响应测试；噪声增加到 159 dB，稳定持续 40 s，进行动响应测试；噪声增加到 162 dB，稳定持续 40 s，进行动响应测试；噪声增加到 165 dB，稳定持续 40 s，进行动响应测试；噪声增加到 168 dB，稳定持续 40 s，进行动响应测试；试验过程中，如果试验件发生破坏，试验停止。

2. 正方形平板试验结果与分析

试验中实测的噪声载荷如图 7.29 所示,以试验件附近两点测试的平均进行控制,在 50~500 Hz 基本保持平直,总声压级误差控制在±1 dB 左右。

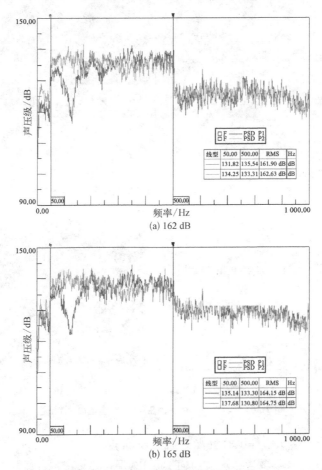

(a) 162 dB

(b) 165 dB

图 7.29　C/SiC 试验件实际噪声载荷

噪声载荷激励下 C/SiC 平板加速度 RMS 值如表 7.3 所示,由于加速度量级较大,试验采用质量较小的传感器和非接触激光测振计进行测量。

表 7.3　C/SiC 平板试验件加速度 RMS 值

厚度/mm	测点	加速度 RMS 值/g		
		噪声 156 dB	噪声 159 dB	噪声 162 dB
1	AM-1	58.9	110.1	185.0

针对 2 mm 厚度的试验件,首先开展了噪声载荷 156 dB、159 dB 和 162 dB 的动态响应试验,后续又进行了 165 dB 的噪声试验。其中在噪声 156~162 dB 作用下,应变测点 SG-1~SG-10 测试的应变数据如图 7.30 所示。

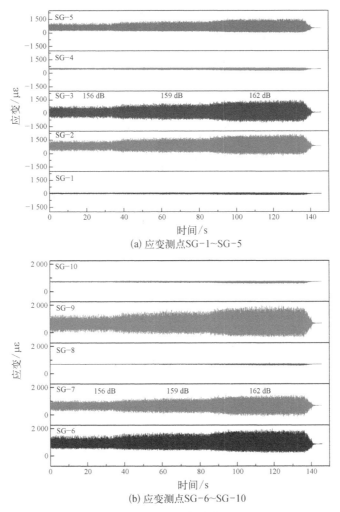

图 7.30　C/SiC 试验件动态应变时域数据(厚度 2 mm)

厚度 2 mm 的 C/SiC 试验件,不同测点动态应变的 RMS 值如表 7.4 所示。可知,试验件四周垂直于边部方向测点(如 SG-2)的动态应变 RMS 值远大于平行于边部方向测点(如 SG-1)的动态应变 RMS 值;试验件四周垂直于边部方向测点(如 SG-7)的动态应变 RMS 值与中心位置测点(如 SG-5)的动态应变 RMS 值量级基本相当。测点 SG-2 和 SG-7 动态应变的 PSD 分布如图 7.31 所示。

表 7.4 厚度 2 mm 的 C/SiC 试验件动态应变 RMS 值

测点	测点位置	动态应变 RMS 值/με			
		噪声 156 dB	噪声 159 dB	噪声 162 dB	噪声 165 dB
SG-1	左侧平行边部	18.4	27.3	41.2	50.9
SG-2	左侧垂直边部	184.9	286.5	418.6	505.8
SG-3	左侧垂直边部	206.5	309.0	435.1	547.0
SG-4	左侧平行边部	23.3	36.1	53.7	67.3
SG-5	中心位置	153.9	228.5	330.2	382.6
SG-6	中心位置	168.9	252.5	351.1	417.6
SG-7	左下 1/4 垂直边部	120.7	179.9	253.6	303.8
SG-8	左下 1/4 平行边部	4.3	6.3	14.5	27.8
SG-9	右侧垂直边部	196.8	291.3	406.8	489.1
SG-10	右侧平行边部	13.5	19.5	28.2	37.6

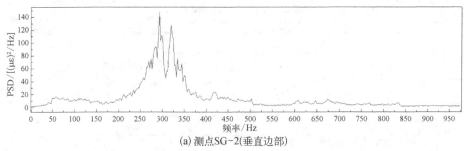

(a) 测点 SG-2(垂直边部)

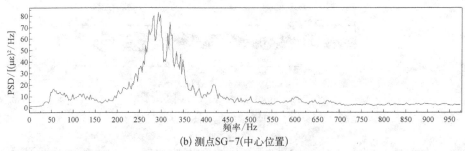

(b) 测点 SG-7(中心位置)

图 7.31 厚度 2 mm 的 C/SiC 试验件动态应变 PSD 分布图

厚度 1 mm 的 C/SiC 试验件,不同测点动态应变的 RMS 值如表 7.5 所示。在高量级噪声作用下多个测点的应变片发生破坏。由表 7.5 可知,试验件四周垂直于边部方向测点的动态应变 RMS 值大于中心位置测点的动态应变 RMS 值。

表 7.5　厚度 1 mm 的 C/SiC 试验件动态应变 RMS 值

测点	测点位置	动态应变 RMS 值/$\mu\varepsilon$			
		噪声 156 dB	噪声 159 dB	噪声 162 dB	噪声 165 dB
SG-1	左侧垂直边部	141.5	211.0	277.9	/
SG-2	左侧平行边部	13.0	23.4	/	/
SG-3	中心位置	100.8	167.3	196.5	/
SG-4	中心位置	105.3	173.4	201.2	/
SG-5	右侧垂直边部	187.6	307.6	498.2	/
SG-6	右侧平行边部	5.2	10.9	17.9	/
SG-7	右下 1/4 平行边部	9.5	16.8	28.7	49.6
SG-8	右下 1/4 垂直边部	97.4	154.6	225.6	317.0
SG-9	左下 1/4 平行边部	6.8	11.9	21.3	33.0
SG-10	左下 1/4 垂直边部	89.8	141.2	219.3	310.8

3. 矩形平板试验结果与分析

试验中实测的噪声载荷如图 7.32 所示,采用多个不同测点的噪声进行平均控制,在 50~500 Hz 基本保持平直,总声压级误差控制在±1 dB 左右。

采用小质量加速度计和激光测振计对试验件的中心位置和边部 1/4 位置的加速度进行测量,结果如表 7.6 所示。不同测点加速度的频谱分布如图 7.33 所示。

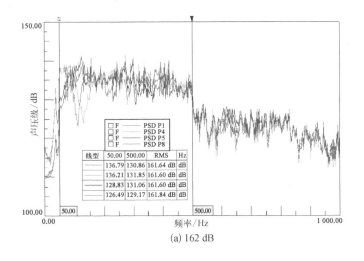

(a) 162 dB

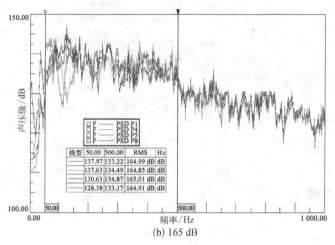

图 7.32　施加的噪声载荷数据

表 7.6　加速度 RMS 值(50~1 000 Hz)

噪声量级/dB	中心 1/2 位置 加速度 RMS 值/g		边部 1/4 位置 加速度 RMS 值/g	
	激光测振计	加速度计	激光测振计	加速度计
156	208.85	198.93	122.97	118.45
159	271.30	245.62	155.81	151.28
162	293.09	290.30	180.83	179.28
165	316.40	296.25	177.76	186.10

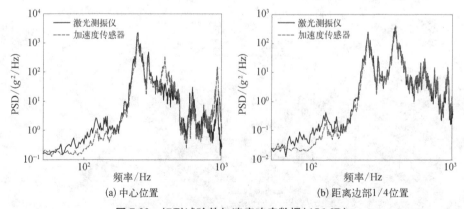

(a) 中心位置　　　　　　　　　(b) 距离边部1/4位置

图 7.33　矩形试验件加速度响应数据(156 dB)

采用盖板方式进行矩形试验件的连接安装,不同测点的动态应变 RMS 值如表 7.7 所示。

表 7.7　矩形试验件不同测点的动态应变 RMS 值

噪声载荷/dB	SG-1/με	SG-4/με	SG-9/με	SG-10/με
	垂直边部	垂直边部	水平方向	垂直方向
150	36.6	131.9	41.2	92.8
153	46.6	156.6	58.2	132.0
156	54.9	206.6	76.9	171.2
159	62.0	262.9	99.9	209.1
162	64.0	305.2	123.2	237.9
165	73.9	/	164.8	276.1

156 dB 噪声载荷作用下,典型位置动态应变的时域数据如图 7.34 所示,纵坐标单位为 με。

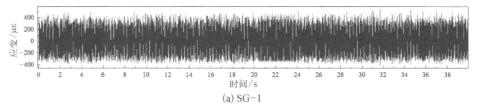

(a) SG-1

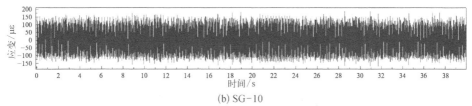

(b) SG-10

图 7.34　矩形试验件动态应变时域数据

156 dB 噪声载荷作用下,典型位置动态应变的 PSD 分布如图 7.35 所示,纵坐标单位为 $(με)^2/Hz$。

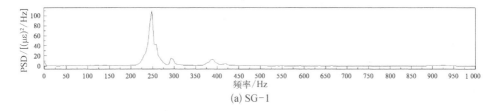

(a) SG-1

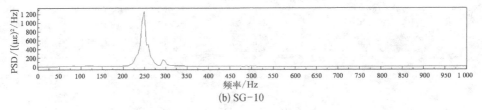

(b) SG-10

图 7.35　矩形试验件动态应变 PSD 分布

图 7.36　1 mm 厚正方形试验件噪声
试验后的状态

4. 失效模式

厚度为 2 mm 的正方形试验件,没有发生失效破坏。厚度为 1 mm 的正方形试验件,噪声载荷施加到 165 dB 时,试验件没有发生破坏;施加到 168 dB 时,试验件发生迅速破坏。试验后试验件的状态如图 7.36 所示。通过对失效后的试验件断面分析,试验件四周与夹具部位的部分为疲劳失效模式,中心部位为撕裂失效模式。矩形试验件从 150 dB 开始施加噪声,逐步施加到 153 dB、156 dB、159 dB、162 dB 和 165 dB,每个量级持续 40 s,没有发生破坏。最后继续增加噪声,当增加到 167 dB 时试验件发生迅速破坏,破坏过程在几秒内完成。与螺栓连接的试验件不同,试验件在四周没有发生失效,试验件从中心偏左部位进行破坏。

7.6.2　典型壁板热噪声激励动响应及失效试验

1. 试验条件及试验流程

基于研制的热噪声试验系统,采用石英灯辐射加热器模拟气动热环境,采用行波管装置模拟高量级噪声环境。加热器和试验件分别位于行波管试验段两侧,加热器穿过石英窗对试验件进行加热。试验件通过工装夹具安装在行波管试验段侧壁上。试验件温度采用 K 型热电偶和红外点温仪进行测试,其中点温仪包含两种类别:一类用于 0~500℃温度测试;一类用于 300~1 200℃温度测试。噪声装置主要包括气源系统、行波管、噪声控制系统等。行波管内噪声的测试采用普通传声器进行测量,测点位于行波管侧壁安装试验件的上气流方向;试验件加速度的动响应测试采用普通型和增强型的激光测振仪。

噪声条件为白噪声载荷谱,声压级为 156~165 dB,频率为 50~500 Hz,控制误差为±3 dB。试验件中心温度为 200~600℃。试验件为厚度 2 mm 的平纹编织 C/SiC 平板,尺寸为 288 mm×288 mm,暴露在噪声环境的面积为 240 mm× 240 mm。试验件通过试验夹具与行波管试验段侧壁连接,试验件与夹板之间有隔热垫,如图 7.37 所示。

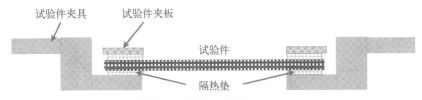

图 7.37　试验件安装边界支撑

试验件中心位置有 4 个温度测点,其中 T-1 和 T-2 为热电偶测点;DT-1 为 0~500℃测试的低温区点温仪测点;DT-2 为 300~1 200℃高温区点温仪测点。加速度动响应测点共 3 个,其中 LM-1 位于试验件左上角,为普通激光测振仪测点;LM-2 位于试验件中心,为增强型激光测振仪测点;LM-3 位于试验件右上角,为增强型激光测振仪测点。试验件温度测点的位置和实物如图 7.38 所示。

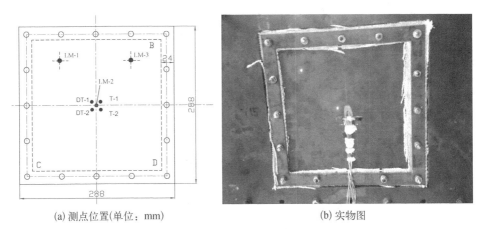

(a) 测点位置(单位:mm)　　　　(b) 实物图

图 7.38　C/SiC 壁板测点位置及实物图

本试验共包含 4 个试验状态:状态(1)为热环境 200℃和噪声环境 156 dB、159 dB、162 dB 动响应试验;状态(2)为热环境 400℃和噪声环境 156 dB、159 dB、162 dB 动响应试验;状态(3)为热环境 500℃和噪声环境 165 dB 动响应试验;状态(4)为热环境 600℃和噪声环境 165 dB 动响应试验。试验中主要采用点温仪进行温度测试。试验中温度采用手动控制,首先启动加热系统,当试验件达到指定温度时,开始噪声加载,同时进行加热系统的调节,使试验件温度基本保持稳定,当试验件温度和噪声载荷均达到要求后,保持一段时间,进行数据记录,随后增加噪声载荷量级,调节试验件温度,继续开展动响应试验。

2. 试验结果与分析

状态(1)~状态(3)中,C/SiC 试验件表面温度随时间的变化如图 7.39 所示。状态(1)的热环境为 200℃,由于低温区点温仪测点 DT-1 测试的温度存在滞后现象,C/SiC 试验件的温度在试验中表现为逐步增加的趋势。相对而言,高温区点温仪测点 DT-2 测试的温度不存在滞后现象,状态(2)和状态(3)试验件温度基本保持在 400℃和 500℃附近。此外,状态(4)试验件温度变化与状态(3)基本类似。

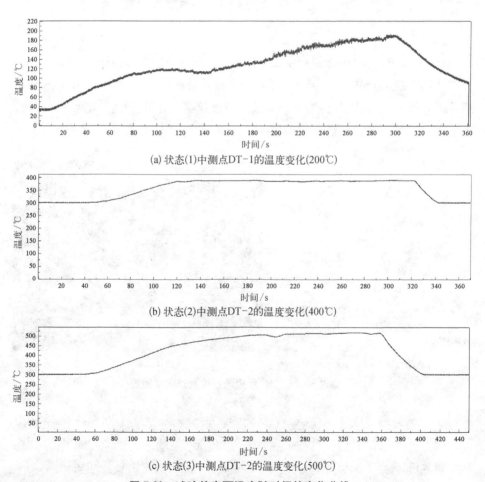

(a) 状态(1)中测点DT-1的温度变化(200℃)

(b) 状态(2)中测点DT-2的温度变化(400℃)

(c) 状态(3)中测点DT-2的温度变化(500℃)

图 7.39　试验件表面温度随时间的变化曲线

试验中施加的噪声载荷谱如图 7.40 所示,可知在 50~500 Hz 频率区间,等带宽噪声载荷谱基本为白噪声谱,所施加的噪声总声压级分别为 155.9 dB、159.1 dB、161.9 dB 和 164.4 dB。

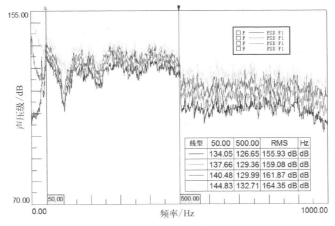

线型	50.00	500.00	RMS	Hz
	134.05	126.65	155.93 dB	dB
	137.66	129.36	159.08 dB	dB
	140.48	129.99	161.87 dB	dB
	144.83	132.71	164.35 dB	dB

图 7.40　等带宽噪声载荷谱

C/SiC 壁板加速度响应的 RMS 值汇总如表 7.8 所示。可知在强噪声载荷作用下,C/SiC 壁板的加速度响应 RMS 值较大。当温度为 200℃时,噪声 156 dB 激励引起的试验件左上角位置(测点 LM-1)加速度 RMS 值可达 $40.9g$,试验件中心(测点 LM-2)加速度 RMS 值可达 $185.1g$;当噪声增加到 162 dB 时,左上角位置(测点 LM-1)加速度 RMS 值增加到 $117.6g$,试验件中心加速度 RMS 值可达 $269.8g$ 左右。

表 7.8　加速度响应 RMS 值

试验状态	温度/℃	测点	加速度 RMS 值/g			
			噪声 156 dB	噪声 159 dB	噪声 162 dB	噪声 165 dB
状态(1)	200	LM-1	40.9	66.8	117.6	—
		LM-2	185.1	234.4	269.8	—
状态(2)	400	LM-1	61.2	103.7	178.3	—
		LM-3	73.6	78.6	99.1	—
状态(3)	500	LM-3	—	—	—	124.2
状态(4)	600	LM-3	—	—	—	158.7

试验中由于测点 LM-2 加速度响应较大,后续状态加速度响应由中心测点 LM-2 移到右上角位置 LM-3。在试验状态(2)中,试验件温度为 400℃,可知随

温度增加,LM-1 测点的加速度响应增大,在 162 dB 噪声载荷作用下,LM-1 测点的加速度 RMS 值可达 178.3g。在试验状态(3)中,试验件的温度为 500℃,在 165 dB 噪声载荷作用下,LM-3 测点的加速度 RMS 值为 124.2g。而在试验状态(4)中,试验件温度为 600℃,在 165 dB 噪声载荷作用下,LM-3 测点的加速度 RMS 值为 158.7g。可见,随试验件温度和噪声载荷的增加,试验件的加速度 RMS 值有继续增大的趋势。

当试验件温度为 200℃时,不同量级噪声激励下 C/SiC 壁板加速度响应随时间的变化如图 7.41 所示,施加的噪声载荷依次为 156 dB、159 dB 和 162 dB。由图 7.41(a)可知,采用普通激光测振仪的测点 LM-1 的加速度响应在不同量级噪声载荷下的区分明显。由图 7.41(b)可知,采用增强型激光测振仪的测点 LM-2 的加速度响应在不同量级噪声载荷下的区分不明显,在 162 dB 噪声作用下,其峰值可达 1 000g 左右。

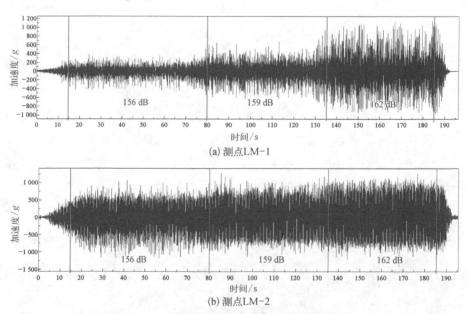

图 7.41　加速度响应时域数据(200℃)

当试验件温度为 200℃时,C/SiC 壁板的加速度 PSD 分布如图 7.42 所示。可知,测点 LM-1 和 LM-2 的加速度响应在频率 300 Hz、600 Hz 和 900 Hz 附近均有较强的响应峰。当试验件温度为 400℃时,测点 LM-1 和 LM-3 的加速度 PSD 分布如图 7.43 所示。可知,测点 LM-1 和 LM-3 的加速度响应在频率 300 Hz、600 Hz 和 900 Hz 附近存在较强的响应峰,当噪声载荷从 156 dB 增加到 162 dB

时,试验件不同测点的加速度响应 PSD 分布变化较小。当试验件温度为 400℃
左右时,由于普通型激光测振仪功率较小,测试信号较弱,无法进行加速度测试,
此时只保留了增强型激光测振仪在 LM-3 位置的加速度测试。状态(3)和状态
(4)中,试验件温度分别为 500℃ 和 600℃,在165 dB 噪声载荷作用下的 C/SiC 壁
板测点的加速度 PSD 分布与前面试验状态下的加速度 PSD 分布类似,在频率
300 Hz、600 Hz 和 900 Hz 附近仍有较强的响应峰。

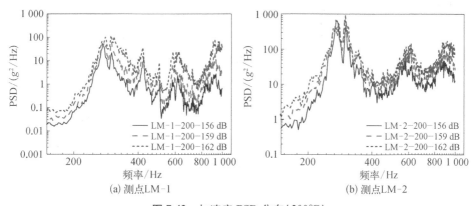

图 7.42　加速度 PSD 分布(200℃)

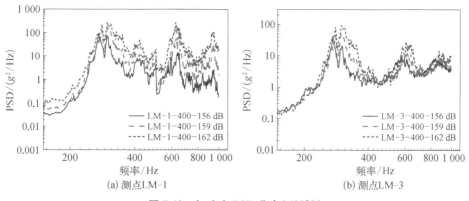

图 7.43　加速度 PSD 分布(400℃)

　　C/SiC 壁板不同测点加速度动响应的 PSD 分布对比如图 7.44 所示。由图
7.44(a)可知,在试验件温度 200℃ 和噪声 156 dB 作用下,LM-1 的加速度响应值
远小于中心测点 LM-2 的测试值。与 LM-2 测点相比,LM-1 测点的加速度 PSD
谱还包含了 420 Hz 附近的响应峰。由图 7.44(b)可知,在 162 dB 噪声作用下,
LM-1 测点的加速度 PSD 谱也明显包含了 420 Hz 附近的响应峰。

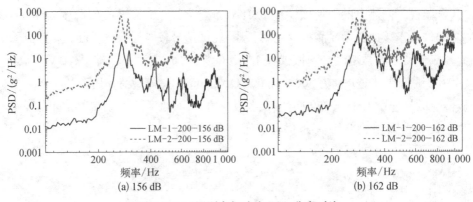

图 7.44　不同测点加速度 PSD 分布对比

C/SiC 壁板不同热环境下加速度响应的 PSD 分布对比如图 7.45 所示。由图 7.45(a)可知,当噪声为 162 dB 时,400℃条件下 LM-1 测点的加速度响应值略大于在 200℃条件下的响应值,当试验件温度从 200℃增加到 400℃时,试验件加速度的第一个响应峰位置变化较小,其他峰值位置略向高频偏移。由图 7.45(b)可知,当试验件温度增加到 600℃时,C/SiC 壁板加速度动响应峰值位置向高频发生了偏移。其原因之一就是热噪声试验中的热环境改变了 C/SiC 壁板材料的高温力学性能。2D-C/SiC 材料在加热 1 000℃范围内,拉伸强度随温度升高而增大,拉伸模量随温度升高而降低,常温环境下拉伸模量为 120 GPa 左右,在 900℃温度时拉伸模量约为 83 GPa,弹性模量参数的下降将导致 2D-C/SiC 壁板结构刚度的降低。此外,热环境诱发的热应力也会影响试验件的刚度矩阵,对于四周约束的 C/SiC 壁板结构,温度升高时试验件表现为受压的状态,会引起壁板结构的刚度降低,而发生热屈曲后,壁板结构的刚度则会随温度升高出现增加现

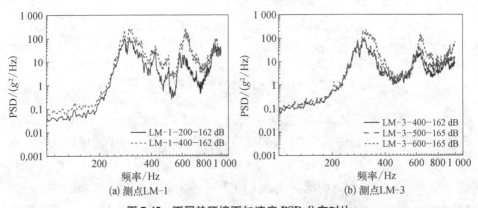

图 7.45　不同热环境下加速度 PSD 分布对比

象。正是由于上述因素的综合作用,C/SiC 壁板结构加速度动响应 RMS 值和峰值位置在热噪声试验过程中发生了改变。

7.7　小结

本章围绕高超声速飞行器对热噪声试验技术的需求,回顾了国外热噪声试验技术的发展,总结了国外热噪声试验装置的能力,对研制的热噪声试验装置的能力进行了验证,并针对典型试验件开展了热噪声试验,得到以下结论。

(1)在热噪声试验系统研制中,噪声装置多采用行波管噪声装置,加热装置多采用石英灯加热器,热噪声试验系统的噪声施加能力和加热能力后期通过改造也逐步得到提升,热噪声试验对动态响应测试、温度测量和声场测试均提出了更高的要求。

(2)获得了热噪声试验系统的热流场分布,采用 CFD 技术模拟了行波管内的噪声气流流动特性和试验件的温度场分布,基于声学分析软件研究了温度场对噪声场的影响,获得了热噪声试验中热/声载荷的相互耦合影响规律。

(3)针对螺栓连接的 C/SiC 正方形平板,在噪声 165 dB 作用下,厚度 2 mm 的试验件最大动态应变 RMS 值可达 500 $\mu\varepsilon$ 以上,试验件四周垂直边部方向的动态应变 RMS 值远大于平行边部方向的动态应变 RMS 值,同时垂直边部方向的动态应变 RMS 值略大于试验件中心位置的动态应变 RMS 值;在噪声 168 dB 作用下,厚度 1 mm 的试验件四周边部和中心发生失效破坏。针对盖板方式安装的 C/SiC 矩形试验件,在噪声 165 dB 作用下,动态应变 RMS 值可达 270 $\mu\varepsilon$ 以上;与螺栓连接方式相比,垂直边部方向动态应变 RMS 值与平行边部方向的动态应变 RMS 值差距减小,矩形 C/SiC 平板的四周边部没有发生破坏,试验件中心偏左位置发生失效破坏。

(4)验证了点温仪、激光测振仪等在热噪声试验中的适用性,形成了高温复合材料壁板的热噪声试验方法。在热环境 400℃、噪声 162 dB 作用下,C/SiC 壁板边部加速度动响应的 RMS 值可达 178g,加速度响应在噪声载荷激励频率外也出现了多个峰值。由于热环境影响,C/SiC 壁板加速度响应的 RMS 值随温度升高发生改变且其峰值位置向高频方向偏移。

参考文献

[1] Swanson A D, Coghlan S C, Pratt D M, et al. Hypersonic vehicle thermal structure test

challenges. Destin, Florida: U.S. Air Force T&E Days, 2007.

[2] Blevins R D, Bofilios D, Holehouse I, et al. Thermo-vibro-acoustic loads and fatigue of hypersonic flight vehicle structure. Wright-Patterson Air Force Base, Ohio: AFRL-RB-WP-TR-2009-3139, 2009.

[3] Brian Z. Predictive capability for hypersonic structural response and life prediction: phase II-details design of hypersonic cruise vehicle hot-structure. Palmdale: AFRL-RQ-WP-TR-2012-0280, 2012.

[4] Clarkson B L. Review of sonic fatigue technology. Hampton: NASA-N94-29407, 1994.

[5] Mixson J S, Roussos L A. Acoustic fatigue: overview of activities at NASA Langley. Hampton: NASA-N87-24965, 1987.

[6] 姚起杭,杨学勤.飞机结构声疲劳设计手册.北京: 航空工业出版社,1999.

[7] 王乐善,巨亚堂,吴振强,等.辐射加热方法在结构热试验中的作用与地位.强度与环境, 2010,37(5): 58 - 64.

[8] 葛森,曹琦,邵闯,等.飞机壁板的高温声疲劳试验方法.实验力学, 1997, 12 (4): 593 - 598.

[9] 邵闯,黄文超.飞机典型结构件的声疲劳实验研究.实验力学,2009,24(6): 519 - 524.

[10] 任德新,马艳红,洪杰.冲压发动机壁板结构可靠性的研究现状与展望.燃气涡轮试验与研究,2011,24(3): 58 - 60.

[11] 吴振强,任方,张伟,等.飞行器结构热噪声试验的研究进展.导弹与航天运载技术, 2010,(2): 24 - 30.

[12] 吴振强,张伟,孔凡金,等.热噪声复合环境试验装置研制及其能力验证.导弹与航天运载技术,2014,(5): 598 - 605.

[13] 吴振强,李海波,程昊,等.热环境下金属壁板噪声激励动响应试验研究.强度与环境, 2016,43(2): 25 - 33.

[14] 吴振强,张正平,李海波,等.C/SiC 壁板热噪声复合环境动态响应试验研究.实验力学, 2015,30(6): 741 - 748.

[15] 张卫红,冯秉初,吕道军.噪声试验技术在高超声速巡航飞行器研制中的应用前景.强度与环境,2011,38(1): 31 - 35.

[16] Bayerdöerfer G, Freyberg L. Thermoacoustic environments to simulate reentry conditions. Ottobrunn: NASA-N95-14096, 1995.

[17] Leatherwood J D, Clevenson S A, Powell C A, et al. Acoustic testing of high-temperature panels. Journal of Aircraft, 1992, 29(6): 1130 - 1136.

[18] Chung F F. High-intensity acoustic tests of thermally stressed plate. Journal of Aircraft, 1991, 28(4): 275 - 281.

第8章

基于剩余刚度和剩余强度的寿命预示方法

8.1 概述

复合材料薄壁结构在噪声载荷作用下表现出复杂的动力学响应,其疲劳损伤及破坏机理非常复杂,研究在噪声载荷作用下的复合材料薄壁结构的疲劳寿命对结构分析及设计具有重要意义。一般可以从细观和宏观两个角度研究结构或材料在噪声载荷条件下的响应及破坏过程。细观方法通过考虑材料内部不同组分材料的疲劳损伤形式进而研究材料的疲劳寿命,对于复合材料薄壁结构来说采用细观方法很难剥离不同损伤(如基体开裂、纤维断裂和分层等)之间的相互关系,从而很难直接对整个结构进行寿命预估。宏观唯象方法避开了复合材料内部复杂的疲劳机理,建立起宏观可测材料参数与材料损伤量及寿命之间的关系,降低了复合材料疲劳研究的难度。通常,宏观方法是通过初始裂纹的生成、裂纹扩展长度、剩余刚度和剩余强度等建立与材料疲劳寿命的关系。本章主要论述利用剩余强度和剩余刚度方法对复合材料薄壁结构在热噪声载荷条件下的寿命进行预示。

8.1.1 剩余强度模型研究现状

常见的剩余强度模型包括 Broutman-Sahu[1]、Reifsnider[2,3]、Schaffand Davidson[4,5] 和 Hahn-Kim[6,7] 模型。在不同的应力状态下,复合材料剩余强度演化呈现不同的规律。在高应力状态下,剩余强度随着循环次数的增加几乎保持不变,当循环次数达到寿命时,剩余强度突然迅速下降,称为"突降"模式[8,9]。在低应力状态下,剩余强度为循环次数 n 的函数,呈逐渐下降趋势,称为"磨损"模式[6]。相比之前的剩余强度模型,Adam[10] 提出的归一化剩余强度模型可以通过调节两个非线性参数来适应不同的退化模式。

　　热噪声载荷作用下薄壁结构的另一个特点就是结构应力/应变响应的每个循环的平均值不再为 0,这会对结构的力学性能与疲劳强度产生重要的影响。Yang[11-13]在室温环境下对 Gr/E 层合板进行了应力比 $R=0.1$ 的常幅疲劳试验和剩余强度试验,还对层合板开展了应力比 $-0.47 \leqslant R \leqslant 0.16$ 范围内的常幅疲劳试验,研究拉-压情况下的剩余强度。Adam[14]等研究了室温、60℃和100℃环境下碳纤维、玻璃纤维和芳纶纤维增强的树脂基复合材料层合板的剩余强度和疲劳寿命,其对应的应力比为 $R=0.1$。Epaarachchi 和 Clausen[15]借鉴了 D'amore 等[16]的工作,提出了一个考虑载荷应力比和频率的剩余强度经验模型来预测玻璃纤维增强塑料层合板的疲劳寿命。Philippidis[17-19]对不同载荷情况下的材料强度退化规律进行了理论与试验研究,并且讨论了不同剩余强度模型的预测精度和应用范围。

　　基于剩余强度理论来表征和评价热噪声载荷作用下复合材料薄壁结构的力学性能,其核心问题是如何合理有效地考虑热噪声载荷对薄壁结构剩余强度演化规律的影响。热载荷和噪声载荷对复合材料薄壁结构的力学行为都有重要的影响,当两种载荷共同作用时,除了它们各自单独作用效果的叠加,两种载荷的交互作用效果也有非常重要的影响。在结构力学性能评价方法上,剩余强度理论已成功用于表征和评价常幅交变载荷作用下复合材料层合板的力学性能。由于复合材料薄壁结构在不同温度和噪声载荷作用下的损伤演化规律和力学行为会呈现出不同的特征,在此基础上采用剩余强度理论来表征和评价其力学性能是一条切实可行的路线。对于多种载荷共同作用的复杂环境,剩余强度理论由于其数学形式简单、物理概念明确且便于工程应用的特点将发挥积极主要的作用。

8.1.2　剩余刚度模型研究现状

　　复合材料剩余刚度从宏观唯象角度描述材料疲劳损伤随加载历程的变化。剩余刚度主要涉及材料或结构在疲劳加载历程中其弹性性能的逐渐变化过程,描述的是经历一定循环加载后材料或结构刚度的剩余量。材料的损伤程度与剩余刚度有直接联系,可表示为 $D=1-E/E_0$,其中 E 为剩余刚度,E_0 为初始材料刚度。对于剩余刚度模型,一般基于常幅疲劳试验可建立其理论模型、半经验模型和经验模型。剩余刚度理论模型基于微观机理从微观力学的角度来建立剩余刚度与损伤变量、材料常数和外载荷之间的关系。主要的剩余刚度理论模型分为剪切滞后模型[20-26]、损伤力学模型[27-31]、弹性力学模型[32-36]和有限元法模型[37,38]等。半经验模型通常是针对某一损伤机理提出一个损伤参数,再用经验的方法建立这一损伤参数的变化与层合板剩余刚度之间的关系,是理论与试验的结合。

剩余刚度经验模型是在对大量试验数据拟合的基础上提出的经验模型。剩余刚度的退化率可看作是加载次数 n、初始刚度 $E(0)$、加载频率 f、最大应力水平 s 及应力比 R 的函数。在经验模型中,Yang[37]的经验模型最具代表性,可表示为

$$\frac{\mathrm{d}E(n)}{\mathrm{d}n} = -E(0)Q\upsilon n^{\upsilon-1} \tag{8.1}$$

对式(8.1)积分可得

$$E(n) = E(0)(1 - Qn^{\upsilon}) \tag{8.2}$$

其中,Q 和 υ 是随机变量,受到应力水平和加载频率的影响,且 $Q = a_1 + a_2\upsilon$,υ 是应力水平 s 的函数,表达式为 $\upsilon = a_3 + Bs$,$a_i(i=1, 2, 3)$ 是试验参数,B 为随机变量。如果认为初始刚度 $E(0)$ 和 B 服从对数正态分布,则 $E(n)$ 也是一个随机变量,具有统计分散性。Yang 具体讨论了该模型的两种简化形式,并利用构件在服役中测得的数据来改善剩余刚度预测值,可表示为

$$E(n) = E(0)[1 - Q(k)n^{\upsilon(k)}] \tag{8.3}$$

其中,$Q(k)$ 和 $\upsilon(k)$ 可通过对服役中结构测得的数据 $E(n)$ 进行线性回归得到。该模型可预测常幅疲劳载荷下多种复合材料层合板的疲劳寿命。

通过试验获得剩余强度值时是一个试验件对应一个剩余强度,而剩余刚度是一个试验件得到一条刚度演化曲线,因此剩余刚度理论在分析热噪声载荷下复合材料薄壁结构的疲劳寿命时具有一定的优势。在建立材料剩余刚度模型时,最核心的问题是建立刚度演化方程,其中可以考虑应力水平、应力幅值和应力比等多种因素的影响,但同时也需要认识到试验件性能一致性会直接影响剩余刚度的精度。与剩余强度理论一样,剩余刚度理论已成功用于分析和评价复合材料层合板常幅疲劳性能。

8.1.3　随机载荷条件下结构疲劳累积损伤研究

与常幅疲劳不同,声疲劳本质上是分布声载荷作用下的随机振动疲劳,也称

为声振疲劳。实际上使结构产生声振疲劳的各种噪声,特别是喷流噪声以及紊流附面层压力脉动,它们都是作用在结构上的分布压力脉动。研究声振疲劳的方法主要是计算脉动压力激励下的结构共振响应,特别是结构低阶共振响应,所以它和随机振动疲劳的特点及分析方法一致。然而,目前并无专门针对振动疲劳累积损伤的理论。鉴于动态疲劳估算误差较大,采用其他有关非线性累积损伤理论并不能显著改善分析精度,反而会增加分析的工作量和难度,建议仍旧采用线性累积损伤来计算累积损伤变量[39]。Miner[40]根据 Palmgren[41] 提出的疲劳损伤累积与应力循环次数呈线性关系的假设,给出了线性损伤累积表达式式(8.4),同时其成了被广泛采用的疲劳累积损伤准则。

$$\sum_{i=1}^{N} \frac{n_i}{N_i} = 1 \tag{8.4}$$

Miner 认为在某一等幅疲劳应力 S_i 作用下(对应的等幅疲劳寿命为 N_i),在每一应力循环里,材料吸收的净功(network)ΔW 相等,当这些被材料吸收的净功达到临界值 W 时,疲劳破坏发生,即

$$\frac{\Delta W}{W} = \frac{1}{N_i} \tag{8.5}$$

在变幅应力 S_1,S_2,$\cdots$,S_n 作用下,各应力水平的等幅寿命为 N_i,实际循环数为 n_i,产生的净功为 W_i,当

$$\sum W_i = W \tag{8.6}$$

结构发生疲劳破坏,且有

$$\sum \frac{W_i}{W} = \sum \frac{n_i}{N_i} = 1 \tag{8.7}$$

Miner 假定损伤量 D 为 1 时试验件将发生疲劳破坏,但在工程应用过程中,特别是在结构随机振动情况下,这一准则偏保守。实际工程中,受高-低两级载荷加载(由高到低分块疲劳加载)的材料常在损伤量 $D<1$ 时破坏;受低-高两级载荷加载(由低到高分块疲劳加载)的材料常在 $D>1$ 时破坏,可见载荷的加载顺序与损伤量有着密切的关系。此外,有学者指出:等幅正弦振动的 D 值可取为 1~1.5;随机振动的 D 值可取为 1.5~2;如果正弦振动和随机振动同时存在,D 可统一取为 1.5。当然,D 值的实际选取最好由经验统计和试验研究综合分析给出。

对于随机疲劳研究,通常需对结构进行动力学响应分析,找出适用于结构振动疲劳的 *S-N* 曲线,最后利用 Miner 线性累积损伤理论和一定的破坏准则来预计破坏寿命。复杂载荷情况下,特别是对于随机载荷而言,疲劳寿命分析方法主要有两种[42]:一种是基于统计计数的时域分析方法,另一种是基于 PSD 的频域分析方法。时域分析方法与上述简单载荷下的振动疲劳分析方法的思路大致相同:首先通过有限元分析或实际测量得到结构危险点的应力(应变)随时间变化的关系,采用适当的计数方法,得出不同应力(应变)水平的幅值和均值(或峰值和谷值)的分布情况;然后选取适用的损伤累积准则及破坏判据,进行疲劳寿命预估[43,44]。时域分析法是一种传统的随机振动疲劳估算方法,虽然这种方法能比较准确地得到随机振动载荷所造成的累积损伤,并适用于窄带和宽带随机振动疲劳寿命的预估问题,但是如果要准确描述一个随机加载过程,就需要记录很长的信号,这需要非常大的工作量,通过有限元分析也很难实现。频域分析方法是通过有限元分析或实际测量得到结构危险点的应力 PSD,然后利用统计原理获得相应功率谱的相关统计参数,如各阶谱矩、标准偏差和不规则因子等。基于不同的统计参数,可以将频域分析法分为峰值分布法和幅值分布法[45,46],结合应力幅值的概率密度函数,选取适用的损伤累积准则及破坏判据,进行疲劳寿命预估。该方法凭借计算简单并不需要循环计数的优点受到不少学者的青睐[47,48]。基于 PSD 的频域疲劳寿命估算已经在汽车、航空、航天和机器制造等工业领域得到了广泛的应用。

疲劳损伤在单一个体内的累积过程,即 *D-N* 或 d*D*/d*N* 关系,可被视为一个离散的或连续的随机过程。然而,这种关系并不能完全代表整个母体损伤的随机分散性。根据疲劳裂纹扩展阶段的 *a-N* 试验结果,可以将其推广至疲劳裂纹起始阶段的 *D-N* 关系,即单一个体损伤增长的随机性远远小于不同个体之间损伤增长的分散性。于是,个体的随机涨落可忽略不计,可以认为是确定性的,母体损伤的随机性则来自个体间的分散性。因此,唯象的随机疲劳累积损伤准则的建模思想应该是:先等幅,后变幅;先个体,后母体;先确定,后随机。

8.2　复合材料薄壁结构热噪声疲劳破坏问题

高超声速飞行器热防护系统含有多种形式的壁板结构,在服役阶段会经历严酷的气动力/热/噪声等复合环境,结构的完整性和可靠性受到巨大的挑战,因此需对复合材料薄壁结构的抗热噪声性能进行地面考核。通常需要采用高声强行波管噪声系统,同时需加装加温装置,如此可最大程度地模拟热噪声环境,但此种试验方法费时、耗资巨大。实际上,研究薄壁结构在热噪声环境下的疲劳行为,没有必要完全模拟试件的整个服役环境,也不可能做到如此。随机载荷下复合材料疲劳损伤行为主要包括寿命、剩余强度以及剩余刚度。结构的疲劳损伤是由一系列变幅循环载荷产生的疲劳累积损伤造成的,计算过程中损伤变量的选择和失效准则的确定是关键。构造一个疲劳累积损伤理论,不管其是否有效,必须定量地回答以下三个问题:

(1)一个循环载荷对材料或结构造成的损伤是多少?

(2)多个载荷循环时,损伤是如何累加的?

(3)失效时的临界损伤是多少?

将振动疲劳破坏简单地假设为与通常所谓的"静态"应力疲劳破坏相一致,因为两者都是应力循环导致损伤累积而产生的破坏,所以可以将现有的疲劳理论作为基础来研究振动疲劳强度问题。此外,噪声激励本质上是一种宽频随机载荷,但就简单结构特别是薄壁结构而言,其结构的一阶模态对疲劳损伤起着主要作用。在特定情况下,可采用随机振动模拟噪声激励下的结构受力状态,进而开展结构疲劳损伤行为研究,研究可按以下几个步骤进行:① 对复合材料进行常幅疲劳载荷下疲劳寿命以及剩余强度/刚度测试,得到常幅疲劳的 S-N 曲线与剩余强度/刚度曲线并建立相应的宏观演化模型;② 以此为基础结合常幅疲劳剩余强度/刚度曲线,计算噪声载荷下复合材料的剩余强度/刚度演化曲线;③ 噪声载荷下,以等效随机噪声试验(随机振动试验),或利用有限元分析典型薄壁结构响应,结合剩余强度/刚度演化模型,计算给出结构剩余强度/刚度分布,以此表征噪声载荷下结构的力学性能;④ 对承受一定时间噪声载荷的典型薄壁结构进行切割取样,测试剩余强度/刚度,以验证计算结果的准确性。

8.3 C/SiC 复合材料常幅疲劳试验研究

2D 正交平纹编织 C/SiC 复合材料板加工成型后,用金刚石线切割机将其切割成试样来测定室温环境下此材料的拉伸强度、压缩强度、拉-拉疲劳 S-N 曲线、压-压疲劳 *S-N* 曲线、拉-压疲劳 *S-N* 曲线、拉-拉剩余强度、压-压剩余强度以及拉压剩余刚度。试件形状如图 8.1 所示。

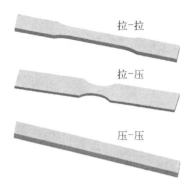

拉-拉

拉-压

压-压

图 8.2 所示的试样用于测定高温环境下 C/SiC复合材料沿纤维方向的拉伸强度、拉-拉疲劳 *S-N* 曲线和拉-拉疲劳载荷作用下的剩余强度。图 8.3 所示的试样用于测定高温环境下 C/SiC复合材料沿纤维方向的压缩强度、压-压疲劳*S-N*曲线和压-压疲劳载荷作用下的剩余强度。

图 8.1　C/SiC 复合材料常幅疲劳试验试件示意图

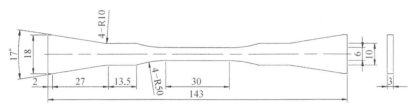

图 8.2　高温拉伸试验及拉-拉疲劳试验试样(单位: mm)

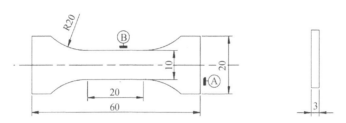

图 8.3　高温压缩试验及压-压疲劳试验试样(单位: mm)

在常温下,对 C/SiC 复合材料进行常幅交变载荷疲劳寿命试验。通过应力比 $R=0.1$ 和频率为 25 Hz 的拉-拉疲劳试验数据,可拟合得到 *S-N* 曲线:

$$NS^{239.23} = 10^{555.91} \qquad (8.8)$$

其中,N 为疲劳寿命,单位为次;S 为循环应力峰值,单位为 MPa。

压-压疲劳试验,应力比 $R = 10$, 频率为 25 Hz。由试验数据拟合得到的 *S-N* 曲线为

$$NS^{354.61} = 10^{886.22} \qquad (8.9)$$

拉-压疲劳试验,应力比 $R = -1$, 频率为 20 Hz。由试验数据拟合得到的 *S-N* 曲线为

$$NS^{130.72} = 10^{331.13} \tag{8.10}$$

可以得到，拉-拉寿命 10^6 次所对应的应力水平 LV = 0.89；压-压寿命 10^6 次所对应的应力水平 LV = 0.86；拉-压寿命 10^6 次所对应的应力水平 LV = 0.85。其中，应力水平 LV 为循环应力峰值与相应静强度之比。

高温环境试验在空气介质中进行，环境温度为 600℃，同样用幂律模型来拟合常幅疲劳试验数据，静强度及相关的拟合参数见表 8.1。

表 8.1　静强度及相关的拟合参数

S_{uts} /MPa	S_{ucs} /MPa	R	a	b
196.71	266.45	0.1	−2.60	8.88
		10.0	−18.45	49.10

注：S_{uts} 为材料拉伸强度，单位为 MPa；S_{ucs} 为材料压缩强度，单位为 MPa。

材料的幂律 S-N 模型为

$$NS^b = C \tag{8.11}$$

其中，b、C 为拟合参数；N 为疲劳寿命；S 为循环应力幅值。

式(8.11)在对数化的坐标系中的图形是一条直线，因此这个方程可写为

$$\lg S = a \lg N + d \tag{8.12}$$

其中，$a = -1/b$、$d = \lg C/b$ 分别是直线的斜率和截距，可用最小二乘法拟合参数。

8.4　复合材料薄壁结构噪声载荷下剩余刚度模型

8.4.1　复合材料结构噪声载荷下剩余刚度模型研究

1. 模拟噪声载荷作用下复合材料薄壁结构随机振动试验

以悬臂梁薄壁板为试验试件，其具体几何形状及尺寸分别如图 8.4 和表 8.2 所示。

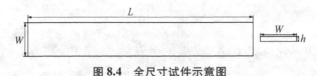

图 8.4　全尺寸试件示意图

表 8.2　试件数量及尺寸

试样类型	厚度 h/mm	宽度 W/mm	长度 L/mm
C/SiC 复合材料	1.5/2/2.5/3	50	210/230

试件加工过程中难免在边缘出现人为因素导致的缺陷,如加工缺口等。人为因素造成的损伤很大程度上会影响试验结果,为了一定程度上避免意外破坏的发生,同时减少夹持端的应力集中度,夹持端采用半圆形夹持方式,并固定在振动台上进行试验。如图 8.5 所示,与传统的矩形夹持方式相比,半圆形夹持有效地降低了应力集中面积。

(a) 半圆形夹具示意图

(b) 矩形夹持应力场分布　　　　　(c) 半圆形夹持应力场分布

图 8.5　试件夹持方式设计

试件利用如图 8.6 所示的试验夹具与振动台连接。将试件竖直固定在夹具上,沿水平方向振动。

以结构一阶模态固有频率为主,基于 1/3 倍频程有限带宽以加速度 PSD 形式进行加载,具体可参见图 8.7,在固支端水平方向进行加载。利用动态应变仪进行应变数据采集,同时利用加速度频响函数对结构固有频率进行实时监测。

如图 8.8 所示,对试件 230 mm×50 mm×2.5 mm 采集的应变数据流计数分析。应变幅值分布较好地符合瑞利分布函数,如式(8.13)所示。同时对数据进行分段累积分析,可以发现各段应变数据均符合此分布特征,如图 8.8(b)和(c)所示。

$$f_\varepsilon(\varepsilon_a) = \frac{\varepsilon_a}{m_0}\exp\left(-\frac{\varepsilon_a^2}{2\,m_0}\right) \tag{8.13}$$

其中,ε_a 为应变幅值;m_0 为时域数据的 RMS 值,其与频域下的零阶谱矩相等。

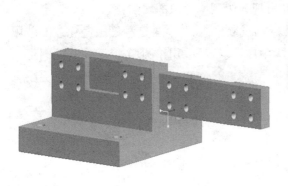

图 8.6　试验夹具及振动台

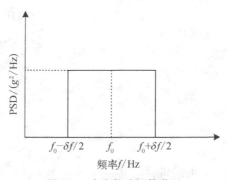

图 8.7　试验激励加载谱形

通过对应变数据分析发现,m_0 随着试验进行呈现增大趋势,相应地可认为数据的 RMS 值在逐渐增大,即认为应变响应在增强,如图 8.9(a)所示。同时分析应变数据中较大和较小数值的分布情况可发现,较大数值的应变响应在增加而较小数值应变响应在减小,如图 8.9(b)和(c)所示。

由于在加载过程中试件产生损伤直接可反映在频率的变化上,因此频率的变化可作为评价试件损伤发生大小的依据。图 8.10 显示了试件破坏过程中其一阶基频的变化情况,可见对于 C/SiC 试件,其破坏是一个缓慢分阶段的过程,

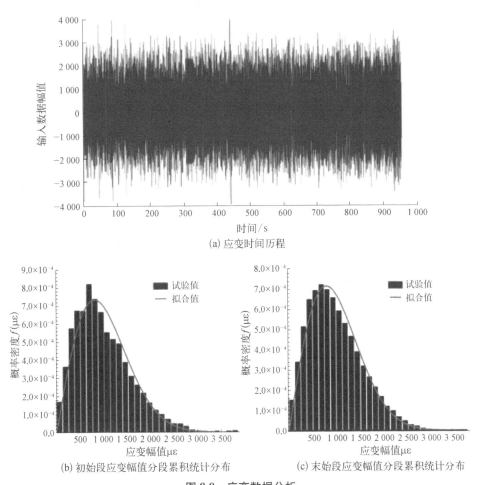

(a) 应变时间历程

(b) 初始段应变幅值分段累积统计分布 　　(c) 末始段应变幅值分段累积统计分布

图 8.8　应变数据分析

损伤逐渐累积导致了最终的突然失效。

此外,由于随机振动试验中选择了悬臂梁形式的夹持方案,根据一阶 Reissner-Midlin 模型可折算纵向结构刚度值:

$$f = \frac{1.875^2}{2\pi} \left(\frac{EI}{\rho Al^4} \right)^{\frac{1}{2}} \tag{8.14}$$

对失效试件进行观察可发现,在损伤发生过程中,结构沿厚度方向逐层出现裂纹直至断裂。如图 8.11 所示,试件最终失效是沿宽度方向的整条裂纹,并没有在厚度方向贯穿。

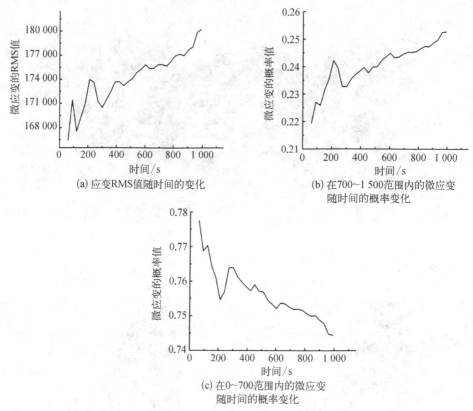

(a) 应变RMS值随时间的变化

(b) 在700~1 500范围内的微应变
随时间的概率变化

(c) 在0~700范围内的微应变
随时间的概率变化

图 8.9　监测点应变响应特性

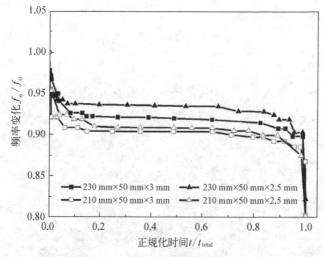

图 8.10　试件纵向刚度及频率变化

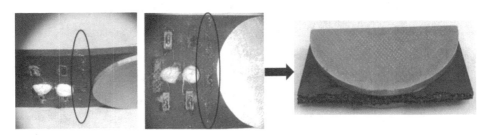

图 8.11 失效试件宏观断口

经历往返弯曲载荷作用,试件经受的主要作用力包含拉和压载荷,通过 SEM 电镜扫描可观察到破坏形式主要有:基体破坏、界面破坏和纤维破坏。如图 8.12 所示,失效试件断口参差不齐,且层与层之间存在不同程度的拔出现象,各试件内部还存在纤维簇的拔出现象。具体失效过程分析如下。

图 8.12 随机振动试件断口细观形貌

基体破坏:往返弯曲载荷作用下,在板基体抗拉强度最弱截面上,试件沿断口表面的基体首先被拉开,拉区基体退出工作,其承担的拉力传给碳纤维承受,造成应力重分布。

界面破坏:断口扫描图中半圆柱形槽及完全裸露处的纤维束是碳纤维从基体中完全剥离造成的。破坏主要是拉伸作用造成,复合材料纵向纤维受拉,界面附近的基体先破坏,随后纤维与起始端基体分离;疲劳载荷作用下,试件周期性受纵向拉伸载荷作用,界面损伤逐渐扩大,直到纤维从基体上完全剥离拔出。

纤维破坏:试件拉伸强度主要由纤维决定,基体则通过纤维与基体之间的界面传递相邻纤维之间的载荷。纤维破坏有拉伸破坏的特征(如断口平整脆断),也有压缩破坏的特征(如纤维受纵向压缩后弯曲,弯曲处纤维受拉侧拉伸破坏)。同时有独特的断口形貌,界面相对较强,排列紧密的纤维簇被基体包裹为一体,发生局部的纤维簇脆性断裂。

由于试件在试验过程中往返弯曲变形,同时经受拉、压载荷作用,其细观失效机制主要为垂直于加载方向的基体开裂、界面脱黏及纤维拔出,虽存在压缩载荷作用的参与,但并未发现明显的纵向基体裂纹。因此,悬臂梁状态下的随机振动试验,试件破坏的驱动力主要为拉、压载荷,其中拉伸载荷决定试件的最终破坏。

2. 材料刚度退化规律

1) 常幅疲劳载荷作用下的刚度退化规律

疲劳加载下,刚度值作为材料的一个宏观可测参数,可用于检测整个疲劳破坏过程,同时又不同于强度测量需要破坏性试验。复合材料疲劳损伤导致复合材料整体抗疲劳性能逐渐下降,随加载次数的增加,材料强度及刚度会下降。当加载到某一循环次数 n 时,此时材料的刚度称为 $E(n)$,损伤刚度称为 $D(n)$,两者关系可表述如下:

$$D(n) = 1 - \frac{E(n)}{E(0)} \tag{8.15}$$

基于 Yang 提出的剩余刚度模型:

$$\frac{\mathrm{d}E(n)}{\mathrm{d}n} = - Avn^{v-1} \tag{8.16}$$

式中,A、v 为材料常数。

对式(8.16)进行积分可得

$$E(n) - E(0) = - An^v \tag{8.17}$$

当达到疲劳破坏时,循环周次为 N,此时刚度为 $E(N)$,可得到

$$A = \frac{E(0) - E(N)}{N^v} \tag{8.18}$$

将式(8.18)代入式(8.17)得到本书所采用的剩余刚度模型:

$$\frac{E(n)}{E(0)} = 1 - \left[1 - \frac{E(N)}{E(0)} \right] \left(\frac{n}{N} \right)^v \tag{8.19}$$

式(8.19)中失效临界刚度 $E(N)$ 与加载最大应力 $S_{\max}$ 之间的关系可由式(8.20)表示[1]:

$$\frac{S_{\max}}{S_U} = C_1 \left[\frac{E(N)}{E(0)} \right]^{C_2} \tag{8.20}$$

其中, $S_{\max}$、S_U 分别为疲劳载荷水平和材料的静强度。

综合上述公式推导,可得到最终剩余刚度模型:

$$\frac{E(n)}{E(0)} = 1 - (1 - q)\left(\frac{n}{N} \right)^v, \ q = \left(\frac{S_{\max}}{C_1 S_U} \right)^{1/C_2} \tag{8.21}$$

其中, v 同样是加载最大应力的函数,可由式(8.22)表示:

$$v = a + b S_{\max} \tag{8.22}$$

显然, $E(n)$ 小于初始刚度 $E(0)$,这是材料内部发生损伤造成的,所以宏观唯象剩余刚度模型可用来描述损伤发展过程,其中所有参数均可通过常幅疲劳试验确定。

2) 随机载荷作用下刚度退化规律

载荷形式发生变化,即不再是"确定性"载荷作用下的损伤发展,而是一种多级变幅载荷下的综合作用导致结构或材料性能的退化,此种循环载荷下的破坏及性能退化更为复杂。但是仍可以基于常幅疲劳载荷作用刚度退化模型,对随机载荷作用下的剩余刚度模型进行研究,将随机载荷看作是多级载荷,对每一级载荷造成的刚度退化进行累加得到整个随机过程的刚度退化规律。

二级循环载荷作用下的剩余刚度模型的推导可参见图 8.13。设在载荷 S_1 作用下结构经历了 n_1 次循环,在 n_1 次循环后,其剩余刚度 $E(n_1)$ 为

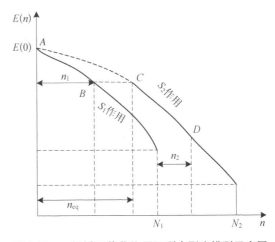

图 8.13　二级循环载荷作用下剩余刚度模型示意图

$$\frac{E(n_1)}{E(0)} = 1 - (1 - q_1) \left(\frac{n_1}{N_1} \right)^{v_1} \tag{8.23}$$

假定在载荷 S_2 作用下造成同样损伤循环了 n_{21} 次,n_{21} 为等效循环次数,唯象上认为

$$E(0) - E(n_1) = E(0) - E(n_{21}) \tag{8.24}$$

式(8.24)两边除以 $E(0)$ 得到如下形式:

$$1 - \frac{E(n_1)}{E(0)} = 1 - \frac{E(n_{21})}{E(0)} \tag{8.25}$$

而 $E(n_{21})$ 表示的是在 S_2 载荷循环 n_{21} 次后的刚度:

$$\frac{E(n_{21})}{E(0)} = 1 - (1 - q_2) \left(\frac{n_{21}}{N_2} \right)^{v_2} \tag{8.26}$$

综合式(8.25)和式(8.26)可得到等效循环次数 n_{21}。如此,载荷 S_1 循环 n_1 次、载荷 S_2 循环 n_2 次后的剩余刚度 $E(n_1 + n_2)$,即可表示为 S_2 载荷循环 $(n_2 + n_{21})$ 次后的刚度 $E(n_2 + n_{21})$。

$$\frac{E(n_1 + n_2)}{E(0)} = 1 - (1 - q_2) \left(\frac{n_2 + n_{21}}{N_2} \right)^{v_2} \tag{8.27}$$

三级循环载荷作用下的剩余刚度模型。在三级载荷作用下,即载荷 S_1 循环 n_1 次、载荷 S_2 循环 n_2 次、载荷 S_3 循环 n_3 次后的剩余刚度 $E(n_1 + n_2 + n_3)$ 可在两级载荷循环的基础上进行计算。由式(8.27)可得到在两级循环载荷 S_1、S_2 循环 n_1、n_2 次后的刚度 $E(n_1 + n_2)$,现假定循环载荷 S_3 作用下造成同样的损伤需要的等效循环次数为 n_{31},此时有

$$1 - \frac{E(n_1 + n_2)}{E(0)} = 1 - \frac{E(n_{31})}{E(0)} \tag{8.28}$$

由式(8.28)可求出等效循环次数 n_{31},类似式(8.27)。如此,载荷 S_1 循环 n_1 次、载荷 S_2 循环 n_2 次、载荷 S_3 循环 n_3 次后的剩余刚度 $E(n_1 + n_2 + n_3)$,即可表示为载荷 S_3 循环 $(n_3 + n_{31})$ 次后的刚度 $E(n_3 + n_{31})$。

$$\frac{E(n_1 + n_2 + n_3)}{E(0)} = 1 - (1 - q_3) \left(\frac{n_3 + n_{31}}{N_3} \right)^{v_3} \tag{8.29}$$

至此,多级载荷作用下的剩余刚度模型可表示为

$$\frac{E\left(\sum_{i=1}^{k} n_i\right)}{E(0)} = 1 - (1 - q_k)\left(\frac{n_k + n_{k1}}{N_k}\right)^{v_k} \tag{8.30}$$

如图 8.14 所示为随机载荷示意图,可见随机载荷的幅值是在不断变化的,将其看作多级载荷进行剩余刚度模型研究较为合理。给定随机载荷并反复作用在试件或结构上,用常幅载荷作用下的方法计算剩余刚度,可行的办法是将载荷进行分解:① 对原始载荷进行处理,将既不是峰值又不是谷值的点去除;② 尽量保持时间顺序不变,将峰值、谷值数据分别提取,以确定最大值和最小值;③ 删除小幅值后的载荷用于后续的剩余刚度模型研究。对处理后的载荷按 $1-2$, $2-3$, $3-4$, $4-5$, $\cdots$, $(n-1)-n$ 进行分级,每一级载荷认为其循环 1/2次,且每一级载荷都有确定的最大值和最小值,如此便可确定载荷幅值、均值、载荷水平及载荷比,结合式(8.30)即可计算随机载荷下的剩余刚度。

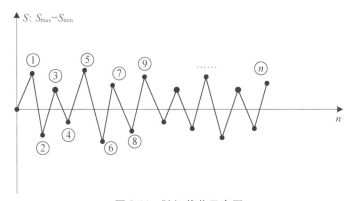

图 8.14　随机载荷示意图

3)等寿命方程

为了使上述损伤刚度模型适用于复合材料在不同应力水平下的随机疲劳加载情况,需要与等寿命方程联立方程组和材料最终寿命 N 建立关系,即式(8.30)中能够调用不同应力状态下的寿命值。通常情况下给定疲劳加载状态下的 S-N 曲线以幂指数形式给出:

$$N\left(S/S_U\right)^{\alpha} = \beta \tag{8.31}$$

对式(8.31)两边取对数:

$$\lg(S/S_U) = A + B \cdot \lg N \tag{8.32}$$

式中,$A = \lg \beta / \alpha$; $B = -1/\alpha$;α、β 为试验常数。

综合不同加载状态(拉-拉、压-压和拉-压)下的 S-N 曲线方程,可得到等寿命方程,并可将其统一在"均值-幅值"平面内作图,等寿命曲线如图 8.15 所示。如此,利用等寿命信息可以预测不同应力状态下的疲劳寿命,同时也可以将平均应力的影响考虑在内,进而结合剩余刚度模型对疲劳过程中的材料或结构刚度进行预报。

$$S_a = \frac{S_{max} - S_{min}}{2}, \quad S_m = \frac{S_{max} - S_{min}}{2}, \quad R = \frac{S_{min}}{S_{max}} \tag{8.33}$$

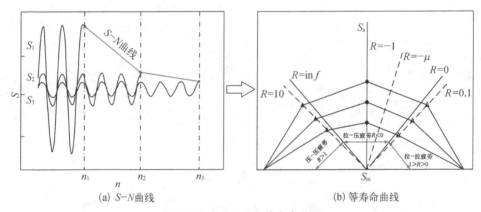

(a) S-N曲线   (b) 等寿命曲线

图 8.15 S-N 曲线和等寿命曲线

8.4.2 基于剩余刚度模型的复合材料结构疲劳寿命预示方法

基于对复合材料疲劳机理的认识和试验观察,本文认为复合材料的剩余刚度能够很好地反映复合材料的损伤状态。由此提出复合材料疲劳寿命估算方法,基本步骤如下。

(1) 对需要估算的复合材料结构确定疲劳危险部位。

(2) 针对疲劳危险部位的层合板结构,进行标准件疲劳试验,获得剩余刚度模型中的参数。

(3) 基于式(8.30)所示的剩余刚度模型,结合不同应力水平下的临界刚度值,对寿命进行预估。即随机载荷下,在第 n 级载荷计算得到的刚度值小于 n 级载荷的临界刚度值,认为失效发生。

上述估算方法与传统方法相比,主要差别在于考虑了被估算结构已经历的疲劳损伤的个体信息,这些信息反映了结构自身的损伤状态。结合随机振动试验,将采集到的数据进行相应处理,得到如图 8.16 所示的应变-时间历程,并用于随机载荷下的剩余刚度模型计算。

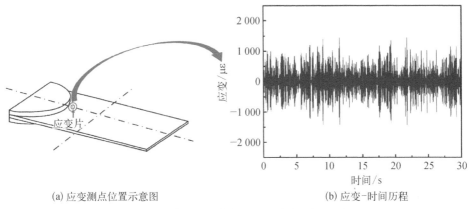

(a) 应变测点位置示意图　　　　　(b) 应变-时间历程

图 8.16　典型随机载荷作用下应变-时间历程

1. 剩余刚度分析方法

1) 常幅交变载荷作用下的刚度变化

常幅疲劳载荷下,疲劳试验以应力比 $R = -1$ 进行,分别进行应力水平为86%、87%、89%、91%的疲劳试验,对试件加载方向的刚度变化值进行监测,试验结果及本书所提的剩余刚度模型结果如图 8.17 所示,其中实线为式(8.21)拟合结果。

2) 随机载荷下刚度变化分析

在随机振动试验过程中,由于应变片本身存在的疲劳问题,很难采集到整个寿命期的应变响应。因此取试验过程中稳定阶段 20~30 s 的应变-时间历程数据(图 8.16),并对其进行复制扩展作为载荷输入。刚度模型载荷输入是应力的形式,故将所扩展应变-时间历程数据乘以材料的初始纵向模量得到应力-时间历程作为最终的剩余刚度模型载荷输入。根据本书提出的随机载荷剩余刚度模型,应力最终处理成最大-最小形式。

如图 8.18 所示为随机振动试验中试件局部单元的刚度变化曲线。常幅疲劳载荷下损伤在每一阶段的发生是一种连续状态。然而在随机加载下,应力响应较为复杂,在整个过程中可能存在较多量级低于甚至远低于疲劳极限应力水平的载荷。这些载荷对损伤产生的贡献较小甚至不会驱动损伤的继续发生,如

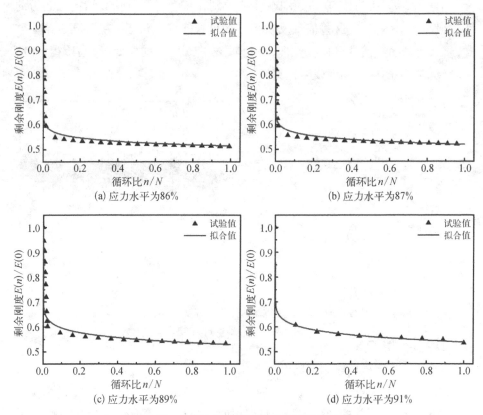

图 8.17　常幅交变载荷下剩余刚度演化曲线

此会形成如图 8.18 中的阶梯状折减状态。

对比常幅交变载荷下的剩余刚度演化规律,随机载荷下结构具有类似的刚度演化规律。同时采用刚度比形式的处理方法,一定程度上克服了复合材料本身性能分散性的缺点,使得刚度折减呈现出共同的规律。同时也可说明,一次有效循环对复合材料造成的损伤的绝对值对不同的试件个体来说是不同的,但在相对尺度上是基本相同的。

2. 随机载荷下寿命预估

1) 载荷获取方法

通常对于随机环境下的载荷获取方法有两种: ① 试验获取;② 时域信号模拟。试验获取载荷,方法直接并较为接近实际工况,但试验工作量较大。时域信号的模拟研究工作受到了国内外学者普遍关注,主要的时域模拟方法有三角级数法、参数模型法和逆傅里叶变换法等。此处采用三角级数法对时域下的信号

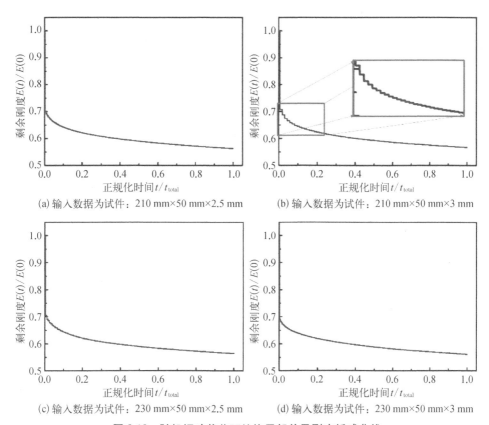

(a) 输入数据为试件：210 mm×50 mm×2.5 mm　　(b) 输入数据为试件：210 mm×50 mm×3 mm

(c) 输入数据为试件：230 mm×50 mm×2.5 mm　　(d) 输入数据为试件：230 mm×50 mm×3 mm

图 8.18　随机振动载荷下结构局部单元刚度折减曲线

进行模拟。三角级数法也称为谐波叠加法，是一种成熟的时域模拟方法，适用于各种谱形随机过程的时域模拟，基本思想是以离散谱逼近目标随机过程的模拟。零均值平稳随机过程 $x(t)$，具有单边 PSD 函数 $S(f)$。$x(t)$ 的抽样函数可由三角级数法模拟得到

$$x(t) = \sum_{n=1}^{N} \left[2S(f_n)\Delta f \right]^{1/2} \cos(2\pi f_n t + \varphi_n) \tag{8.34}$$

式中，φ_n 服从 $0\sim 2\pi$ 的均匀分布；$\Delta f = (f_u - f_1)/N$，$f_n = f_1 + (n-1/2)\Delta f$，$f_u$ 和 f_1 分别是给定 PSD 函数的频率上限和下限。

2）随机载荷寿命分析

（1）随机振动载荷下薄壁结构寿命分析。基于随机振动试验结果，结合剩余刚度模型，根据不同应力水平下的临界刚度值，对寿命进行预报，得到四种试件各自在随机振动载荷下的寿命如表 8.3 所示。表中出现的 α 值为载荷修正经

验系数,目的是在结构损伤发生后,修正原先较低载荷对损伤发展的驱动作用。可以发现修正后的寿命预报结果与试验值相比更为接近。需要指出的是,这里的修正系数 α 并没有一个严格理论上的指导值,这一点需在后期工作中进一步研究。

表8.3　四种试件各自在随机振动载荷下的寿命

试件/(mm×mm×mm)	最大应力/MPa	预测值（循环次数）		试验值（循环次数）
		$\alpha = 0.1$	$\alpha = 0$	
230×50×3	228.58	186 549	373 614	237 154
230×50×2.5	230.15	100 148	284 122	141 490
210×50×3	231.47	82 605	128 906	109 123
210×50×2.5	229.31	161 751	210 846	203 043

（2）噪声载荷作用下薄壁结构寿命。考虑到试验过程中多模态的影响,由有限元进行频域下的薄壁板随机噪声响应计算,并采用时域随机化理论,将频域信号转化为时域内信号并进行剩余刚度分析。

给定噪声总声压级,计算薄壁板的动态响应。沿长度方向选取板面三个单元积分点结果进行分析。

将图 8.19 中的三个位置分别记为左、左中和中,以 A、B 和 C 表示。三点的应力 PSD 计算结果如图 8.20 所示。

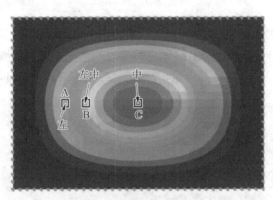

图 8.19　随机响应分析应力云图

将以上响应结果通过时域随机化技术转化为时域信号,基于随机载荷下剩余刚度模型计算,对两种声压级下的结构寿命进行估算,结果如表 8.4 所示。

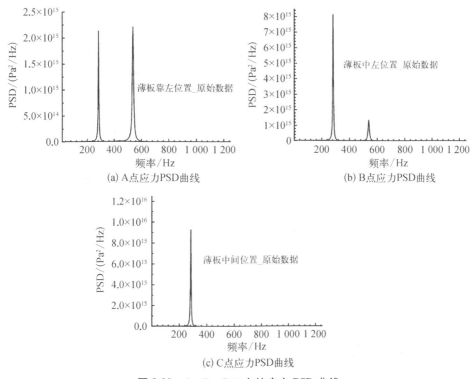

(a) A点应力PSD曲线　　　　　　(b) B点应力PSD曲线

(c) C点应力PSD曲线

图 8.20　A、B、C 三点的应力 PSD 曲线

表 8.4　两种声压级下结构不同点的寿命

声　压/dB	位置 A/s	位置 B/s	位置 C/s
165	>218.04	8.41	8.69
168	3.87	2.53	2.16

（3）噪声载荷下结构累积损伤分析。基于随机载荷作用下薄壁结构剩余刚度模型,对加载过程中结构损伤累积进行分析。分析流程如图 8.21 所示。

对 168 dB 噪声载荷下薄壁结构的损伤状态进行模拟分析得到如图 8.22(a) 所示结果。可见在随机噪声载荷作用下,薄壁结构在长度方向 1/4 处损伤较严重也易于破坏。损伤累积模拟结果较好地对应试验状态下的薄壁结构破坏情况,噪声试验中薄壁结构表面破坏形貌如图 8.22(b) 所示。

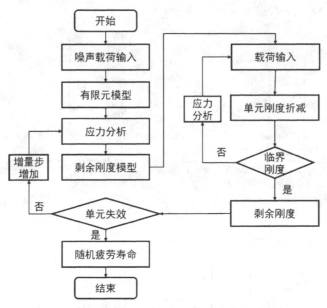

图 8.21 随机载荷作用下结构疲劳损伤累积分析流程

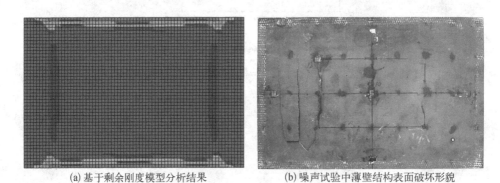

(a) 基于剩余刚度模型分析结果   (b) 噪声试验中薄壁结构表面破坏形貌

图 8.22 噪声加载下薄壁结构损伤分布

8.5 复合材料薄壁结构热噪声剩余强度模型

8.5.1 室温环境下剩余强度演化模型

1. 常幅交变载荷下归一化剩余强度演化关系式

薄壁结构单元剩余强度演化规律可以通过双参数非线性理论模型来描述,

具体如下:

$$t^{\alpha} = 1 - r^{\beta} \tag{8.35}$$

式中,$r = \dfrac{S_r(n) - S_p}{S_0 - S_p}$,表示归一化剩余强度,其中,$S_r$ 为剩余强度,单位为 MPa;

S_0 为静强度,单位为 MPa;S_p 为施加应力峰值,单位为 MPa;$t = \dfrac{\lg n - \lg 0.5}{\lg N - \lg 0.5}$,表

示归一化循环次数,其中,N 为对应载荷谱下的疲劳寿命,单位为次;α、β 为曲线拟合参数。

2. C/SiC 复合材料剩余强度测试结果

在常温下对 C/SiC 复合材料进行常幅交变载荷剩余强度试验,拉-拉剩余强度试验:应力水平 LV = 0.9,应力比 $R = 0.1$,频率为 25 Hz;压-压剩余强度试验:应力水平 LV = 0.87,应力比 $R = 10$,频率为 25 Hz。

采用归一化的剩余强度演化关系式[式(8.35)]来描述 C/SiC 复合材料拉-拉、压-压剩余强度退化,详情见图 8.23 和图 8.24。

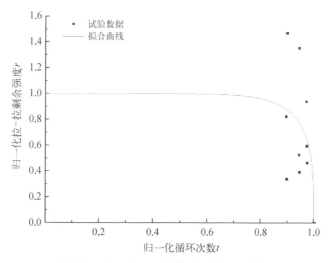

图 8.23　归一化表示的拉-拉剩余强度曲线

从试验数据可以看出,由于材料本身强度的分散性,剩余强度分布也不规律。本书将常温拉-拉试验数据[$\alpha(T)$、$\beta(T)$]与压-压试验数据[$\alpha(C)$、$\beta(C)$]混合在一起,以归一化的形式表示,并找到其退化规律,如表 8.5 所示。

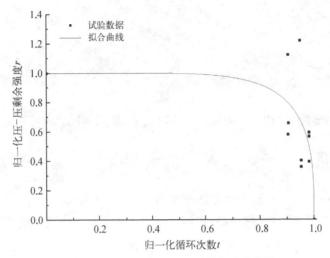

图 8.24 归一化表示的压-压剩余强度曲线

表 8.5 C/SiC 复合材料剩余强度非线性参数

剩 余 强 度	非 线 性 参 数	
拉伸剩余强度	$\alpha(T)$	3.75
	$\beta(T)$	8.50
压缩剩余强度	$\alpha(C)$	3.34
	$\beta(C)$	6.04
所有数据	α	3.23
	β	8.09

3. 噪声载荷下的复合材料剩余强度演化规律

室温下由窄带高斯白噪声作用在薄壁结构上所产生的结构单元响应同样为零均值的高斯白噪声。在窄带近似模型中,认为这种响应的应力峰值与幅值相等,都服从 Rayleigh 分布,如图 8.25 所示。那么响应峰值的概率密度函数为

$$p(S_p) = \frac{S_p}{e^2} e^{-\frac{1}{2}\left(\frac{S_p}{e}\right)^2} \tag{8.36}$$

式中,e 为单元响应的应力 RMS 值,单位为 MPa;S_p 为应力峰值,单位为 MPa。

4. C/SiC 复合材料噪声载荷下剩余强度演化的模拟分析

本书借鉴 Palmgren-Miner 线性累积损伤准则计算随机载荷下疲劳寿命的思

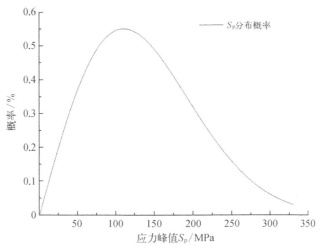

图 8.25　应力峰值概率曲线

路,噪声载荷下,将随机过程分成时间间隔 t 的小段,在每段内对剩余强度进行线性累积,计算此时间间隔 t 内剩余强度的改变量:

$$\Delta S_r = \sum_{i=1}^{n} \Delta S_{r,i} \tag{8.37}$$

式中, $\Delta S_{r,i} = S_r(n_{eq} + n_i, S_{p,i}) - S_r$,为第 i 个应力峰值引起的剩余强度损伤。

其中, $\lg n_{eq} = \left[1 - \left(\dfrac{S_r - S_p}{S_0 - S_p} \right)^{\alpha} \right]^{\frac{1}{\beta}} (\lg N_f - \lg 0.25) + \lg 0.25$,为第 i 个应力峰值情况下,当前剩余强度 S_r 对应的等效循环次数; n_i 为第 i 个应力峰值对应的循环次数。

　　每一小段的计算都是以上一段时间间隔的剩余强度结果为当前剩余强度。基于上述方法,计算了三种不同响应量级下复合材料的剩余强度演化曲线。三种量级响应所对应的应力 RMS 值分别是 60 MPa、57 MPa 和 54 MPa。应力 RMS 值的 3.55 倍为分析中的峰值上限,在 Rayleigh 分布中此区间峰值出现的总概率为 98.89%。噪声载荷下复合材料剩余强度退化曲线如图 8.26 所示。

　　5. 噪声载荷下的典型薄壁结构剩余强度分布特性

　　在前面分析的基础上,通过有限元对典型薄壁结构平板施加噪声载荷,平板尺寸为 350 mm×230 mm×1.5 mm,计算出模型每个单元的应力响应,通过子程序计算单元响应的应力 RMS 值,进而得到单元的剩余强度 S_r ,再得到结构的剩余

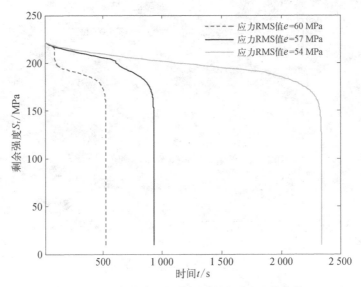

图 8.26　噪声载荷下复合材料剩余强度退化曲线

强度分布,并且通过状态变量将剩余强度云图可视化。

　　图 8.27 为典型薄壁结构 x 方向应力响应分量的 RMS 值分布云图,图 8.28 为 x 方向拉伸剩余强度分布云图。x 方向 RMS 的最大值出现在左右两侧中心位置,剩余强度的分布趋势与 RMS 值的分布趋势相反。图 8.29 为典型薄壁结构 y 方向应力响应分量的 RMS 值分布云图,图 8.30 为 y 方向拉伸剩余强度分布云图。y 方向 RMS 的最大值出现在上下两侧中心位置,剩余强度的分布趋势与 RMS 值的分布趋势相反。

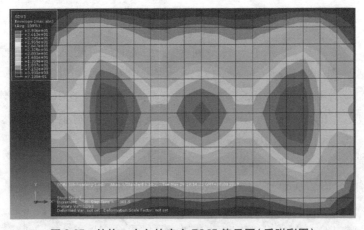

图 8.27　结构 x 方向的应力 RMS 值云图(后附彩图)

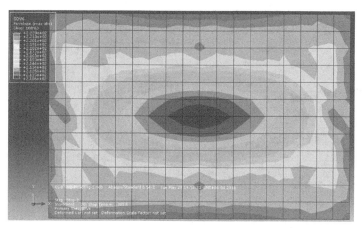

图 8.28　结构 x 方向拉伸剩余强度分布云图(后附彩图)

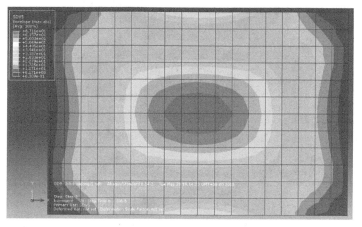

图 8.29　结构 y 方向的应力 RMS 值云图(后附彩图)

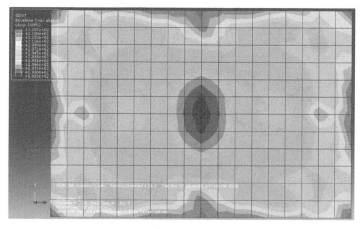

图 8.30　结构 y 方向拉伸剩余强度分布云图(后附彩图)

6. 典型薄壁结构剩余强度试验测试与验证

薄壁结构的剩余强度测试不宜用整块板,采用提取代表性位置局部材料的方式进行测试较为合理。

剩余强度分布验证试验采用的哑铃型试验件如图 8.31 所示,由经历指定量级和时间的噪声试验后的典型薄壁结构薄板截取得到。试验件切割方式如图 8.31 所示。在平板的相应位置切割提取出剩余强度试验件,编号如图 8.31 中所示。因为响应是关于板的两条中心线对称的,所以编号相同的试验件有相同的剩余强度状态。试验得到的数据如表 8.6 所示。

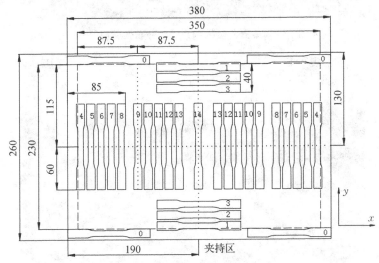

图 8.31　结构试验件切割(单位: mm)

表 8.6　结构剩余强度试验数据

试 验 件 编 号	剩 余 强 度/MPa	平均剩余强度/MPa
0−1	181.3	
0−2	194.4	183.9
0−3	176.9	
0−4	182.9	
1−1	191.6	175.8
1−2	160.0	
2−1	161.8	160.0
2−2	158.3	

（续表）

试 验 件 编 号	剩 余 强 度/MPa	平均剩余强度/MPa
3 − 1	117.7	138.6
3 − 2	159.5	
4 − 1	187.4	209.3
4 − 2	231.2	
5 − 1	177.1	203.6
5 − 2	230.1	
6 − 1	175.6	186.1
6 − 2	196.5	
7 − 1	163.3	181.0
7 − 2	198.7	
8 − 1	215.3	194.4
8 − 2	173.5	
9 − 1	218.4	197.8
9 − 2	177.2	
10 − 1	185.8	188.4
10 − 2	191.0	
11 − 1	184.8	184.7
11 − 2	184.5	
12 − 1	195.9	197.7
12 − 2	199.6	
13 − 1	177.6	181.2
13 − 2	184.8	
14	174.7	174.7

图 8.32 与图 8.33 给出了薄壁结构中对称位置剩余强度平均值的分布数据以及 y 方向剩余强度平均值随 x 轴坐标变化的趋势。

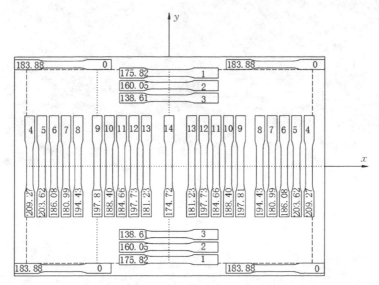

图 8.32 结构剩余强度平均值在对称位置上的分布（单位：MPa）

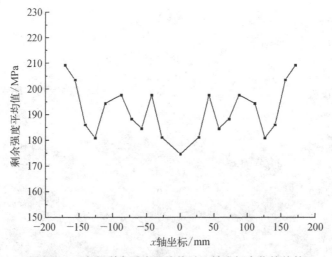

图 8.33 y 方向剩余强度平均值随 x 轴坐标变化的趋势

经过模拟结果与试验数据对比,滑动边界条件下剩余强度计算结果趋势同试验结果较吻合,对比结果如图 8.34 所示。

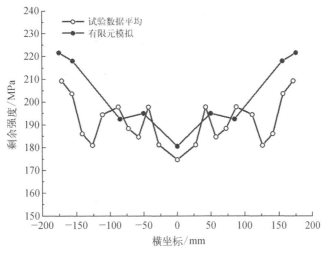

图 8.34　有限元模拟与试验数据对比

8.5.2　热噪声环境下剩余强度演化模型

1. 热噪声非线性响应分析

1）运动控制方程

采用 von-Karman 薄板大挠度理论和 Kirchhoff 的相关假设,建立物理坐标下平板结构的运动控制方程:

$$M\ddot{W} + (K - K_{\Delta T} + K_1 + K_2)W = P_{\Delta T} + P(t) \tag{8.38}$$

式中, M、K 和 $P(t)$ 分别为系统的质量矩阵、线性刚度矩阵和载荷向量; $K_{\Delta T}$ 为由温度载荷引起的刚度矩阵; K_1 和 K_2 分别为由位移 W 的线性项和二次项决定的一次和二次非线性刚度矩阵。

对于给定的温度 ΔT 和噪声载荷,可以通过 Newton-Raphson 数值积分方法求解非线性方程组。利用有限元软件 MSC.NASTRAN 求解结构的非线性响应。

2）有限元模型

选取 C/SiC 编织复合材料制成的典型薄壁结构为研究对象,建立其有限元模型,长度×宽度为 350 mm×230 mm,厚度为 1.5 mm。使用 MSC.PATRAN 建立有限元模型,采用 SHELL 壳单元模拟薄壁结构,四周边界条件设为固支条件,参考温度为 27℃,网格尺寸为 17.5 mm×11.5 mm,共计 400 个单元网格。因为考虑的薄壁结构的临界屈曲温度较高且温度变化范围较大,所以要考虑材料的物理特性随温度的变化。材料密度为 2 100 kg/m³;泊松比为 $\nu_{12} = 0.25$, $\nu_{13} = \nu_{23} = $

0.35；其他性能参数如表 8.7 所示。

表 8.7　复合材料薄壁结构的材料性能参数

(a) 热膨胀系数

$T/℃$	$\alpha_{11} = \alpha_{22}/(10^{-6} \cdot ℃^{-1})$	$\alpha_{33}/(10^{-6} \cdot ℃^{-1})$
23	0.40	1.00
300	3.09	4.30
600	3.72	4.84

(b) 弹性模量及剪切模量

$T/℃$	$E_{11}=E_{22}/\mathrm{GPa}$	E_{33}/GPa	G_{12}/GPa	$G_{13}=G_{23}/\mathrm{GPa}$
27	120.0	60.0	44.4	24.0
900	80.4	40.2	29.8	16.1

3) 有限带宽高斯白噪声载荷的模拟

噪声载荷实际上是一种空间分布的随机压力载荷。本书考虑的压力载荷 $P(t)$ 在整个结构上均匀分布且随时间随机变化。噪声载荷是截止频率为 f_c 的白噪声，噪声载荷的 PSD 函数如式(8.39)所示：

$$G(f) = \begin{cases} G_0, & 0 \leqslant f \leqslant f_c \\ 0, & f < 0 \text{ 或 } f > f_c \end{cases} \tag{8.39}$$

式中，G_0 的表达式为

$$G_0 = p_0^2 \times 10^{\frac{\mathrm{SPL}}{10}} \tag{8.40}$$

其中，$p_0 = 2 \times 10^{-5}\,\mathrm{Pa}$ 为参考声压；SPL(sound pressure level)为声压级，单位为 dB。

OASPL(overall sound pressure level)为整个带宽的声压级，可以写成

$$\mathrm{OASPL} = \mathrm{SPL} + 10\lg f_c \tag{8.41}$$

模拟载荷时间历程的长度不能随意选取，而是与结构的固有频率有关。有研究表明，要想使得到的稳态响应的统计特性是合理的，模拟的时间历程应该至少包含结构的 100 个自然周期，即

$$N \cdot \Delta t \geqslant 100 \cdot \frac{1}{f_1} \tag{8.42}$$

其中，N 为模拟的时间点数；Δt 为时间步长；f_1 为结构的第 1 阶固有频率。

为了避免混叠，时间步长 Δt 的选取还应遵循 Nyquist-Shannon 采样定理，也就是说采样频率应大于等于出现的最大频率的两倍，即

$$f_s \geq 2f_c \text{ 或 } \Delta t \leq \frac{1}{2f_c} \tag{8.43}$$

确定了 f_c、N 和 Δt 以后，对于给定的声压级，就可以利用 MATLAB 编程，通过逆傅里叶变换来得到对应声压级下的随机压力载荷时间历程。模拟的时间历程为 2 s，截止频率 f_c 为 512 Hz，样本数 N 为 2^{14}，时间步长 Δt 为 1.2207×10^{-4} s，满足式 (8.42) 和式 (8.43) 的条件。

本书考虑无温度梯度的均匀温度场，设定参考温度为 27℃。为了分析结构的跳变响应，模拟中考虑了 3 种温度载荷情况。室温 $T=27$℃ 用来作为没有热应力的参考情况。小于临界屈曲温度的均匀温度场 $T=50$℃ 用来研究热屈曲前的响应。对于这两种情况，不管有无热应力，结构都在初始平衡位置振动，因此在任何声压级下都不会发生跳变响应。为了研究热屈曲后的响应情况，施加 $T=600$℃ 的均匀温度场。在这种情况下，结构有两个屈曲后平衡位置，随着声压级的增加，结构由在一个屈曲后平衡位置振动，过渡到在两个屈曲后平衡位置之间做间歇性跳变运动，最后发生持续性跳变。数值模拟中，温度载荷在模拟开始的瞬时施加在结构上，对于 $T=600$℃，这将产生瞬态热屈曲响应。采用有限元软件 MSC.NASTRAN 的非线性瞬态分析求解器（SOL 129）进行非线性响应分析，计算中采用自适应时间步长来保证计算结果的收敛性，得到了结构在热噪声载荷作用下的振动响应。

以 $T=600$℃ 均匀温度场下的薄壁结构为例，研究薄壁结构分别在 150 dB、155 dB、165 dB 噪声载荷下的动响应，如图 8.35 所示。在初始响应阶段，可以看到薄壁结构存在初始的瞬态振动响应，在进行结构力学性能评价和分析时，应该舍弃这部分瞬态响应。

热噪声载荷下典型薄壁结构响应的均值和幅值是影响结构强度退化的两个重要参数。热屈曲后（$T=600$℃）薄壁结构中点位移的概率密度分布如图 8.36 所示。热屈曲后（$T=600$℃），在 150 dB 声压级下，薄壁结构在一个屈曲后平衡位置以相对较小的幅值振动，响应近似是高斯分布；在 155 dB 声压级下，薄壁结构在两个屈曲后平衡位置之间做间歇性跳变运动，响应是非高斯分布；最后，在 165 dB 声压级下，观察到了持续性跳变运动，响应是非高斯分布。

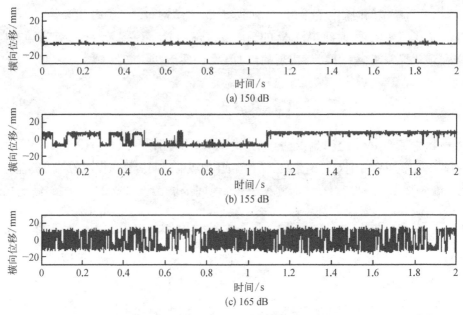

图 8.35　$T=600℃$ 时不同声压级下薄壁结构中点的位移响应

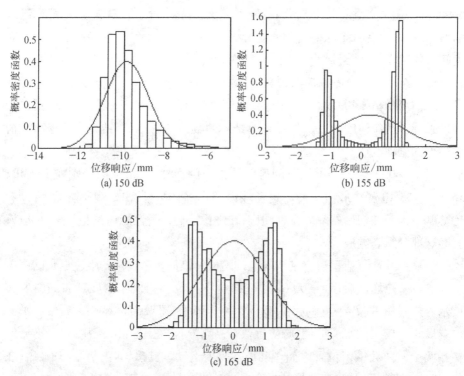

图 8.36　$T=600℃$ 时不同声压级下薄壁结构中点的位移响应的概率密度函数

2. 试验研究

用如下剩余强度模型对试验数据进行最小二乘法拟合：

$$t^{\alpha} + r^{\beta} = 1 \tag{8.44}$$

$$t = \frac{\lg n - \lg 0.5}{\lg N - \lg 0.5}, \quad r = \frac{S_r - S_{\max}}{S_0 - S_{\max}} \tag{8.45}$$

$$S_r = (S_0 - S_{\max}) \left[1 - \left(\frac{\lg n - \lg 0.5}{\lg N - \lg 0.5} \right)^a \right]^{1/b} + S_{\max} \tag{8.46}$$

其中，n 为疲劳载荷循环次数；N 为疲劳寿命；S_r 为剩余强度；S_0 初始拉伸强度；$S_{\max}$ 为疲劳载荷的峰值；a 和 b 为模型需要拟合得到的参数。模型参数 a 和 b 与应力幅值无关，只取决于应力比的大小。相关参数可见表 8.8。

表 8.8　静强度及相关的拟合参数

S_{uts}/MPa	S_{ucs}/MPa	R	a	b	α	β
196.71	266.45	0.1	−2.60	8.88	11.72	6.20
		10.0	−18.45	49.10	2.79	1.20

3. 剩余强度计算

对于 $T=600℃$，考虑温度对材料物理特性的影响，薄壁结构在热噪声载荷作用下将发生热屈曲响应。编写 ABAQUS 用户子程序 USDFLD，定义薄壁结构场变量 FV。

$$FV = F_1 \sigma_1 + F_2 \sigma_2 + F_{11} \sigma_1^2 + F_{22} \sigma_2^2 + 2F_{12} \sigma_1 \sigma_2 \tag{8.47}$$

其中，$F_1 = \dfrac{1}{X_t} - \dfrac{1}{X_c}$；$F_2 = \dfrac{1}{Y_t} - \dfrac{1}{Y_c}$；$F_{11} = \dfrac{1}{X_t X_c}$；$F_{22} = \dfrac{1}{Y_t Y_c}$；$F_{12} = \dfrac{-1}{2\sqrt{X_t X_c Y_t Y_c}}$；$\sigma_1$、$\sigma_2$ 为单元应力的 RMS 值。$X_t = Y_t$、$X_c = Y_c$ 为 2D 编织复合材料沿材料主方向的拉伸强度和压缩强度。

图 8.37 为 $T=600℃$、$SPL=162\ dB$ 的热噪声载荷作用下薄壁结构场变量 FV 的分布云图，其不同时间长度的场变量 FV 云图分布基本相同。场变量 FV 不同时间长度的最大值和最小值如表 8.9 所示，表明 1 s 后薄壁结构在 $T=600℃$、$SPL=162\ dB$ 的热噪声载荷作用下的动响应就趋于一个各态历经的随机过程。

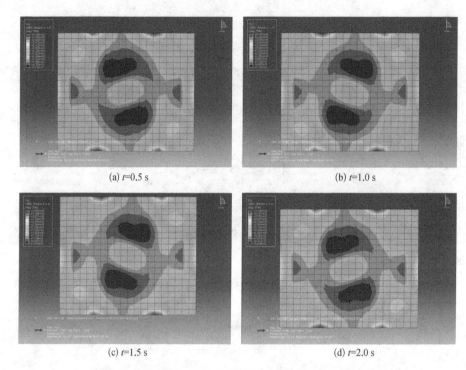

(a) t=0.5 s

(b) t=1.0 s

(c) t=1.5 s

(d) t=2.0 s

图 8.37　T = 600℃、SPL = 162 dB 的热噪声载荷作用下薄壁
结构场变量 FV 的分布云图

表 8.9　场变量 FV 不同时间长度的最大值和最小值

FV	时间长度 T/s			
	0.5	1.0	1.5	2.0
最大值	3.366	3.416	3.419	3.418
最小值	0.213	0.171	0.166	0.165

　　如上所述,在时域内定义了场变量 FV,现在就可以通过场变量 FV 确定结构的危险点了,即场变量 FV 数值最大的点。基于 MATLAB 语言编写程序,实现薄壁结构单元的剩余强度计算。MATLAB 相对于其他编程语言,除了编程方便之外,其自身还有强大的函数库。热噪声载荷作用下薄壁结构单元的剩余强度计算流程图如图 8.38 所示。分析计算热噪声载荷下薄壁结构的动力响应与应力场分布特点,结合高温环境下复合材料的静强度试验、疲劳试验以及剩余强度试验,再利用循环计数方法、等寿命图和失效准则就可以建立热噪声载荷作用下复合材料薄壁结构的剩余强度和疲劳寿命预示技术。

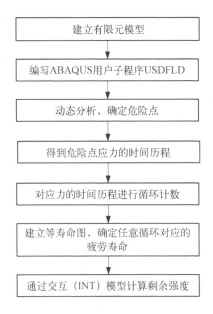

图8.38　热噪声载荷作用下薄壁结构单元的
剩余强度计算流程图

图8.39(a)为 $T = 600℃$、$SPL = 162\ dB$ 的热噪声载荷作用下薄壁结构在 $t = 2\ s$ 内 y 方向的应力 RMS 值云图,图8.39(b)为薄壁结构 y 方向的剩余强度云图。

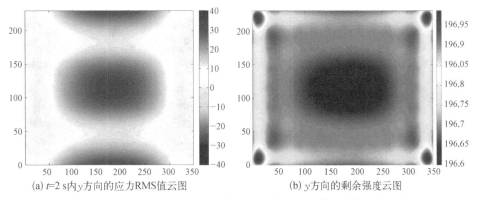

(a) $t=2\ s$ 内 y 方向的应力RMS值云图　　　　(b) y 方向的剩余强度云图

图8.39　$T = 600℃$、$SPL = 162\ dB$ 的热噪声载荷作用下薄壁结构应力响应特点

4. 剩余强度验证

热噪声试验中采用声压级为 162 dB、带宽为 50~500 Hz 的有限带宽白噪声,达到控制谱声压级后持续 480 s,控制精度要求±1.5 dB。试验件温度为

600℃,近似均匀温度场,保证中心温度 600℃以上。试验中温度采用手动控制,首先启动加热系统,当试验件达到指定温度时,开始噪声加载,同时进行加热系统的调节,使试验件温度保持基本稳定,当试验件温度和噪声载荷均达到要求后,保持 480 s,试验停止。热噪声试验后用金刚石线切割机将试验件加工成 29 个狗骨状试验件,如图 8.40 所示,用于测试试验件不同位置的剩余强度。

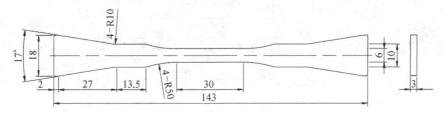

图 8.40　试验件外形尺寸示意图(单位: mm)

对于热噪声载荷下薄壁结构剩余强度的验证,热噪声试验后在薄壁结构的特定位置截取所需试验件测试薄壁结构 x 方向的拉伸剩余强度,然后预测温度 600℃、噪声 162 dB 工况下持续 480 s 薄壁结构不同位置的剩余强度。对比分析热噪声载荷下薄壁结构的剩余强度计算结果和试验结果以验证力学性能测试和评价方法的正确性,结果见表 8.10。

表 8.10　温度 600℃、噪声 162 dB 作用 480 s 后薄壁结构 x 方向
剩余强度试验值与计算值对比分析

试样编号	剩余强度				
	试验值/MPa			计算值/MPa	相对误差/%
	样本	平均值	标准差		
E02	274.84				
E11	236.59	248.65	17.62	269.06	8.21
E13	241.62				
E22	241.55				
E03	257.34				
E10	266.45	260.50	13.13	279.01	7.11
E14	243.80				
E21	274.40				

（续表）

试样编号	剩余强度				
	试验值/MPa			计算值/MPa	相对误差/%
	样本	平均值	标准差		
E04	297.24	275.67	17.76	282.66	2.54
E09	265.18				
E15	257.69				
E20	282.55				
E05	254.21	265.98	23.81	282.10	6.06
E08	280.04				
E16	238.75				
E19	290.93				
E06	219.01	233.77	26.84	265.83	18.05
E07	230.47				
E17	213.06				
E18	272.54				
E23	220.10	220.10	—	210.93	4.17

8.6　小结

本章基于疲劳损伤行为提出了一套评价噪声载荷作用下 C/SiC 复合材料薄壁结构力学性能的方法。该方法以 C/SiC 材料主方向的静强度、疲劳强度、剩余强度及剩余刚度为输入,以材料的剩余强度模型和剩余刚度为核心,分析复合材料薄壁结构的损伤演化行为。一方面,有效地克服了高试验成本的弊端,仅通过少量的材料及试验作为输入和必要的热噪声薄壁结构试验就可以进行验证和修正;另一方面,基于宏观唯象方法,较好地避开了复合材料内部复杂的疲劳机理,建立起宏观可测材料参数与材料损伤量及寿命之间的关系,降低了复合材料疲劳研究的难度。以温度 600℃、噪声 162 dB 的热噪声载荷作用 480 s 的四边固支薄壁结构的剩余强度为验证试验,验证了不同位置薄壁结构单元的剩余强度演化规律与理想边界条件下的计算值是否相符合,最小误差为 2.54%,最大误差为 18.05%。

参考文献

[1] Broutman L J, Sahu S. A new theory to predict cumulative fatigue damage infiber glass reinforced plastics//Corten H. Composite materials: testing and design(second conference). American Society for Testing and Materials, 1972: 170 – 188.

[2] Reifsnider K L, Stinchcomb W W. A critical-element model of the residualstrength and life of fatigue loaded composite coupons//Hahn H T. Composite materials: fatigue and fracture. American Society for Testing and Materials, 1986: 298 – 313.

[3] Reifsnider K L. The critical element model: a modeling philosophy. Engineering Fracture Mechanics, 1986, 25: 739 – 749.

[4] Schaff J R, Davidson B D. Life prediction methodology for composite structures: part I: constant amplitude and two-stress level fatigue. Journal of Composite Materials, 1997, 31(2): 158 – 181.

[5] Schaff J R, Davidson B D. Life prediction methodology for composite structures: part II: spectrum fatigue. Journal of Composite Materials, 1997, 31(2): 158 – 181.

[6] Hahn H T, Kim R Y. Proof testing of composite materials. Journal of Composite Materials, 1975, 9: 297 – 311.

[7] Hahn H T. Fatigue behavior and life prediction of composite laminates//Tsai S W. Composite materials: testing and design (fifth conference). American Society for Testing and Materials, 1979: 383 – 417.

[8] Chou P C, Croman R. Degradation and sudden-death models of fatigue of graphite/epoxy laminates//Tsai S W. Composite materials: testing and design (fifth conference). American Society for Testing and Materials, 1979: 431 – 454.

[9] Haplin J C, Jerina K L, Johnson T A. Analysis of the test methods for high modulus fibers and composites. American Society for Testing and Materials, 1973: 5 – 64.

[10] Adam T, Dickson R F, Jones C J, et al. A power law fatigue damage model for fibre-reinforced plastic laminates. Proceedings of the Institution of Mechanical Engineers, Part C: Journal of Mechanical Engineering Science, 1986, 200(3): 155 – 166.

[11] Yang J N, Liu M D. Residual strength degradation model and theory of periodic proof tests for graphite/epoxy laminates. Journal of Composite Materials, 1977, 11(2): 176 – 203.

[12] Yang J N. Fatigue and residual strength degradation for graphite/epoxy composites under tension-compression cyclic loadings. Journal of Composite Materials, 1978, 12(1): 19 – 39.

[13] Yang J N, Du S. An exploratory study into the fatigue of composites under spectrum loading. Journal of Composite Materials, 1983, 17(6): 511 – 526.

[14] Gathercole N, Reiter H, Adam T, et al. Life prediction for fatigue of T800/5245 carbon-fibre composites: I. constant-amplitude loading. International Journal of Fatigue, 1994, 16(8): 523 – 532.

[15] Epaarachchi J A, Clausen P D. An empirical model for fatigue behavior prediction of glass fibre-reinforced plastic composites for various stress ratios and test frequencies. Composites Part A: Applied Science and Manufacturing, 2003, 34(4): 313 - 326.

[16] D'amore A, Caprino G, Stupak P, et al. Effect of stress ratio on the flexural fatigue behaviour of continuous strand mat reinforced plastics. Science and Engineering of Composite Materials, 1996, 5(1): 1 - 8.

[17] Philippidis T P, Passipoularidis V A. Residual strength after fatigue in composites: theory vs experiment. International Journal of Fatigue, 2007, 29(12): 2104 - 2116.

[18] Passipoularidis V A, Philippidis T P. Strength degradation due to fatigue in fiber dominated glass/epoxy composites: a statistical approach. Journal of Composite Materials, 2009, 43 (9): 997 - 1013.

[19] Passipoularidis V A, Philippidis T P. A study of factors affecting life prediction of composites under spectrum loading. International Journal of Fatigue, 2009, 31(3): 408 - 417.

[20] Highsmith A L, Reifsnider K L. Stiffness-reduction mechanisms in composite laminates. Damage in Composite Materials, 1982, 775: 103 - 117.

[21] Steif P S. Parabolic shear lag analysis of a 0/90s laminate//Ogin S L, Smith P A, Beaumont P W R. Transverse ply crack growth and associated stiffness reduction during the fatigue of a simple cross-ply laminate. Cambridge: Cambridge University Department of Engineering, 1984.

[22] 黄志强.[0, 90$_3$]$_s$ 层合复合材料板的特征损伤状态研究.武汉理工大学学报(交通科学与工程版), 1999,(1): 24 - 27.

[23] Lim S G, Hong C S. Prediction of transverse cracking and stiffness reduction in cross-ply laminated composites. Journal of Composite Materials, 1989, 23(7): 695 - 713.

[24] Xu L Y. Study on the characteristic curve of stiffness degradation caused by transverse matrix cracking in multidirectional composite laminates. Journal of Composite Materials, 1996, 30 (7): 820 - 838.

[25] Flaggs D L. Prediction of tensile matrix fatigue in composite laminates. Journal of Composite Materials, 1985, 19: 29 - 51.

[26] Zhang C, Zhu T. On inter-relationships of elastic moduli and strains in crossply laminated composites. Composites Science and Technology, 1996, 56(2): 135 - 146.

[27] Talreja R. Stiffness properties of composite laminates with matrix cracking and interior delamination. Engineering Fracture Mechanics, 1986, 25(5): 751 - 762.

[28] Zhang J, Herrmann K P. Stiffness degradation induced by multilayer intralaminar cracking in composite laminates. Composites Part A: Applied Science and Manufacturing, 1999, 30(5): 683 - 706.

[29] Hashin Z. Analysis of stiffness reduction of cracked cross-ply laminates. Engineering Fracture Mechanics, 1986, 25(5): 771 - 778.

[30] 蒋咏秋,胥晓鹏,王松平.层合复合材料纤维断裂引起刚度下降的估算.材料研究学报, 1988, 2(6): 94 - 96.

[31] Leblond P, Mahi A E, Berthelot J M. 2D and 3D numerical models of transverse cracking in

cross-ply laminates. Composites Science and Technology, 1996, 56(7): 793 – 796.

[32] Mahi A E, Berthelot J M, Brillaud J. Stiffness reduction and energy release rate of cross-ply laminates during fatigue tests. Composite Structures, 1995, 30(2): 123 – 130.

[33] Kawakami H, Fujii T J, Morita Y. Fatigue degradation and life prediction of glass fabric polymer composite under tension/torsion biaxial loadings. Journal of Reinforced Plastics and Composites, 1996, 15(2): 183 – 195.

[34] Ye L. On fatigue damage accumulation and material degradation in composite materials. Composites Science and Technology, 1989, 36(4): 339 – 350.

[35] O'brien T K. Characterization of delamination onset and growth in a composite laminate. Damage in Composite Materials, 1982, 775(2): 140 – 167.

[36] Poursartip A, Ashby M F, Beaumont P W R. The fatigue damage mechanics of a carbon fibre composite laminate: I—development of the model. Composites Science and Technology, 1986, 25(3): 193 – 218.

[37] Yang J N, Lee L J, Sheu D Y. Modulus reduction and fatigue damage of matrix dominated composite laminates. Composite Structures, 1992, 21(2): 91 – 100.

[38] Liu B, Lessard L B. Fatique and damage-tolerance analysis of composite laminates: stiffness loss, damage-modelling, and life prediction. Composites Science and Technology, 1994, 51(1): 43 – 51.

[39] 姚起杭,姚军.工程结构的振动疲劳问题.应用力学学报,2006,23(1):12 – 15.

[40] Miner M A. Cumulative damage in fatigue. Journal of Applied Mechanics, 1945, 3: 159 – 164.

[41] Palmgren A. Die lebendsauer von kugellagem. Veafrhrensteehinik, 1924, 68: 339 – 341.

[42] 林晓斌.基于功率谱密度信号的疲劳寿命估计.中国机械工程,1998,9(11):16 – 19.

[43] Downing S D, Socie D F. Simple rainflow counting algorithms. International Journal of Fatigue, 1982, 4(1): 31 – 40.

[44] 郭小鹏,沙云东,张军.基于雨流计数法的随机声疲劳寿命估算方法研究.沈阳航空航天大学学报,2009,26(3):10 – 13.

[45] 姚卫星.飞机结构疲劳寿命分析的一些特殊问题.南京航空航天大学学报,2008,40(4):433 – 441.

[46] 王明珠.结构振动疲劳寿命分析方法研究.南京:南京航空航天大学,2009.

[47] 孟彩茹,卢博友.基于 PSD 的随机载荷下振动疲劳寿命估算.机械设计,2009,26(5):73 – 75.

[48] 沙云东,郭小鹏,张军.基于应力概率密度和功率谱密度法的随机声疲劳寿命预估方法研究.振动与冲击,2010,29(1):162 – 165.

第9章

C/SiC 复合材料结构疲劳寿命预示的
跨尺度损伤力学方法

9.1 概述

高超声速飞行器是现代飞行器发展的主要趋势,而随着飞行速度的提高,高温、噪声导致的疲劳问题会愈加突出。虽然目前国内外研究人员对噪声疲劳做了一定的研究工作,但是现有的认识主要是以特定金属结构的试验数据为基础建立的经验公式或半理论半经验方法及工程预测方法,难以推广到其他材料及结构,复合材料疲劳更是有着与金属材料疲劳不同的特点。

C/SiC 编织复合材料有较好的耐高温力学性能,已成为航空、航天领域的重要结构材料。研究编织复合材料在高温和噪声载荷作用下的力学性能演化规律及复合材料结构的寿命预估方法,对于优化设计、提高其服役期间的可靠性具有重要的意义。传统疲劳寿命预测方法主要依靠试验及经验,目前还没有形成公认的编织复合材料结构疲劳寿命预估理论方法。C/SiC 编织复合材料疲劳损伤机理复杂,疲劳试验的成本高、周期长,飞行器结构又处于复杂应力状态,难以获得复杂应力状态的寿命预估公式。损伤力学是一门较系统的研究微缺陷以及这些缺陷对应力和应变状态影响的科学,在几十年时间里获得了重要发展,得到了广泛认同。复合材料结构疲劳寿命预测的损伤力学方法目前主要可分为两类。

一类是基于热力学不可逆定律的宏观损伤力学方法,宏观损伤力学方法将宏观尺度上的复合材料视为连续体,通过标量或张量形式表征损伤。宏观损伤力学通过定义损伤变量、研究损伤演化规律来预测疲劳寿命。这种宏观唯象方法不考虑复合材料内部复杂的疲劳机理,研究难度较低,但需要充足的试验支持。

另一类是细观损伤力学方法,细观损伤力学方法从复合材料组分特性预测材料的细观损伤。复合材料的损伤过程是一个多种损伤模式共存的损伤过程,对于编织复合材料的损伤机理的认识极其重要,是对其进行疲劳损伤研究的基础。细观损伤力学方法可以考虑多种细观损伤机制,是复合材料寿命预估的新方法,跨尺度损伤力学方法预估寿命是未来的发展趋势。近年来用单胞模型结合有限元求解方法来仿真模拟复合材料的力学性能成了一种趋势,并逐渐完善。本章将以 C/SiC 复合材料为例,介绍一种通过跨尺度分析对飞行器结构进行寿命预示的损伤力学方法。首先将从细观角度分析 C/SiC 复合材料微结构及损伤,得到材料疲劳损伤演化方程后,再将其应用到宏观飞行器结构寿命预估中。

9.2 C/SiC 复合材料代表性体元模型

图 9.1 为 2D-C/SiC 编织复合材料跨尺度分析建模思想示意图[1],在微观尺度上首先考虑单丝纤维和 SiC 基体的组合,并由此构建微观尺度上的纤维代表性体积单元(representative volume element, RVE)[2],依据微观尺度上得到的纤维束材料常数,以及电镜扫描得到的材料单胞的几何形状和尺寸,考虑编织后的纤维束和纤维束外的 SiC 基体,创建细观尺度上的编织单胞 RVE。参照编织复合材料,特别是碳布材料的细观力学分析方法,可用 RVE 计算等效材料常数,为宏观尺度结构力学分析打下基础。

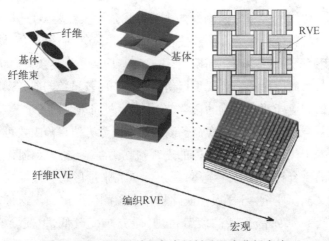

图 9.1 2D-C/SiC 编织复合材料跨尺度分析方法

目前 C/SiC 编织复合材料通常采用 CVI 工艺制造,以下将以 CVI 工艺 C/SiC 编织复合材料为例详细阐明这一过程。由于 CVI 工艺的气体渗透过程中并不能保证气体的充分渗透,这样会使得制备的材料内部存在大量孔洞,在这些孔洞的周围产生应力集中,因此在低应力下就可能会发生损伤。所以建模时不仅要考虑纤维束及基体,而且必须考虑初始缺陷。根据图 9.2 所示的电镜扫描结果[3],碳纤维增韧 SiC 编织复合材料存在两个尺度的孔隙,即较大的层间孔隙和基体内小孔隙。较大的层间孔隙须在建模时加以体现,而基体内小空隙只需要用初始损伤度表征。

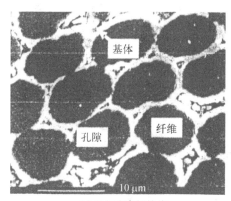
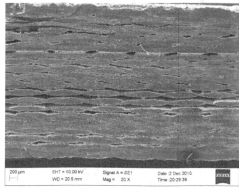

(a) 纤维束内部结构　　　　　　　　　　(b) 层间孔隙

图 9.2　电镜扫描照片

9.2.1　纤维束单胞力学模型

根据试验观察结果建立科学合理的纤维束细观力学模型,具体方法如下:在纤维尺度上,可以假设纤维束为在基体中均匀分布的纤维,通过选取 RVE[如图 9.3(a)中矩形区域所示]建立纤维束单胞[4],模型如图 9.3(b)所示,其中 a、b 和 r 的比例由实际制备时碳纤维的体积分数决定。可以看出,该单胞满足周期

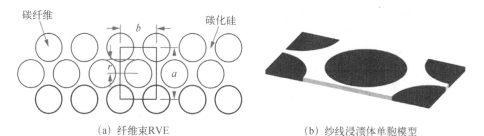

(a) 纤维束RVE　　　　　　　　　　(b) 纱线浸渍体单胞模型

图 9.3　纤维束单胞模型

性和对称性要求,且为规则的长方体结构,便于相应边界条件的施加。

9.2.2 二维编织单胞力学模型

图 9.4 为 C/SiC 复合材料电镜扫描图[5],由图中可以看到,CVI 的工艺特点使得其在细观结构上存在大量周期性的大孔洞缺陷,这一特点与树脂基复合材料存在很大的不同。这是由于 CVI 工艺制备 C/SiC 复合材料的过程中纤维束表面的基体是逐层沉积的,通入的 SiC 气体在相邻的纤维凸起处沉积会将通道堵死,导致后续气体无法通过,也就无法继续进行沉积。所以,从图 9.4 可以看到,CVI 工艺制备的 C/SiC 编织复合材料内部存在大的孔洞,而在表面则呈现出基体完全填满的状态。

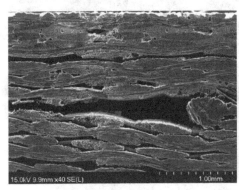 

(a) 内部孔洞   (b) 表面状态

图 9.4　C/SiC 平纹编织复合材料的孔洞缺陷

可按照图 9.5 选取 RVE[2],并考虑两种单胞模型。对于内部孔洞较大的部

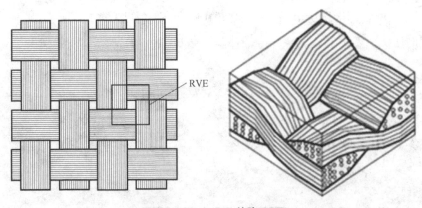

图 9.5　2D-C/SiC 单胞 RVE

分,可建立如图 9.6 所示的单胞几何模型。对于外部基体填满的部分,可建立如图 9.7 所示的单胞几何模型。为便于叙述,在此设前者为 I 型单胞,后者为 II 型单胞,同时根据复合材料板材的分布特点,设内部 I 型单胞有 m 层,外部 II 型单胞有 n 层。图 9.8 为 I 型二维 C/SiC 复合材料单胞有限元模型,图 9.9 为 II 型二维 C/SiC 复合材料单胞有限元模型。其中的纤维束单元在第一步计算中已经得到了其初始模量及渐进损伤演化规律。

图 9.6　编织复合材料内部单胞几何模型　　图 9.7　编织复合材料表面单胞几何模型

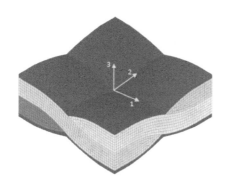
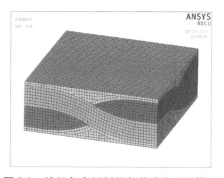

图 9.8　编织复合材料内部单胞有限元模型　图 9.9　编织复合材料外部单胞有限元模型

9.2.3　C/SiC 编织复合材料本构方程

在弹性范畴里,RVE 的宏观力学性能通过等效单胞应力 $\bar{\sigma}$ 和应变 $\bar{\varepsilon}$ 之间的关系来表现,两者通过等效刚度矩阵 C^{H} 相关联[6]:

$$\bar{\sigma} = C^{\mathrm{H}}\bar{\varepsilon} \tag{9.1}$$

以平纹编织复合材料纤维的 X、Y 方向作为 1、2 方向,垂直于铺层方向作为 3 方向,假设材料正交各向异性,式(9.1)可表示为

$$
\begin{bmatrix} \bar{\sigma}_{11} \\ \bar{\sigma}_{22} \\ \bar{\sigma}_{33} \\ \bar{\sigma}_{12} \\ \bar{\sigma}_{23} \\ \bar{\sigma}_{31} \end{bmatrix} = \begin{bmatrix} C_{1111}^{\mathrm{H}} & C_{1122}^{\mathrm{H}} & C_{1133}^{\mathrm{H}} & 0 & 0 & 0 \\ C_{1122}^{\mathrm{H}} & C_{2222}^{\mathrm{H}} & C_{2233}^{\mathrm{H}} & 0 & 0 & 0 \\ C_{1133}^{\mathrm{H}} & C_{2233}^{\mathrm{H}} & C_{3333}^{\mathrm{H}} & 0 & 0 & 0 \\ 0 & 0 & 0 & C_{1212}^{\mathrm{H}} & 0 & 0 \\ 0 & 0 & 0 & 0 & C_{2323}^{\mathrm{H}} & 0 \\ 0 & 0 & 0 & 0 & 0 & C_{3131}^{\mathrm{H}} \end{bmatrix} \begin{bmatrix} \bar{\varepsilon}_{11} \\ \bar{\varepsilon}_{22} \\ \bar{\varepsilon}_{33} \\ \bar{\varepsilon}_{12} \\ \bar{\varepsilon}_{23} \\ \bar{\varepsilon}_{31} \end{bmatrix} \tag{9.2}
$$

和此细观结构相关的应变能可表示为

$$
\begin{aligned}
E &= \int_{\Omega} \frac{1}{2} (\sigma_{11}\varepsilon_{11} + \sigma_{22}\varepsilon_{22} + \sigma_{33}\varepsilon_{33} + \sigma_{12}\varepsilon_{12} + \sigma_{23}\varepsilon_{23} + \sigma_{31}\varepsilon_{31}) \, \mathrm{d}\Omega \\
&= \frac{1}{2} (\bar{\sigma}_{11}\bar{\varepsilon}_{11} + \bar{\sigma}_{22}\bar{\varepsilon}_{22} + \bar{\sigma}_{33}\bar{\varepsilon}_{33} + \bar{\sigma}_{12}\bar{\varepsilon}_{12} + \bar{\sigma}_{23}\bar{\varepsilon}_{23} + \bar{\sigma}_{31}\bar{\varepsilon}_{31}) V
\end{aligned} \tag{9.3}
$$

其中，σ_{ij}、$\varepsilon_{ij}(i,j=1,2,3)$ 为实际应力、应变；V 为单胞长、宽、高的乘积，即名义体积；Ω 为单胞模型体积域。

鉴于编织结构的周期性对称特点，对单胞四边施加周期性对称或反对称边界条件。如果载荷是对称的，如单向加载时，对单胞四边施加对称或耦合边界条件，使其保持平面。如果载荷是反对称的，如施加剪切力时，将每四个单胞组成大单胞，对其侧边边界施加周期性反对称边界条件。

编织结构在厚度方向上层数较少，各层并不对齐，具有很大随机性，所以没有周期性。为了使各层交界面满足简单的连续条件，采用使其保持平面的耦合边界条件。

通过各种变形情况，根据纤维和基体的弹性常数，计算单胞应变能得到各个等效弹性常数。例如，一个单元的初始应变施加在 1 方向，即 $\bar{\boldsymbol{\varepsilon}}^{(1)} = (1\ 0\ 0\ 0\ 0\ 0)^{\mathrm{T}}$，其中上标 (1) 代表第 1 种加载情形。将根据式 (9.2) 计算得到的 $\bar{\boldsymbol{\sigma}}^{(1)}$ 和 $\bar{\boldsymbol{\varepsilon}}^{(1)}$ 代入式 (9.3)，可以获得如下应变能的表达式：

$$
E^{(1)} = \frac{1}{2} \bar{\boldsymbol{\sigma}}^{(1)} \bar{\boldsymbol{\varepsilon}}^{(1)} V = \frac{1}{2} C_{1111}^{\mathrm{H}} V \tag{9.4}
$$

其中，矩阵系数 C_{1111}^{H} 可由式 (9.5) 获得：

$$
C_{1111}^{\mathrm{H}} = 2E^{(1)}/V \tag{9.5}
$$

同理,可获得其他弹性等效矩阵系数,如表 9.1 所示。

表 9.1　RVE 边界条件和弹性等效矩阵系数[6]

加载方式	边　界　条　件	弹性等效矩阵系数
1	$\bar{\varepsilon}^{(1)} = (1\ \ 0\ \ 0\ \ 0\ \ 0\ \ 0)^{\mathrm{T}}$	$C_{1111}^{\mathrm{H}} = 2E^{(1)}/V$
2	$\bar{\varepsilon}^{(2)} = (0\ \ 1\ \ 0\ \ 0\ \ 0\ \ 0)^{\mathrm{T}}$	$C_{2222}^{\mathrm{H}} = 2E^{(2)}/V$
3	$\bar{\varepsilon}^{(3)} = (0\ \ 0\ \ 1\ \ 0\ \ 0\ \ 0)^{\mathrm{T}}$	$C_{3333}^{\mathrm{H}} = 2E^{(3)}/V$
4	$\bar{\varepsilon}^{(4)} = (0\ \ 0\ \ 0\ \ 1\ \ 0\ \ 0)^{\mathrm{T}}$	$C_{1212}^{\mathrm{H}} = 2E^{(4)}/V$
5	$\bar{\varepsilon}^{(5)} = (0\ \ 0\ \ 0\ \ 0\ \ 1\ \ 0)^{\mathrm{T}}$	$C_{2323}^{\mathrm{H}} = 2E^{(5)}/V$
6	$\bar{\varepsilon}^{(6)} = (0\ \ 0\ \ 0\ \ 0\ \ 0\ \ 1)^{\mathrm{T}}$	$C_{3131}^{\mathrm{H}} = 2E^{(6)}/V$
7	$\bar{\varepsilon}^{(7)} = (1\ \ 1\ \ 0\ \ 0\ \ 0\ \ 0)^{\mathrm{T}}$	$C_{1122}^{\mathrm{H}} = E^{(7)}/V - C_{1111}^{\mathrm{H}}/2 - C_{2222}^{\mathrm{H}}/2$
8	$\bar{\varepsilon}^{(8)} = (0\ \ 1\ \ 1\ \ 0\ \ 0\ \ 0)^{\mathrm{T}}$	$C_{2233}^{\mathrm{H}} = E^{(8)}/V - C_{2222}^{\mathrm{H}}/2 - C_{3333}^{\mathrm{H}}/2$
9	$\bar{\varepsilon}^{(9)} = (1\ \ 0\ \ 1\ \ 0\ \ 0\ \ 0)^{\mathrm{T}}$	$C_{1133}^{\mathrm{H}} = E^{(9)}/V - C_{1111}^{\mathrm{H}}/2 - C_{3333}^{\mathrm{H}}/2$

将刚度矩阵求逆得到正交各向异性材料柔度矩阵 $\boldsymbol{S}$,如式(9.6)所示。

$$\boldsymbol{S} = \begin{bmatrix} \dfrac{1}{E_1} & -\dfrac{\nu_{12}}{E_2} & -\dfrac{\nu_{13}}{E_3} & 0 & 0 & 0 \\[2mm] -\dfrac{\nu_{21}}{E_1} & \dfrac{1}{E_2} & -\dfrac{\nu_{23}}{E_3} & 0 & 0 & 0 \\[2mm] -\dfrac{\nu_{31}}{E_1} & -\dfrac{\nu_{32}}{E_2} & \dfrac{1}{E_3} & 0 & 0 & 0 \\[2mm] 0 & 0 & 0 & \dfrac{1}{G_{23}} & 0 & 0 \\[2mm] 0 & 0 & 0 & 0 & \dfrac{1}{G_{31}} & 0 \\[2mm] 0 & 0 & 0 & 0 & 0 & \dfrac{1}{G_{12}} \end{bmatrix} \tag{9.6}$$

且工程弹性常数存在以下关系:

$$\frac{\nu_{21}}{E_1} = \frac{\nu_{12}}{E_2},\ \frac{\nu_{31}}{E_1} = \frac{\nu_{13}}{E_3},\ \frac{\nu_{32}}{E_2} = \frac{\nu_{23}}{E_3}$$

即

$$\frac{\nu_{ij}}{E_j} = \frac{\nu_{ji}}{E_i} \quad (i, j = 1, 2, 3 \quad i \ne j) \tag{9.7}$$

由此可推算出两种单胞的初始材料常数 E_1、E_2、E_3、G_{12}、G_{13}、G_{23} 和 ν_{12}、ν_{31}、ν_{32}。

以下为一种 C/SiC 编织复合材料本构方程数值仿真的实例。首先,依据文献[3]、[7]中基体、纤维和界面的材料常数,建立如图 9.3 所示的纤维束单胞模型,各方向加载并使用有限元软件进行计算,确定整体纤维单胞的材料常数;然后,建立如图 9.8 所示的内部单胞有限元模型,各方向加载并使用有限元软件分别计算出两种编织单胞的等效刚度矩阵,最终求出的复合材料本构方程系数如表 9.2 所示。同时,表 9.2 也给出了文献[3]、[8]、[9]中的试验结果。由于 C/SiC 的基本材料常数与制备工艺有极大关系,不同文献[3,8,9]给出的材料常数呈现出极大的分散性。计算结果或处于材料实测值范围内,或基本相同。

表 9.2　编织复合材料本构方程系数

本构方程系数	E_{11}/GPa	E_{33}/GPa	G_{13}/GPa	G_{12}/GPa	ν_{31}	ν_{12}
计算值	133.87	14.52	16.78	35.80	0.42	0.09
试验值[3]	124.00	—	—	35.00	—	—
试验值[8,9]	81.20~155.00	10.25	31.50~49.87	26.00	0.49	0.03~0.10

图 9.10~图 9.13 分别为计算材料常数时的部分单胞应力云图。其中图 9.11 和图 9.13 是切应力作用下的单胞,为了采用反对称周期边界条件,其单胞尺寸为图 9.10 和图 9.12 单胞尺寸的 2 倍。

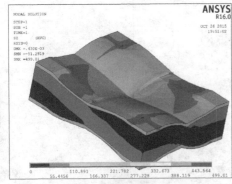

图 9.10　内部单胞 z 方向加载时 z 方向的应力

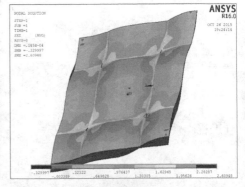

图 9.11　内部单胞加载 xy 应变时 xy 向剪切应力

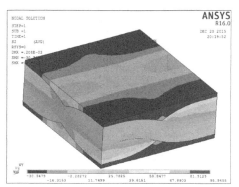

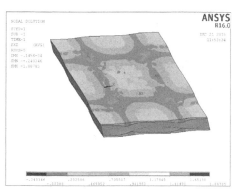

图 9.12　表面单胞 z 方向加载时 z 方向的应力

图 9.13　表面单胞加载 xy 应变时 xy 向剪切应力

9.3　C/SiC 复合材料静载下的损伤分析

　　本节将阐述在细观模型基础上进行 C/SiC 编织复合材料结构损伤分析的方法。C/SiC 平纹编织复合材料可视为正交各向异性材料。

　　C/SiC 复合材料在拉伸过程中表现出显著的非线性力学行为[3]，图 9.14 为一维编织 C/SiC 复合材料在单向拉伸载荷下力学行为的理想示意图，揭示了其各种损伤破坏模式和机制。

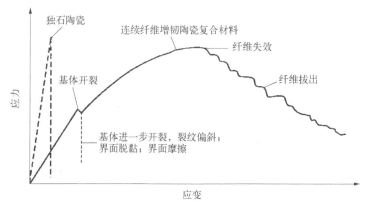

图 9.14　连续纤维增韧 C/SiC 复合材料的非线性力学行为[3]

　　在破坏断口的扫描电子显微镜照片中也可以观察到，C/SiC 复合材料在拉伸载荷作用下存在基体开裂、界面脱黏、纤维断裂和拔出等多种微细观损伤模式。SiC 基体缺陷较多,且由于基体所受的热残余应力和拉伸应力叠加以及脆性基体抗压不抗拉的特性,在静载或很短的循环数下就会产生裂纹。基体微裂纹扩展时,若界面过强,裂纹尖端应力集中,容易导致纤维断裂;而在界面强度适当的情况下,由于纤维和基体间热解碳界面发生界面滑移、脱黏,微裂纹的扩展路径偏折,并伴随纤维桥联、拔出等现象,这些微观损伤以及相应的能量耗散机制是材料的非线性拉伸应力-应变关系形成的根本原因。因此,复合材料宏观表现出的非线性的应力-应变关系,被称为伪塑性性能。图 9.15 进一步揭示了 C/SiC 复合材料加载、卸载时的非线性行为及其迟滞回线。图中叠加的横柱线为加载时的声发射信号,表明裂纹形成所造成的损伤,进一步揭示前述 C/SiC 复合材料的各种损伤模式与机制。在宏观尺度上弹性模量显著降低表明,这种非线性行为并不同于金属中的塑性变形,而是由材料损伤造成的。在更小的尺度上,伪塑性有助于缓解局部应力集中,使应力重新分配。所以在进行疲劳分析之前,需要首先进行初次加载下的渐进损伤分析。

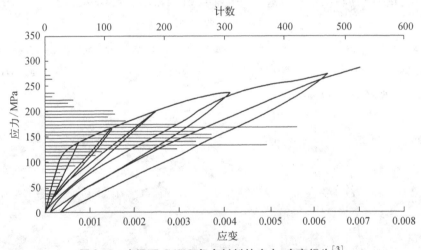

图 9.15　室温下 C/SiC 复合材料的应力-应变行为[3]

这部分将参考复合材料强度准则建立复杂应力状态下的材料损伤判据,基于各组分损伤判据探讨纤维束损伤情况,并进一步由编织单胞模型分析渐进损伤情况下的复合材料的本构方程,且将此渐进损伤过程视为疲劳损伤计算前的第一阶段。

多年来,众多学者对复合材料提出过很多不同形式的强度准则方程,其中应用较多的有蔡-希尔(Tsai-Hill)准则、霍夫曼(Hoffman)准则、哈辛(Hashin)准则及蔡-吴(Tsai-Wu)准则[10]。蔡-希尔强度准则是 1965 年在希尔的各向异性塑性理论的基础上提出的[11]。蔡-希尔强度准则的优点是给出了一个光滑连续的失效包络线,体现了几个基本破坏强度之间的相互作用。该准则对材料主方向拉、压性能相同的玻璃/环氧复合材料较为适用,不足之处在于没有考虑拉、压强度不同的情况。而 Hoffman 对蔡-希尔准则做了改进,增加了应力一次项,并且考虑了拉、压强度不一样的情况。

蔡和吴于 1971 年提出了一个张量多项式准则,称为蔡-吴张量准则。该准则可以说是复合材料强度领域目前应用最为广泛的准则。在蔡-吴准则中,假定复合材料是均匀正交各向异性的连续体。利用应力分量与材料各向异性主轴的关系,有

$$F_{ij}\sigma_{ij} + G_{ijkl}\sigma_{ij}\sigma_{kl} = 1 \tag{9.8}$$

式(9.8)在归一化应力空间中定义了静失效面[12],方程左边代表静态失效表面上,任意一点到原点的径向距离。因此方程左边可视为定义了一个无量纲参数,来预测任意多轴应力状态下复合材料的各向异性失效。无论研究拉伸还是压缩载荷,沿法向和剪切方向的二次项都足以描述静失效表面。

1980 年,Hashin 提出 Hashin 准则,这种准则可以区分纤维拉伸断裂、纤维压缩断裂、基体拉伸断裂以及基体压缩断裂这 4 种损伤模式。

由于编织复合材料拉、压强度不同,应采用可以区分拉、压性能的强度准则。蔡-吴准则的优点是只有一个表达式,便于下一步建立等效应力,其主要缺点是没有区分失效模式。本章在蔡-吴准则的基础上,提出了考虑不同失效模式的分析方法。

对于二维编织复合材料,6 个应力分量为 σ_1、σ_2、σ_3、τ_{23}、τ_{31} 和 τ_{12}。 根据约定,把 3 个剪应力写为 $\tau_{23} = \sigma_4$、$\tau_{31} = \sigma_5$、$\tau_{12} = \sigma_6$。 由此,蔡-吴准则方程的一般式为[13]

$$
\begin{aligned}
&F_{11}\sigma_1^2 + F_{22}\sigma_2^2 + F_{33}\sigma_3^2 + 2F_{12}\sigma_1\sigma_2 + 2F_{13}\sigma_1\sigma_3 + 2F_{23}\sigma_2\sigma_3 \\
&+ F_{44}\sigma_4^2 + F_{55}\sigma_5^2 + F_{66}\sigma_6^2 + F_1\sigma_1 + F_2\sigma_2 + F_3\sigma_3 = 1
\end{aligned} \tag{9.9}
$$

式中共有 12 个强度系数, 通过对材料做三个方向的拉伸、压缩及剪切试验,可确定下列方程组:

$$\begin{cases} F_{11}X_t^2 + F_1X_t = 1; \; F_{11}X_c^2 - F_1X_c = 1 \\ F_{22}Y_t^2 + F_2Y_t = 1; \; F_{22}Y_c^2 - F_2Y_c = 1 \\ F_{33}Z_t^2 + F_3Z_t = 1; \; F_{33}Z_c^2 - F_3Z_c = 1 \\ F_{44}S_{yz}^2 = 1; \; F_{55}S_{xz}^2 = 1; \; F_{66}S_{xy}^2 = 1 \end{cases} \tag{9.10}$$

其中,X_t、X_c 表示在 x 方向上的拉伸强度和压缩强度;Y_t、Y_c 表示在 y 方向上的拉伸强度和压缩强度;Z_t、Z_c 表示在 z 方向上的拉伸强度和压缩强度;S_{xy}、S_{xz}、S_{yz} 表示在 xy、xz 以及 yz 方向上的剪切强度。下标 t 和 c 分别代表拉伸和压缩加载状态。

求解上述方程(9.10),可得

$$\begin{cases} F_{11} = 1/(X_tX_c); \; F_{22} = 1/(Y_tY_c); \; F_{33} = 1/(Z_tZ_c) \\ F_{44} = 1/S_{yz}^2; \; F_{55} = 1/S_{xz}^2; \; F_{66} = 1/S_{xy}^2 \end{cases} \tag{9.11}$$

$$F_1 = \frac{1}{X_t} - \frac{1}{X_c}; \; F_2 = \frac{1}{Y_t} - \frac{1}{Y_c}; \; F_3 = \frac{1}{Z_t} - \frac{1}{Z_c} \tag{9.12}$$

主应力交互作用强度系数 F_{12}、F_{13}、F_{23} 的确定需要由双轴应力状态试验来测定,将测出的强度代入式(9.9)即可求出。在没有试验数据时,还可以采用单胞分析方法预估强度,下面将介绍预估方法。

与 9.2 节一样,从纤维单胞及编织单胞两个尺度进行有限元分析,分析流程如图 9.16 所示。

9.3.1 纤维束静载损伤分析

首先考虑纤维单胞,由前文所述易知,纤维束可看成是由 SiC 基体包裹的 C 纤维构成的单向纤维增强复合材料。此种复合材料在沿纤维方向有较好的力学性能,而垂直于纤维的平面上力学性能较弱,体现横观各向同性性能。

为了建立强度准则,首先需要得到纤维单胞的各方向强度,在没有试验数据的情况下,也可以采用有限元方法计算。采用单胞模型计算各种加载情况下的强度时[14],通过不同损伤准则对组分材料单元进行判断,由此在损伤过程中退化相应的材料性能。

可认为 SiC 基体是各向同性的脆性材料,拉伸和压缩破坏的抵抗能力存

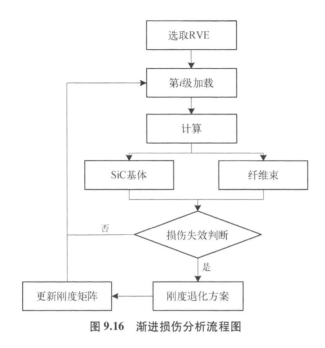

图 9.16　渐进损伤分析流程图

在很大差别,抗压强度大于抗拉强度,因此宜采用莫尔强度理论作为其损伤准则:

$$\sigma_{rM} = \sigma_1 - \frac{[\sigma_t]}{[\sigma_c]}\sigma_3 \leqslant [\sigma_t] \tag{9.13}$$

当基体的相当应力 σ_{rM} 大于 σ_t 时,此时基体单元破坏失效,单元刚度矩阵各项均折减为小量。复合材料中碳纤维拉伸强度比较高,可使用最大主应力准则判定其破坏与否。当纤维的最大主应力 σ_1 大于纤维的拉伸强度时,纤维单元破坏失效,单元刚度矩阵各项均折减为小量。热解碳界面的拉伸应力达到拉伸强度或切应力达到剪切强度则判断为失效,单元刚度矩阵各项均折减为小量。

开发有限元程序,并在材料本构关系中嵌入损伤准则和材料性能退化方案。通过各种工况载荷对模型加载相应的周期性边界条件,并采用逐级加载的方法。通过不同损伤准则对组分材料单元进行判断,由此在损伤过程中退化相应的材料性能;计算各增量步单胞中单元应力应变,根据损伤准则更新单元本构矩阵,非线性求解达到收敛,再继续增加载荷步,如此循环完成分析。需要特别提到的是预测沿着纤维方向压缩强度时,当基体及界面破坏导致纤维发生失稳则认定为破坏。

例如,在没有试验结果的情况下,对单胞模型的横向拉伸应力-应变关系曲线进行预测,结果如图 9.17 所示。单丝纤维外部热解碳界面的强度较低,影响了纤维束单胞的横向拉伸强度,曲线图显示纤维束单胞的横向强度仅为64.29 MPa。

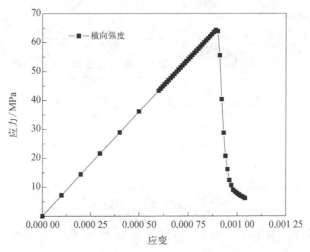

图 9.17　纤维单胞横向拉伸应力-应变预测曲线

图 9.18 为横向拉伸时纤维束单胞的失效过程,从图中可以看出在横向拉伸过程中热解碳界面层首先出现破坏,然后扩展到 SiC 基体,从而导致纤维束单胞在横向失去承载能力,而此时单丝碳纤维仍然完好,说明纤维束单胞在轴向仍然具有一定的承载能力。剪切破坏模式与其相似。所以,将纤维束的损伤分成两种模式:纤维束轴向拉(压)损伤和纤维束横向拉(压)剪损伤。结合纤维束两种不同的损伤模式,定义损伤模式 $H_i(i=1,2)$,具体为

$$\begin{cases} H_1 = F_1\sigma_1 + F_{11}\sigma_1^2 \\ H_2 = F_2\sigma_2 + F_{22}\sigma_2^2 + F_3\sigma_3 + F_{33}\sigma_3^2 + F_{44}\sigma_4^2 + F_{55}\sigma_5^2 + F_{66}\sigma_6^2 \end{cases} \tag{9.14}$$

在满足蔡-吴张量判据的前提下,比较 H_1 和 H_2 的大小,其中较大的为此时发生的损伤模式。

在单元刚度矩阵中引入损伤度来表示材料的受损程度,创建受损材料的单元刚度矩阵,如式(9.15)所示。当单元的应力状态符合损伤准则时,通过设置不同损伤模式的损伤值,为损伤单元赋予新的刚度矩阵,从而为下一

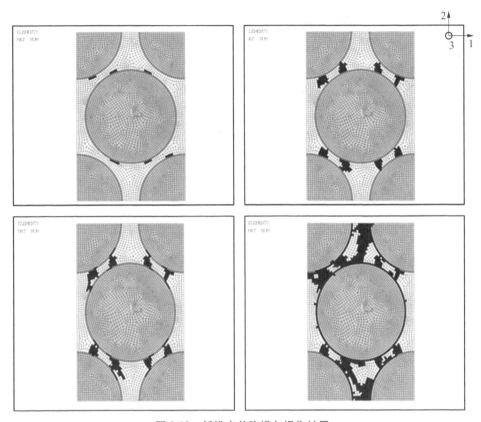

图 9.18　纤维束单胞横向损伤扩展

载荷步中模型的应力应变场计算作准备。在后续载荷步的计算中仍然按照
该损伤准则进行判断,然后继续更新单元的刚度矩阵,从而形成一个循环
分析。

$$
\begin{Bmatrix}
\sigma_{11} \\
\sigma_{22} \\
\sigma_{33} \\
\tau_{23} \\
\tau_{31} \\
\tau_{12}
\end{Bmatrix}
=
\begin{pmatrix}
(1-D_{11})C_{11} & \left(1-\dfrac{D_{11}+D_{22}}{2}\right)C_{12} & \left(1-\dfrac{D_{11}+D_{33}}{2}\right)C_{13} & 0 & 0 & 0 \\
\left(1-\dfrac{D_{11}+D_{22}}{2}\right)C_{12} & (1-D_{22})C_{22} & \left(1-\dfrac{D_{22}+D_{33}}{2}\right)C_{23} & 0 & 0 & 0 \\
\left(1-\dfrac{D_{11}+D_{33}}{2}\right)C_{13} & \left(1-\dfrac{D_{22}+D_{33}}{2}\right)C_{23} & (1-D_{33})C_{33} & 0 & 0 & 0 \\
0 & 0 & 0 & (1-D_{23})C_{44} & 0 & 0 \\
0 & 0 & 0 & 0 & (1-D_{31})C_{55} & 0 \\
0 & 0 & 0 & 0 & 0 & (1-D_{12})C_{66}
\end{pmatrix}
\begin{Bmatrix}
\varepsilon_{11} \\
\varepsilon_{22} \\
\varepsilon_{33} \\
\gamma_{23} \\
\gamma_{31} \\
\gamma_{12}
\end{Bmatrix}
$$

$$(9.15)$$

9.3.2 复合材料板单轴受力静载损伤分析

使用编织单胞模型分析复合材料板的力学性能,对单轴拉伸损伤后的材料常数进行预测。约定加载方向为 z 方向。根据复合材料中的纤维束和基体给出相应的损伤判据:基体采用莫尔强度准则,而纤维束采用蔡-吴准则。逐级施加载荷,对单胞进行静力学计算并提取应力,遵照损伤判据进行刚度折减,材料性能退化方案如表9.3所示,该退化方案中的系数可以由试验结果拟合得到。

表 9.3 刚度退化方案

失效模式		D_{11}	D_{22}	D_{33}	D_{23}	D_{31}	D_{12}
纤维束	H_1	0.9	0.9	0.9	0.9	0.9	0.9
	H_2	0.7	0.7	0.2	0.7	0.7	0.7
基 体		0.9	0.9	0.9	0.9	0.9	0.9

刚度变化后形成新的单胞有限元模型,卸载并重复加载直至稳定后施加下一步载荷,重复以上步骤直至破坏,从而获得加载方向的应力-应变曲线图,如图9.19所示。从数值模拟曲线中可以看出,在 $\sigma_{11}=60$ MPa 之前,单胞模型未出现损伤,应力-应变曲线表现出线性特征;之后纤维束以及 SiC 基体开始产生损伤(纤维束主要产生如图9.19所示的 H_2 损伤模式),曲线切线斜率下降;随着载荷

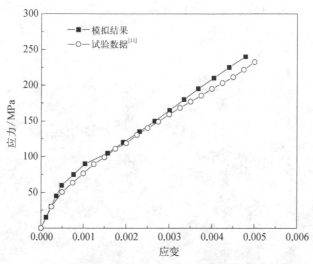

图 9.19 加载方向应力-应变曲线

的增加,SiC 基体断裂失去承载能力,而纤维束中基体裂纹的饱和导致拉伸载荷主要由碳纤维承担,此时材料性能相对稳定;当载荷增大到一定程度时,纤维束产生 H_1 损伤模式而彻底破坏。

图 9.20(a)~(d)为加载方向弹性模量损伤度 D_z 分别为 0.08、0.36、0.46、0.53 的损伤场模拟图。可以明显看出,基体损伤刚开始发生于与加载方向垂直的基体应力集中处并向两侧扩展,最终发生大面积破坏。对于纤维束,其损伤主要发生在沿加载方向的纤维束中。

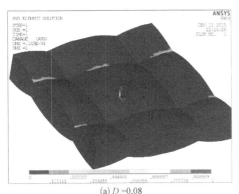
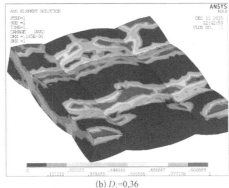

(a) D_z=0.08

(b) D_z=0.36

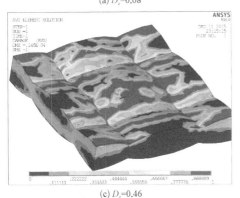
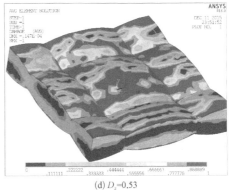

(c) D_z=0.46

(d) D_z=0.53

图 9.20　C/SiC 复合材料单胞单轴渐进加载损伤场示意图

图 9.21(a)和(b)分别为单轴加载渐进损伤条件下两个方向的弹性模量变化情况,图 9.21(c)和(d)分别为面内剪切模量和面外剪切模量的变化情况。从图中可以看出除了 y 方向弹性模量之外,其余趋势均为起始段材料未发生较大损伤,表现为弹性状态;中间段材料内部发生裂纹扩展,材料劣化加快;最后基体裂纹扩展达到饱和,材料劣化减慢。据此可得到复合材料单胞单轴渐进损伤条件下的损伤本构方程。

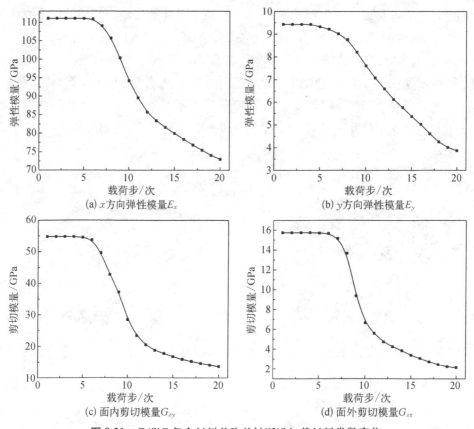

(a) x 方向弹性模量 E_x

(b) y 方向弹性模量 E_y

(c) 面内剪切模量 G_{xy}

(d) 面外剪切模量 G_{xz}

图 9.21　C/SiC 复合材料单胞单轴渐进加载材料常数变化

9.3.3　复杂受力静载损伤分析

与前文所述单轴渐进损伤的损伤力学-有限元方法类似,对 C/SiC 编织复合材料单胞模型施加各种载荷,并根据情况施加对称边界条件或反对称周期性边界条件,同时针对复合材料中的纤维束和基体给出相应的损伤判据:基体采用莫尔强度准则,而纤维束采用蔡-吴准则。

以双轴拉伸为例,在编织平面内的 x、z 方向以 40 载荷步同步加载,每次增加 5 MPa,z、x 方向弹性模量变化情况如图 9.22 所示。由图中变化可看出,仍然呈现出和单轴加载类似的三段变化趋势,且每个方向损伤速度更快。由两个方向曲线基本重合可以得知,多轴加载条件下,z、x 两方向的变化趋势基本相同,这与实际情况一致。图 9.23 为 C/SiC 复合材料单胞单轴渐进加载损伤场示意图,图(a)~图(d)分别表示不同损伤度情况下的 z 方向损伤场。

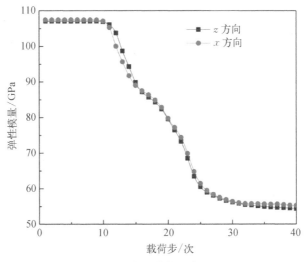

图 9.22　面内弹性模量变化曲线

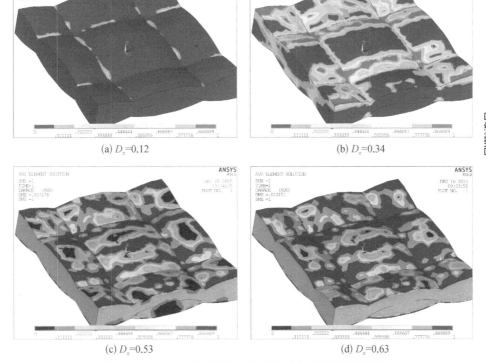

图 9.23　C/SiC 复合材料单胞单轴渐进加载损伤场示意图

应用二维编织复合材料在偏轴拉伸载荷下的应力-应变关系对单胞渐进损伤本构方程进行验证。首先进行坐标变换得到正轴下的应力状态(图9.24),并利用单胞模型进行分析后与试验结果进行对比,结果基本吻合(图9.25)。

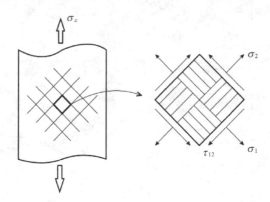

图9.24 偏轴拉伸下材料主方向上的应力状态示意图

针对平纹编织 C/SiC 复合材料单胞模型的渐进损伤模拟数值结果,可以通过拟合获得各方向损伤度与各应力分量的关系。材料不同方向上的损伤可能会相互影响,使应力应变和损伤演化复杂化。例如,材料的 1 方向的损伤演化不仅由 σ_1 产生,而且受 σ_2、τ_{12} 的影响。为了考虑各方向应力载荷之间的损伤耦合效应,将损伤度 D_i 与各方向载荷应力之间的关系写为

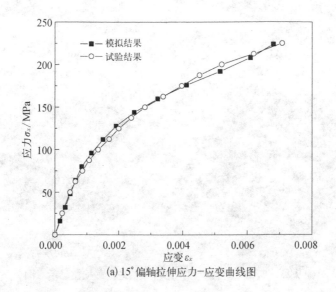

(a) 15° 偏轴拉伸应力-应变曲线图

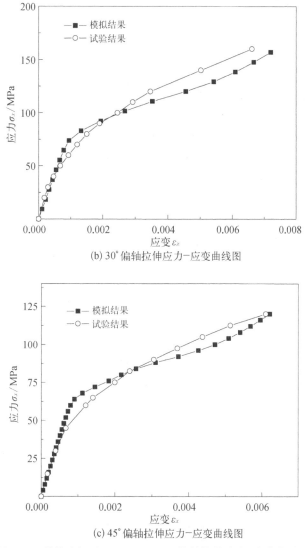

(b) 30°偏轴拉伸应力−应变曲线图

(c) 45°偏轴拉伸应力−应变曲线图

图 9.25　整体坐标系下 15°/30°/45°偏轴拉伸应力−应变曲线图

$$D_i = a_{i1}\langle \sigma_1 - \sigma_{1\text{th}} \rangle + b_{i1}\langle \sigma_1 - \sigma_{1\text{th}} \rangle^2 + a_{i2}\langle \sigma_2 - \sigma_{2\text{th}} \rangle + b_{i2}\langle \sigma_2 - \sigma_{2\text{th}} \rangle^2$$

$$+ a_{i3}\langle \sigma_1 - \sigma_{1\text{th}} \rangle \langle \sigma_2 - \sigma_{2\text{th}} \rangle + a_{i4}\langle \tau_{12} - \tau_{12\text{th}} \rangle + b_{i4}\langle \tau_{12} - \tau_{12\text{th}} \rangle^2$$

$$(9.16)$$

其中,当 $\sigma_i > \sigma_{i\text{th}}$ 时, $\langle \sigma_i - \sigma_{i\text{th}} \rangle = \sigma_i - \sigma_{i\text{th}}$;当 $\sigma_i < \sigma_{i\text{th}}$ 时, $\langle \sigma_i - \sigma_{i\text{th}} \rangle = 0$ 。即麦考利括号定义如下:括号内部函数大于 0 则等于原函数,括号内部函数小于 0 则等于

0。利用各种受力状态下的分析结果可以拟合出公式中的系数,得到单胞模型其余各方向损伤度 D_i 与各方向应力分量之间的关系。

9.4 C/SiC 复合材料循环载荷下的损伤分析

如图 9.26 所示,由平纹编织 C/SiC 复合材料面内刚度随循环次数的变化试验结果曲线[15]可知,前期刚度快速下降后有一平稳期,而后发生疲劳破坏,可以将平稳期前的刚度下降简化为准静载下的渐进损伤过程,以模拟载荷预加载阶段由于初始缺陷而造成的刚度快速下降。在初始损伤趋于平稳后,再进行疲劳损伤分析,这一阶段在循环载荷下单胞裂纹平稳扩展。最后阶段是裂纹的快速扩展阶段,直至材料最终失效。前面分析了准静载下的渐进损伤过程,下面将研究疲劳损伤过程。

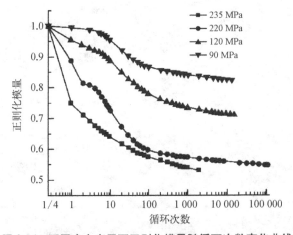

图 9.26　不同应力水平下正则化模量随循环次数变化曲线

9.4.1　单轴受力疲劳损伤分析

借鉴蔡-吴准则,定义如下无量纲标量:

$$\sigma^* = (F_{ij}\sigma_{ij} + G_{ijkl}\sigma_{ij}\sigma_{kl})^t (-1)^n \tag{9.17}$$

式中,$t = 1/2$;σ^* 称为归一化应力;n 是偶数还是奇数可以根据平均应力的正负决定。

式(9.17)表征的是各向异性材料在复杂载荷条件下抵近破坏的程度。σ^* 的绝对值等于 1 意味着静载下就发生失效,而 σ^* 的绝对值小于 1 时也可能发生疲劳失效。定义 σ_a^* 和 σ_m^* 分别为归一化交变应力幅和平均应力,应力比为 R,可有

$$\sigma_a^* = \frac{1}{2}(1 - R)\sigma_{\max}^*, \ \sigma_m^* = \frac{1}{2}(1 + R)\sigma_{\max}^* \tag{9.18}$$

鉴于静失效条件为 $\sigma_{\max}^* = 1$,为了考虑应力比对复合材料疲劳寿命的影响,定义如下无量纲标量:

$$\bar{\sigma}_e = \frac{\sigma_a^*}{1 - \sigma_m^*} \tag{9.19}$$

式中,$\bar{\sigma}_e$ 为归一化有效应力,将其作为等效应力用于单胞尺度的单元疲劳分析。极端情况下当归一化平均应力趋向于 1 时,即使应力幅很小材料也会破坏。

连续损伤力学损伤变量 D 的一般损伤演化方程为[18]

$$\frac{\mathrm{d}D}{\mathrm{d}N} = f(D, \ Y, \ R, \ N, \ \rho) \tag{9.20}$$

式中,f 定义了疲劳损伤函数;Y、R、N 和 ρ 分别表示损伤驱动力、应力比、载荷循环次数以及与材料有关的相关参数。

本章以损伤力学模型为基础,首先研究纤维束的损伤演化过程。利用 Kachanov-Rabotnov 型损伤演化方程,在多轴受力状态下,建立用等效应力 $\bar{\sigma}_e$ 表示的损伤演化方程:

$$\frac{\mathrm{d}D}{\mathrm{d}N} = a\bar{\sigma}_e^b \left(\frac{1}{1 - D}\right)^c \tag{9.21}$$

式中,a、b、c 是与材料有关的常数,由相应的疲劳试验确定。

这部分将在前一部分研究准静载下损伤的基础上对单胞进行疲劳分析。由于 SiC 基体为脆性材料,因此在此仍采用最大拉应力作为损伤判据:对于基体单元,当超过破坏应力时,即判定其完全损伤;而对于纤维束单元,以疲劳损伤演化方程控制其刚度折减。同前面研究中设计的渐进损伤计算方法类似,通过循环载荷加载、刚度折减并修改刚度矩阵的迭代求解方式对单胞疲劳寿命进行

计算,当单胞整体损伤度为 1 时,即判断单胞破坏。算法流程如图 9.27 所示。同时按如图 9.28 所示的流程图拟合损伤演化方程参数。

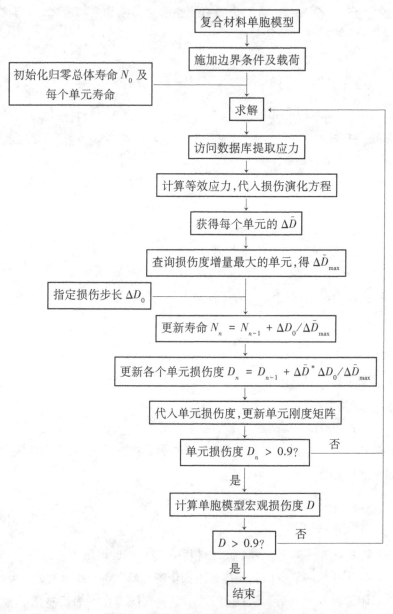

图 9.27　损伤力学-有限元法流程图

在单胞分析的疲劳损伤过程中,通过施加不同载荷得到各个方向刚度系数随循环数的演化过程,也就可以得到各个损伤度随循环数的演化过程。图 9.29

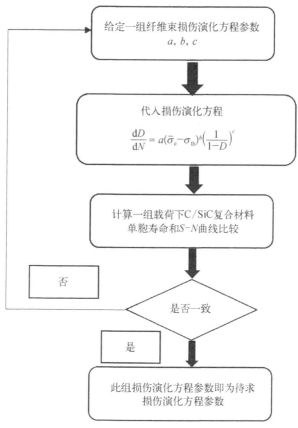

图 9.28　损伤演化方程参数拟合流程

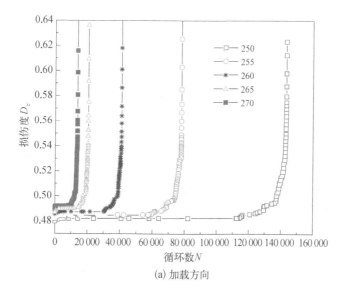

(a) 加载方向

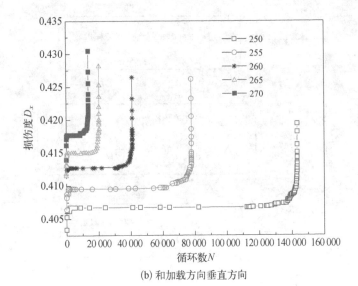

(b) 和加载方向垂直方向

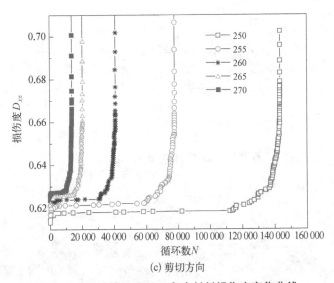

(c) 剪切方向

图 9.29 平纹编织 C/SiC 复合材料损伤度变化曲线

给出了平纹编织 C/SiC 复合材料疲劳损伤过程中面内三个方向损伤度变化曲线。描述了初始快速损伤完成后,进入稳定阶段,而后损伤速率逐渐加快直至材料破坏的全过程。整个分析过程与常温下 C/SiC 复合材料的疲劳损伤分析过程相似,体现了复合材料疲劳不同于金属材料的特点。

总之,C/SiC 复合材料单胞损伤演化过程分两部分。第一部分是渐进损伤过程,外载荷由 0 到工作应力 260 MPa,分为 10 个载荷步施加。单胞的渐进损伤过程由图 9.30 给出。第二部分是疲劳演化过程,单胞处于以工作应力为幅值的脉动循环变应力下。单胞的疲劳破坏过程由图 9.31 给出,可以看到裂纹扩展过程。

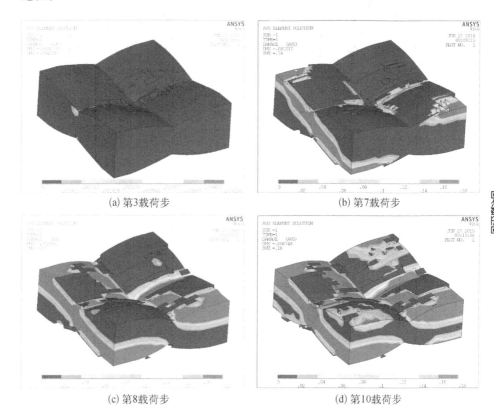

(a) 第3载荷步　　　　　　　　　(b) 第7载荷步

(c) 第8载荷步　　　　　　　　　(d) 第10载荷步

图 9.30　C/SiC 复合材料单胞渐进损伤过程(共 10 个载荷步)

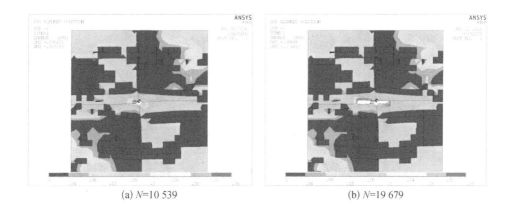

(a) N=10 539　　　　　　　　　(b) N=19 679

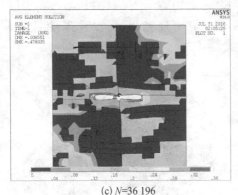
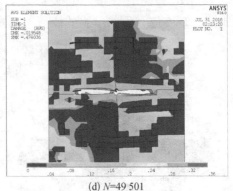

(c) $N=36\,196$ (d) $N=49\,501$

图 9.31　C/SiC 复合材料单胞疲劳破坏过程

9.4.2　多轴受力疲劳损伤分析

这里,只讨论多轴比例加载情况。与之前的单轴受力疲劳损伤分析方法相似,在单胞上施加多轴载荷即可分析多轴受力情况下的疲劳损伤。平纹编织 C/SiC 复合材料单胞面内双轴拉伸载荷下的损伤演化过程同样分成两个步骤:首先是准静态加载下的渐进损伤,然后是疲劳损伤演化,C/SiC 单胞模型受到以工作应力为幅值的脉动循环载荷。图 9.32 和图 9.33 分别给出了 $\sigma_x/\sigma_y = 1$ 和 $\sigma_x/\sigma_y = 0.5$ 情况下平纹编织 C/SiC 复合材料损伤度变化曲线。

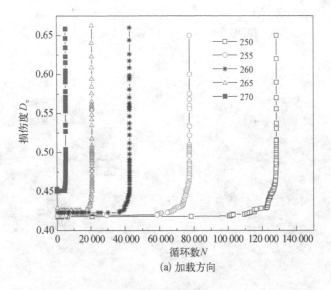

(a) 加载方向

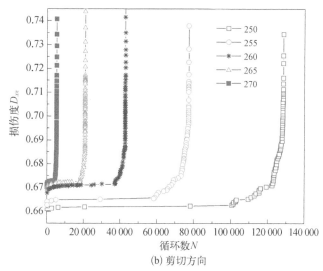

(b) 剪切方向

图 9.32　$\sigma_x/\sigma_y = 1$ 情况下平纹编织 **C/SiC** 复合材料损伤度变化曲线

　　其他复杂受力与疲劳损伤分析方法也是相似的。剪切加载通过施加周期性边界条件,也可以获得平纹编织 C/SiC 复合材料单胞面内剪切疲劳寿命预测曲线。

9.4.3　宏观疲劳损伤等效应力及损伤演化方程

　　将通过单胞模型计算得到的复杂应力状态下的应力-寿命曲线与单轴情况对比,发现曲线形状都比较相似,因此,可以在平纹编织 C/SiC 复合材料数值模拟的基础上提出一个较为简单的复杂应力状态下的宏观等效应力公式。多个单胞将组成一个宏观单元,下面讨论这种宏观单元的损伤演化。

　　由于编织复合材料拉、压产生的损伤有所不同,可以借鉴强度准则构造等效应力。鉴于疲劳强度与静载强度不同,等效应力采用蔡-吴归一化应力乘以修正系数的形式表示。由于修正系数与应力状态相关,等效应力展开为多项式形式,为了简单起见,仅保留常数项和一次项,系数可以由试验或单胞仿真结果确定。

　　平面应力状态下的等效应力 σ_e^* 形式如下:

$$\sigma_e^* = (1 + k_1\sigma_1 + k_2\sigma_2 + k_3\sigma_{12} + k_4\sigma_{13} + k_5\sigma_{23})\sigma_{cw} \tag{9.22}$$

式中,$\sigma_{cw} = \sqrt{F_1\sigma_1 + F_2\sigma_2 + F_{11}\sigma_1^2 + F_{12}\sigma_1\sigma_2 + F_{22}\sigma_2^2 + F_{44}\sigma_{13}^2 + F_{55}\sigma_{23}^2 + F_{66}\sigma_{12}^2}$。其中,$F_{11} = 1/(X_tX_c)$;$F_{22} = 1/(Y_tY_c)$;$F_{44} = 1/S_{yz}^2$;$F_{55} = 1/S_{xz}^2$;$F_{66} = 1/S_{xy}^2$;$F_{12} =$

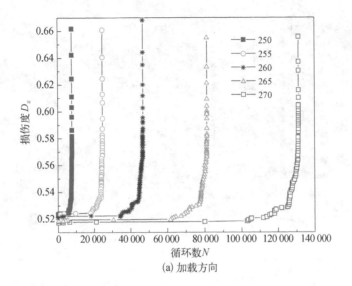

(a) 加载方向

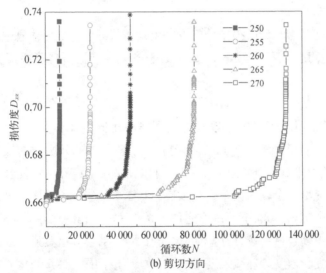

(b) 剪切方向

图 9.33 $\sigma_x/\sigma_y = 0.5$ 情况下平纹编织 C/SiC 复合材料损伤度变化曲线

$$-\frac{1}{2}\left(\frac{1}{X_t X_c} + \frac{1}{Y_t Y_c} - \frac{1}{Z_t Z_c}\right); F_1 = \frac{1}{X_t} - \frac{1}{X_c}; F_2 = \frac{1}{Y_t} - \frac{1}{Y_c}。$$

修正系数 $k_i(i=1,2,3,4,5)$ 使多轴等效应力的 S-N 曲线和单轴情况下的 S-N 曲线保持一致(图 9.34 和图 9.35)。

最后,讨论各向异性损伤演化方程。在只考虑面内应力的情况下,将各向异性宏观损伤演化方程写为如下形式:

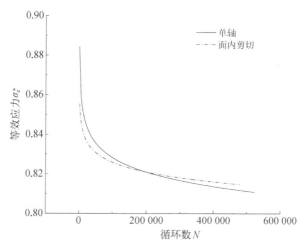

图 9.34　单轴拉伸和仿真面内剪切的等效应力形式 *S-N* 曲线对比

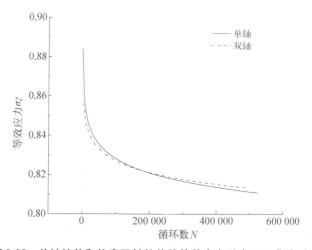

图 9.35　单轴拉伸和仿真双轴拉伸的等效应力形式 *S-N* 曲线对比

$$\begin{cases} \dfrac{\mathrm{d}D_x}{\mathrm{d}N} = (a_0 + a_1\sigma_x + a_2\sigma_y + a_3\sigma_{xy}) \dfrac{(\sigma_e^* - \sigma_{th})^{\beta_x}}{(1 - D_x)^{\gamma_x}} \\[3mm] \dfrac{\mathrm{d}D_y}{\mathrm{d}N} = (b_0 + b_1\sigma_x + b_2\sigma_y + b_3\sigma_{xy}) \dfrac{(\sigma_e^* - \sigma_{th})^{\beta_y}}{(1 - D_y)^{\gamma_y}} \\[3mm] \dfrac{\mathrm{d}D_{xy}}{\mathrm{d}N} = (c_0 + c_1\sigma_x + c_2\sigma_y + c_3\sigma_{xy}) \dfrac{(\sigma_e^* - \sigma_{th})^{\beta_{xy}}}{(1 - D_{xy})^{\gamma_{xy}}} \end{cases} \tag{9.23}$$

其中，a_i、b_i、c_i、β_j 与 $\gamma_j (i = 0, 1, 2, 3, j = x, y, xy)$ 为与材料有关的常数；σ_e^* 是等效应力；σ_{th} 为等效应力门槛值。

根据疲劳载荷下单胞各方向损伤度变化曲线数据，利用最小二乘法拟合出式(9.23)中的参数。

对于高温环境下的疲劳损伤分析，需要考虑由温度变化产生的热应力，而且用于静力渐进损伤分析及疲劳分析的试验数据也须是高温下获得的。在此基础上，疲劳损伤分析方法与常温下的分析方法基本是一致的，不再赘述。

9.5 基于损伤力学的结构疲劳寿命预示方法

以复合材料宏观损伤演化方程为基础，将损伤力学分析与有限元计算相结合，可以建立宏观复合材料结构的疲劳寿命预估方法，为复合材料结构抗疲劳设计提供技术支撑。基于损伤力学的结构疲劳分析方法有两种：解析法和有限元法。

9.5.1 预示结构疲劳寿命的解析法

本节以复合材料薄板噪声疲劳为例进行分析。首先，按第4章所述方法进行飞行器结构动响应分析，得到复合材料薄壁结构热噪声应力谱；之后，根据前面给出的损伤演化方程，采用解析法对噪声载荷下的板件寿命进行预估。

常幅载荷下，若将式(9.11)变换形式后积分，可得三组疲劳寿命公式，取计算值最小的一组，也就是率先破坏的方位对应的寿命，作为板件的寿命估计值。

变幅载荷下，算法流程如图9.36所示。解析法的优点是简单方便，缺点是只能分析裂纹萌生寿命，而且对于包含连接件的复杂构件，由于有应力集中，分析精度也受影响。

以1.5 mm复合材料薄板为例，利用动力学仿真得到的复合材料薄板在165 dB噪声下2 s内的应力场数据进行循环加载，计算得到初始破坏位置如图9.37所示，仿真计算得到寿命结果为482 s。

9.5.2 预示结构疲劳寿命的损伤力学-有限元方法

对于较为复杂的结构，可采用损伤力学-有限元方法分析疲劳寿命，分析流程如图9.38所示。首先，进行飞行器结构动响应分析，得到复合材料薄壁结构热噪声位移谱和应力谱。在动响应分析的基础上，需要先将得到的位移谱进行

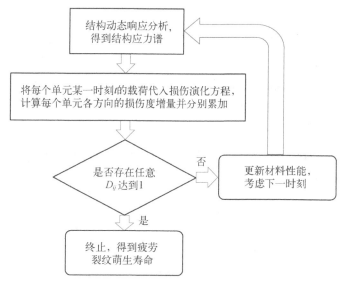

图 9.36　变幅载荷下结构疲劳损伤算法流程图

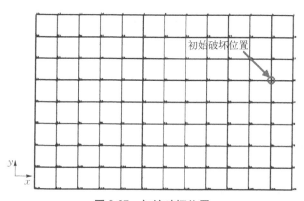

图 9.37　初始破坏位置

筛选。由于动响应分析得到的位移谱是时间谱,且采集间隔较小,并不是每两次采集就是一次加载、卸载历程,因而需要对位移谱进行筛选,提取出加载、卸载极值瞬间的位移谱。而且由于动响应分析的单元划分不够细,需要对极值瞬间的位移谱进行拟合,得到对应的位移谱方程,进而使用拟合后的位移载荷在有限元模型上进行加载。

　　使用损伤力学-有限元方法时,可以在结构表面及孔壁附近采用表面单胞模型得到材料性能及损伤演化方程,而对于构件内部采用内部单胞模型得到材料性能及损伤演化方程。使用损伤力学-有限元方法进行分析,不仅能够考虑应力场与损伤场的耦合效应,而且在第一个单元破坏得到裂纹萌生寿命后,还可以继续分析,得到裂纹扩展寿命。

针对复合材料薄壁结构在热噪声环境下,振动频率较快,使用有限元软件进行计算时计算量大、耗时长的问题,可以采取以下方法进行简化: 取一定长度的时间作为损伤度更新时间间隔,例如,若 1 s 内单元刚度变化很小,就以 1 s 作为时间间隔。计算开始后,在这段时间间隔之内,只进行损伤场的数值累积,但是不通过单元损伤度更新单元的刚度。时间达到更新间隔时,如在 1 s 这个时刻,才使用当前的损伤场对单元刚度进行修改,在下一个损伤度更新间隔期间又是只累积损伤场,不更新单元刚度,当时间达到 2 s 时,再次更新单元刚度,并以此类推。

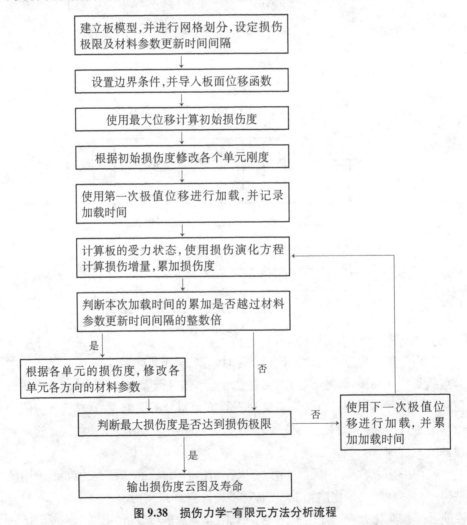

图 9.38　损伤力学-有限元方法分析流程

仍旧以 1.5 mm 复合材料薄板为例,应用复合材料薄板在 2 s 内的动力学仿真位移数据进行循环加载,未考虑载荷与损伤的耦合效应,但实际上薄板结构产生损伤后刚度场改变,同样载荷下其位移可能会有小幅增加,损伤度随时间变化的结果如图 9.39 所示。

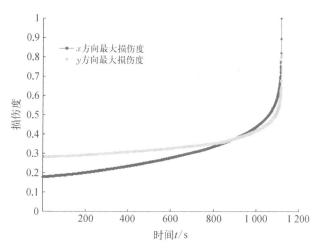

图 9.39　损伤度随时间变化的结果

x 与 y 方向的损伤度云图随时间变化情况如图 9.40 所示。

时间	x 方向损伤度云图	y 方向损伤度云图
$t = 200$ s		
$t = 400$ s		

（续图）

时间	x方向损伤度云图	y方向损伤度云图
$t = 600$ s	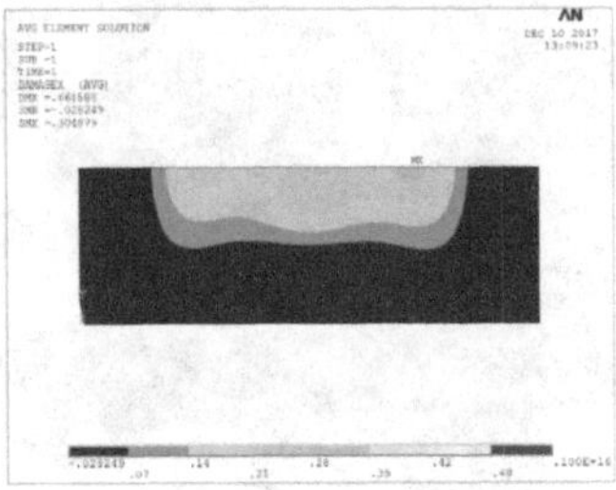	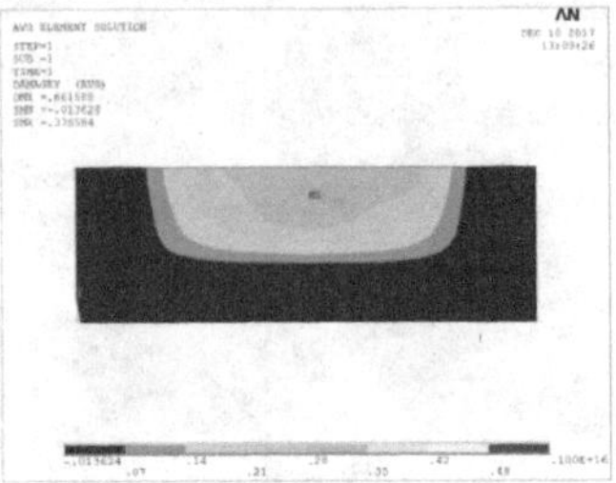
$t = 800$ s	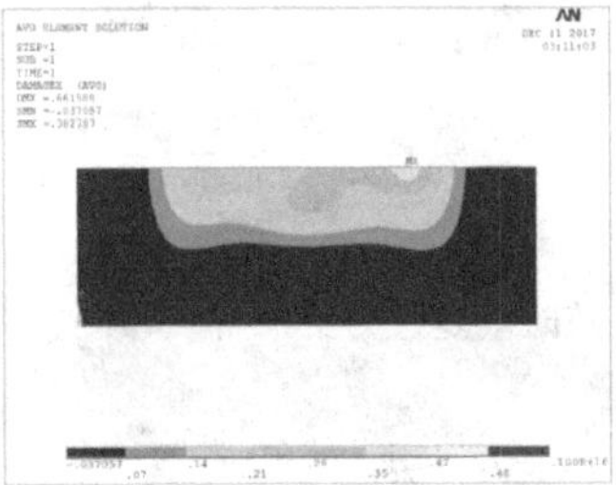	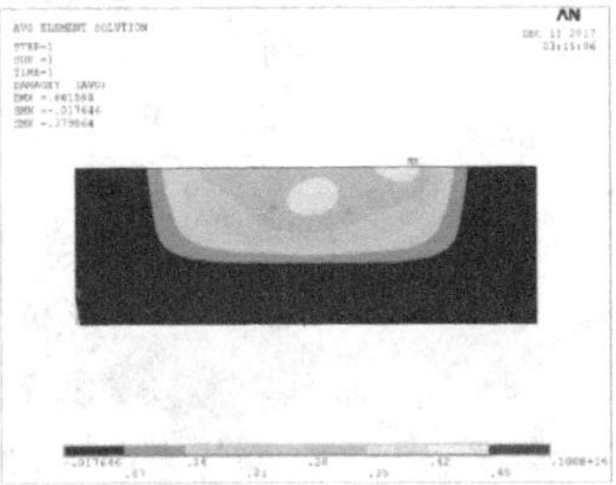
$t = 1\,000$ s	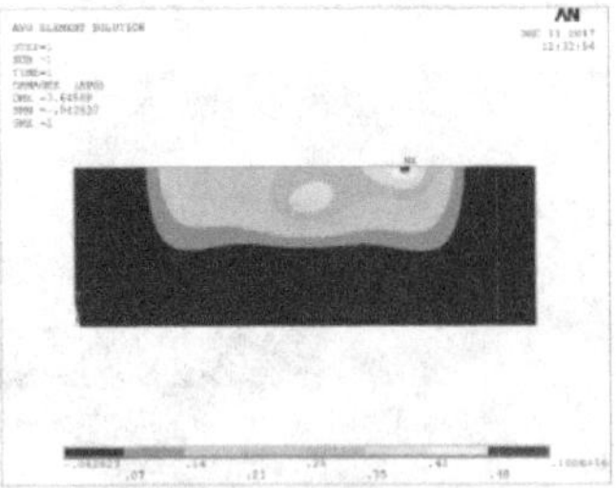	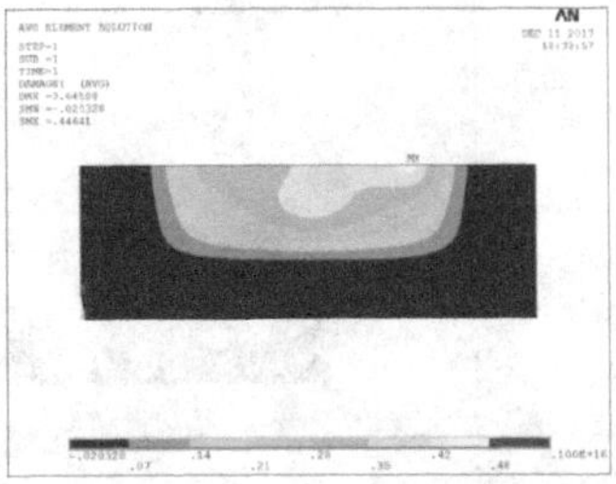

图 9.40　损伤度云图

9.6　小结

　　C/SiC 复合材料的力学性能与材料成分、界面性能和结构等细观特征有很大的关系。由于飞行器结构处于复杂应力状态,疲劳损伤机理复杂,疲劳试验的成本高、周期长,难以获得复杂应力状态的寿命预估公式。传统疲劳寿命预测方法主要依靠试验及经验,当前还没有形成公认的编织复合材料结构疲劳寿命预估理论方法。为了体现材料破坏的细观机理和特征,本章对C/SiC复合材料的疲劳损伤进行了跨尺度分析,为复杂载荷和高温环境下复合材料的疲劳分析提供了一种新的思路。

参考文献

[1] Borkowski L, Chattopadhyay A. Multiscale model of woven ceramic matrix composites considering manufacturing induced damage. Composite Structures, 2015, 126: 62－71.

[2] Tabiei A, Yi W. Comparative study of predictive methods for woven fabric composite elastic properties. Composite Structures, 2002, 58(1): 149－164.

[3] 张立同.纤维增韧碳化硅陶瓷复合材料:模拟、表征与设计.北京:化学工业出版社,2009.

[4] 王新峰.机织复合材料多尺度渐进损伤研究.南京:南京航空航天大学,2007.

[5] 张增光.2D-C/SiC 复合材料的弹性常数预测及失效模式研究.西安:西北工业大学,2005.

[6] Xu Y, Zhang W, Bassir D. Stress analysis of multi-phase and multi-layer plain weave composite structure using global/local approach. Composite Structures, 2010, 92 (5): 1143－1154.

[7] 焦健,陈明伟.新一代发动机高温材料——陶瓷基复合材料的制备、性能及应用.航空制造技术,2014,(7): 62－69.

[8] 李俊.二维 C/SiC 复合材料的非线性本构关系研究.西安:西北工业大学,2014.

[9] 李龙彪.长纤维增强陶瓷基复合材料疲劳损伤模型与寿命预测.南京:南京航空航天大学,2010.

[10] 赵琳.基于单胞解析模型与渐进损伤分析的复合材料强度预报.哈尔滨:哈尔滨工业大学,2012.

[11] 陆晓华.双轴纤维增强复合材料强度准则研究与双向拉伸试验.南京:南京航空航天大学,2007.

[12] 张文姣.纤维增强复合材料的疲劳损伤模型及分析方法.哈尔滨:哈尔滨工业大学,2015.

[13] 张超,许希武,毛春见.三维编织复合材料渐进损伤模拟及强度预测.复合材料学报,2011, 28(2): 222－230.

[14] 张超,许希武,郭树祥.含界面脱粘三维五向编织复合材料单向拉伸损伤失效机理研究.航空材料学报,2011,(6): 73－80.

[15] 王锟,程起有,郑翔,等.平纹编织 C/SiC 复合材料拉-拉疲劳特性的试验研究.机械强度,2010,32(1): 130－133.

[16] 张行.断裂与损伤力学.北京:北京航空航天大学出版社,2009.

第 10 章

高超声速飞行器结构动强度设计

10.1 概述

先进复合材料是 20 世纪 90 年代出现的一种新材料,与铝合金、钛合金、合金钢一起成为航空航天的四大结构材料,在航空航天结构中获得了广泛的应用。新一代高超声速飞行器作为典型的复杂系统,其性能涉及总体、控制、载荷环境、材料、结构等多个专业领域,受到多方面条件的制约,其中复合材料热结构的强度及可靠性是新一代高超声速飞行器结构设计和使用的关键。高超声速飞行器的研究和发展一直与采用性能优越的新材料密切相关,传统的航天飞行器多采用金属材料作为主承力结构,其在第一代航天飞行器设计中使用广泛,并发展成熟。近年来,先进复合材料的应用,同样也将引起新一代飞行器结构设计的重大技术变革,推动航空航天事业的进一步发展[1,2]。

先进复合材料具有比强度和比模量高、性能可设计和易于整体成型等优异特性,将其用在新一代高超声速飞行器结构上,可明显提高承载、防热等作战要求性能,同金属结构相比能够实现减重。先进复合材料的广泛应用还可推进结构设计技术的进一步发展,如智能结构设计技术等。先进复合材料在新一代高超声速飞行器结构上的应用程度,已成为衡量结构先进性的重要指标。

先进复合材料在高超声速飞行器结构中的应用情况大致可分为三个阶段:第一阶段是应用于结构尺寸较小、外载荷不大的局部件,主要是防热和其他功能性结构,如飞行器端头、舵/翼前缘等;第二阶段是应用于载荷较大、但传力途径相对简单的部件结构,可以实现独立的结构功能,但尺寸规模仍受到一定约束,如舵、翼结构等;第三阶段是应用于具有复杂载荷、复杂结构构造的主承力热结构,已经具备了全尺寸飞行器结构的规模大小和功能。复合材料结构与金属结构存在较大差别,因而复合材料结构设计、分析和验证方法与金属结构在很多方面也不相同[3]。

10.2　先进复合材料结构的性能特点

10.2.1　比强度和比模量

高超声速飞行器结构上使用的主承力复合材料以碳纤维增强的 C/C 和 C/SiC 为代表,具有高的比强度(σ_b/ρ)和比模量(E/ρ),可使飞行器的结构重量大幅减小。

10.2.2　各向异性和可设计性

由纤维预制体编织或铺层成型,再与基体复合形成的复合结构是目前新一代飞行器复合材料结构的主要形式。纤维预制体呈现明显的正交异性(纤维在长度方向和垂直方向的性能相差 1~2 个数量级),可以在不同的方向分配不同比例的纤维,来满足结构在不同方向性能的要求。设计出的结构可以是面内准各向同性,也可以是各向异性的;可以是对称均衡,也可以是非对称非均衡的。这些特点给设计师提供了更为自由的设计空间,如在航空飞行器设计中前掠翼飞机和零热膨胀系数结构可利用复合材料的各向异性和可设计性,来实现创新设计[4,5]。当然,各向异性给结构设计、分析和制造增加了困难,这也是复合材料结构设计的特点之一。

复合材料结构设计分为互相关联的两个层次,即材料设计和结构设计,这是复合材料结构设计的另一特点。复合材料结构各向异性的另一表现为层间性能远低于其面内性能,以及其组分材料——纤维与基体力学性能的巨大差异,使得先进复合材料结构的破坏机理与金属结构完全不同。

10.2.3　损伤、断裂和疲劳行为

各向异性、脆性和非均质性,特别是层间性能远低于面内性能等特点,使复合材料结构的失效机理与金属完全不同,因而它们的损伤、断裂和疲劳性能也有很大的差别。此外,复合材料的生产、加工、运输难免会带来不同程度的孔洞和缺陷。表 10.1 比较了影响复合材料结构与金属结构疲劳和损伤容限的因素。

表 10.1 影响疲劳和损伤容限的因素比较

内　　容		金　　属	复 合 材 料
主要损伤原因		疲劳、腐蚀、应力腐蚀	外来物冲击、制造缺陷
关键损伤类型		裂纹	分层
危险载荷形式		拉伸	压缩
应力-应变行为		有屈服阶段	大多直至破坏仍呈线性
缺口敏感性	静强度	不敏感	相当敏感
	疲劳	非常敏感	不敏感
破坏前损伤的可检性		通常目视可检	目视检测困难
损伤扩展		沿主裂纹扩展,并有规律可循	多种损伤形式扩展,尚无规律可循
静强度和疲劳分散性		小	大

关于主要的缺陷/损伤类型:裂纹是金属结构的主要损伤形式,而复合材料结构的关键缺陷/损伤形式是分层。分层是复合材料结构特有的损伤形式,在生产、加工、装配、运输、试验等环节中,当出现局部层间应力集中时,都可能引起内部分层,而这类损伤的存在和扩展对结构强度和刚度下降的影响是显著的。

关于缺口敏感性:金属一般都有屈服阶段,而复合材料往往直至破坏,其应力-应变曲线仍呈线性,所以复合材料的静强度缺口敏感性远高于金属。但复合材料的疲劳缺口敏感性远低于金属,其疲劳缺口系数(一定循环次数下,无缺口试验件疲劳强度与含缺口试验件疲劳强度之比)远小于静应力集中系数,并且在中长寿命情况下接近于 1。

关于疲劳性能:金属对疲劳一般比较敏感,特别是含缺口结构受拉-拉疲劳时,其疲劳强度会急剧下降,但 C/C 和 C/SiC 复合材料都显示出优良的耐疲劳性能。资料显示[6],在 C/C 和 C/SiC 各向异性的性能指标体系中,对于主要受纤维控制的性能,在拉-拉疲劳下能在最大应力为 80%极限拉伸强度的载荷下经受 10^6 次循环;在拉-压或压-压疲劳下,其疲劳强度会略微降低,但 10^6 次循环对应的疲劳强度一般约为相应静强度的 50%。

关于刚度性能退化:对于金属结构,一般不考虑由于往复加载引起的刚度变化,但对于复合材料结构,尤其是承受高周疲劳的结构,有时需要加以考虑。

关于分散性:C/C 和 C/SiC 复合材料静强度和疲劳强度的分散性均高于金属,疲劳强度尤为突出,因此在对复合材料进行疲劳验证时,除疲劳分散系数外,有时还同时考虑载荷放大系数。

10.2.4　环境影响行为

C/C 和 C/SiC 复合材料的性能对湿热不敏感,除了极高的温度,一般不考虑湿热对材料强度的影响。根据碳纤维复合材料性质,碳纤维在 900℃ 以下的水蒸气中不发生氧化;在 900~1 000℃ 的水蒸气中,由于涂层微裂纹、涂层间隙和开气孔缺陷内水蒸气扩散,形成碳相氧化;在 1 000℃ 以上,C/SiC 表面涂层的微裂纹会闭合,此时碳相氧化是由水蒸气经涂层间隙和开气孔缺陷扩散而产生,C 的氧化速度随温度升高而增加,因而失重率逐渐增大;当温度达到 1 200℃ 以上时,SiC 的氧化速度常数增大,导致 SiO_2 快速生长增厚,涂层间隙内 SiO_2 增厚使得涂层间隙变窄,局部涂层间隙会被 SiO_2 填充,导致 C/SiC 的氧化失重率大幅度降低。表 10.2 给出了 C/SiC 在不同模拟环境因素下的性能演变。

表 10.2　C/SiC 在不同模拟环境因素下的性能演变

单一环境因素		耦合环境因素	
热物理及化学环境参量	性能变化趋势	热物理及化学环境参量	性能变化趋势
氧	<900℃产生较显著下降	氧+水	水减轻由氧导致的下降
水	>900℃产生轻微下降	水+盐	盐加重由水导致的轻微下降
盐	>1 200℃产生轻微下降	氧+盐	盐加重由氧导致的轻微下降
热循环	>700℃、50 次循环后产生轻微下降	氧+水+盐	产生明显下降

10.2.5　影响先进复合材料力学性能的制备技术分析

C/C 和 C/SiC 复合材料经历了多循环的热过程和复杂的物理化学反应,导致了多相、多界面的内部构造,其性能受碳纤维类型、排布方向及含量,基体类型及微观结构,多相界面结合状态及材料内部缺陷等多种因素控制,并受热处理温度制约。

C/C 复合材料是一类能在 2 300℃ 以上使用的超高温工程材料。随着温度的升高,材料内部缺陷微裂纹等发生闭合和钝化,加上材料韧性有所提高,导致材料力学性能相比室温时升高,其模量在 1 800℃ 左右出现峰值,强度在 2 200℃ 左右出现峰值,即使在 2 800℃ 条件下仍能保持较高的拉伸强度,这是其他结构材料所无法比拟的。

1. 细化预制体结构单元对复合材料性能的影响

碳纤维预制体成型技术是 C/C 和 C/SiC 复合材料的增强骨架和基础，也是实现其性能可设计性的第一要素。相关研究结果表明：第一，针刺 C/C、径编 C/C、穿刺 C/C 复合材料的细化预制体结构单元，对 C/C 复合材料的力学、热学性能彰显出显著影响。其中针刺 6K 碳布/网胎准三向预制体与针刺 12K 碳布/网胎准三向预制体相比，在碳纤维体积含量、C/C 复合材料密度、双元碳基体含量、高温处理温度完全相同的状态下，其拉伸、弯曲、压缩、层间剪切强度及导热系数（平行方向）分别提高了 38%、32.2%、32.8%、38.9% 及 21%。其原因是 6K 碳布比 12K 碳布更薄，与碳基体的界面结合更充分，其表征为碳纤维与碳基体界面结合状态的层间剪切强度提高了 38.9%；针刺 6K 碳布/网胎的层间密度为 17 层/厘米，比针刺 12K 碳布/网胎的层间密度 14 层/厘米，层间密度提高了 21%，在单位截面内连续碳纤维的含量更高，因此力学和热学性能获得提高。

2. 碳基体优化组合匹配技术对 C/C 复合材料性能的影响

碳基体是影响 C/C 复合材料性能的第二要素，起固结碳纤维增强体、传递载荷的作用，也是 C/C 复合材料的核心技术。通常碳基体类型有热解碳、沥青碳、树脂碳三类。热解碳基体具有最佳的抗烧蚀和摩擦磨损性能，是一种优质碳基体；沥青碳属于层状结构的软碳，具有最高的密度、石墨化度、导热系数；而树脂碳属于较难石墨化的硬碳。可根据材料功能需求进行设计，调整各相碳基体比例、优化组合，充分发挥碳基体的传递效能。结果表明：第一，针刺 C/C、穿刺 C/C 复合材料的碳基体优化组合匹配技术，对 C/C 复合材料的力学、热学性能彰显出显著影响；第二，针刺 C/C 复合材料刹车盘的碳基体匹配技术，对其高能载刹车时的摩擦系数和使用寿命彰显出显著影响；第三，针刺 C/C 复合材料发热体、隔热罩的碳基体优化组合匹配技术，对其抗腐蚀和使用寿命彰显出显著影响。

3. 织物成型

预成型构件的加工主要有软编、硬编、软硬混编三种，包括干纱编织、织物穿刺、预渍纤维束组排、纤维缠绕以及多维整体编织等。

多向 C/SiC 和 C/C 复合材料的制造工艺十分复杂，首先用碳纤维束编织成预成型件，例如三向复合材料是由高模量碳纤维在三个正交方向编织成预成型件，三个方向的纤维束所含的纤维根数之比可以根据三向 C/SiC 和 C/C 复合材料所需的性能来设计。目前国内常用的碳纤维类型为 T300 和 T800，由此两种碳纤维分别制备的正交三向 C/C 复合材料的性能见表 10.3。

表 10.3　由 T300 和 T800 分别制备出的正交三向 C/C 复合材料的性能比较(供参考)

性 能 项 目	单 位	T300 实测值	T800 实测值
xy 向常温拉伸模量	MPa	112	113
xy 向常温拉伸强度	MPa	281	381
z 向常温拉伸模量	MPa	40.8	55.1
z 向常温拉伸强度	MPa	134	>157
xy 向常温拉伸断裂应变	%	0.33	0.52
z 向常温拉伸断裂应变	%	0.32	>0.29
xy 向常温抗压强度	MPa	180	150
z 向常温抗压强度	MPa	230	255
xy 向平均线膨胀系数(常温~900℃)	$10^{-6}/℃$	0.33	0.41
z 向平均线膨胀系数(常温~900℃)	$10^{-6}/℃$	0.88	/
体积密度	g/cm³	1.95	1.95
常温 xy 面内剪切模量	GPa	4.62	4.34
常温 xy 面内剪切强度	MPa	25.1	27.5
常温层间剪切强度	MPa	12.2	14.7

4. 三向结构

三向结构 C/SiC 和 C/C 复合材料主要有碳布穿刺、三向铺纱以及正交三向等结构,材料平面方向主要为碳布平面或 x、y 向碳纤维 0°/90°交替铺层,z 向为纤维置换方向。图 10.1 为穿刺类三向织物成型示意图。将一定尺寸的钢针按

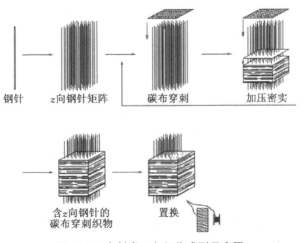

钢针　　z向钢针矩阵　　碳布穿刺　　加压密实

含z向钢针的碳布穿刺织物　　置换

图 10.1　穿刺类三向织物成型示意图

照一定的 z 向纤维间距(0.9~2.4 mm)形成矩阵,然后把碳布裁剪成一定尺寸进行穿刺,通常每铺 3~5 层进行加压密实,在碳布铺层达到要求的厚度时,用碳纤维置换掉钢针矩阵形成织物。

三向铺纱与碳布穿刺结构最明显的区别为平面方向采用碳纤维来代替碳布,通常采用单束或多束合股碳纤维以 0°/90° 交替铺层。为满足或提高某一方面的性能,可对纤维铺层方向进行调整。碳布穿刺织物结构在成型时部分纤维被刺断,会影响材料性能,但制备周期较短;三向铺纱结构纤维完整性较好,但制备周期较长。

10.3 先进复合材料结构强度设计与验证方法基础

先进复合材料在航空、航天飞行器上应用的实践表明,飞行器结构的设计和评定主要通过结构选材、确定设计许用值、结构选型和结构细节设计、工艺筛选、质量保证以及采用"积木式"研制与验证试验等措施来实现[7-9]。

10.3.1 设计方法的基本步骤

设计步骤可基本概括为以下 5 步。

第 1 步为结构选材。除了考虑基本性能、工艺性和成本因素外,根据结构的设计要求,还需要考虑材料体系的性能尺度效应、损伤容限和韧性性能(如冲击后压缩强度等)及最高使用温度等因素。

第 2 步为确定设计许用值。针对热结构典型框、梁和蒙皮的结构构型,通过试验确定设计许用值,包括基本性能、冲击后压缩破坏性能、开孔拉伸等应力集中条件下的性能以及连接许用值,同时还要考虑温度特性和性能分散性,必要时还应给出有关的疲劳性能。

第 3 步是结构选型和细节设计。根据结构设计要求和约束条件,包括外形和外部载荷条件等,选择适当的结构形式。必要时,需要进行结构选型试验,以确定最佳的结构形式。一般情况下,细节设计时应特别注意避免结构受到面外载荷,对于开口补强的设计应谨慎。此外,还应考虑损伤带来的维护和互换问题。

第 4 步是典型结构件和全尺寸结构件的验证试验。即由简单到复杂,通过"积木式"设计验证试验方法,分阶段验证所选择的关键部位结构形式能否满足设计要求。

　　第 5 步是全尺寸飞行器热结构的地面考核试验。通过模拟真实环境的地面试验考核,验证整体结构是否满足结构完整性和可靠性要求。

10.3.2　"积木式"设计验证试验方法基础

　　先进复合材料结构目前还缺乏成熟的分析方法和足够的设计与使用经验[10],为保证其结构可靠性和完整性,比金属结构更依赖于试样、元件、细节件、部段结构件、全尺寸整体结构等多个层次的"积木式"验证试验。多层次试验验证可使缺乏经验难以处理的结构技术难点,在低层次上通过试验研究得到解决和验证。这样既可确保费用昂贵的全尺寸试验验证顺利通过,又能尽可能少地付出试验件代价、降低验证周期。

　　"积木式"验证也有助于使复杂的环境效应在较低层次上得到验证,避免增加全尺寸结构试验的复杂性。特别是对于复合材料连接、接头、复合材料/金属搭接局部以及舵轴等主传力位置,有时必须在典型元件和部段结构等低层次试验中,完成对结构强度、损伤容限和耐久性的验证。全尺寸试验验证内容可能并不完整,但"积木式"验证试验的总体必须是完整的。

　　"积木式"设计验证试验的内容一般包括:

　　(1)用试样或典型元件进行确定许用值的试验。为了获得有意义的统计数据,必须进行足够件数的重复试验。在安排许用值试验计划时,应结合飞行器使用过程中使用温度、载荷类型的包络,并提供每一种预期可能出现的失效模式的许用值。

　　(2)在飞行器结构设计/分析的基础上选取试验验证的关键区域,对每一选定的区域确定其可能发生的最危险强度失效模式,并确定产生这种失效模式的温度相关性。设计和分析验证应特别注意由于面外载荷、连接/组合环节、应力集中等可能潜在的应力薄弱环节。试验应采用最低强度失效模式对应的温度条件,即采用最为恶劣的温度条件进行试验。

　　(3)针对设计方案和单一失效模式进行元件级试验。开始时试验件形式应简单化,之后逐步增加试验件的复杂程度。提前破坏或未预计到的失效模式均表明在设计和分析方面存在缺陷,因此,应在进行下一更为复杂试验件的试验之前进行修改。如果在某种试验件试验中观察到混合型失效模式,则需做更多的试验来确定最危险的失效模式和对应的平均强度或平均寿命。图 10.2 说明了这种"积木式"设计验证试验方法的试验流程。

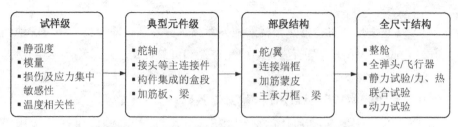

图10.2 "积木式"设计验证试验方法的试验流程

10.3.3 并行工程的设计方法

由于新一代飞行器的性能指标越来越高,热结构从研制到使用的费用越来越高,周期也越来越长。在计算机技术、信息集成化和信息网络传递高速发展的今天,并行工程方法具有巨大的意义和潜力。并行工程是指应用系统工程的原理和管理方法,并利用集成的计算机环境而建立的一种新发展的系统工程研制模式和工作模式——并行运行方式。

在对产品的研制、开发和设计的过程中引入一种新的理念和机制,即在上述的全过程中全面加强人与人之间的合作,充分利用高度发展的计算机辅助工具和技术集成以及信息集成系统,做到信息共享、信息交流,使开发和设计人员能大量采用集成技术,及时地完成产品及其工程的设计和评价,从而显著改善产品的设计质量和缩短研制周期。

新一代航天飞行器复合材料热结构研制中的并行工程应主要做到以下3点:

(1) 综合设计,即在初步研制阶段(即方案论证阶段)就对全寿命周期中的设计、生产、使用、维护等各阶段要素进行全面、综合的权衡考虑。

(2) 全过程有关人员的协同研究,即从研制开始就要求全寿命周期过程中各个时期、各个专业的人员协同工作。包括设计、分析、生产制造、材料工艺、维护、用户在内的各有关人员在整个过程中保持联系,建立多学科、跨专业的联合工作集体,多个工作过程协同进行,以便对产品及其过程实行集成的并行设计。在设计、研制过程中根据各方的意见和结果,持续性地改进产品。

(3) 并行研制设计,即将并行工程中的多个方面平行地开展工作,以提高效率、缩短研制周期。

10.4　热结构静/动强度设计要求与原则

新一代飞行器热结构设计与普通金属结构设计相比,在材料性能、失效模式、制造工艺、耐久性、损伤容限、质量控制等方面具有较大差异和自身特点,因此在参考和满足一般金属结构的飞行器结构设计规范的前提下,还需要满足以下各方面要求。

10.4.1　热结构力学设计的一般性要求

在进行部段和全尺寸结构的静强度分析和试验验证时,应保证在使用载荷作用下结构不产生有害的变形、损伤和局部失稳,在设计载荷作用下结构不出现总体破坏;先进复合材料结构的安全水平不能低于同类金属结构,在使用载荷下有足够的强度和刚度,在设计载荷下安全裕度应大于1;全尺寸结构采用"积木式"设计验证时,试样、典型元件和部段结构都必须经过试验验证。若验证试验表明具有较大的余量,则全尺寸结构可通过在此基础上的分析来验证;当结构使用温度范围较宽时,设计和试验验证必须考虑复合材料的温度及氧化损伤效应。设计许用值和弹性常数均需要选用对应温度区段的典型值;为保证含缺陷结构在规定的使用条件下具有足够的使用强度,应考虑初始缺陷和使用损伤条件下的损伤容限设计;若允许在次承力位置发生结构局部破坏,则应对整体结构进行剩余强度设计校验。

10.4.2　热结构的动力学设计要求

1. 热结构动力学设计需要考虑的因素

对于承受动力学环境较为严酷的复合材料结构,必须进行动力学设计,一般包括频率控制设计原则、响应控制原则以及噪声寿命要求等。由于复合材料结构的动特性、动响应和疲劳寿命性能均与材料的方向性、纤维织物构造等工艺密切相关,必须选择合理的材料设计和结构设计、织物编织在不同方向合理的百分比、合理的结构形式和结构布局,以确保结构在正常使用条件下能避开外激励频率的共振区、钟乳区,将最大响应控制在限制值内,并符合响应疲劳寿命要求,以避免在使用条件下发生由振动、噪声引起的结构性能退化和失效等事件。

2. 热结构动力学设计的分析要求

复合材料结构动力分析是动力学设计的基础,主要包括动特性分析、动载荷与动响应分析、结构敏感度分析、动力学优化分析、动强度与疲劳损伤分析等。通过分析并根据动力学设计要求合理选择材料工艺形式、结构形式和结构布局,提高飞行器热结构的动力学水平。

要注意复合材料结构的阻尼响应远大于金属结构,并与材料工艺参数密切相关。在分析中应将其处理成非对称阻尼刚度矩阵,阻尼力与位移成正比,与黏性阻尼处理方式不同,必须对这些区别加以重视。

3. 热结构动力学设计的验证要求

应完成复合材料热结构在满足全飞行环境条件下振动、噪声、冲击以及颤振的环境预示及相关的动力学验证。

(1)结构的动特性验证。包括对热结构整体及舵、翼等部件结构的振动频率、振型、模态及阻尼的预测与分析,并与外界激励频率进行比较,验证其频率储备。

验证之前需测试复合材料的动模量及模态、阻尼,通常取结构前 3 阶模态或 100 Hz 频率范围内的平均值。应考虑材料特性等相关参数以及温度效应对振动特性的影响。

(2)结构的动响应与动强度验证。应包括动载荷的确定与分类,典型元件、舱段及全尺寸结构的动响应与动强度验证。

对于动载荷的分类及其识别,确定型载荷可分为:周期性载荷、非周期性载荷和瞬态突变载荷。非确定型载荷可分为:平稳随机载荷和非平稳随机载荷。而载荷识别可用直接测量法或通过响应间接分析法进行。动强度验证的方法可参照动响应验证,即通过响应的监测和分析,判断是否满足动强度要求。

(3)结构的颤振验证。全弹飞行器和翼、舵等部件结构以及大跨度薄蒙皮局部,其分析和试验均应满足相关的气动弹性要求,并且应根据地面模态试验获得的频率、振型、阻尼结果进行计算修正,以给出结构的颤振特性结论。分析时应计及高温环境对材料参数和结构刚度的影响。

(4)噪声环境及疲劳寿命验证。噪声环境预测包括谱的类型、1/3 倍频程声压级和谱中各离散分量的频率,需考虑各种声源对热结构噪声环境的影响,根据飞行任务剖面来确定噪声试验的持续时间。

噪声环境下的疲劳寿命验证应在全尺寸结构或典型部件结构上进行。由噪声试验结果确定安全使用寿命时,选取的分散系数应不低于 2,声压级应高于预估值 3.5 dB。

10.4.3　热结构静/动强度设计的选材要求

（1）先进复合材料在满足结构完整性要求下应尽可能考虑经济性原则,其成本包括 3 方面内容：材料成本、工艺成本(指工艺适应性、对辅助材料的要求、设备要求等)和维修性/互换性成本。

（2）所选材料应满足结构使用环境,尤其是高温和氧化使用环境要求,即材料使用温度应高于结构最高工作温度,在最严酷的工作环境和温度条件(如高温、氧化)下,其力学和物理性能不会有明显下降,且在长期环境下性能稳定。

（3）在满足使用要求的前提下,尽量选用已具有使用经验的材料,并有可靠且稳定的供应渠道。

（4）所选材料应具有良好的工艺性(材料生产和成型工艺性、机械加工性、可修补性等)。

（5）所选材料应满足结构特殊性要求,如电磁性能要求、与其他材料的匹配性要求等。

10.5　热结构动强度设计分析原则

10.5.1　动强度设计分析需求与发展

结构动力学设计技术的发展,是由被动的结构动力学设计发展为主动的结构动力学设计。过去由于飞行器结构按静强度概念进行结构设计,在设计阶段一般不对飞行器可能出现的振动问题做出预估分析,也不采取相应的抗振、减振措施,直到在进行振动地面试验后,才能对振动量值过大或振动故障进行排振处理。另外,由于不考虑振动、噪声环境下的动强度问题,至今还缺乏对动强度破坏机理、判断准则和分析方法的积累,往往只能是在静强度的基础上进一步增加余量。

被动的结构动力学设计既浪费人力物力、降低结构效率,又延误飞行器的研制周期。为提高飞行器结构的设计水平,必须在新一代高超声速飞行器的设计阶段进行主动的结构动力学设计。

先进复合材料较常规金属材料具有更好的比强度和比刚度性能,而采用热结构的防热/承载一体化设计技术使其不再具有防热层、一般是大跨度薄蒙皮的结构形式,这些特点对结构的动力学问题,尤其是噪声激励下的动响应和动强度提出了更高的设计要求。复合材料的可设计性带来了结构频率优化设计和响应优化设计的复杂性。

复合材料的结构动力学设计与传统金属结构动力学设计的技术基本相同,但它需要从纤维构造等材料设计入手,同时满足整体结构的动强度水平和局部细节的动应力水平。完整地进行结构动力学设计,应进行如图10.3所示的系列设计。

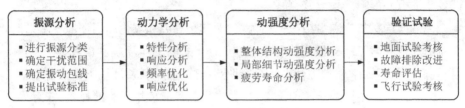

图 10.3　结构动力学设计的流程

10.5.2　结构动力学设计原则

1. 频率优化设计原则

这是复合材料结构的总体布局在结构动态特性方面最重要的设计要求,其基本设计原则是通过合理的结构布局以及有关材料、纤维和阻尼的参数设计,使结构本身的低阶固有频率及其倍频避开作用在该结构上的外载荷的基本频率及其倍频,保证结构在动载荷作用下不产生过大的动载荷放大,满足结构动强度要求。

1) 结构固有频率储备的设计原则

该设计原则要求结构本身的低阶固有频率及其倍频避开干扰频率的共振区域,这就要求根据外载荷的频率特性进行复合材料结构设计,以保证结构有足够的频率储备。

在对外载荷进行频率特性分析时,考虑作用在结构上的载荷可分为确定型载荷和非确定型载荷。对于确定型稳态振源,通过理论分析、载荷识别或实际测量等方法,确定出该振源的干扰圆频率 ω_f。

在固有频率分析时,首先应进行飞行器整体结构的频率特性分析,获得固有频率 ω_0。对于相对独立的部件结构如舵、翼等,以及框、梁跨距之间的薄壳蒙皮,还需要采用工程方法或数值模型进行局部分析,获得局部固有频率 ω_0。

由此即可进行避开共振区的设计,由干扰圆频率 ω_f 和固有频率 ω_0,确定其频率比为

$$\beta = \omega_f / \omega_0 \tag{10.1}$$

按照图 10.4 所示的曲线避开共振区,即可使结构有足够的频率储备,图中 ε 为结构的阻尼系数。按照设计规范应保证动力放大系数 DAC $\leqslant$ 1,这样就需要满足 $\beta \geqslant 2.0$。如果不满足此要求,应首先考虑增加结构刚度等改变结构固有频率的措施。

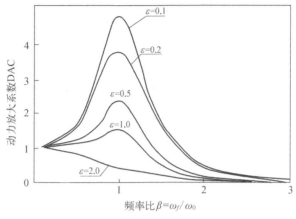

图 10.4　结构共振区示意图

2）结构钟乳频带区的设计原则

复合材料结构对振动、噪声载荷以及瞬态冲击载荷的动响应量值,是与其动特性密切相关的。

为减小结构对稳态随机载荷以及瞬态冲击载荷的动响应值,材料结构设计时应注意采用合理的纤维设计方案,避开结构动响应值的钟乳区。首先按照材料的正交各向异性构造来计算结构的固有频率,然后进行冲击响应分析、随机振动激励的动响应分析和噪声激励的动响应分析,获得结构的频率与动响应值的关系曲线。在选取材料及结构的设计方案时,不一定要追求稳态激励下动响应的谷值区,因为该区域可能恰好为瞬态激励下动响应的峰值区。综合考虑各条关系曲线,应将各种动响应控制在相当的水平以下,即得到结构动响应的钟乳形曲线,形成结构钟乳频带区。而改变结构设计的宏观参数以及材料设计的细观参数,均可以改变钟乳带曲线图的分布形态。复合材料设计选取时,应综合考虑各条曲线的谷值和峰值效应,如图 10.5 所示,选取固有频率为 60 Hz 或 80 Hz 的设计方案为宜。

2. 动力学响应优化的设计原则

这是复合材料结构的总体布局在结构动响应方面最重要的设计要求。响应优化设计的原则是通过合理的宏观结构设计和细观材料设计,使结构总体在动

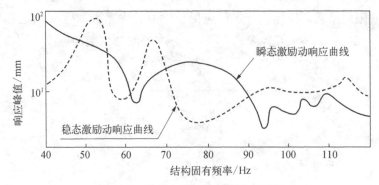

图 10.5 结构分析获得的钟乳频带区

载荷作用下不产生明显的动载荷放大,满足其动强度要求。

因此,在结构设计时同样需要按照匹配曲线的设计原则,对结构进行严格的参数设计,计算结构在各种动载荷激励下的动响应谱,使响应发生在较低的谷值响应区,主要的步骤为:结构系统建模、确定动力学环境条件、振动/噪声响应分析、冲击响应分析,然后根据分析数据获得匹配曲线。匹配曲线是指结构响应与激励频率/结构固有频率的比值曲线,如图 10.6 所示,谷值的 A 区和 B 区分别为"柔性"和"刚性"结构的最佳匹配区域。

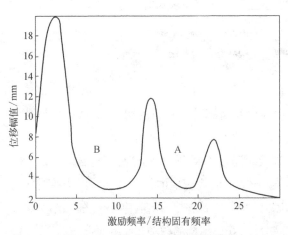

图 10.6 结构的动响应匹配曲线

对于先进复合材料,由于其脆性特性和许用应变值相对较小,对于结构响应除了加速度数据外,还需要关注位移和应变数据。

应用残余响应谱图的设计原则:该优化设计原则是依托结构的动态特性进行响应控制的一般原则,也是用动力响应中的残余响应谱图来控制动响应量值的优化设计准则,并未涉及材料的动应力水平。

结构在瞬态外载荷的作用下,将产生瞬时激励的响应谱值;当外载荷作用结束后,结构还将继续产生残余的响应谱值。对于固有圆频率为 ω_0 的结构,载荷峰值为 P、半带宽为 D 的正弦载荷 F 可表示为

$$F = P\sin(\pi t/D) \tag{10.2}$$

在其作用下,其残余响应 ν 为

$$\frac{\nu}{P} = \frac{1}{FD} \frac{1}{(1/2\omega_0 D)^2 - 1}\sin(2\pi\omega_0 D) \tag{10.3}$$

按照式(10.3)即可绘制出残余响应谱图曲线。由此即可采用动力响应中的残余响应谱图来控制动响应量值。实际使用时应考虑响应的叠加值问题,即要求严格控制结构的固有频率,应用残余响应谱图的低值控制响应叠加值,使其残余谱处于低值的状态,以实现控制响应的目的。为此,设计过程中应优化结构固有频率,使其变化到能控制响应的最佳设计状态。优化结构固有频率时最初考虑单值优化,即首先满足一阶固有频率的低残余谱值的优化设计,随后再进一步推广到多阶固有频率的低残余谱值的优化设计。

3. 动强度及疲劳寿命的设计原则

动强度设计由于理论尚不成熟,相关的研究还在探索中。目前能给出的基本原则为:

(1)一次性破坏原则。对于动载荷与静载荷的叠加情况,在设计载荷工况下不发生一次性破坏,即:(静载荷+动载荷)$|_{设计} \leqslant \sigma_b$;在使用载荷工况下不发生有害性屈曲,即:(静载荷+动载荷)$|_{使用} \leqslant \sigma_{0.2}$。

(2)振动、噪声作用下的疲劳破坏设计原则。用预计振动、噪声环境1.5倍的水平,叠加使用条件下的静载荷、热载荷进行疲劳寿命预估,当预计的疲劳寿命值小于飞行器的规定要求时,则应进行结构件相应的研制试验,以验证结构具有分散系数为2的使用寿命。之后,可持续试验到分散系数为4的使用寿命,或直至发生不可恢复的破坏。

(3)结构能量判断原则。能量判别目前只是定性提出,尚无成熟的定量判别的方法。关于能量判别原则,一方面是瞬态动载荷问题,此时由于应变率比静态应变率高数个量级,已不能采用准静态弹塑性力学或断裂力学的基础进行分析,而必须考虑动态屈服准则,即考虑在高频载荷如冲击条件下存在的弹性变形和屈服极限增加的现象。另一方面是强随机/循环动载荷问题,即低周期动载荷问题。对此类问题,较有前途的研究途径是采用结构能量判断或应变能密度判断的方法。可供借鉴的分析思路为:动强度破坏与外界输入功 $\tilde{W}$ 和材料耗散功 W_0 的比例分配有关,即存在一个阈值,当 $\tilde{W} - W_0 \leqslant 0$ 时,结构一般不出现低周破坏;而 $\tilde{W} - W_0 > 0$ 时,虽然结构受到的应力值可能远小于拉伸、剪切受载下的材料静强度,但由于能量累积将迅速发生破坏,而这过程中的每一次时间历程迭代还伴随着相应的材料力学性能损伤和衰减,当损伤和衰减到一定程度时,则发生宏观的结构动强度破坏。W_0 应是与静强度或 σ-ε 面积有关的量值。

(4) 避免动应力过大或应力集中的设计原则。① 结构形式:当其他条件相同时,采用整体成型等结构形式刚度大、连接部位和间隙相对较少,孔缝类的应力集中因素相应也少,故它们的抗振动、噪声的疲劳性能好,但缺点是对结构设计和工艺的要求太高,不适宜复合材料的成型工艺。目前常用的蒙皮与筋条的螺接与铆接方法,会带来孔边的应力集中,螺钉和铆钉连接件本身性能也相对较低,故结构抗振动、噪声疲劳的能力也较低。随着蒙皮厚度的增加、曲率半径的减小和筋条间距的减小,振动、噪声疲劳寿命也相应增大,在设计时应综合考虑这些因素。② 工艺方法:加工和连接过程中应尽量避免加工应力和装配应力。壁板边缘与其他结构的连接,其安装松紧程度和连接方式对振动、噪声环境下的疲劳性能影响也很大,此外在连接处还要尽量避免刚度突变,以避免引起较大的局部应力。在蒙皮上进行加筋处理时,采用双排对称放置的 L 型筋条或采用 T 型筋条以消除偏心距的影响,能够比有偏心距的 L 型或 Z 型加筋具有更好的动力学效果。凸头螺栓不仅具有更大的拉脱静强度,而且具有更好的抗振动、噪声强度。一般而言,沉头越深,抗振动、噪声强度越低。

10.6 高超声速飞行器结构力学特性的阻尼设计方法

1. 阻尼技术

应用阻尼技术解决结构振动、噪声疲劳强度破坏问题的原理是:破坏产生的时间与所承受的响应量值(加速度或谱密度)一般成指数形式的反比关系,如式(10.4)所示:

$$\left(\frac{A_1}{A_2}\right)^K = \frac{T_2}{T_1} \tag{10.4}$$

式中,A_1、T_1——结构未经阻尼处理承受振动、噪声时的响应量值和破坏时间;

A_2、T_2——结构经过阻尼处理后承受振动、噪声时的响应量值和破坏时间。

要解决结构振动、噪声环境疲劳强度破坏问题就是要使得结构在时间 T_2 内不出现破坏,这里 T_2 指飞行全剖面环境下的使用寿命。式中参数 K 是相应部段或构件的振动疲劳 S-N 曲线斜率的负倒数值,一般可通过试验数据得到。参考一般金属材料,

铝材的振动疲劳 *S-N* 曲线试验得出的数据为：随机振动 *K* = 3.743，正弦振动 *K* = 4.814。而美军标 *MIL-STD*-810 给出的 *K* 值为：随机振动 *K* = 4，正弦振动 *K* = 6。可见如果将产生裂纹的随机振动应力谱密度降低50%，则裂纹产生的时间将延迟16倍，降低75%延迟大于200倍。因此，对于一般的先进复合材料热结构部段，采用阻尼技术完全可能将危险点的动响应应力降低很多，提高动强度水平。

2. 减（隔）振技术

气动脉动压力及发动机等激励源如果和结构的某些局部固有频率相耦合，就有可能发生共振疲劳破坏，因此需要加装隔振装置或缓冲器。对于一些复杂的结构或振源情况，还需要考虑同时采用多种振动控制技术，例如，主动控制技术与被动阻尼附加技术同时采用。阻尼附加技术包括单级减振措施和同时采用二级减振措施等。

10.7　高超声速飞行器结构的渐进损伤及动强度分析方法

目前，随机激励条件下复合材料强度的分析方法主要有连续损伤力学方法、疲劳方法、多尺度分析方法等。以下对部分常用的复合材料动强度分析方法和相应的动强度设计流程进行介绍。

10.7.1　动强度设计分析的连续损伤力学方法

连续损伤力学方法基于唯象理论和不可逆热力学理论建立针对材料内部损伤状态的损伤变量，通过建立复合材料失效准则，对材料的损伤进行判断，然后使用损伤变量对材料的属性进行折减，即损伤的扩展，在损伤达到临界值时，复合材料结构中对应的单元失效。连续损伤力学方法有一定假设，并不是完全基于材料失效机理的。

我国西北工业大学潘文革等[11]基于塑性理论和损伤力学理论建立了2D-C/SiC 材料的本构关系。复合材料的失效准则经过多年的发展，从最大应力-应变准则，发展到蔡-吴、蔡-希尔等不区分失效模式的失效准则，再发展到 Hashin、LaRC04 和 Puck 等区分复合材料失效模式的失效准则。美国西北大学[12]根据树脂基复合材料的基体率效应发展了考虑应变率的复合材料失效分析方法。复合材料性能的退化方式可以根据材料的失效模式及试验结果选择相应的退化参数，分为瞬间退化模型和渐进损伤退化模型。渐进损伤退化模型和模型中某些变量有关，如断裂能量、应变等。总结以上方法及研究成果，形成了渐进损伤

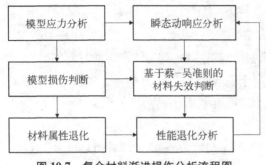

图 10.7　复合材料渐进损伤分析流程图

的基本分析流程,如图 10.7 所示。

10.7.2　动强度设计分析的多尺度分析方法

采用多尺度方法可以基于组分性能和微观结构对复合材料的强度性能进行预测,多尺度方法按照对微观结构模型进行处理的种类可以分为解析法、半解析法和数值方法(如 FE^2 方法)。

解析法便于进行材料弹性参数的预测,如 Mori-Tanaka 方法。虽然这种方法可以使用割线模量法来考虑材料的非线性,但是没有考虑到材料微结构的应力集中,因此不适合用于强度分析,也不适于考虑材料非线性行为。数值方法可以准确分析组分响应,进行材料的失效分析,但是这种方法的计算量很大,不适用于大型复合材料结构。随着计算机硬件技术的快速发展,目前也有了许多使用 FE^2 模型对复合材料结构进行多尺度强度分析的研究。采用半解析这类方法具有一定的数值模型响应分析精度以及较高的计算效率,更便于进行典型件的强度分析,如细化单胞模型。细化单胞模型现广泛应用于复合材料的多尺度损伤失效分析,但是随着单胞模型的复杂程度增加,分析的计算量会大量增加。目前,一些采用这种方法的细观条件下强度分析[13]都取得了较好的结果。

复合材料在静态和动态载荷作用下的损伤和动强度分析是十分复杂的,在损伤和动强度计算模型中必须对复合材料的力学行为进行精确的描述。文献[14]给出一种可行的方法是从应变等效性假设出发,通过分析和描述动载荷过程中刚度和应变的演化规律,提出能够描述材料损伤演化过程的、以应变定义并反映材料在动态过程中本构关系变化的损伤因子,从而建立起考虑残余应变刚度下降的复合材料损伤模型,通过损伤累积和疲劳寿命作为参量来确定复合材料的动强度。以单向 C/SiC 复合材料为具体算例,就是在分析模型中先基于编织复合材料的细观结构,采用相应的破坏准则来分别预测纤维束的破坏和基体的破坏,获得动载荷下单向复合材料的剩余强度。然后进一步建立考虑纤维束强度分散性的预测方法,对材料的疲劳寿命和动强度预测结果进行修正。

10.7.3　连接结构的结构损伤分析方法

复合材料连接界面的失效一般使用内聚力单元对有限连接界面进行仿真分

析。内聚力单元使用力-位移关系对本构关系进行描述,主要的参数包括失效位移、损伤起始位移、失效强度及断裂能量。对于双折线型模型,只需要三个参数即可确定另外一个。

复合材料的螺栓连接的强度可以使用点应力、平均应力方法进行失效的判断,但是这种方法仅适用于脆性的断裂模式,且需要根据试验的结果确定特征尺寸。Camanho[15] 发展了一种基于应力和应变的失效准则进行含孔复合材料的强度判断。这种模型不需要根据不同的孔径尺寸和试验尺寸对模型进行校正。使用渐进损伤力学方法也可以对含孔复合材料进行渐进损伤分析,从而确定含孔复合材料结构的强度。

10.7.4　热结构研制路线及动强度相关设计流程

参考飞机结构设计等相关资料[16],国内相关的生产和设计单位提出了适用于不同阶段的先进复合材料飞行器 C/SiC 热结构产品的研制路线。针对构件集成式的大型薄壁热结构,多加筋薄板是满足噪声环境、具备热结构设计要素的最为典型的结构件。因此基于以往热结构的设计经验,在完成单板、单梁试验件之后进行多加筋薄板的试验件研制,进一步验证组合结构的工艺成型能力和力学性能。

试验件采用 2D 叠层缝合结构纤维预制体、CVI 技术制备 SiC 基体,采用 CVI 在线连接技术进行组合、C/SiC 铆钉进行连接的方案研制。首先进行工艺符合设计,完成后设计相关模具并制造,然后依据工艺路线进行研制。

典型的工艺路线以及产品研制路线示意图如图 10.8 和图 10.9 所示,薄壁加筋壁板的工艺符合设计如图 10.10 所示,试验件实物如图 10.11 所示。以薄壁加筋壁板作为典型试验件对象,开展动强度相关设计,具体内容如本章的前面各节所述,设计流程如图 10.12 所示。

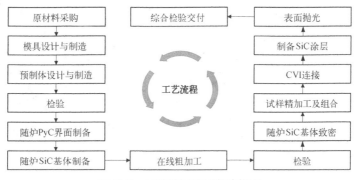

图 10.8　加筋壁板的工艺路线图

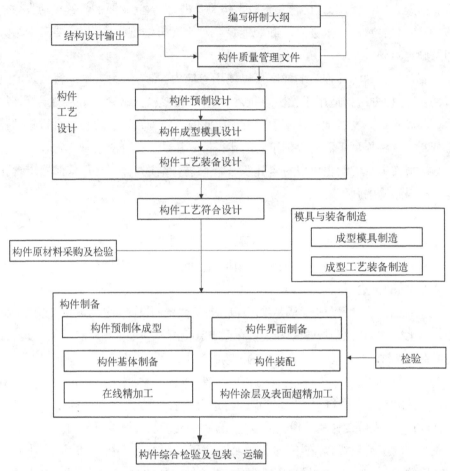

图 10.9　飞行器热结构产品研制路线

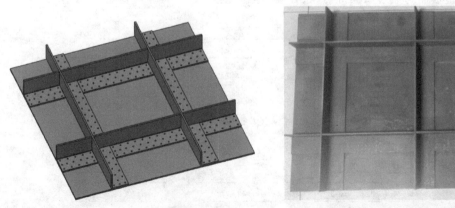

图 10.10　加筋壁板的工艺符合设计　　　　图 10.11　加筋壁板的试验件实物

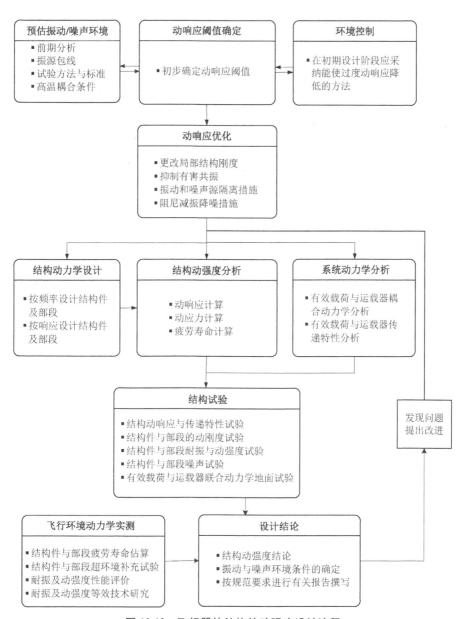

图 10.12　飞行器热结构的动强度设计流程

10.8　小结

由于严酷的气动力、热、噪声等复合飞行环境,高超声速飞行器往往采用高温复合材料热结构设计思路,动强度是热结构设计的重要支撑专业领域,起到了重要的作用。

　　针对高超声速飞行器结构的动强度问题,本章首先总结了先进复合材料结构的结构性能特点,其次阐述了先进复合材料结构强度设计与验证方法,分析了先进复合材料热结构静/动强度设计要求和原则,最后以 C/SiC 典型薄壁加筋板为例,提出了高超声速飞行器热结构研制路线及动强度相关设计流程,初步形成了高超声速飞行器结构动强度设计的包络。

参考文献

[1] 杜善义.先进复合材料与航空航天.复合材料学报,2007,24(1): 1 - 12.

[2] 张立同,成来飞.连续纤维增韧陶瓷基复合材料可持续发展战略探索.复合材料学报,2007,24(2): 1 - 6.

[3] 谭志勇,闵昌万,龙丽平.先进复合材料的结构动力学设计与分析技术探讨.强度与环境,2011,38(3): 24 - 28.

[4] Niu M C Y. Composite aircraft structures. Hong Kong: Cinmilit Press Ltd, 1992.

[5] Krenkel W. Carbon fiber reinforced CMC for high-performance structures. International Journal of Applied Ceramic Technology, 2004, 1(2): 188 - 200.

[6] 王三平,熊峻江,刘洪天,等.复合材料疲劳定寿方法研究.直升机技术,2000,(4): 1 - 7.

[7] 张俊华,盛祖铭,孙继桐.导弹与运载火箭复合材料结构设计指南.北京: 宇航出版社,1999.

[8] 中国航空研究院.复合材料结构设计手册.北京: 航空工业出版社,2001.

[9] 赵丽滨,徐吉峰.先进复合材料连接结构分析方法.北京: 北京航空航天大学出版社,2015.

[10] 黄争鸣,张华山.纤维增强复合材料强度理论的研究现状与发展趋势——“破坏分析奥运会”评估综述.力学进展,2007,37(1): 80 - 98.

[11] 潘文革,矫桂琼,管国阳,等.三维编织 C_f/SiC 复合材料的拉伸破坏行为.硅酸盐学报,2005,33(2): 160 - 163.

[12] Wirsching P H, Torng T Y, Martin W S. Advanced fatigue reliability analysis. International Journal of Fatigue, 1991, 13(5): 389 - 394.

[13] 曾翔龙,王奇志,苏飞.含缺陷 C/SiC 平纹机织复合材料拉伸力学行为数值模拟.航空材料学报,2017,37(4): 61 - 68.

[14] 齐红宇,温卫东,孙联文.基于刚度下降的疲劳累积损伤模型的研究.北京航空航天大学学报,2004,30(12): 1200 - 1203.

[15] Camanho P P, Ercin G H, Catalanotti S, et al. A finite fracture mechanics model for the prediction of the open-hole strength of composite laminates. Composites Part A: Applied Science and Manufacturing, 2012, 43(8): 1219 - 1225.

[16] 赵美英,陶梅贞.复合材料结构力学与结构设计.西安: 西北工业大学出版社,2007.

彩　　图

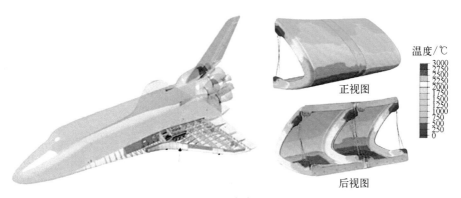

温度/℃

正视图

后视图

图 1.22　翼前缘片段温度场

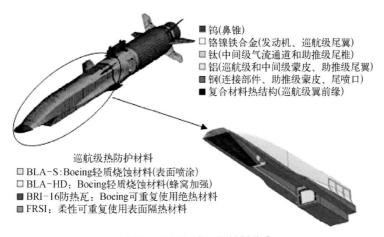

■钨(鼻锥)
□铬镍铁合金(发动机、巡航级尾翼)
■钛(中间级气流通道和助推级尾椎)
□铝(巡航级和中间级蒙皮、助推级尾翼)
■钢(连接部件、助推级蒙皮、尾喷口)
■复合材料热结构(巡航级翼前缘)

巡航级热防护材料
□BLA-S:Boeing轻质烧蚀材料(表面喷涂)
□BLA-HD：Boeing轻质烧蚀材料(蜂窝加强)
■BRI-16防热瓦：Boeing可重复使用绝热材料
■FRSI：柔性可重复使用表面隔热材料

图 1.29　X-51A 验证机材料分布

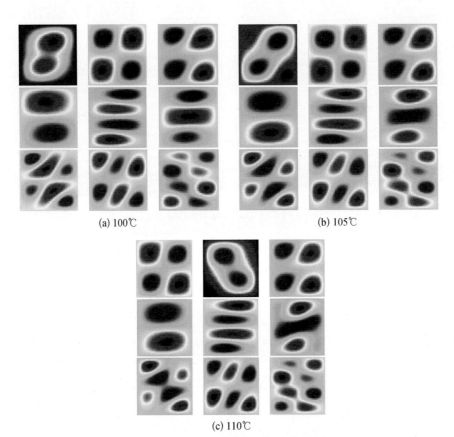

图 2.5 **D 区域附近加筋板各阶模态演变情况**

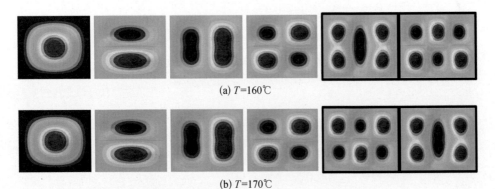

图 2.11 **A 区域内的模态振型演变情况**

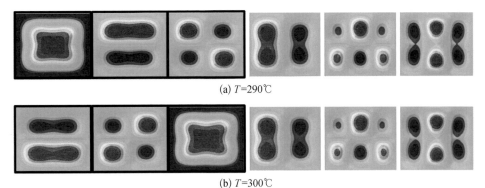

(a) T=290℃

(b) T=300℃

图 2.12　C 区域内的模态振型演变情况

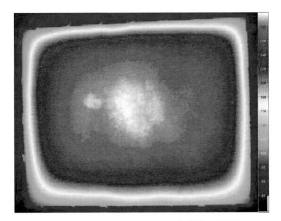

图 2.19　300℃下的温度分布(热像仪测量结果)

图 3.3　红外热像仪测得温度

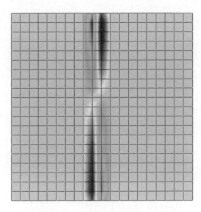

图 3.15　计算模型的误差定位

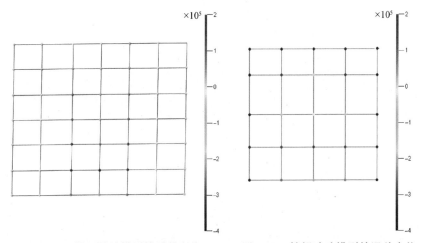

图 3.16　较细试验模型的误差定位　　图 3.17　较粗试验模型的误差定位

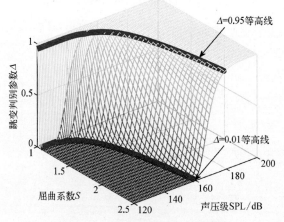

图 4.14　Δ 关于 SPL 和 S 的曲面

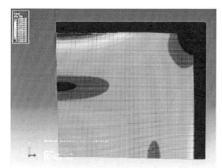

(a) 0.8 mm平板　　　　　　　　　　　　　(b) 1.5 mm平板

图 5.73　不同厚度 2D-C/SiC 平板的 Von-Mises 应力分布图

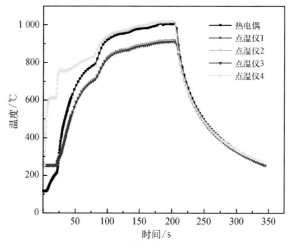

图 6.11　加热器辐射影响测试曲线

(a) 1 000 ℃未开光源时的试验件　　　　　　(b) 1 000 ℃时蓝光照明下的试验件

图 6.26　采用窄带滤波和主动照明的试验效果

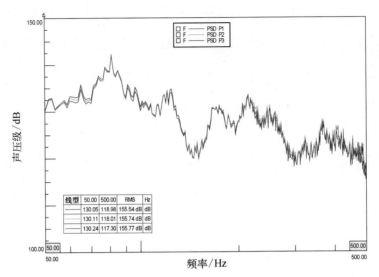

图 6.48　噪声对比测试结果

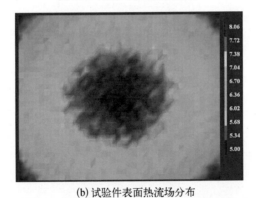

(b) 试验件表面热流场分布

图 7.18　试验件表面的入射热流场模拟

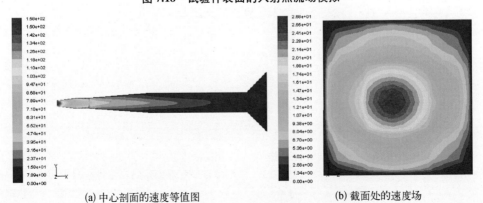

(a) 中心剖面的速度等值图　　　　　　　　(b) 截面处的速度场

图 7.20　常温环境下行波管内噪声气流速度分布

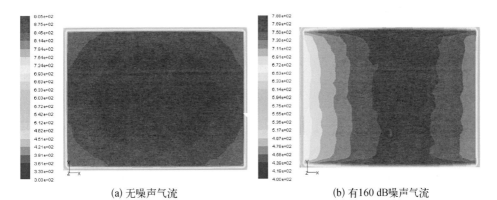

(a) 无噪声气流　　　　　　　　　　　　　　(b) 有160 dB噪声气流

图 7.21　试验件表面温度场分布

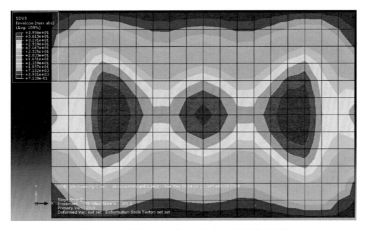

图 8.27　结构 x 方向的应力 RMS 值云图

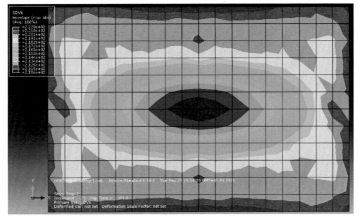

图 8.28　结构 x 方向拉伸剩余强度分布云图

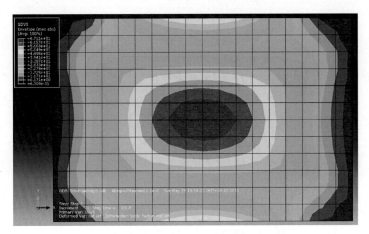

图 8.29　结构 y 方向的应力 RMS 值云图

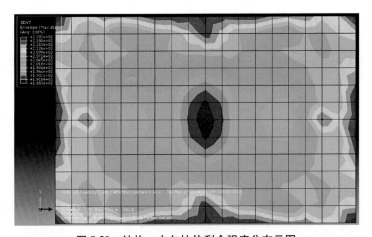

图 8.30　结构 y 方向拉伸剩余强度分布云图